TRAITÉ D'ALGÈBRE

OUVRAGES DE M. GRÉVY

Programmes du 3 juin 1925.

Arithmétique élémentaire : cl. de 6e et 5e A et B . .   **16 fr.** »
Arithmétique et Algèbre : cl. de 4e et de 3e A, A' et B   **18 fr.** »
*Traité d'Arithmétique : cl. de Math. . . . .   **13 fr. 50**

Algèbre : cl. de 1re A, A' et B . . . .   **14 fr.** »
*Traité d'Algèbre : cl. de Math . . . .   **30 fr.** »

Géométrie plane : cl. de 4e et de 3e A, A' et B . . .   **13 fr.** »

*Traité de Géométrie :
  Géométrie plane : classes de Seconde A, A', B.   **13 fr.** »
  Géométrie dans l'espace : cl. de Première A, A', B.   **11 fr.** »
  Compléments : cl. de Math. . . . .   **16 fr.** »

*Traité de Trigonométrie : cl. de Math. . . . . . .   **14 fr.** »

---

*Traité d'Arithmétique : cl. de Math. A et B. . . .   **13 fr. 50**

*Traité d'Algèbre : cl. de Math. A et B . . . . . .   **30 fr.** »

*Géométrie plane : cl. de 2e C et D . . . .   **16 fr.** »
*Géométrie dans l'espace : cl. de 1re C et D . . . .   **13 fr. 50**
*Compléments de Géométrie : cl. de Math. A et B. .   **13 fr. 50**

Trigonométrie : cl. de 1re C et D et Math. A et B. .   **13 fr.** »

---

*Cours de Trigonométrie, à l'usage des candidats aux
  Écoles d'Arts et Métiers (programme du 24 sep-
  tembre 1928). . . . .   **12 fr.** »

(*) Les livres marqués d'un astérisque, sont brochés du format
22×14cm ; les autres sont cartonnés et du format 18×12cm.

Pour les autres ouvrages de M. GRÉVY, consulter le catalogue.

TRAITÉ
D'ALGÈBRE

A L'USAGE

DES ÉLÈVES DE MATHÉMATIQUES

ET DES CANDIDATS AUX ÉCOLES

PAR

A. GRÉVY

ANCIEN ÉLÈVE DE L'ÉCOLE NORMALE SUPÉRIEURE
DOCTEUR ÈS SCIENCES
PROFESSEUR AGRÉGÉ AU LYCÉE SAINT-LOUIS

ONZIÈME ÉDITION
conforme au nouveau programme

PARIS
LIBRAIRIE VUIBERT
BOULEVARD SAINT-GERMAIN, 63
1929

TRAITÉ D'ALGÈBRE

LIVRE I

NOMBRES POSITIFS ET NOMBRES NÉGATIFS

CHAPITRE I

DÉFINITIONS ET OPÉRATIONS

Définitions.

1. La mesure des longueurs conduit en arithmétique à la notion de nombre, et l'étude des combinaisons des longueurs entre elles sert de base à la théorie des opérations simples qui correspondent à ces combinaisons ; cette correspondance entre nombre et grandeur n'a pas lieu uniquement pour les longueurs ; on la retrouve dans l'étude des surfaces, des volumes, des températures, etc., et, en général, on peut ramener une série de combinaisons en apparence très diverses à de simples opérations sur les nombres.

2. Toutefois, cette correspondance doit être telle qu'à un nombre déterminé corresponde une grandeur unique et parfaitement définie ; cette condition n'est pas toujours remplie, comme on peut le voir dans les exemples suivants :

La position d'un point M sur une droite n'est pas déterminée par la distance OM qui le sépare d'une origine O prise sur la droite ; il faut de plus indiquer si ce point est à droite ou à gauche de l'origine : le nombre arithmétique nous fera bien connaître la distance OM, mais ne suffira pas à déterminer le point M.

Pour indiquer la date d'un événement il ne suffit pas de donner le nombre d'années qui le sépare de l'ère chrétienne, il faut encore indiquer s'il lui est antérieur ou postérieur, ce que ne donne pas le nombre arithmétique.

De même, pour évaluer la température, il convient d'indiquer le nombre de divisions marqué par le niveau du liquide thermométrique, en spécifiant si ce niveau est au-dessus ou au-dessous d'une division origine.

3. Dans ces exemples, nous avons trouvé, à côté de la notion arithmétique de grandeur, la notion du *sens* dans lequel on doit porter la grandeur ; le nombre arithmétique ne peut alors suffire à déterminer à la fois la grandeur et le sens, et on a été ainsi conduit à créer de nouveaux symboles ; ces symboles sont formés du nombre arithmétique précédé de l'un des signes $+$ ou $-$ suivant le sens que l'on considère ; ces symboles sont appelés *nombre positif* et *nombre négatif*, suivant que le signe qui précède le nombre arithmétique est $+$ ou $-$.

On aurait pu imaginer une notation différente et écrire le nombre arithmétique surmonté d'une flèche indiquant le sens considéré ou de tout autre signe particulier. La notation adoptée présente de grands avantages pour le calcul, comme nous le verrons dans la suite ; mais il importe de remarquer qu'elle est simplement commode, et non indispensable.

En vertu de la convention faite, on dit que la température est *plus six degrés* et on écrit $+6°$, lorsque le thermomètre marque 6 au-dessus de l'origine ; on dit qu'un événement a eu lieu en l'an *moins trois cent* et on écrit -300, s'il est antérieur de trois cents années à l'ère chrétienne, etc.

4. **Valeur absolue.** — Le nombre arithmétique qui figure dans ces symboles est appelé la *valeur absolue* du symbole ; ainsi $\dfrac{3}{4}$ est la *valeur absolue* du nombre positif $+\dfrac{3}{4}$; $\left(1+\dfrac{1}{5}\right)$ est la *valeur absolue* du nombre négatif $-\left(1+\dfrac{1}{5}\right)$.

On représente la valeur absolue du nombre a par le symbole $|a|$.

5. On dit que deux symboles qui ont même valeur absolue et même signe ont même *valeur algébrique* ou sont *égaux* ; on dit qu'ils sont *opposés* (*), s'ils sont formés du même nombre arithmétique précédé de signes différents.

On pourrait définir *a priori* les opérations sur les nombres positifs et négatifs ; mais de telles définitions ne correspondraient en général à aucune réalité et ne rempliraient pas le but qu'on se propose : remplacer les combinaisons de grandeurs douées d'un sens par des opérations sur les nombres positifs et négatifs, d'une façon analogue à ce qui a été fait en arithmétique.

Addition.

6. C'est dans l'étude des longueurs dirigées que nous allons chercher l'origine des opérations sur les nombres.

On appelle *vecteur* une portion de droite AB que l'on suppose parcourue dans un sens déterminé ; on le désigne par la notation $\overline{AB}$ s'il est parcouru de A vers B. Le point A en est l'*origine* ; le point B, l'extrémité. La longueur AB est appelée la *longueur du vecteur*.

Il peut y avoir utilité à considérer le cas où les points A et B sont confondus ; on dit que le vecteur est *nul*.

Deux vecteurs sont dits *équipollents*, s'ils sont parallèles, ont même longueur et même sens.

7. On appelle *somme* (**) de deux vecteurs $\overline{AB}$ et $\overline{CD}$ un vecteur (***) ayant pour origine le point A et pour extrémité l'extrémité d'un vecteur équipollent à $\overline{CD}$ et ayant son origine en B.

Faire cette somme, c'est ajouter le vecteur $\overline{CD}$ au vecteur $\overline{AB}$.

1° Les deux vecteurs $\overline{AB}$ et $\overline{CD}$ ont même sens.

La somme est un vecteur de même sens $\overline{AD'}$ ayant pour

____

(*) Ce mot s'est substitué à l'expression impropre : *égaux et de signes contraires*.

(**) Nous considérons ici uniquement des vecteurs parallèles.

(***) Ou un vecteur équipollent.

longueur la somme des longueurs des vecteurs $\overline{AB}$ et $\overline{CD}$, puisque l'on doit porter CD à la suite du vecteur AB dans le même sens.

2° Les deux vecteurs ont des sens différents, $\overline{AB}$ ayant la plus grande longueur.

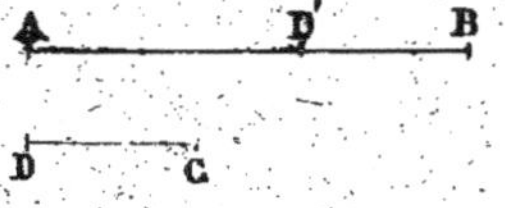

La somme est un vecteur $\overline{AD'}$ du sens du vecteur $\overline{AB}$ de plus grande longueur et ayant pour longueur la différence des longueurs AB et CD, le vecteur CD étant ici porté à partir de B en sens inverse de AB.

3° Les deux vecteurs ont des sens différents, $\overline{AB}$ ayant la plus petite longueur.

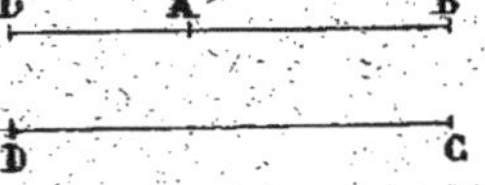

La somme est un vecteur $\overline{AD'}$ du sens du vecteur $\overline{CD}$ de plus grande longueur et ayant pour longueur la différence des longueurs des vecteurs $\overline{CD}$ et $\overline{AB}$.

On voit que l'ordre dans lequel on considère les vecteurs n'influe pas sur leur somme, qui ne dépend que du sens et de la longueur.

La somme de deux vecteurs est indépendante de l'ordre dans lequel on ajoute ces vecteurs.

8. On appelle *somme* de plusieurs vecteurs, le vecteur obtenu en faisant la somme des deux premiers, ajoutant à cette somme le troisième, etc., jusqu'à ce qu'on ait employé tous les vecteurs.

Considérons le cas de trois vecteurs $\overline{AB}$, $\overline{CD}$, $\overline{EF}$; on fera la somme en portant $\overline{CD}$ en $\overline{BD'}$, ce qui donne le vecteur $\overline{AD'}$; puis portant $\overline{EF}$ en $\overline{D'F'}$, on a le vecteur cherché $\overline{AF'}$; remarquons que le vecteur $\overline{BF'}$ n'est autre chose que la somme des vecteurs $\overline{CD}$, $\overline{EF}$; on peut donc ajouter au premier vecteur $\overline{AB}$ le vecteur somme des deux derniers.

Cette somme étant indépendante de l'ordre des vecteurs $\overline{CD}$, $\overline{EF}$, on peut changer l'ordre de ces vecteurs :

Dans une somme de trois vecteurs, on peut changer l'ordre des deux derniers, sans modifier la somme.

Un raisonnement, identique à celui que l'on applique en arithmétique au produit de plusieurs facteurs, donne le théorème suivant :

La somme de plusieurs vecteurs est indépendante de leur ordre.

On en déduit les mêmes théorèmes que dans le cas du produit de plusieurs facteurs en arithmétique.

9. Somme des nombres positifs et négatifs. — Ces considérations nous conduisent à la définition suivante :

1° *La somme de deux nombres a et b de même signe est un nombre de même signe, dont la valeur absolue est la somme des valeurs absolues de a et b.*

2° *La somme de deux nombres a et b de signes différents et n'ayant pas même valeur absolue est un nombre du signe de celui des nombres a et b qui a la plus grande valeur absolue ; sa valeur absolue est la différence des valeurs absolues des nombres a et b.*

3° *La somme de deux nombres a et b opposés est zéro.*

4° *Si l'un des nombres a, b est 0, la somme est égale à l'autre nombre.*

Conservant les notations déjà employées, nous désignerons par $a + b$ la somme des nombres a et b ; on aura

$$(+3) + (+5) = (+8),$$
$$(+5) + (-2) = (+3),$$
$$(-4) + (+3) = (-1),$$
$$\left(+\frac{1}{2}\right) + \left(-\frac{1}{2}\right) = 0.$$

De la définition même, il résulte que *la somme de deux nombres est indépendante de l'ordre dans lequel on ajoute ces nombres.*

La remarque suivante établit le lien qui existe entre la somme de deux vecteurs et celle des nombres.

REMARQUE. — Si l'on a adopté pour les vecteurs un sens positif, on pourra représenter un vecteur par un nombre positif ou négatif, et on voit aisément que la définition de la somme de deux nombres est telle que cette somme représente le vecteur somme des vecteurs représentés par ces nombres.

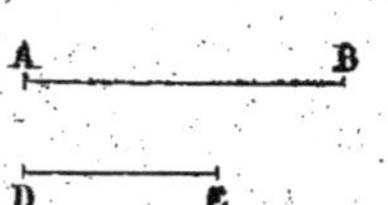

Ainsi les vecteurs $\overline{AB}$ et $\overline{CD}$, étant représentés par $(+5)$ et (-3), sont de sens différents.

Le vecteur somme a le sens de $\overline{AB}$, vecteur de plus grande longueur.	Le nombre somme de $(+5)$ et (-3) a le signe de $(+5)$, qui a la plus grande valeur absolue.
Sa longueur est la différence $5-3$ des longueurs de $\overline{AB}$ et $\overline{CD}$.	Sa valeur absolue est la différence $5-3$ des valeurs absolues des nombres.

Le nombre qui représente le vecteur somme est $(+2)$, qui est la somme des nombres $(+5)$ et (-3) représentant les vecteurs $\overline{AB}$ et $\overline{CD}$.

10. *On appelle somme de plusieurs nombres a, b, c, ... le nombre obtenu en faisant la somme des nombres a et b, ajoutant à cette somme le troisième nombre c, etc., jusqu'à ce que l'on ait ajouté tous les nombres.*

On voit immédiatement que si $\overline{A_1B_1}$, $\overline{A_2B_2}$, $\overline{A_3B_3}$, ... sont des vecteurs représentés par a, b, c, ..., la somme $\overline{CD}$ de $\overline{A_1B_1}$ et $\overline{A_2B_2}$ sera représentée par $a+b$; la somme de $\overline{CD}$ et $\overline{A_3B_3}$ sera alors représentée par $(a+b)+c$; en continuant ainsi, on arrive au résultat suivant :

La somme de plusieurs vecteurs est représentée par la somme des nombres qui représentent ces vecteurs.

La somme des vecteurs étant indépendante de l'ordre des vecteurs, on peut énoncer la proposition suivante :

11. Théorème I. — *La somme de plusieurs nombres est indépendante de l'ordre dans lequel on ajoute ces nombres.*

Soient, en effet, les deux sommes

$$a + b + c, \qquad c + a + b.$$

Désignons par A, B, C les vecteurs représentés par les nombres a, b, c; la première somme représente le vecteur obtenu en ajoutant $A + B + C$; la deuxième somme représente le vecteur obtenu en ajoutant $C + A + B$; comme les deux vecteurs $A + B + C$, $C + A + B$ sont égaux, ils sont représentés par le même nombre, c'est-à-dire que

$$a + b + c = c + a + b.$$

De ce théorème, on déduit par un raisonnement connu les conséquences suivantes :

12. Théorème II. — *Dans une somme, on peut remplacer plusieurs nombres par leur somme effectuée.*

Corollaire I. — *On peut remplacer tous les nombres positifs par leur somme, les nombres négatifs par leur somme et ajouter les deux nombres ainsi obtenus.*

Ainsi, pour faire la somme
$$(+3) + (-5) + (-2) + (+4) + (-1)$$
on fera les sommes partielles
$$(+3) + (+4) = (+7),$$
$$(-5) + (-2) + (-1) = (-8).$$
La somme cherchée sera alors
$$(+7) + (-8) = (-1).$$

Corollaire II. — *La valeur absolue d'une somme algébrique est au plus égale à la somme des valeurs absolues de ses termes.*

Soient P la somme des valeurs absolues des nombres positifs et N celle des valeurs absolues des nombres négatifs ; la somme de tous les nombres a pour valeur absolue la différence arithmétique des nombres P et N, et la somme des valeurs absolues est $P + N$; il en résulte que la valeur absolue de la somme des nombres sera inférieure à la somme des valeurs absolues de ces nombres, sauf dans le cas où l'un des nombres P ou N est nul ; il y a alors égalité.

13. Théorème III. — *La somme de deux sommes de nombres est une somme formée de tous les nombres contenus dans les sommes considérées.*

Ainsi, on a

$$[(+3) + (-5)] + [(+2) + (+4)] =$$
$$(+3) + (-5) + (+2) + (+4).$$

En effet, la première somme n'est autre chose que la seconde, dans laquelle on a remplacé les sommes

$$(+3) + (-5) \quad \text{et} \quad (+2) + (+4)$$

par leurs valeurs.

Soustraction.

14. Différence. — *On appelle* DIFFÉRENCE *de deux nombres rangés dans un ordre déterminé le nombre qu'il faut ajouter au second pour former une somme égale au premier.*

L'opération qui consiste à trouver la différence est la *soustraction; c'est retrancher ou soustraire le second nombre du premier.*

Cette opération, qui n'est pas toujours possible en arithmétique, l'est toujours quand elle s'applique à des nombres positifs et négatifs, ainsi que cela résulte du théorème suivant :

La différence de deux nombres a et b est égale à la somme du premier nombre a et d'un nombre opposé au second nombre, b.

Désignons par b' le nombre qui a même valeur absolue que b et un signe différent; pour établir que

$$a + b'$$

est la différence des nombres a et b, il suffit de montrer que la somme

$$(a + b') + b$$

est égale à a.

Cette somme est égale à

$$a + b' + b$$

ou à

$$a + (b' + b);$$

$b' + b$ ayant pour somme 0, on a bien

$$a + (b' + b) = a.$$

15. Convention. — On indique la différence de deux nombres a et b par la notation $a - b$, et on peut écrire

$$a - b = a + b'.$$

Si l'on donne à a la valeur 0, on trouve

$$0 - b = 0 + b'$$

ou (9)

$$0 - b = b'.$$

Ceci conduit à introduire de nouvelles notations ; nous conviendrons que la notation $+ b$ équivaut à b et que la notation $- b$ équivaut à b' ; ainsi :

$$+ (+ 4) = (+ 4),$$
$$+ (- 5) = (- 5),$$
$$- (+ 2) = (- 2),$$
$$- (- 3) = (+ 3).$$

16. Théorème I. — *Pour retrancher une somme d'une autre somme, on peut retrancher successivement toutes les parties de la seconde somme de la première.*

Établissons d'abord le lemme suivant :

Si deux sommes sont formées de nombres deux à deux opposés, ces sommes sont opposées.

Soient les sommes

$$S = a + b + c + \cdots + k + l,$$
$$S' = (- a) + (- b) + \cdots + (- l).$$

Nous pouvons toujours ranger les nombres dans un ordre quelconque ; écrivons d'abord dans S les nombres positifs, puis les nombres négatifs et, pour fixer les idées, supposons S formée des cinq nombres a, b, c, k, l, les trois premiers étant positifs, les deux autres négatifs.

La somme $a + b + c$ est un nombre positif P dont la valeur absolue est $|a| + |b| + |c|$;

La somme $k + l$ est un nombre négatif N de valeur absolue $|k| + |l|$; on a

$$S = P + N.$$

La somme S' est alors formée de trois nombres négatifs $- a,$

$— b$, $— c$ et de deux nombres positifs $— k$ et $— l$; la somme des premiers est un nombre négatif de valeur absolue $|— a| + |— b| + |— c|$ ou $|a| + |b| + |c|$; c'est donc $— P$; de même la somme des derniers est $— N$; on a donc

$$S' = (— P) + (— N).$$

D'après la définition même de l'addition, les nombres S et S' ont pour valeurs absolues les différences entre les valeurs absolues de P et N ou de $— P$ et $— N$; ils ont donc même valeur absolue; d'autre part, ils ont des signes différents, car, si $|P| \geq |N|$, S a le signe de P et est positif, S' a le signe de $— P$ et est négatif; l'inverse a lieu si $|N| > |P|$.

Dans tous les cas, les nombres S et S' sont opposés; en particulier, si l'un d'eux est nul, l'autre est nul.

Ceci posé, soit à faire la différence

$$D = (a + b + c + d) — (a_1 + b_1 + c_1 + d_1).$$

Cela revient à ajouter un nombre qui a même valeur absolue que $a_1 + b_1 + c_1 + d_1$ et un signe contraire; ce nombre est, d'après le lemme, égal à la somme

$$(— a_1) + (— b_1) + (— c_1) + (— d_1).$$

On a donc

$$D = a + b + c + d + (— a_1) + (— b_1) + (— c_1) + (— d_1)$$

ou

$$D = a + b + c + d — a_1 — b_1 — c_1 — d_1.$$

Corollaire. — *Dans une suite de termes séparés par les signes d'addition ou de soustraction, on peut intervertir l'ordre des termes et remplacer des termes précédés du même signe par leur somme.*

Soit la suite de nombres

$$(— 5) + (— 3) — (+ 2) + (+ 4) — (— 15).$$

Pour effectuer les opérations indiquées, nous devons ajouter $— 3$ à $— 5$, retrancher du résultat $+ 2$, ou ce qui revient au même, ajouter $— 2$; à l'expression

$$(— 5) + (— 3) + (— 2),$$

il faut ensuite ajouter $+ 4$ et enfin retrancher $— 15$ ou ajouter $+ 15$; le nombre cherché est donc la somme

$$(— 5) + (— 3) + (— 2) + (+ 4) + (+ 15)$$

que l'on peut encore écrire

(1) $(-5) + (-3) + (+4) - (+2) - (-15)$

ou

$[(-5) + (-3) + (+4)] + [(-2) + (+15)]$

et si l'on tient compte du lemme précédent

(2) $[(-5) + (-3) + (+4)] - [(+2) + (-15)]$.

Les transformations (1) et (2) établissent les deux parties de l'énoncé.

17. Théorème II. — *Pour ajouter une différence, on peut ajouter le premier nombre et retrancher le second.*

Soit à ajouter au nombre a la différence $b - c$.

Cette différence est égale à

$$b + (-c),$$

et, pour ajouter cette somme, on peut ajouter successivement b et $(-c)$; or, ajouter $(-c)$, c'est retrancher c; on a donc

$$a + (b - c) = a + b + (-c) = a + b - c.$$

18. Théorème III. — *Pour retrancher une différence, on peut retrancher le premier nombre et ajouter le second.*

Soit à retrancher la différence $b - c$ du nombre a; cela revient à retrancher $b + (-c)$, ou à ajouter $(-b) + c$, c'est-à-dire à ajouter c et à retrancher b; on a donc

$$a - (b - c) = a - b + c = a + c - b.$$

19. Grandeurs relatives des nombres positifs et des nombres négatifs. — On dit qu'un nombre a est *plus grand* qu'un nombre b, quand la différence $a - b$ est *positive*; on dit que a est *plus petit* que b, quand la différence $a - b$ est *négative*.

Il résulte de cette définition que :

1° *Tout nombre positif est supérieur à 0 et à tout nombre négatif.*

En effet, si a est positif et b négatif, $-b$ étant alors positif, la différence $a - b$ est la somme de deux nombres positifs a et $-b$; elle est donc positive.

2° *Tout nombre négatif est plus petit que 0 et que tout nombre positif.*

Cela résulte de ce qui précède.

3° *De deux nombres positifs, le plus grand est celui qui a la plus grande valeur absolue.*

Soient a et b deux nombres positifs, la valeur absolue de a étant supérieure à celle de b.

On sait que la différence $a - b$, égale à la somme $a + (- b)$, a le signe du nombre qui a la plus grande valeur absolue, c'est-à-dire le signe du nombre positif a; elle est donc positive et a est plus grand que b.

4° *De deux nombres négatifs, le plus grand est celui qui a la plus petite valeur absolue.*

La différence $a - b$ des nombres a et b est la somme $a + (- b)$, a étant négatif et $- b$ positif; cette somme sera donc positive si la valeur absolue de $- b$ ou de b est supérieure à celle de a, et alors a sera plus grand que b.

20. Représentation graphique. — Prenons sur une droite indéfinie un point O et choisissons un sens positif, de gauche à droite; à tout nombre correspond un vecteur auquel nous donnerons le point O pour origine; son extrémité sera à droite de O ou à gauche de O, suivant que le nombre sera positif ou négatif; au vecteur nul, correspond l'origine.

Ceci posé, les points représentatifs des divers nombres sont d'autant plus éloignés de O que les valeurs absolues de ces nombres sont plus grandes : ainsi, le nombre positif qui correspond à B a une valeur absolue plus grande que celui qui correspond à A, le nombre négatif qui correspond à C a une valeur absolue moindre que celui qui correspond à D ; en se reportant aux définitions qui précèdent, on voit que si l'on parcourt la droite dans le sens positif, les nombres qui correspondent aux différents points que l'on rencontre croissent constamment ; le nombre d qui représente $\overline{OD}$ est négatif et sa valeur absolue est plus grande que celle du nombre c qui représente $\overline{OC}$, on a donc $c > d$; de même, c étant négatif, est inférieur au nombre a positif qui représente $\overline{OA}$; enfin, le nombre positif b qui représente $\overline{OB}$ est supérieur à a; on a donc

$$b > a > c > d.$$

Multiplication.

21. D'après les conventions faites au début, nous savons qu'un vecteur est *représenté* par un nombre positif ou négatif; conformément à la dénomination employée en arithmétique, nous dirons que le nombre qui représente un vecteur est la *mesure* de ce vecteur.

Pour que cette expression ait le sens ordinaire, il faut choisir un *vecteur unité*; il est naturel de prendre pour vecteur unité le vecteur de longueur 1 dirigé dans un sens déterminé; ce sera le sens *positif*.

Généralisant alors la notion de *multiplication*, nous pourrons dire que le vecteur mesuré par a est le *produit par a du vecteur unité*; de cette définition, on déduit la conséquence suivante :

Le produit du vecteur unité par un nombre est un vecteur de même sens si le nombre est positif, de sens contraire si le nombre est négatif. Sa longueur est le produit de la longueur du vecteur unité par la valeur absolue du nombre.

Une nouvelle extension toute naturelle résulte du changement du vecteur unité : les définitions devant subsister, on peut d'une façon générale définir le *produit d'un vecteur par un nombre, un vecteur de même sens si le nombre est positif, de sens contraire si le nombre est négatif; la longueur du vecteur nouveau étant le produit, par la valeur absolue du nombre, de la longueur du premier vecteur.*

Si maintenant nous remplaçons les vecteurs par les nombres qui les mesurent, nous serons conduits à la multiplication de deux nombres : il suffira de remplacer le mot *sens* par le mot *signe* et le mot *longueur* par les mots *valeur absolue*.

22. Produit de deux nombres. — *On appelle produit de deux nombres a et b un nombre positif, si a et b ont même* *signe, négatif, si a et b ont des signes différents, aucun d'eux n'étant nul. Sa valeur absolue est le produit des valeurs absolues des nombres a et b.*

Si l'un des nombres a, b est zéro, le produit est zéro.

Ainsi, on a, en conservant les notations de l'arithmétique,

$$(+ 3) \times (- 5) = (- 15),$$
$$(- 4) \times (+ 7) = (- 28),$$
$$(+ 3) \times (+ 2) = (+ 6),$$
$$(- 5) \times (- 6) = (+ 30).$$

Les nombres a et b sont appelés *facteurs* du produit ; de là définition même du produit, il résulte que le *produit de deux facteurs est indépendant de leur ordre.*

23. Théorème. — *Le produit d'une somme de deux nombres par un facteur est égal à la somme des produits de ces nombres par le facteur.*

Il faut montrer que l'on a

$$(a + b) . c = a . c + b . c.$$

1° a et b ont même signe ; désignons par a', b', c', les valeurs absolues de a, b, c.

La valeur absolue de $a + b$ est $a' + b'$ (9) ; celle de $(a + b).c$ est donc $(a' + b').c'$ (22) ou $a'.c' + b'.c'$.

Les valeurs absolues des produits $a.c$, $b.c$ sont respectivement $a'.c'$ et $b'.c'$; d'ailleurs ces produits ont même signe, de même que a et b ; la valeur absolue de leur somme est $a'.c' + b'.c'$.

Les deux nombres $(a + b).c$ et $a.c + b.c$ ont donc même valeur absolue.

Il reste à montrer qu'ils ont même signe.

Les nombres a, b, $a + b$ ayant même signe, il en est de même des nombres $a.c$, $b.c$, $(a + b).c$ et, par suite, des deux nombres $a.c + b.c$ et $(a + b).c$.

2° a et b sont de signes différents.

On peut toujours supposer que le premier a la plus grande valeur absolue ; la valeur absolue de la somme $a + b$ sera alors (9) $a' - b'$, et celle du produit $(a + b).c$ sera $(a' - b').c'$ ou $a'.c' - b'.c'$.

Les nombres $a.c$ et $b.c$ ont des signes différents et le premier

à la plus grande valeur absolue; il en résulte que la valeur
absolue de la somme $a.c + b.c$ est $a'.c' - b'.c'$, la même que
celle de $(a + b).c$.

Montrons que $a.c + b.c$ et $(a + b).c$ ont même signe. $a + b$
a le signe de a; $(a + b).c$ a donc le signe de a si c est positif, le
signe contraire si c est négatif; $a.c$ ayant une valeur absolue
supérieure à celle de $b.c$, le signe de la somme $a.c + b.c$
est celui de $a.c$, c'est-à-dire celui de $(a + b).c$.

24. Théorème. — *Le produit d'une différence par un
nombre est égal à la différence des produits de chaque terme
de la différence donnée par le nombre.*

Soit $(a - b)$ à multiplier par c.

On a (14, 15)

$$(a - b) . c = [a + (- b)] . c$$

ou, d'après le théorème précédent,

$$a . c + (- b) . c.$$

Or le produit $(- b).c$ a même valeur absolue que le produit
$b.c$; les signes sont différents, puisque l'un des facteurs seul
change de signe en passant d'un produit à l'autre; on voit donc
que l'on a

$$a . c + (- b) . c = a . c + (- b . c) = a . c - b . c.$$

25. Corollaire. — *Le produit d'un nombre résultant de l'addition ou de la soustraction de plusieurs autres par un facteur est égal au nombre obtenu en substituant à chacune des
parties du premier son produit par le facteur.*

Il faut montrer que l'on a

$$(a - b + c - d) . m = a . m - b . m + c . m - d . m.$$

On peut écrire

$$a - b + c - d = (a - b + c) - d.$$

Le produit par m sera

$$(a - b + c) . m - d . m.$$

On a de même

$$(a - b + c) . m = (a - b) . m + c . m = a . m - b . m + c . m.$$

D'où

$$(a - b + c - d) . m = a . m - b . m + c . m - d . m.$$

26. Produit de plusieurs facteurs. — *On appelle produit de plusieurs facteurs a,b, ..., l rangés dans un ordre déterminé le nombre obtenu en faisant le produit des deux premiers, multipliant ce produit par le troisième, et continuant ainsi jusqu'à ce que l'on ait employé tous les facteurs.*

Théorème. — *Le produit de plusieurs facteurs est indépendant de l'ordre dans lequel on les multiplie.*

La valeur absolue du produit est manifestement le produit des valeurs absolues des facteurs; elle est donc indépendante de l'ordre des facteurs.

Quant au signe, nous allons voir qu'il dépend uniquement de la parité du nombre de facteurs négatifs.

Remarquons que la multiplication par un facteur positif ne modifie pas le signe et que la multiplication par un facteur négatif change le signe.

Considérons d'abord le produit $a.b...l$, que l'on peut écrire $(+1).a.b...l$, les seuls changements de signes qui puissent intervenir dans les produits successifs proviendront de facteurs négatifs.

1° S'il n'y a pas de facteur négatif, le produit a le signe du premier facteur $(+1)$: il est positif.

2° S'il y a un nombre pair de facteurs négatifs, il y aura un nombre pair de changements de signe dans les différents produits ; on devra donc retrouver le signe du premier facteur : le produit est positif.

3° S'il y a un nombre impair de facteurs négatifs, il y aura un nombre impair de changements de signe, ce qui équivaut à un changement de signe : le produit est négatif.

De ce théorème on déduit, comme en arithmétique, les théorèmes suivants :

27. *Dans un produit de facteurs, on peut remplacer plusieurs facteurs par leur produit effectué.*

28. *Pour multiplier un produit de facteurs par un nombre, on peut remplacer dans ce produit l'un des facteurs par son produit par le nombre.*

29. *Le produit de deux produits de facteurs est un produit formé de tous les facteurs des deux produits.*

30. Puissance d'un nombre. — *On appelle puissance d'un nombre positif ou négatif le produit de plusieurs facteurs égaux à ce nombre.*

Le nombre des facteurs est l'*exposant*.
La notation est la même qu'en arithmétique.

1° *Une puissance d'exposant pair est un nombre positif.*

C'est, en effet, un produit d'un nombre pair de facteurs de même signe.

2° *Une puissance d'exposant impair a le signe du nombre élevé à cette puissance.*

C'est, en effet, un produit d'un nombre impair de facteurs positifs ou négatifs suivant que le nombre donné est positif ou négatif.

Dans tous les cas, la valeur absolue de la puissance d'un nombre est la puissance de la valeur absolue du nombre.

Ainsi

$$(+3)^4 = +81,$$
$$(-3)^4 = +81,$$
$$(+2)^3 = +8,$$
$$(-2)^3 = -8,$$

Les théorèmes démontrés en arithmétique relativement aux puissances et à la notation des exposants subsistent pour les nombres positifs et négatifs.

31. Racines des nombres positifs ou négatifs. — *On appelle racine d'indice n d'un nombre a, un nombre b, s'il existe, dont la puissance d'exposant n soit égale à a.*

1° Une puissance d'exposant pair étant toujours positive, on en conclut qu'*un nombre négatif n'a pas de racine d'indice pair*.

2° *Un nombre positif a deux racines d'indice pair; ces racines ont même valeur absolue et des signes différents.*

Soit à trouver la racine carrée de $(+25)$; la valeur absolue de cette racine étant la racine carrée de 25 sera 5; les seuls nombres répondant à la question sont donc $(+5)$ et (-5), dont les carrés sont bien $(+25)$.

3° *Un nombre quelconque a une racine d'indice impair, qui a le même signe que le nombre.*

Soit à trouver la racine cubique de $(+8)$; le cube d'un nombre ayant le signe de ce nombre, la racine cubique sera positive et sa valeur absolue sera 2, racine cubique arithmétique de 8.

De même la racine cubique de -27 est -3.

32. Notation. — La racine $n^{\text{ième}}$ d'un nombre arithmétique a est représentée sans ambiguïté par la notation $\sqrt[n]{a}$; il n'en est plus de même ici, quand on suppose n pair, puisque tout nombre positif a alors deux racines opposées; on évite toute confusion en adoptant les conventions suivantes :

$\sqrt[n]{a}$ représente la racine $n^{\text{ième}}$ de a, si n est impair.

$\sqrt[n]{a}$ ou $+\sqrt[n]{a}$ représente la racine positive d'indice n, et $-\sqrt[n]{a}$ représente la racine négative d'indice n, si n est pair.

Ainsi

$$\sqrt{4} = 2, \qquad -\sqrt{9} = -3.$$

On doit appliquer strictement ces conventions si l'on veut éviter une erreur que l'on commet fréquemment, en écrivant, par exemple.

$$\sqrt{a^2} = a.$$

Cette relation n'est exacte que si a est positif; en effet, si l'on suppose a négatif, le premier nombre est un nombre positif, d'après la convention faite, tandis que le second nombre est négatif.

Ainsi, on écrira

$$\sqrt{3^2} = 3, \qquad \sqrt{(-5)^2} = -(-5).$$

Division.

33. Quotient de deux nombres. — *On appelle quotient d'un nombre a par un nombre b, un troisième nombre c dont le produit par b égale a.*

Trouver ce quotient, c'est faire la division de a par b. Supposant que ce quotient c existe, on aura

$$a = b \cdot c.$$

La valeur absolue de a est donc le produit des valeurs absolues de b et c ; inversement la valeur absolue de c sera le quotient arithmétique des valeurs absolues de a et b.

En second lieu, si b et c ont même signe, a est positif ; si b et c ont des signes différents, a est négatif ; c'est-à-dire que, sur les trois nombres a, b, c, il y en a un nombre impair qui sont positifs ; on en conclut que c sera positif si a et b ont même signe, et négatif si a et b ont des signes différents.

On voit d'ailleurs que, réciproquement, le nombre c ainsi déterminé est bien tel que son produit par b soit égal à a.

Le quotient existe et est unique, en supposant toutefois b différent de zéro.

Ainsi

$$(+\,4) : (-\,2) = (-\,2),$$
$$(-\,5) : (-\,3) = \left(+\,\frac{5}{3}\right),$$
$$(-\,7) : (+\,4) = \left(-\,\frac{7}{4}\right).$$

34. Théorème. — *Le quotient d'un produit de plusieurs facteurs par un nombre s'obtient en remplaçant dans le produit un de ces facteurs par son quotient par le nombre.*

Soit $a.b.c$ un produit et d le diviseur ; désignons par q le quotient de c par d ; on a

$$a.b.c = a.b.(d.q) = a.b.q.d\,;$$

$a.b.q$ est donc bien le quotient par d du produit $a.b.c$.

35. Théorème. — *Pour trouver le quotient d'un nombre* A *par un produit $a.b.c$, on peut chercher le quotient q de* A *par a, puis le quotient q' de q par b, et enfin le quotient q'' de q' par c.*

En effet, on a

$$A = a.q,$$
$$q = b.q',$$
$$q' = c.q'',$$

ou

$$A = a.b.q' = a.b.c.q'',$$

ce qui exprime que q'' est le quotient de A par le produit $a.b.c$

De ces théorèmes, il résulte que le théorème relatif à la division des puissances subsiste.

Fractions algébriques.

36. Définition. — La notation $\dfrac{a}{b}$ exprime la division du nombre a par le nombre b ; elle est susceptible de représenter le quotient de cette division ; comme il peut y avoir intérêt dans certains cas à rappeler l'origine du quotient, nous conviendrons d'adopter cette notation ; ainsi, au lieu d'écrire le nombre 5, nous écrivons le nombre $\dfrac{-15}{-3}$.

Cette nouvelle expression est appelée *fraction algébrique ;* elle se présente sous la même forme que la *fraction arithmétique ;* toutefois, il est bon de remarquer que, dans le cas actuel, les termes a et b peuvent être des nombres quelconques, positifs ou négatifs.

a est le *numérateur* de la fraction, b en est le *dénominateur*.

37. Le premier problème que nous ayons à résoudre consiste dans la recherche des fractions qui peuvent représenter un nombre donné.

Soient $\dfrac{a}{b}$ et $\dfrac{a'}{b'}$ deux fractions représentant un nombre q ; ce nombre est alors le quotient des nombres a et b, ce qui revient à dire que a est le produit des nombres b et q ; on a ainsi les deux égalités

$$a = bq, \qquad a' = b'q.$$

Soit $a = ma'$; on en déduit

$$ma' = bq, \qquad mb'q = bq, \qquad b = mb'.$$

Les nombres a et b sont les produits par un même nombre des nombres a' et b'. Nous allons maintenant établir la réciproque de cette proposition :

Si l'on remplace les termes d'une fraction par leurs produits par un même nombre, on obtient une fraction équivalente à la première.

Il faut entendre ici que deux fractions équivalentes sont des fractions qui représentent le même nombre.

Soit $\dfrac{a}{b}$ la fraction qui représente le nombre q; on a, par définition,

$$a = bq.$$

Si l'on multiplie les deux nombres égaux a et bq par le nombre c, on obtient deux produits égaux :

$$ac = bqc = bc \cdot q.$$

Cette égalité exprime que le nombre q est le quotient des nombres ac et bc, c'est-à-dire que ce nombre peut être représenté par la fraction $\dfrac{a \cdot c}{b \cdot c}$, ce qui établit le théorème.

Du théorème qui précède et de sa réciproque, il résulte cette conséquence fort importante :

Un nombre peut être représenté par une infinité de fractions dont les termes sont les produits des termes de l'une d'elles par un même nombre ; il ne peut être représenté par aucune autre fraction.

38. Réduction au même dénominateur. — *Réduire plusieurs fractions au même dénominateur, c'est les remplacer par des fractions équivalentes aux fractions données, et ayant toutes le même dénominateur.*

Soient les fractions $\dfrac{a}{b}$, $\dfrac{a'}{b'}$, $\dfrac{a''}{b''}$.

En se reportant à ce qui précède, on voit qu'il faut remplacer a et b par leurs produits par un même nombre; de même pour a', b' et a'', b''; il faudra de plus que les produits de b, b', b'' par les nombres correspondants soient égaux; il suffira de multiplier les deux termes de chaque fraction par le produit des autres dénominateurs.

Ainsi on remplacera les fractions

$$\dfrac{-1}{+4}, \quad \dfrac{+3}{-5}, \quad \dfrac{-1}{-7}$$

par les fractions

$$\dfrac{(-1)\times(-5)\times(-7)}{(+4)\times(-5)\times(-7)}, \quad \dfrac{(+3)\times(+4)\times(-7)}{(+4)\times(-5)\times(-7)},$$

$$\dfrac{(-1)\times(+4)\times(-5)}{(+4)\times(-5)\times(-7)}.$$

REMARQUE. — On aurait pu prendre un dénominateur commun arbitraire et multiplier chaque numérateur par le quotient du dénominateur commun par le dénominateur correspondant; mais cela n'est en général d'aucune utilité.

39. Addition des fractions. — *La somme de plusieurs fractions qui ont même dénominateur est une fraction de même dénominateur et qui a pour numérateur la somme des numérateurs des fractions données.*

Les fractions étant simplement des formes particulières des nombres, les opérations sur les fractions doivent consister à obtenir sous forme de fraction le résultat des opérations faites sur les nombres; ainsi, additionner des fractions sera trouver la somme des nombres représentés par ces fractions, cette somme pouvant d'ailleurs être également mise sous forme de fraction.

Soient $\dfrac{a}{m}$, $\dfrac{a'}{m}$, $\dfrac{a''}{m}$ trois fractions qui représentent les nombres q, q', q''; on a

$$a = mq,$$
$$a' = mq',$$
$$a'' = mq'';$$

d'où on déduit

$$a + a' + a'' = m\,(q + q' + q'').$$

La somme $q + q' + q''$ des nombres considérés, étant le quotient de la somme $a + a' + a''$ par m, on peut la représenter par la fraction $\dfrac{a + a' + a''}{m}$, ce qui établit la règle donnée.

Il est à peine besoin de faire remarquer que le même procédé convient au cas où l'on a à retrancher des fractions au lieu d'en ajouter.

REMARQUE. — Si les fractions n'ont pas même dénominateur, on les réduit au même dénominateur pour en faire la somme ou la différence.

40. Multiplication des fractions. — *Le produit de plusieurs fractions est une fraction dont les termes sont respectivement les produits des termes correspondants des fractions données.*

Dans la multiplication des fractions, nous nous proposons de mettre sous forme de fraction le produit des nombres représentés par les fractions données.

Soient les fractions

$$\frac{a}{b}, \quad \frac{a'}{b'}, \quad \frac{a''}{b''}, \qquad \text{et} \qquad q, \; q', \; q''$$

les nombres qu'elles représentent; on a

$$a = b \cdot q,$$
$$a' = b' \cdot q',$$
$$a'' = b'' \cdot q'' ;$$

d'où on conclut :

$$a \cdot a' \cdot a'' = (b \cdot q) \cdot (b' \cdot q') \cdot (b'' \cdot q''),$$
$$a \cdot a' \cdot a'' = (b \cdot b' \cdot b'') \cdot (q \cdot q' \cdot q''),$$

égalité qui exprime que le produit $q \cdot q' \cdot q''$ est le quotient de $a \cdot a' \cdot a''$ par $b \cdot b' \cdot b''$, c'est-à-dire que ce produit peut se mettre sous la forme

$$\frac{a \cdot a' \cdot a''}{b \cdot b' \cdot b''} .$$

41. Division des fractions. — *Diviser une fraction* $\dfrac{a}{b}$ *par une autre fraction* $\dfrac{c}{d}$, *c'est trouver une fraction dont le produit par* $\dfrac{c}{d}$ *soit égal à* $\dfrac{a}{b}$.

Il est aisé de vérifier que l'on obtient cette fraction en multipliant $\dfrac{a}{b}$ par la fraction $\dfrac{d}{c}$.

Si l'on multiplie, en effet, le produit $\dfrac{a \times d}{b \times c}$ par $\dfrac{c}{d}$, on a

$$\frac{a \times d \times c}{b \times c \times d} = \frac{a}{b} .$$

Pour diviser une fraction par une fraction, on multiplie la première par la seconde renversée.

42. Pour terminer cette étude, indiquons un théorème d'un usage fréquent :

Théorème. — *Si plusieurs fractions sont équivalentes, la* *fraction qui a pour numérateur la somme des numérateurs et pour dénominateur la somme des dénominateurs de ces fractions, est équivalente à chacune d'elles.*

Soient $\dfrac{a}{b}$, $\dfrac{a'}{b'}$, $\dfrac{a''}{b''}$ des fractions qui représentent toutes le même nombre q; on a

$$a = bq,$$
$$a' = b'q,$$
$$a'' = b''q;$$

d'où

$$a + a' + a'' = (b + b' + b'')\,q.$$

Le nombre q peut donc être mis sous la forme

$$\frac{a + a' + a''}{b + b' + b''},$$

qui est alors une fraction égale aux fractions données.

43. Identité des nombres positifs et des nombres arithmétiques. — Nous avons considéré trois sortes de nombres : d'une part, les nombres arithmétiques, d'autre part les nombres positifs et les nombres négatifs; il est facile de montrer qu'il est inutile de conserver cette distinction et qu'il suffit, pour représenter des grandeurs et les opérations relatives à ces grandeurs, d'introduire à côté du nombre arithmétique le seul nombre négatif, en identifiant le nombre positif avec le nombre arithmétique.

Nous conviendrons de représenter une grandeur dirigée par un nombre arithmétique, si elle est comptée dans un sens déterminé et de la représenter par un nombre négatif, si elle est comptée dans l'autre sens; il n'y aura aucune confusion possible; le nombre arithmétique remplacera le nombre positif, dont il est la valeur absolue.

Examinons maintenant ce qui résulte de cette identification pour les opérations que nous avons étudiées; les nombres arithmétiques étant seulement combinés entre eux, nous n'aurons à justifier que de l'identité des résultats d'opérations portant d'une part sur des nombres arithmétiques, d'autre part sur les nombres positifs, dont ils sont les valeurs absolues; en passant en revue les diverses opérations, on constate que *toute opération effectuée sur des nombres positifs, et qui conduit à un résultat positif, fournit le nombre positif qui a pour valeur absolue le nombre obtenu en effectuant la même opération sur les valeurs absolues de ces nombres, à la condition toutefois que cette opération soit possible au sens arithmétique.*

Il suffira de donner quelques exemples de cette vérification.

La somme des nombres positifs

$$+\,3, \quad +\,7, \quad +\,5$$

st le nombre positif dont la valeur absolue est la somme des nombres arithmétiques

$$3, \; 7, \; 5.$$

La différence des nombres positifs

$$+\,11 \quad \text{et} \quad +\,\frac{5}{2}$$

est un nombre positif dont la valeur absolue est la différence des nombres arithmétiques

$$11 \;\text{et}\; \frac{5}{2}\,.$$

Le produit des nombres positifs

$$+\,4 \quad \text{et} \quad +\,7$$

est un nombre positif dont la valeur absolue est le produit des nombres arithmétiques

$$4 \;\text{et}\; 7.$$

Nous pouvons, d'après ce qui précède, tant au point de vue de la représentation des vecteurs qu'au point de vue des opérations sur les nombres positifs, faire la convention suivante :

Convention. — *Tout nombre positif est identique au nombre arithmétique, qui est sa valeur absolue.*

44. En se plaçant à ce point de vue, l'écriture

$$4 - 7,$$

qui n'a aucun sens *arithmétique*, peut être considérée comme représentant la différence des nombres *positifs* 4 et 7 ; elle représente alors le nombre négatif — 3.

La convention faite semble donc donner un sens à une expression qui n'en avait pas primitivement; il n'en est rien; ce qui donne un sens à l'expression, c'est la considération des nombres positifs et négatifs et la convention que nous avons faite n'est relative qu'à l'écriture, qui se trouve simplifiée par ce fait que le nombre positif peut être écrit sans introduire le signe +, qui le caractérisait.

On peut aller plus loin et montrer que les signes + et — introduits comme moyens de distinguer les nombres positifs et négatifs peuvent sans confusion possible être assimilés à des signes opératoires d'addition et de soustraction.

Soit l'expression

$$(+ 3) + (— 5) — (— 6),$$

elle équivaut à l'expression

$$(+ 3) — (+ 5) + (+ 6)$$

d'après les règles données pour l'addition et la soustraction, ou, en remplaçant les nombres positifs par leurs valeurs absolues,

$$3 — 5 + 6.$$

On peut donc combiner les signes opératoires avec les signes symboliques d'après la convention faite (15) de façon à n'avoir plus que des nombres positifs, que l'on remplace ensuite par leurs valeurs absolues ; ceci suffit à montrer l'avantage de la notation choisie pour les nombres positifs et négatifs.

Toutefois, il importe de ne voir dans tout ceci que des procédés commodes de calcul et de ne pas perdre de vue que l'origine du symbole positif ou négatif est différente de celle du symbole arithmétique.

CHAPITRE II

INÉGALITÉS

45. Définition. — On exprime qu'un nombre a est plus grand qu'un nombre b par la notation

$$a > b,$$

que l'on appelle une *inégalité* ; a et b sont les deux *membres* de l'inégalité ; a est le premier membre, b le second membre.

46. Théorème I. — *Si aux deux membres d'une inégalité numérique on ajoute un même nombre, on obtient une inégalité numérique de même sens.*

Soit l'inégalité

$$-3 > 4 - 17.$$

Elle exprime (19) que la différence

$$(-3) - (4 - 17)$$

est positive.

Considérons, d'autre part, les nombres

$$(-3) + 5 \qquad \text{et} \qquad 4 - 17 + 5$$

obtenus en ajoutant 5 aux deux membres de l'inégalité donnée ; pour retrancher

$$4 - 17 + 5 \qquad \text{de} \qquad (-3) + 5$$

on peut retrancher (16)

$$4 - 17 \qquad \text{de} \qquad -3$$

et ajouter à cette différence la différence $5 - 5$ ou 0. Les deux différences

$$(-3) - (4 - 17) \qquad \text{et} \qquad [(-3) + 5] - [(4 - 17) + 5]$$

étant égales, la première étant positive, il en est de même de la seconde ; on a donc bien

$$(-3) + 5 > (4 - 17) + 5.$$

47. Remarque. — *On peut de même retrancher un même nombre des deux membres d'une inégalité ; on obtient une inégalité de même sens.*

48. Théorème II. — *Si l'on multiplie les deux membres d'une inégalité numérique par un même nombre* POSITIF, *on obtient une inégalité de* MÊME SENS ; *si le multiplicateur est* NÉGATIF, *on obtient une inégalité de* SENS CONTRAIRE *à la première.*

Soit l'inégalité

$$-5 < -3,$$

qui exprime que la différence

$$(-5) - (-3)$$

est négative.

1° Le produit de cette différence négative par un nombre positif 4 sera un nombre négatif; ce produit étant la différence des produits

$$(-5) \times 4 \quad \text{et} \quad (-3) \times 4,$$

on en conclut que le nombre $(-5) \times 4$ est inférieur au nombre $(-3) \times 4$; c'est-à-dire que l'on a

$$(-5) \times 4 < (-3) \times 4.$$

2° En second lieu, le produit de la différence négative

$$(-5) - (-3)$$

par le nombre négatif (-7) sera un nombre positif; ce produit étant la différence des produits

$$(-5) \times (-7) \quad \text{et} \quad (-3) \times (-7),$$

on en conclut que le premier produit est supérieur au second et on peut écrire

$$(-5) \times (-7) > (-3) \times (-7).$$

49. Remarque. — *On peut également diviser les deux mem-*

bres d'une inégalité par un même nombre positif ; on obtient des quotients qui satisfont à une inégalité du sens de la première ; si le diviseur est négatif, les quotients satisfont à une inégalité de sens contraire à la première.

50. Théorème III. — 1° *Si les deux membres d'une inégalité sont positifs, leurs puissances d'exposant m forment une inégalité de même sens.*

2° *Si les deux membres d'une inégalité sont négatifs, leurs puissances de même exposant* IMPAIR *forment une inégalité de même sens.*

3° *Si les deux membres d'une inégalité sont négatifs, leurs puissances de même exposant* PAIR *forment une inégalité de sens contraire à la première.*

1° Le premier cas résulte de ce fait arithmétique que si deux facteurs arithmétiques sont plus petits respectivement que deux autres, le premier produit est plus petit que le second.

Ainsi, $\dfrac{3}{4}$ étant inférieur à $\dfrac{5}{3}$, le carré de $\dfrac{3}{4}$ est inférieur à celui de $\dfrac{5}{3}$.

2° Soient les nombres -7 et $-\dfrac{4}{9}$, entre lesquels on a

$$-7 < -\frac{4}{9}.$$

Cette inégalité résulte de ce que la valeur absolue de -7 est supérieure à celle de $-\dfrac{4}{9}$; le cube de la valeur absolue de -7 sera donc supérieur au cube de la valeur absolue de $-\dfrac{4}{9}$; les cubes de -7 et $-\dfrac{4}{9}$ étant négatifs, celui dont la valeur absolue est la plus grande doit être le plus petit ; on a donc

$$\left(-7\right)^{3} < \left(-\frac{4}{9}\right)^{3}.$$

Le même raisonnement subsiste pour une puissance impaire quelconque.

3° Soient les nombres -7 et $-\dfrac{4}{9}$, et considérons les carrés de ces nombres ; la valeur absolue de -7 est supérieure à celle de $-\dfrac{4}{9}$; la valeur absolue du carré de -7, qui est le carré de la valeur absolue de -7, sera dès lors supérieure à la valeur absolue du carré de $-\dfrac{4}{9}$. Comme, d'autre part, ces carrés sont des nombres positifs, ils sont dans le même ordre de grandeur que leurs valeurs absolues, avec lesquelles on peut les confondre ; on a ainsi

$$\left(-7\right)^2 > \left(-\dfrac{4}{9}\right)^2.$$

Le même raisonnement est applicable à une puissance paire quelconque.

Remarque. — On ne peut donner de règle précise lorsque les deux membres de l'inégalité n'ont pas le même signe et qu'on les élève à une puissance d'exposant pair.

L'inégalité $-3 < 2$ correspond à $9 > 4$;

    — $-3 < 5$ correspond à $9 < 25$;

    — $-3 < 3$ correspond à $9 = 9$.

51. Théorème IV. — *1° Si l'on extrait les racines de même indice impair des deux membres d'une inégalité, ces racines forment une inégalité de même sens que la première.*

2° Si l'indice est pair, il faut que les deux membres soient positifs (31) ; il y a alors pour chaque membre deux racines. Si l'on prend les deux racines positives, l'inégalité a lieu dans le même sens ; si l'on prend les deux racines négatives, l'inégalité a lieu en sens contraire de la première ; enfin, si dans les deux membres on prend des signes différents, la racine négative est la plus petite.

Ce théorème n'est autre chose que le précédent énoncé sous une autre forme.

Inégalités simultanées.

52. Théorème I. — *Si l'on ajoute membres à membres des inégalités de même sens, les deux sommes obtenues satisfont à une inégalité du sens des premières.*

Soient les deux inégalités

$$-5 > -7,$$
$$+4 > -3.$$

Ces inégalités expriment que les différences

$$(-5) - (-7) \qquad \text{et} \qquad (+4) - (-3)$$

sont positives; leur somme sera donc aussi positive; or, cette somme est égale (16, 17) à

$$(-5) + (+4) - (-7) - (-3)$$

ou

$$[(-5) + (+4)] - [(-7) + (-3)].$$

Cette dernière différence étant positive, on en conclut l'inégalité

$$(-5) + (+4) > (-7) + (-3).$$

Remarque. — Si les inégalités n'ont pas même sens, on ne peut indiquer de règle précise.

Ainsi aux deux inégalités

$$-3 > -5,$$
$$2 < 4,$$

correspond

$$(-3) + 2 = (-5) + 4.$$

Aux inégalités

$$4 > 3,$$
$$6 < 9,$$

correspond

$$4 + 6 < 9 + 3.$$

Aux inégalités

$$2 < 11,$$
$$7 > 6,$$

correspond

$$2 + 7 < 11 + 6.$$

53. Théorème II. — *Si l'on retranche membres à membres deux inégalités de sens différents, les différences obtenues vérifient une inégalité du sens de la première.*

Soient les deux inégalités

$$5 > -3,$$
$$-2 < 4;$$

elles expriment que la différence

$$5 - (-3)$$

est positive, et que la différence

$$(-2) - 4$$

est négative.

Si on retranche ce nombre négatif de la première différence, qui est positive, on aura à faire la somme de deux nombres positifs (14) ; le résultat sera donc positif comme la première différence ; on peut écrire

$$[5 - (-3)] - [(-2) - 4] > 0$$

ou (18)

$$[5 - (-2)] - [(-3) - 4] > 0,$$

ce qui exprime que $5 - (-2)$ est supérieur à $(-3) - 4$; on a donc l'inégalité

$$5 - (-2) > (-3) - 4.$$

REMARQUE. — Si les inégalités ont même sens, aucune règle ne permet de prévoir le sens de l'inégalité qui résulte de la soustraction des inégalités membres à membres.

54. Théorème III. — *Si les termes de deux inégalités de même sens sont positifs, les produits des termes correspondants forment une inégalité du sens des premières ; si les termes sont tous négatifs, les produits forment une inégalité de sens contraire.*

1º Soient les deux inégalités

$$3 > \frac{2}{7},$$

$$\frac{4}{5} > \frac{2}{3}.$$

Les nombres 3 et $\frac{4}{5}$ étant respectivement supérieurs aux nombres $\frac{2}{7}$ et $\frac{2}{3}$, le produit $3 \times \frac{4}{5}$ est supérieur au produit $\frac{2}{7} \times \frac{2}{3}$; on a donc l'inégalité

$$3 \times \frac{4}{5} > \frac{2}{7} \times \frac{2}{3}.$$

2º Soient les inégalités

$$-3 < -\frac{2}{7},$$

$$-\frac{4}{5} < -\frac{2}{3}.$$

Ces différents nombres étant négatifs, les inégalités entre leurs valeurs absolues sont

$$3 > \frac{2}{7},$$

$$\frac{4}{5} > \frac{2}{3},$$

d où l'on déduit (1°)

$$3 \times \frac{4}{5} > \frac{2}{7} \times \frac{2}{3},$$

ce qui peut s'écrire

$$(-3) \times \left(-\frac{4}{5}\right) > \left(-\frac{2}{7}\right) \times \left(-\frac{2}{3}\right).$$

Remarque. — Si les quatre termes n'ont pas même signe, on ne peut plus donner de règle précise.

55. Théorème IV. — *Si les termes de deux inégalités sont positifs, et si les inégalités sont de sens contraires, on peut les diviser membres à membres; les quotients vérifient une inégalité de même sens que la première. Si les termes sont tous négatifs, les quotients vérifient une inégalité de sens contraire à la première.*

1° Soient les deux inégalités

$$\frac{5}{2} > \frac{3}{4},$$

$$\frac{7}{11} < \frac{2}{3}.$$

Les quotients sont

$$\frac{\dfrac{5}{2}}{\dfrac{7}{11}} \qquad \text{et} \qquad \frac{\dfrac{3}{4}}{\dfrac{2}{3}}.$$

Le premier, ayant son numérateur $\frac{5}{2}$ supérieur à celui du second et son dénominateur $\frac{7}{11}$ inférieur à celui du second, est supérieur au second ; on a donc

$$\frac{\dfrac{5}{2}}{\dfrac{7}{11}} > \frac{\dfrac{3}{4}}{\dfrac{2}{3}}.$$

2° Si les quatre termes sont négatifs, les quotients deux à deux sont positifs et sont les mêmes que s'ils provenaient des inégalités qui ont lieu entre les valeurs absolues des nombres ; ces inégalités étant de sens contraire aux inégalités entre les nombres donnés, l'application du résultat précédent montre que les quotients satisfont à une inégalité du sens de la seconde.

Remarque. — Il n'y a aucune règle générale lorsque les quatre termes n'ont pas même signe.

CHAPITRE III

APPLICATIONS. — MOUVEMENT UNIFORME
EXPOSANTS NÉGATIFS

---

56. La théorie qui vient d'être exposée a pour point de départ l'étude des vecteurs ; si les nombres positifs et négatifs ne devaient servir qu'à la représentation des vecteurs, il serait peu utile d'introduire ces symboles ; nous allons montrer par quelques exemples que ces symboles permettent de renfermer dans une formule unique toute une série de formules qui seraient distinctes si l'on se bornait à considérer les nombres de l'arithmétique.

57. Exemple I. — *Un mobile partant d'un point O pris sur une droite parcourt des longueurs, mesurées par les nombres a et b, dans des sens déterminés. Trouver la position finale du mobile sur la droite.*

Pour trouver cette position, il faut examiner les différents cas qui peuvent se présenter suivant le sens de parcours des longueurs.

1° Les deux longueurs sont parcourues de gauche à droite. Dans ce cas, le mobile arrive d'abord en A après avoir parcouru la longueur mesurée par a ; puis, il arrive en B ayant parcouru la distance AB mesurée par b ; il est donc à droite du point O et à une distance de ce point mesurée par $a + b$.

2° a étant supérieur ou égal à b, la longueur mesurée par a est parcourue de gauche à droite, et la longueur mesurée par b est parcourue de droite à gauche.

Le mobile arrive d'abord en A après avoir parcouru la pre-

mière longueur ; puis, rétrogradant, il parvient en B, s'étant
rapproché du point O d'une longueur mesurée par b ; il est donc
à droite du point O à une distance mesurée par $a - b$.

3° a étant inférieur à b, la longueur mesurée par a est
parcourue de gauche à droite, l'autre longueur est parcourue
en sens inverse.

Le mobile arrivé en A, à une
distance du point O mesurée par a,
rétrograde, passe au point O et parvient finalement en B à
gauche du point O, la distance OB étant mesurée par $b - a$.

Outre ces trois cas, nous pouvons imaginer que la première
longueur soit parcourue de droite à gauche, ce qui donnera
naissance à trois nouveaux cas.

Il faudra donc six formules pour donner la solution complète du problème.

Introduisons maintenant les nouveaux symboles.

Désignons par a' et b' les nombres positifs ou négatifs qui
mesurent les vecteurs $\overline{OA}$, $\overline{AB}$, en choisissant, par exemple,
comme sens positif le sens de gauche à droite ; d'après la définition de la somme de deux vecteurs, le vecteur $\overline{OB}$ est la
somme des vecteurs $\overline{OA}$, $\overline{AB}$ et il est mesuré par

$$a' + b'.$$

Une formule unique remplace donc les six formules précédentes.

58. Changement d'origine. — Un point M situé sur une
droite est déterminé par le vecteur $\overline{OM}$, qui a pour origine un
point fixe O pris sur la droite ; le nombre qui mesure ce vecteur, quand on a choisi sur la droite un sens positif, est appelé
l'*abscisse* du point M.

On peut avoir besoin de changer l'origine des abscisses ; par
exemple, plusieurs points peu-
vent être rapportés à des origines différentes ; pour com-
parer ces points entre eux, il est commode de les rapporter à
une même origine ; dans ce cas, en effet, un point M est à
droite d'un point M' si son abscisse est plus grande que celle
de M', en supposant que le sens positif soit de gauche à droite ;

cela résulte de ce que nous avons dit sur les grandeurs relatives des nombres algébriques.

Pour résoudre le problème du changement d'origine, nous remarquerons que la formule précédente donne, en appelant O l'ancienne origine, O' la nouvelle origine et M le point,

$$\overline{O'M} = \overline{O'O} + \overline{OM} = \overline{OM} - \overline{OO'},$$

ce qui s'exprime :

La nouvelle abscisse d'un point est la différence entre l'ancienne abscisse de ce point et l'abscisse de la nouvelle origine par rapport à l'ancienne origine.

ou encore :

La mesure d'un vecteur est la différence entre les abscisses de l'extrémité et de l'origine.

59. Détermination d'un point pris sur une droite par le rapport de ses distances à deux points fixes de cette droite. — Soient A et B deux points fixes pris sur une droite indéfinie; on a vu, en géométrie, que lorsqu'un point mobile M parcourt l'intervalle AB, le rapport $\dfrac{MA}{MB}$ de ses distances aux point A et B prend toutes les valeurs possibles; ce rapport prend une seconde fois toutes les valeurs possibles, quand M se déplace en dehors de AB, de sorte que la connaissance du rapport des longueurs MA, MB permet seulement d'affirmer que le point M occupe une des deux positions, appelées *conjuguées*.

Au lieu de considérer le rapport des longueurs, considérons le rapport des vecteurs $\overline{MA}$, $\overline{MB}$; quel que soit le sens positif choisi, si M est entre A et B, ces vecteurs sont de sens opposés, leur rapport est négatif; si M n'est pas entre A et B, ces vecteurs sont de même sens, leur rapport est positif; il en résulte que, connaissant le rapport $\lambda = \dfrac{\overline{MA}}{\overline{MB}}$, on pourra déterminer exactement le point M; il suffira de chercher par la géométrie les points dont le rapport $\dfrac{MA}{MB}$ a pour valeur la valeur absolue de λ; si λ est positif, M sera celui des deux points trouvés qui n'est pas entre A et B ; si λ est négatif, M sera le point qui est entre A et B.

Nous avons ici un nouvel exemple de l'avantage de l'introduction des nombres algébriques.

60. Calcul de l'abscisse d'un point déterminé par le rapport λ. — Soient a, b les abscisses des deux points fixes A et B par rapport à l'origine O, λ le rapport des vecteurs $\overline{MA}$, $\overline{MB}$ et x l'abscisse inconnue du point M ; on a

$$\overline{MA} = \overline{OA} - \overline{OM}, \qquad \overline{MB} = \overline{OB} - \overline{OM},$$

$$\frac{\overline{MA}}{\overline{MB}} = \lambda = \frac{\overline{OA} - \overline{OM}}{\overline{OB} - \overline{OM}} = \frac{a - x}{b - x},$$

d'où l'on déduit

$$x = \frac{a - b\lambda}{1 - \lambda}.$$

61. Exemple II. — Soit un triangle ABC et un point O à l'intérieur de ce triangle ; joignant ce point aux sommets A, B, C, on a

$$ABC = OAB + OBC + OCA,$$

ou, en désignant par S, S_a, S_b, S_c, les nombres qui mesurent les aires des triangles ABC, OBC, OCA, OAB ;

$$(1) \qquad\qquad S = S_a + S_b + S_c.$$

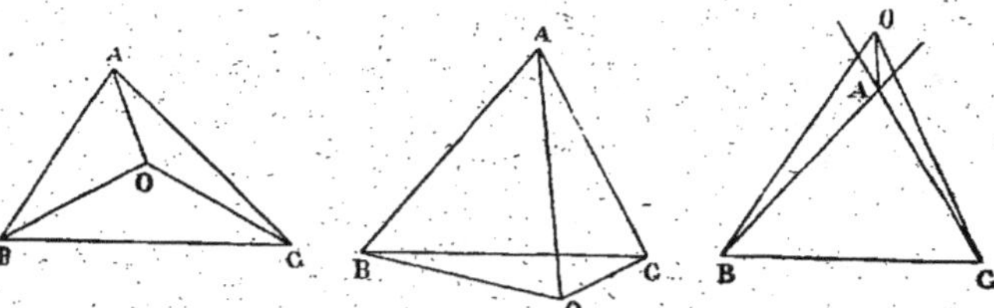

Supposons que le point O, toujours situé dans l'angle A, ne soit pas, par rapport à BC, du même côté que A, on a

$$ABC + OBC = OAB + OAC$$

ou

$$ABC = OAB + OAC - OBC,$$
$$(2) \qquad S = S_c + S_b - S_a.$$

Enfin, imaginons que le point O soit dans l'angle opposé par le sommet à A ; on a

$$OBC = ABC + OAC + OBA$$

ou

$$ABC = OBC - OAC - OBA,$$
$$(3) \qquad S = S_a - S_b - S_c.$$

Si l'on considère de même les différentes positions du point O par rapport aux sommets B et C, on trouve de nouvelles relations :

$$(4) \qquad S = S_c + S_a - S_b,$$
$$(5) \qquad S = S_b - S_c - S_a,$$
$$(6) \qquad S = S_a + S_b - S_c,$$
$$(7) \qquad S = S_c - S_a - S_b.$$

Nous avons donc sept relations différentes entre les nombres qui mesurent ces surfaces ; l'introduction des nombres positifs et négatifs permet de réduire ces relations à une seule.

Représentons l'aire d'un triangle partiel par un nombre positif quand les sommets non communs de ce triangle et du triangle ABC sont d'un même côté de la base commune, par un nombre négatif dans le cas contraire, l'aire du triangle ABC étant représentée par un nombre positif, et les valeurs absolues de ces nombres étant S, S_a, S_b, S_c ; on aura donc, en désignant par S', S'_a, S'_b, S'_c ces nombres,

$$S' = + S, \quad S'_a = \underset{ou}{\overset{+}{_{-}}} S_a, \quad S'_b = \underset{ou}{\overset{+}{_{-}}} S_b, \quad S'_c = \underset{ou}{\overset{+}{_{-}}} S_c.$$

Les relations (1), (2), (3) deviennent alors

$$(8) \qquad S' = S'_a + S'_b + S'_c.$$

Il est aisé de voir qu'il en est de même des relations (4), (5), (6), (7), en sorte que la seule relation (8) renferme toutes les autres.

62. Mouvement uniforme. — On dit que le mouvement d'un mobile sur une droite est *uniforme* quand ce mobile parcourt *toujours dans le même sens* des *espaces proportionnels aux temps employés à les parcourir.*

De cette définition, il résulte que les espaces parcourus dans des temps égaux sont égaux et, en particulier, l'espace parcouru pendant l'unité de temps est toujours le même; cet espace est appelé la *vitesse* du mouvement; le nombre qui mesure la vitesse dépend de l'unité de longueur et de l'unité de temps : si l'on prend pour unité de longueur le *mètre*, et pour unité de temps la *seconde*, la vitesse v est le nombre de mètres parcourus pendant une seconde. Le nombre qui mesure la vitesse peut aussi être considéré à un autre point de vue : désignons par e, e' les espaces parcourus pendant les temps t, t'; on a

$$\frac{e}{e'} = \frac{t}{t'}$$

ou, si cette relation a lieu entre nombres,

$$\frac{e}{t} = \frac{e'}{t'} = \frac{v}{1}.$$

Le nombre v apparaît donc ici comme le rapport constant entre les nombres qui mesurent l'espace parcouru et le temps employé à le parcourir.

On en conclut que le nombre e qui mesure l'espace est le produit des nombres qui mesurent la vitesse et le temps :

$$e = vt.$$

63. Problème. — *Trouver la position d'un mobile qui parcourt une droite d'un mouvement uniforme, avec une vitesse donnée et dans un sens déterminé, connaissant sa position à un instant donné.*

Soit O la position du mobile à l'instant donné; désignons par t le temps qui s'est écoulé depuis cet instant, et soit M la position du mobile au bout de ce temps t.

La longueur OM sera mesurée par

$$e = vt,$$

si v est le nombre qui mesure la vitesse; pour déterminer le point M, il faudra de plus indiquer s'il est à droite ou à gauche de O. On évitera cet inconvénient en remarquant que v représente un espace parcouru dans un sens déterminé, c'est-à-dire un vecteur; v peut donc être considéré comme un nombre positif ou négatif, suivant que le mobile se meut sur la droite dans le sens positif ou dans l'autre sens. D'ailleurs, e et v seront de même signe, t étant un nombre arithmétique qui joue le même rôle que le nombre positif ; d'après cela, une formule unique

$$e = vt$$

représente le mouvement.

64. Dans ce qui précède, on considère le mouvement comme ayant lieu à partir du passage du mobile en O ; en général, le mouvement existait avant ce passage et dans les mêmes conditions ; on peut alors se proposer de trouver la position du mobile à un instant qui précède l'instant du passage en O de t' secondes. Soit M la position du mobile ; si l'on prend comme point de départ le point M, le mobile passe en O au bout de t' secondes, et l'on a

$$\overline{MO} = vt'.$$

Or l'espace e étant un vecteur compté à partir de O, on doit avoir

$$e = \overline{OM} = -vt'.$$

Convenons de considérer le temps comme une grandeur dirigée, représentée par un nombre positif s'il est postérieur au passage en O, négatif s'il est antérieur ; on devra alors poser $t = -t'$, et la relation précédente deviendra

$$e = vt,$$

conformément à la règle de multiplication.

Ainsi e, v et t étant des nombres positifs ou négatifs suivant les cas, on a toujours

$$e = vt,$$

formule unique du mouvement uniforme.

65. Il peut arriver que l'on ait intérêt à compter les vecteurs qui déterminent la position du mobile, non plus à partir du point O, qui correspond à l'instant zéro, mais à partir d'un autre point, A.

On a alors, *dans tous les cas*,

$$\overline{AM} = \overline{AO} + \overline{OM},$$
$$e = a + vt,$$

e désignant l'espace compté à partir du point A et a la mesure du segment $\overline{AO}$.

Ici encore, une formule unique suffit, tandis qu'il en eût fallu un grand nombre si l'on n'avait pas eu recours aux nombres positifs et négatifs.

66. On peut encore imaginer que l'on change *l'origine du temps*, c'est-à-dire l'instant à partir duquel on compte le temps ; supposons que la nouvelle origine suive l'ancienne de t_0 secondes ; le temps t compté à partir de la première origine, est égal au temps t', compté à partir de la seconde origine, augmenté de t_0, intervalle qui sépare ces origines,

$$t = t' + t_0.$$

Si, au contraire, la nouvelle origine précède l'ancienne de t'_0 secondes, on a

$$t = t' - t'_0.$$

Comptons le temps négativement, si l'instant considéré est antérieur à la première origine ; le nombre t_1 qui mesure le temps qui sépare les deux origines est ici négatif et $t_1 = -t'_0$; la relation devient

$$t = t' + t_1.$$

On a donc, dans tous les cas,

$$t = t' + t_0,$$

t étant le temps compté à partir de la première origine, t' le temps compté à partir de la seconde origine et t_0 le temps qui sépare la nouvelle origine de l'ancienne, en prenant l'ancienne origine comme point de départ. Cette formule est identique à celle qui a servi pour le changement d'origine des abscisses.

Exposants positifs ou négatifs.

67. L'introduction des exposants fractionnaires (*) permet d'unifier le calcul des puissances et celui des radicaux ; nous

---

(*) Voir Note III, à la fin du volume.

allons montrer comment, en faisant usage d'une notation nouvelle, on peut de la même façon identifier le calcul des inverses des puissances au calcul des puissances.

Définitions. — *La notation* a^{-m}, *dans laquelle* m *est un nombre positif, représente le nombre* $\dfrac{1}{a^m}$. *La notation* a^0 *représente l'unité.*

Ces symboles n'ont pas encore été définis et leur définition actuelle ne comporte aucune ambiguïté ; elle est donc légitime ; pour établir son utilité, il faut montrer que les règles du calcul des exposants arithmétiques, combinées à celles du calcul des nombres algébriques, fournissent les mêmes résultats qu'un calcul direct ; nous allons examiner les différentes opérations et faire cette vérification sur chacune d'elles.

68. Théorème I. — a^{-m} *est l'inverse de* a^m.

Ceci résulte de la définition quand m est positif ou nul. Supposons m négatif et posons $m = -m'$; on a

$$a^{-m} = a^{m'} \qquad \text{et} \qquad a^m = a^{-m'}.$$

a^m est donc l'inverse de $a^{m'}$; et par suite, $a^{m'}$ ou a^{-m} est l'inverse de a^m.

69. Théorème II. — *Le produit* $a^m.a^p$ *est égal à* a^{m+p}.

Ce théorème est démontré pour les exposants positifs ; nous allons l'étendre aux exposants négatifs ou nuls.

$1°$ m est *positif*, p est *négatif* et égal à $-p'$.
On a par définition,

$$a^m . a^p = a^m . a^{-p'} = a^m . \frac{1}{a^{p'}} = \frac{a^m}{a^{p'}}.$$

Si p' est inférieur à m, ce quotient est $a^{m-p'}$ ou a^{m+p}.
Si p' est égal à m, ce quotient est 1 ou $a^0 = a^{m+p}$.
Si p' est supérieur à m, ce quotient est $\dfrac{1}{a^{p'-m}}$, qui, avec la nouvelle notation s'écrit $a^{m-p'} = a^{m+p}$.

$2°$ m et p sont *négatifs*.

Soient m' et p' leurs valeurs absolues; le produit est

$$a^m \cdot a^p = \frac{1}{a^{m'}} \cdot \frac{1}{a^{p'}} = \frac{1}{a^{m'+p'}},$$

qui s'écrit avec la nouvelle notation $a^{-(m'+p')} = a^{m+p}$.

3° m est *différent de zéro*, p est *nul*.

a^p étant l'unité, le produit $a^m.a^p$ est a^m, qui peut s'écrire a^{m+p}.

4° m et p sont *nuls*.

a^m et a^p sont égaux à l'unité, qui peut s'écrire a^0 ou a^{m+p}.

70. Théorème III. — *Le quotient* $\dfrac{a^m}{a^p}$ *est égal à* a^{m-p}.

Ce quotient peut s'écrire

$$a^m \cdot \frac{1}{a^p} = a^m \cdot a^{-p} = a^{m-p},$$

quels que soient les exposants m et p.

71. Théorème IV. — *La puissance d'exposant p de a^m est égale à* a^{mp}.

Ce théorème est démontré si m et p sont positifs; examinons les différents cas qui peuvent se présenter, quand m et p ne sont pas positifs tous les deux.

1° m est *positif*, p est *négatif* et égal à $-p'$.

$$(a^m)^p = (a^m)^{-p'} = \frac{1}{(a^m)^{p'}} = \frac{1}{a^{mp'}},$$

ce qui peut s'écrire

$$a^{-mp'} \qquad \text{ou} \qquad a^{mp},$$

— mp' étant égal à mp.

2° m est *négatif* et égal à $-m'$, p est *positif*.

$$(a^m)^p = (a^{-m'})^p = \left(\frac{1}{a^{m'}}\right)^p = \frac{1}{a^{m'p}},$$

ce qui peut s'écrire

$$a^{-m'p} \qquad \text{ou} \qquad a^{mp},$$

— $m'p$ étant égal à mp.

3° m et p sont *négatifs* et égaux respectivement à $-m'$ et $-p'$.

$$(a^m)^p = (a^{-m'})^{-p'} = \left(\frac{1}{a^{m'}}\right)^{-p'} = (a^{m'})^{p'} = a^{m'p'},$$

ce qui peut s'écrire

$$a^{mp},$$

puisque les produits mp et $m'p'$ sont égaux.

4° L'un des nombres m, p est *nul*, ou les deux sont *nuls*. $(a^m)^p$ est alors égal à l'unité et peut se représenter par a^{mp}, puisque l'exposant mp est *nul*.

En résumé, toutes les règles établies pour le calcul des exposants arithmétiques sont applicables aux exposants algébriques.

EXERCICES

1. A, B, C étant trois points en ligne droite, et H le milieu de BC, on a

$$\overline{AH} = \frac{\overline{AB} + \overline{AC}}{2} \qquad \text{et} \qquad \overline{AB} \times \overline{AC} = \overline{AH}^2 - \frac{\overline{BC}^2}{4}.$$

2. A, B, C étant trois points en ligne droite, et H un point qui partage $\overline{BC}$ dans le rapport $-\dfrac{n}{m}$, on a

$$\overline{AH} = \frac{m\overline{AB} + n\overline{AC}}{m + n}.$$

3. On donne n points A_1, A_2, ..., A_n, en ligne droite et on leur fait correspondre des nombres positifs ou négatifs α_1, α_2, ..., α_n; on détermine un point B_1 tel que

$$\frac{\overline{B_1A_1}}{\overline{B_1A_2}} = - \frac{\alpha_2}{\alpha_1},$$

à ce point, on fait correspondre le nombre $\alpha_1 + \alpha_2$; on détermine un point B_2 tel que

$$\frac{\overline{B_2B_1}}{\overline{B_2A_3}} = - \frac{\alpha_3}{\alpha_1 + \alpha_2},$$

et on fait correspondre à ce point le nombre $\alpha_1 + \alpha_2 + \alpha_3$; on combine ce point avec A_4, comme on a combiné A_2 et A_1, A_3 et B_2, etc.; on obtient finalement un point M appelé *centre des distances propor-*

tionnelles des points A_1, A_2, ..., A_n; démontrer que si x_1, ..., x_n sont les abscisses de ces points et x celle de M, on a

$$x(\alpha_1 + \alpha_2 + \ldots + \alpha_n) = \alpha_1 x_1 + \ldots + \alpha_n x_n.$$

En déduire que le point M est indépendant de l'ordre dans lequel on considère les points donnés.

4. Démontrer que si l'on a

$$\frac{\overline{AB}}{\overline{CB}} = - \frac{\overline{AD}}{\overline{CD}},$$

on a

$$\frac{2}{\overline{AC}} = \frac{1}{\overline{AB}} + \frac{1}{\overline{AD}}$$

et

$$\overline{OA}^2 = \overline{OB} \times \overline{OD},$$

O étant le milieu de AC.

5. Si h est la hauteur d'un triangle équilatéral, et si α, β, γ sont les distances d'un point intérieur au triangle aux côtés de ce triangle, on a

$$\alpha + \beta + \gamma = h.$$

Quelle convention faut-il faire sur la mesure algébrique des distances du point aux côtés pour que cette relation subsiste quand le point est extérieur au triangle?

6. Si l'on joint un point intérieur à un carré aux sommets du carré, on forme quatre triangles dont les aires S_1, S_2, S_3, S_4 satisfont à la relation

$$S_1 + S_2 + S_3 + S_4 = S,$$

S étant l'aire du carré.

Quelle convention faut-il faire sur la mesure algébrique des aires pour que cette relation subsiste quand le point est extérieur?

Peut-on étendre cette relation à un polygone quelconque?

7. Étant donné un tétraèdre SABC, et O un point quelconque de l'espace, on joint ce point aux sommets; les droites SO, AO, BO, CO rencontrent les plans des faces ABC, SBC, SAC, SAB, en des points S', A', B', C'; démontrer que l'on a

$$\frac{\overline{SO}}{\overline{OS'}} + \frac{\overline{AO}}{\overline{OA'}} + \frac{\overline{BO}}{\overline{OB'}} + \frac{\overline{CO}}{\overline{OC'}} = 1,$$

et, en désignant par S_1, A_1, B_1, C_1 les aires des faces opposées à S, A, B, C,

$$S_1\, d_S + A_1\, d_A + B_1\, d_B + C_1\, d_C = 3V,$$

d_S, d_A, d_B, d_C étant des nombres algébriques dont les valeurs absolues sont les distances du point O aux faces, et V le volume du tétraèdre.

8. Effectuer les opérations suivantes :

$$(+3) \times (-5) - \left(-\frac{1}{2}\right) \times \left(-\frac{2}{3}\right) \times \left(+\frac{2}{5}\right),$$
$$\sqrt{(-5)[(-2)+(-3)]} + \sqrt[3]{(+3)[(-10)-(-4)]},$$
$$\sqrt[3]{(-8)[(+3)-(-5)]} + \left(-\frac{1}{2}\right) - \left(-\frac{3}{2}\right).$$

9. Deux mobiles partent l'un d'un point A, l'autre d'un point B, et se meuvent sur la droite AB d'un mouvement uniforme, avec des vitesses v, v'; à quel moment se rencontreront-ils, la distance AB étant désignée par d?

Applications :
$$d = 10, \qquad v' = 4, \qquad v = 2;$$
$$d = 15, \qquad v' = 3, \qquad v = -2;$$
$$d = 20, \qquad v' = 7, \qquad v = -3.$$

10. Même problème en supposant que le second mobile parte du point B, t secondes après le départ du premier mobile du point A.

11. Effectuer les opérations suivantes en se servant des exposants algébriques :

$$3^2 . \frac{1}{\sqrt{3}}, \qquad 2^{\frac{1}{2}} . 2^{-5}, \qquad \frac{\sqrt[3]{a^2} . \sqrt[2]{a^3}}{\sqrt[5]{a^2}},$$

$$(a+b)^2 . (a+b)^{-2} . \frac{1}{(a^2-b^2)^2}, \qquad (a-b)^3 . (a^2-b^2)^{-3}.$$

12. Écrire avec des exposants algébriques les expressions suivantes :

$$\sqrt[3]{a^2}; \qquad \sqrt[5]{a^4}, \qquad \sqrt{a^3 b^2}. \qquad \sqrt[3]{a^4 b^2 c^4},$$

$$\frac{1}{\sqrt[3]{a^5}}, \qquad \frac{a}{\sqrt{b^3}}, \qquad \frac{a^2\sqrt{b}}{\sqrt{c^2 d^4}}, \qquad \frac{a\sqrt{b}\,\sqrt[3]{c}}{\sqrt[5]{d}}.$$

13. Effectuer les opérations suivantes :

$$a(a-b)^{-1} + a(a+b)^{-1}, \qquad ab^{-2} - ba^{-2},$$
$$a(a-b)^{-1}(a-c)^{-1} + b(b-a)^{-1}(b-c)^{-1} + c(c-a)^{-1}(c-b)^{-1},$$
$$a^2(a-b)^{-1}(a-c)^{-1} + b^2(b-a)^{-1}(b-c)^{-1} + c^2(c-a)^{-1}(c-b)^{-1}.$$

(*) Pour les exercices 11, 12, 13, 14, consulter la note III à la fin du volume.

14. Effectuer les opérations suivantes :

$$a^{-1} + b^{-1} + 2a^{-1}b^{-1} - 4a^{-2}b^{-2},$$
$$(a + b)^{-2}(a^{-2} + b^{-2}) - (a^{-2} + b^{-2})(a^{-1} + b^{-1})^2,$$
$$a^n(a^n - 1)^{-1} - a^{2n}(a^n + 1)^{-1} - (a^n - 1)^{-1} + (a^n + 1)^{-1}.$$

LIVRE II

CALCUL ALGÉBRIQUE

CHAPITRE I

EXPRESSIONS ALGÉBRIQUES

---

72. On appelle *expression algébrique* un ensemble de lettres et de signes indiquant une suite d'opérations à effectuer sur les nombres représentés par les lettres, ces opérations étant celles qui ont été étudiées précédemment : *addition, soustraction, multiplication, division, élévation aux puissances, extraction de racines.*

On distingue les expressions suivant la nature de ces opérations.

73. Une expression algébrique est dite *rationnelle par rapport à une lettre a*, si, parmi les opérations à effectuer sur cette lettre, il n'y a pas d'*extraction de racine* ; elle est dite *irrationnelle par rapport à la lettre a* dans le cas contraire.

Ainsi

$$3a + 5\sqrt{b}, \qquad a^2 - 2\sqrt[3]{b}$$

sont *rationnelles par rapport à a* et *irrationnelles par rapport à b*.

Une expression algébrique est dite *rationnelle*, si elle est rationnelle par rapport à *toutes les lettres* qu'elle renferme ; ainsi,

$$\sqrt{3}\,a + 5b, \qquad a^2 + 2ab, \qquad \frac{\sqrt[3]{4}\,a + b}{3a - b}$$

sont des *expressions algébriques rationnelles.*

74. Une expression algébrique rationnelle par rapport à une lettre est dite *entière par rapport à cette lettre*, si cette lettre n'entre dans la composition d'aucun diviseur ; dans le cas contraire, l'expression est dite *fractionnaire par rapport à cette lettre*.

Ainsi

$$\frac{3a + \sqrt{2}\,b}{c - \sqrt{b}}, \qquad \frac{a + \sqrt{b}}{b + 2c}$$

sont des expressions *entières* par rapport à a, *fractionnaires* par rapport à c, et *irrationnelles* par rapport à b.

Une expression *rationnelle* est dite *entière* si elle est entière par rapport à *toutes les lettres* qu'elle renferme ; telles sont les expressions

$$3a + 5b^2 + \sqrt{2}\,ab, \qquad a\sqrt[3]{2} + \frac{b}{3}.$$

75. Une expression algébrique qui ne contient aucun signe d'addition ou de soustraction est un *monome* ; nous réserverons ce mot pour désigner une expression *rationnelle* et *entière*, sans signe d'addition ou de soustraction.

Ainsi

$$3a^2b, \qquad 5ab$$

sont des monomes.

76. On appelle *degré* d'un monome par rapport à une lettre l'exposant de cette lettre dans le monome ; ainsi les monomes

$$3a^2b, \qquad 7a^2bc^2.$$

sont du *second degré* par rapport à a et du premier degré par rapport à b.

On appelle *degré* d'un monome par rapport aux lettres qui y entrent, la somme des degrés par rapport à chacune de ces lettres ;

$$3a^2bc, \qquad 5ab^2c, \qquad 3abc^2$$

sont du quatrième degré par rapport à l'ensemble des lettres a, b, c.

77. On appelle *coefficient* d'un monome le nombre qui entre comme facteur dans ce monome.

Ainsi 5 est le coefficient du monome

$$5ab^3c^2.$$

Il peut arriver que l'on considère un monome relativement à certaines lettres; les autres peuvent alors être regardées comme représentant des nombres déterminés et sont alors des coefficients; ainsi, dans le monome

$$3ax^2y,$$

considéré relativement aux lettres x et y, $3a$ est le coefficient.

78. On dit que deux monomes sont *semblables* quand ils ne diffèrent que par les coefficients.; tels sont

$$4a^2bc^3. \quad -\frac{7}{2}\,a^2bc^3, \quad \sqrt{3}\,a^2bc^3.$$

79. On appelle *polynome* une suite de *monomes* réunis par signes $+$ et $-$.

Chaque monome est un *terme* du polynome.

Il est dit *terme négatif* s'il est précédé du signe $-$, *positif* dans le cas contraire.

Un polynome formé de deux termes est un *binome*.

Un polynome formé de trois termes est un *trinome*.

80. On appelle *degré d'un polynome par rapport à une lettre* le degré du monome de plus haut degré par rapport à cette lettre.

On appelle *degré d'un polynome* le degré du monome de plus haut degré par rapport à l'ensemble des lettres.

Le polynome

$$3a^2 + 5abc - 13c^2$$

est du second degré par rapport à a et du troisième degré par rapport à l'ensemble des lettres a, b, c.

81. Un polynome est dit *homogène* quand il est formé de monomes de même degré; tel est le polynome

$$3a^3 + \frac{5}{2}\,a^2b - 7b^3.$$

qui est homogène du troisième degré.

82. On appelle *valeur numérique* d'une expression algébrique le nombre que l'on obtient en donnant aux lettres des valeurs déterminées et en effectuant les opérations indiquées.

Ainsi, le polynome

$$3a^2 - 5b + 2c,$$

pour $a = -2,\ b = 1,\ c = 5$, a pour valeur numérique

$$3 \times (-2)^2 - 5 \times 1 + 2 \times 5$$

ou

$$12 - 5 + 10 = 17.$$

83. On appelle expressions algébriques *équivalentes* des expressions qui prennent la même valeur numérique quand on donne aux mêmes lettres les mêmes valeurs dans les deux expressions, quelles que soient d'ailleurs ces valeurs.

Telles sont les expressions

$$(a + b)^2 \qquad \text{et} \qquad a^2 + 2ab + b^2.$$

Deux polynomes formés des mêmes termes pris dans un ordre différent sont équivalents.

Cela résulte de ce fait que, dans une suite de nombres séparés par les signes $+$ et $-$, on peut intervertir l'ordre des nombres (16).

84. On appelle opération algébrique toute transformation permettant de remplacer une expression algébrique par une expression équivalente.

Nous nous bornerons à étudier les opérations concernant les polynomes.

EXERCICES

1. Trouver le degré des polynomes

$$1 + 3xy - 5x^2, \qquad 5x^3yz + 7xy^2z - 5z^4$$

1° par rapport à une lettre x, y ou z ; 2° par rapport à toutes les lettres.

2. Un polynome étant homogène par rapport aux lettres x, y, z, trouver aux coefficients près, les termes qui peuvent entrer dans ce polynome : 1° s'il est du premier degré ; 2° s'il est du second degré.

3. Calculer les valeurs numériques des polynomes suivants :

$$a^3 - 5a^2b + b^3,$$
$$a^4 + 6a^3b - 7ab^3 - b^4$$

pour $a = -1$, $b = 5$.

4. Trouver la valeur numérique de l'expression

$$\frac{(a + b)(a - 2b)}{3a - 5b}$$

pour $a = 4$, $b = 5$.

5. Trouver la valeur numérique de l'expression

$$\sqrt{a^2 - b(a + c)} - \sqrt[3]{a + c + 2b}$$

pour $a = 4$, $b = -1$, $c = 7$.

CHAPITRE II

ADDITION ET SOUSTRACTION

85. Addition. — *On appelle somme de plusieurs polynomes, un polynome dont la valeur numérique est égale à la somme des valeurs numériques des polynomes considérés, quelles que soient les valeurs attribuées aux lettres qui entrent dans ces polynomes.*

Faire l'addition des polynomes, c'est en trouver la somme ; on indique cette somme par la notation usitée en arithmétique.

86. Théorème. — *La somme de plusieurs polynomes est un polynome formé de tous les termes des polynomes considérés précédés du signe qu'ils ont dans ces polynomes.*

Soient les polynomes

$$P = a + b - c, \qquad P' = a' - b', \qquad P'' = a'' - b'' - c''.$$

Il faut montrer que le polynome

$$S = a + b - c + a' - b' + a'' - b'' - c''$$

a pour valeur numérique la somme des valeurs numériques des polynomes P, P', P''.

Donnons, par exemple, aux lettres a, b, c, a', b', a'', b'', c'', les valeurs $+ 3$, $- 5$, $- 2$, $+ 1$, $- 7$, $+ 2$, $+ 6$, $- 1$.

La valeur numérique de S est

$$(+ 3) + (- 5) - (- 2) + (+ 1) - (- 7)$$
$$+ (+ 2) - (+ 6) - (- 1),$$

expression qui peut être considérée (16, 17) comme somme des trois expressions partielles

$$(+ 3) + (- 5) - (- 2),$$
$$(+ 1) - (- 7),$$
$$(+ 2) - (+ 6) - (- 1),$$

qui sont les valeurs numériques de P, P', P''.

87. Réduction des termes semblables. — Il est un cas particulier intéressant, celui de l'addition de plusieurs monomes semblables.

Considérons, par exemple, l'expression

$$3a^2b - 7a^2b + 5a^2b\,;$$

elle est équivalente à l'expression

$$(3 - 7 + 5)\,a^2b.$$

En effet, quelle que soit la valeur numérique α de a^2b, on sait (25) que le produit de $3 - 7 + 5$ par le nombre α est égal à

$$3\alpha - 7\alpha + 5\alpha,$$

valeur numérique de

$$3a^2b - 7a^2b + 5a^2b.$$

La somme de plusieurs monomes semblables est un monome semblable aux premiers, et dont le coefficient est la somme des coefficients de ces monomes, chaque coefficient comportant le signe placé devant le monome.

88. La valeur numérique étant indépendante de l'ordre des termes d'un polynome, on peut grouper ensemble les termes semblables et les remplacer par leur somme, conformément à la règle précédente. Ainsi, le polynome

$$3a^2b + 5ac - 7a^2b + 3d - 2ac$$

peut être remplacé par le polynome équivalent

$$3a^2b - 7a^2b + 5ac - 2ac + 3d,$$

qui est équivalent lui-même à la somme des polynomes

$$
\begin{array}{ccc}
3a^2b - 7a^2b & & -4a^2b \\
5ac - 2ac & \text{ou} & 3ac \\
3d & & 3d.
\end{array}
$$

Ce polynome peut s'écrire

$$-4a^2b + 3ac + 3d.$$

On peut donc dans un polynome remplacer les termes semblables par leur somme; c'est faire la réduction des termes semblables.

89. Polynomes ordonnés. — *On appelle polynome ordonné suivant les puissances ascendantes ou descendantes d'une lettre x, un polynome dont les termes sont disposés de telle façon que les exposants de cette lettre soient croissants ou décroissants du premier terme au dernier.*

Ainsi, le polynome

$$1 + 5x - 3x^2 + 7x^3$$

est ordonné suivant les puissances ascendantes de x. Le polynome

$$ax^4 - 3bx^2 + c$$

est ordonné suivant les puissances descendantes de x. Ce sont surtout de tels polynomes que nous étudierons ; l'addition de ces polynomes donne lieu à une réduction de termes semblables, que l'on effectue aisément en écrivant ces polynomes les uns au-dessous des autres, de manière à avoir dans une même colonne des termes semblables ; il est bien entendu ici que les termes semblables sont des termes de même degré par rapport à la lettre ordonnatrice.

Exemple :

$$
\begin{array}{l}
1 + 3x - 5x^2 \qquad\qquad + x^4 \\
2 \qquad\;\; + 3x^2 - 6x^3 + 7x^4 \\
\underline{\quad\; 7x - 8x^2 + x^3 + 11x^4} \\
3 + 10x - 10x^2 - 5x^3 + 19x^4.
\end{array}
$$

90. Soustraction. — *On appelle différence de deux polynomes A et B un polynome C tel que A soit la somme de B et C.*

Trouver cette différence, c'est faire la *soustraction* des polynomes A et B, rangés dans un ordre déterminé.

La notation est la même qu'en arithmétique pour la différence de deux nombres.

91. Théorème. — *La différence de deux polynomes est la somme du premier polynome et d'un polynome dérivé du second par le changement des signes des termes de ce second polynome.*

Soient

$$A = a + b - c, \qquad\qquad B = a' - b' - c'$$

les deux polynomes ; pour établir que leur différence C est

$$a + b - c - a' + b' + c',$$

il suffit d'établir que la somme B + C est A ; on a

$$C + B = a + b - c - a' + b' + c' + a' - b' - c'$$

ou, en réduisant les termes semblables,

$$C + B = a + b - c = A.$$

REMARQUE. — La valeur numérique de A étant la somme des valeurs numériques de B et C, on en conclut que la valeur numérique de C est la différence des valeurs numériques de A et B.

La soustraction des polynomes correspond donc bien à la soustraction des nombres.

92. EXEMPLE. — Former A + B — C, avec

$$A = 1 + ax - bx^2,$$
$$B = 3 - 2ax + 3bx^2,$$
$$C = 9 + 3ax - bx^2.$$

Il suffit d'ajouter A, B et le polynome $- 9 - 3\,ax + bx^2$, obtenu en changeant les signes des termes de C :

$$
\begin{array}{r}
1 + ax - bx^2 \\
3 - 2ax + 3bx^2 \\
- 9 - 3ax + bx^2 \\
\hline
- 5 - 4ax + 3bx^2
\end{array}
$$

EXERCICES

1. Faire la somme des polynomes

$$1 - 3x + 7x^2 - 6x^3 \qquad \text{et} \qquad - 1 + 7x - 8x^3 + x^4 ;$$

$$3x - 5x^2 + \frac{3}{2} x^4 \qquad \text{et} \qquad 2 - \frac{3}{4} x^2 - \frac{5}{6} x^3 + 3x^4.$$

2. Faire la différence des polynomes

$$3x - 5x^2 + 7x^3 \qquad \text{et} \qquad 1 - 3x + 6x^2 ;$$

$$4 - \frac{2}{3} x + 7x^2 \qquad \text{et} \qquad \frac{3}{5} - 2x^3 + 5x^4.$$

3. Si l'on pose

$$A = 1 + 3x - 7x^2 + 8x^3, \qquad B = x - 6x^2 + x^4, \qquad C = 3 + x - 5x^3,$$

former les expressions

$$A + B + C, \qquad A + B - C, \qquad A - B + C, \qquad - A + B + C.$$

4. Ordonner les polynomes suivants par rapport à x et faire leur somme :

$$1 + 7x^5 - 3x^2 + x^4 - 2x, \qquad 3x^2 + 7x^5 - 2x + x^3 - 1.$$

5. Simplifier les expressions

$$a^2 - (b^2 - c^2) - [a^2 - (b^2 + c^2)],$$
$$a - [b - (b - a)],$$
$$x + [y - x - (y - z)],$$
$$5a^2 - 3ax + x^2 - [4a^2 + 5ax - (3a^2 - 7ax + 5x^2)] - 7x^2.$$

CHAPITRE III

MULTIPLICATION

93. *On appelle produit de deux polynomes un polynome dont la valeur numérique est* TOUJOURS *égale au produit des valeurs numériques des deux polynomes.*

Trouver ce polynome, c'est faire la multiplication des deux polynomes, qui sont appelés les *facteurs* du produit ; on indique le produit par la notation usitée en arithmétique pour le produit de deux nombres.

De la définition, il résulte que, si le produit existe, sa valeur numérique est indépendante de l'ordre des facteurs, puisque le produit des valeurs numériques en est indépendant.

94. Premier cas : Produit de deux monomes. — *Le produit de deux monomes est un monome ayant pour coefficient le produit des coefficients des deux monomes. Il contient :*

1° *Les lettres communes aux deux monomes avec un exposant égal à la somme des exposants de ces lettres dans les deux monomes ;*

2° *Les lettres non communes avec l'exposant qu'elles ont dans le monome qui les contient.*

Soient les deux monomes

$$5a^2b^3c, \qquad 3bc^3$$

et le monome formé d'après la règle précédente

$$5 \times 3 . a^2b^{3+1}c^{1+3};$$

il faut montrer que la valeur numérique de ce dernier monome est le produit des valeurs numériques des premiers.

  CALCUL ALGÉBRIQUE

Donnons à a, b, c les valeurs $\frac{1}{2}$, — 3, — 4 ; les premiers monomes ont pour valeurs numériques

$$5 \times \left(\frac{1}{2}\right)^2 \times (-3)^3 \times (-4) \qquad \text{et} \qquad 3 \times (-3) \times (-4)^3 ;$$

le produit de ces deux produits est (29)

$$5 \times \left(\frac{1}{2}\right)^2 \times (-3)^3 \times (-4) \times 3 \times (-3) \times (-4)^3 ;$$

ou (26),

$$5 \times 3 \times \left(\frac{1}{2}\right)^2 \times (-3)^3 \times (-3) \times (-4) \times (-4)^3,$$

ou encore (30),

$$5 \times 3 \times \left(\frac{1}{2}\right)^2 \times (-3)^{3+1} \times (-4)^{1+3},$$

qui est la valeur numérique du troisième monome. Cette démonstration, étant manifestement indépendante des valeurs attribuées aux lettres, la proposition est établie.

95. REMARQUE I. — Le degré du produit est la somme des degrés des monomes, soit par rapport à une lettre, soit par rapport à l'ensemble de toutes les lettres.

96. REMARQUE II. — Le produit de plusieurs monomes se déduit du produit de deux monomes, et on voit aisément que la règle donnée plus haut est encore applicable.

EXEMPLES :

$$\frac{4}{3} \, a^2bc^4 \times \frac{2}{5} \, a^3b^2c \times \frac{1}{6} \, bc^2d = \frac{4}{45} \, a^5b^4c^7d,$$
$$3abc \times (-7) \, a^2b^3 \times (-5) \, ac = 105 \, a^4b^4c^2.$$

97. Deuxième cas : Produit d'un polynome par un monome. — Avant d'étudier ce cas, il est utile de modifier la forme des polynomes considérés jusqu'ici.

Considérons les deux monomes

$$5a^2b \qquad \text{et} \qquad -5a^2b \qquad \text{ou} \qquad (-5) \, a^2b ;$$

leurs valeurs numériques ont toujours même valeur absolue

et des signes différents ; par conséquent, retrancher l'un d'eux, c'est ajouter l'autre, de telle sorte que l'on ne modifiera pas la valeur numérique d'un polynome renfermant le terme $5a^2b$ précédé du signe — en remplaçant ce terme par le terme $(-5)\,a^2b$ précédé du signe +.

Cette remarque permet de considérer un polynome comme formé d'une somme de termes ; ainsi, le polynome

$$3x - 5x^2 + 4x^3 + 2x^5 - 6x^6$$

peut s'écrire sous la forme équivalente

$$3x + (-5)\,x^2 + 4x^3 + 2x^5 + (-6)\,x^6.$$

En mettant un polynome sous cette forme, on peut énoncer la règle suivante :

Règle. — *Le produit d'un polynome par un monome est la somme des produits des termes du polynome par le monome.*

Soit le polynome $a + b + c$ à multiplier par le monome m.

Si l'on donne aux lettres des valeurs numériques, les monomes a, b, c, m, prennent des valeurs que je désigne par a', b', c', m', et on a (25)

$$(a' + b' + c') \times m' = a' \times m' + b' \times m' + c' \times m' ;$$

le second membre de cette égalité est la valeur numérique du polynome

$$am + bm + cm,$$

qui est dès lors le produit du polynome $a + b + c$ par le monome m.

Exemple. — Soit à multiplier le polynome

$$P = 5a^2b - 3ab^2 + 7b^3$$

par le monome $-3ab$.
On a

$$P = 5a^2b + (-3)\,ab^2 + 7b^3,$$

et, appliquant la règle, on trouve pour produit la somme des produits

$$5a^2b \times (-3)\,ab, \quad (-3)\,ab^2 \times (-3)\,ab, \quad 7b^3 \times (-3)\,ab,$$

ou

$$-15\,a^2b^2, \qquad +9\,a^2b^3, \qquad -21\,ab^4.$$

Le produit est donc

$$- 15\, a^3 b^2 + 9\, a^2 b^3 - 21\, a b^4.$$

98. Troisième cas : Produit d'un monome par un polynome. — *Le produit d'un monome par un polynome est la somme des produits du monome par les termes du polynome.*

Ceci résulte de ce fait que la valeur numérique du produit est indépendante de l'ordre des facteurs, en sorte que ce cas est ramené au second cas.

99. — Quatrième cas : Produit de deux polynomes. — *Le produit de deux polynomes est la somme des produits des termes du premier polynome multipliés par tous les termes du second polynome.*

Dans cet énoncé, un polynome est considéré comme une somme de termes.

Soient $\quad P = a + b + c + d, \qquad P' = a' + b' + c' + d'$ les deux polynomes.

Si l'on considère P' comme une lettre dont la valeur numérique dépend de a', b', c', d', on peut écrire (97)

$$(a + b + c + d)\, P' = a \times P' + b \times P' + c \times P' + d \times P';$$

d'autre part, on a (98)

$$a \times P' = a \times (a' + b' + c' + d') = aa' + ab' + ac' + ad',$$
$$b \times P' = b \times (a' + b' + c' + d') = ba' + bb' + bc' + bd',$$
$$c \times P' = c \times (a' + b' + c' + d') = ca' + cb' + cc' + cd',$$
$$d \times P' = d \times (a' + b' + c' + d') = da' + db' + dc' + dd'.$$

Le produit $P \times P'$ est donc bien la somme de tous les produits obtenus en prenant pour facteur un terme de P et un terme de P'.

EXEMPLE. — $P = 3a^2 b - 5ab^2$, $P' = a^3 - 2b^3$.

On peut écrire

$$P = 3a^2 b + (- 5)\, ab^2, \qquad P' = a^3 + (- 2)\, b^3.$$

et en appliquant la règle, on doit faire la somme des produits suivants :

$$3a^2 b \times a^3, \quad (- 5)\, ab^2 \times a^3, \quad 3a^2 b \times (- 2)\, b^3, \quad (- 5)\, ab^2 \times (- 2)\, b^3,$$

ou

$$3a^5b, \qquad -5a^4b^2, \qquad -6a^2b^4, \qquad 10ab^5.$$

Le produit est donc $3a^5b - 5a^4b^2 - 6a^2b^4 + 10ab^5$.

100. REMARQUE. — On peut se dispenser de transformer les polynomes, comme nous l'avons fait, en remarquant que si deux termes sont positifs, le produit correspondant fournit un terme positif, si deux termes sont négatifs, le produit correspondant fournit un terme positif, et si deux termes sont l'un positif, l'autre négatif, leur produit fournit un terme négatif.

Ainsi, dans l'exemple précédent, les produits $3a^2b \times a^3$ et $(-5)\,ab^2 \times (-2)\,b^3$ donnent les termes positifs $3a^5b$ et $10ab^5$; les produits $3a^2b \times (-2)\,b^3$ et $(-5)\,ab^2 \times a^3$ fournissent les termes négatifs $-6a^2b^4$ et $-5a^4b^2$.

Pour trouver le produit des deux polynomes, on pourra donc multiplier chaque terme du premier par chaque terme du second et faire précéder le résultat du signe $+$ ou du signe $-$ suivant que les deux termes considérés ont ou n'ont pas même signe.

Si un terme n'est précédé d'aucun signe, il est considéré comme étant précédé du signe $+$.

101. Polynomes ordonnés. — Pour faciliter la réduction des termes semblables dans le produit, il est commode d'ordonner les polynomes suivant les puissances d'une lettre ordonnatrice ; on dispose alors l'opération de la façon suivante :

On écrit les deux facteurs l'un au-dessous de l'autre en traçant une ligne horizontale au-dessous du multiplicateur ; on écrit au-dessous de cette ligne le produit du multiplicande par le premier terme du multiplicateur, en ayant soin de laisser un intervalle là où manque une puissance de la lettre ordonnatrice. On écrit au-dessous le produit du multiplicande par le second terme du multiplicateur, en ayant soin de placer les termes sous les termes semblables du premier produit partiel. On continue ainsi jusqu'à ce qu'on ait employé tous les termes du multiplicateur et on fait alors la somme des produits partiels ainsi obtenus.

Exemple :

$$4x^5 - 3x^4 + x^2 - 1$$
$$x^3 - x + 2$$

$$4x^8 - 3x^7 \qquad + x^5 \qquad - x^3$$
$$- 4x^6 + 3x^5 \qquad - x^3 \qquad + x$$
$$+ 8x^5 - 6x^4 \qquad + 2x^2 \qquad - 2.$$

$$4x^8 - 3x^7 - 4x^6 + 12x^5 - 6x^4 - 2x^3 + 2x^2 + x - 2.$$

102. Il peut arriver que les polynomes considérés par rapport à une lettre ordonnatrice x aient des coefficients littéraux ; il y a alors lieu d'effectuer des multiplications partielles relativement à ces coefficients, la règle ne subissant d'ailleurs aucune modification.

Exemples :

$$x^3 - 3ax^2 + a^3$$
$$2ax - a^2$$

$$2ax^4 - 6a^2x^3 \qquad + 2a^4x$$
$$- a^2x^3 + 3a^3x^2 \qquad - a^5$$

$$2ax^4 - 7a^2x^3 + 3a^3x^2 + 2a^4x - a^5$$

$$x^2 + (2a-b)x^2 + (a+b)$$
$$(a-b)x - (a+2b)$$

$$(a-b)x^4 \qquad +(a-b)(2a-b)x^3 \qquad\qquad +(a+b)(a-b)x$$
$$-(a+2b)x^3 - (2a-b)(a+2b)x^2 \qquad\qquad -(a+b)(a+2b)$$

$$(a-b)x^4 + [(a-b)(2a-b) - (a+2b)]x^3 - (2a-b)(a+2b)x^2 + (a+b)(a-b)x - (a+b)(a+2b)$$

Il reste à effectuer les produits partiels suivants :

$$
\begin{array}{ll}
\begin{aligned}
a - b \\
2a - b \\
\hline
2a^2 - 2ab \\
- ab + b^2 \\
\hline
2a^2 - 3ab + b^2 \\
a + b \\
a - b \\
\hline
a^2 + ab \\
- ab - b^2 \\
\hline
a^2 \qquad - b^2
\end{aligned}
&
\begin{aligned}
2a - b \\
a + 2b \\
\hline
2a^2 - ab \\
+ 4ab - 2b^2 \\
\hline
2a^2 + 3ab - 2b^2 \\
a + b \\
a + 2b \\
\hline
a^2 + ab \\
+ 2ab + 2b^2 \\
\hline
a^2 + 3ab + 2b^2
\end{aligned}
\end{array}
$$

Le produit est alors

$$(a-b)x^4+(2a^2-3ab+b^2-a-2b)x^3-(2a^2+3ab-2b^2)x^2+(a^2-b^2)x-(a^2+3ab+2b^2).$$

103. Théorème I. — *Il existe toujours dans un produit deux termes qui ne se réduisent avec aucun autre.*

En effet, si l'on suppose les polynomes ordonnés suivant les puissances descendantes, le premier terme du produit a pour degré par rapport à cette lettre la somme des degrés les plus élevés du multiplicande et du multiplicateur; aucun autre terme du produit ne renfermera donc la lettre ordonnatrice avec un exposant aussi élevé; ce premier terme, étant seul de son degré, ne peut se réduire avec aucun autre.

On verra de la même façon que le dernier terme est seul de son degré; il est le terme de moindre degré du produit.

Corollaire I. — *Le produit de deux polynomes est un polynome et n'est jamais un monome.*

Ce produit a en effet, deux termes irréductibles, le terme de plus haut degré et le terme de plus bas degré; il est donc formé au moins de deux monomes et ne peut se réduire à un seul monome.

Corollaire II. — *Le degré du produit de deux polynomes est la somme des degrés des deux polynomes.*

Soit P le produit des polynomes A et B; le terme de plus haut degré de P est le produit des termes de plus haut degré de A et B; or, les degrés de ces termes sont les degrés des polynomes P, A, B; et, d'après ce que l'on a vu dans la multiplication des monomes, le degré du terme de plus haut degré de P est la somme des degrés des termes de plus haut degré de A et B, ce qui démontre la proposition.

104. Théorème II. — *Le produit de deux polynomes homogènes est un polynome homogène dont le degré est la somme des degrés des facteurs.*

Prenons deux polynomes homogènes, l'un du troisième degré, l'autre du second degré, par exemple.

Un terme du produit a pour degré la somme des degrés d'un terme du premier facteur et d'un terme du second facteur; tous les termes du premier facteur étant du troisième degré et ceux

GRÉVY. — Traité d'algèbre.   5

du second facteur étant du second degré, le terme du produit sera toujours du cinquième degré ; le polynome est donc homogène et du cinquième degré.

105. Produit de plusieurs polynomes. — Étant donnés des polynomes A, B, C, ..., on appelle *produit de ces polynomes (ou monomes) le polynome obtenu en multipliant A par B, puis ce produit par C, et ainsi de suite jusqu'à ce qu'on ait employé tous les polynomes.*

Il est manifeste qu'un tel produit est formé de tous les produits que l'on peut former en prenant un terme dans chaque polynome et en ajoutant les résultats obtenus ; ces différents produits sont indépendants de l'ordre des facteurs ; leur somme en est également indépendante.

On voit, de plus, que le terme de plus haut degré est obtenu en multipliant entre eux les termes de plus haut degré des différents polynomes ; il est irréductible ; il en est de même du terme de plus bas degré.

Remarquons enfin que la valeur numérique du produit de plusieurs polynomes est le produit des valeurs numériques de ces polynomes.

106. Carré d'une somme. — *Le carré d'une somme est égal à la somme des carrés des différents termes augmentée de la somme des doubles produits des termes pris deux à deux.*

Soit à faire le carré de la somme $a + b + c + d$:

$$(a + b + c + d)^2 = (a + b + c + d)(a + b + c + d).$$

Nous devons faire la somme de tous les produits formés d'un terme du premier facteur et d'un terme du second facteur ; ces produits sont de deux sortes : ils sont formés de facteurs égaux ou de facteurs différents ; les premiers donnent les carrés a^2, b^2, c^2, d^2 pris une seule fois ; les seconds sont obtenus en prenant un terme a de la première somme et un terme b de la seconde ou le terme b de la première et le terme a de la seconde ; chacun d'eux est ainsi formé deux fois ; il n'y a d'ailleurs pas d'autres produits.

En particulier, on a

$$(a + b)^2 = a^2 + 2ab + b^2,$$
$$(a - b)^2 = a^2 - 2ab + b^2,$$

ce dernier carré se déduisant du premier par le changement de b en $-b$.

107. Dans la pratique, il sera commode, pour n'omettre aucun terme, de procéder de la façon suivante : on formera les carrés des différents termes, puis les doubles produits du premier terme successivement avec les suivants, ceux du second terme successivement avec les suivants et ainsi de suite. Il est facile de voir que l'on obtient de cette manière tous les produits deux à deux une seule fois.

En effet, si kl est un tel produit, on peut supposer que k soit placé avant l dans le polynome, puisque les produits kl et lk sont égaux ; comme on a multiplié k successivement par tous les termes qui le suivent, on a formé le produit kl. D'autre part, deux produits ainsi formés ne sont pas identiques ; ou bien ils proviennent d'un même premier facteur, ils diffèrent alors par le second ; ou bien ils contiennent le même second facteur, qui a été associé une seule fois avec les termes qui le précèdent dans le polynome ; ils diffèrent alors par le premier facteur.

Exemple. — *Former le carré de* $1 - x + x^2 - x^3$

Les carrés sont

$$1,\ x^2,\ x^4,\ x^6,$$

les doubles produits sont

$$-2x,\ 2x^2,\ -2x^3,$$
$$-2x^3,\ 2x^4,$$
$$-2x^5,$$

le carré du polynome est, après réduction des termes semblables,

$$1 - 2x + 3x^2 - 4x^3 + 3x^4 - 2x^5 + x^6.$$

108. Cube d'un binome. — Pour trouver le cube du binome $a + b$, nous le multiplierons par son carré :

$$
\begin{array}{l}
a^2 + 2ab + b^2 \\
a + b \\
\hline
a^3 + 2a^2b + ab^2 \\
\quad\ + a^2b + 2ab^2 + b^3 \\
\hline
a^3 + 3a^2b + 3ab^2 + b^3,
\end{array}
$$

On a donc

$$(a + b)^3 = a^3 + 3a^2b + 3ab^2 + b^3.$$

On a de même en changeant b en $- b$,

$$(a - b)^3 = a^3 - 3a^2b + 3ab^2 - b^3.$$

109. Théorème. — *Le produit d'une somme de deux termes par leur différence est égal à la différence des carrés de ces termes.*

La relation

$$(a + b)(a - b) = a^2 - b^2$$

se vérifie immédiatement :

$$
\begin{array}{r}
a + b \\
a - b \\
\hline
a^2 + ab \\
- ab - b^2 \\
\hline
a^2 \qquad - b^2.
\end{array}
$$

110. Formule de Lagrange. — Cette identité est la suivante :

$$(a^2 + b^2 + c^2 + \ldots)(a'^2 + b'^2 + c'^2 + \ldots) - (aa' + bb' + cc' + \ldots)$$
$$\equiv (ab' - ba')^2 + (ac' - ca')^2 + \ldots + (bc' - cb')^2 + \ldots$$

Pour l'établir, on peut la vérifier dans le cas où les deux premières parenthèses contiennent chacune deux termes, puis, admettant qu'elle est vérifiée lorsque ces parenthèses contiennent $n - 1$ termes, montrer qu'elle subsiste si l'on ajoute un terme dans chacune de ces parenthèses.

Nous nous bornerons ici à la vérifier dans les cas les plus simples :

$$(a^2 + b^2)(a'^2 + b'^2) - (aa' + bb')^2 \equiv (ab' - ba')^2.$$

Effectuant, on a

$$a^2a'^2 + a^2b'^2 + a'^2b^2 + b^2b'^2 - a^2a'^2 - b^2b'^2 - 2aa'bb'$$
$$\equiv a^2b'^2 + a'^2b^2 - 2aa'bb',$$

ce qui a lieu identiquement, les termes $a^2a'^2$ et $b^2b'^2$ se détruisant dans le premier membre.

Soit encore

$$(a^2 + b^2 + c^2)(a'^2 + b'^2 + c'^2) - (aa' + bb' + cc')^2 \equiv (ab' - ba')^2$$
$$+ (ac' - ca')^2 + (bc' - cb')^2.$$

En effectuant les calculs, on voit que les deux membres sont
$$a^2 b'^2 + a^2 c'^2 + b^2 a'^2 + b^2 c'^2 + c^2 a'^2 + c^2 b'^2 - 2aa'bb' - 2aa'cc' - 2bb'cc'.$$

EXERCICES

1. Effectuer les produits suivants :
$$(1 + 3x - 2x^2 - 5x^3)(1 - 3x + 2x^2 - 5x^3) ;$$
$$(1 + 7x - 6x^2 + 4x^4)(7x - 5x^3 + 8x^5) ;$$
$$(a + bx - 2ax^2)(a - bx + 2ax^2) ;$$
$$(x^2 + x + 1)(x - 1) ;$$
$$(x^5 + x^4 + x^3 + x^2 + x + 1)(x - 1) ;$$
$$(x^4 - x^3 + x^2 - x + 1)(x + 1).$$

2. Effectuer les produits suivants :
$$[x^3 + (a + b)x^2 + (a + b)^2 x + (a + b)^3][x - (a + b)] ,$$
$$(x + b + \sqrt{b^2 - 4ac})(x + b - \sqrt{b^2 - 4ac}) ;$$
$$(x + a)(x - a)(x^2 - ax + a^2)(x^2 + ax + a^2).$$

3. Faire le carré et le cube des binomes
$$3x - 5y, \qquad x^2 + 3y^2, \qquad x^3 + x, \qquad x^2 - 3x^4.$$

4. Faire le carré des polynomes
$$x^2 + x + 1, \qquad 3x^3 - 2x^2 + 4x - 1, \qquad x^5 - 2x^4 + 3x^3 - 2x^2 + 1.$$
$$x^4 + 4ax^3 + 6a^2 x^2 + 4a^3 x + a^4, \qquad x^5 - 5ax^4 + 10a^2 x^3 - 10a^3 x^2 + 5a^4 x - a^5.$$

5. Démontrer que le cube d'un polynome se compose : 1° de la somme des cubes de chacun des termes; 2° de trois fois la somme des produits d'un terme par le carré d'un autre; 3° de six fois la somme des produits des termes pris trois à trois.

6. Faire le cube des polynomes
$$3x^5 - 4x^3 + 2x^2 + x - 1, \qquad x^6 - x^5 + x^4 - x^3 + x^2 - 1,$$
$$x^2 + 2x + 1, \qquad x^3 - 3x^2 + 3x - 1, \qquad x^6 - 4x^3 + 6x^2 - 4x + 1.$$

7. Si dans le polynome
$$ax^2 + 2bxy + cy^2$$
on remplace
$$x \text{ par } \alpha x' + \beta y' \text{ et } y \text{ par } \alpha' x' + \beta' y',$$
il prend la forme
$$Ax'^2 + 2Bx'y' + Cy'^2,$$

et l'on a

$$B^2 - AC = (b^2 - ac)(\alpha\beta' - \alpha'\beta)^2.$$

8. On donne les deux premiers termes du développement du carré d'un binome; trouver ce binome et compléter le carré.

Exemples :

$$x^2 + 4x, \qquad x^2 - 6x, \qquad x^2 + 3x, \qquad x^2 - 5x,$$
$$4x^2 + x, \qquad 3x^2 - 5x, \qquad x^4 + 3x^2, \qquad 5x^4 - 2x^2.$$

9. On donne les termes extrêmes du développement du carré d'un binome; trouver ce binome et compléter le carré.

Exemples :

$$x^2 + 1, \qquad x^2 + 4, \qquad x^2 + 3, \qquad 4x^2 + 1,$$
$$x^4 + x^2, \qquad 3x^4 + 2x^2, \qquad 5x^4 + 7x^2, \qquad 3x^6 + 2x^4.$$

10. Compléter les cubes de binomes dont les premiers termes sont :

$$x^3 + 3x^2, \qquad x^3 - 3x^2, \qquad x^3 + 15x^2, \qquad x^3 - x^2, \qquad 8x^3 + 2x^2,$$

11. Le carré d'un trinome ordonné par rapport aux puissances descendantes de x, ayant pour termes de plus haut degré

$$x^4 + 6x^3 + 10x^2,$$

trouver ce trinome.

12. Même question si les termes de moindre degré sont

$$4 - 12x + 5x^2.$$

13. Démontrer que si l'on multiplie un polynome par $x + a$, le coefficient de x^p du produit est la somme du coefficient de x^{p-1} du polynome et du produit par a du coefficient de x^p du polynome.

14. Déduire de ce théorème un moyen de former les coefficients du développement de $(x + a)^m$.

15. Trouver le coefficient de x^{p+2} dans le produit d'un polynome $a_0 x^m + a_1 x^{m-1} + \dots + a^m$ par le trinome $ax^2 + bx + c$.

16. Déduire de cette loi des relations entre les coefficients de $(x + a)^m$ et de $(x + a)^{m+2}$.

17. On appelle *polynome symétrique* par rapport à x et y un polynome qui ne change pas quand on échange x et y. Démontrer que le produit de deux polynomes symétriques est symétrique.

CHAPITRE IV

DIVISION

---

111. Division des monomes. — *On appelle quotient d'un monome A par un monome B un troisième monome C, s'il existe, dont le produit par B soit A.*

Trouver ce quotient, c'est *diviser* le monome A par le monome B ; A est appelé le *dividende*, B le *diviseur*.

Supposons que le monome C existe. Se reportant au n° 94, on voit que :

1° Le coefficient de A doit être le produit du coefficient de B par le coefficient de C ; inversement, le coefficient de C ne peut être que le quotient du coefficient de A par celui B.

2° A renferme chaque lettre commune à B et C avec un exposant égal à la somme des exposants de cette lettre dans B et C ; par conséquent, si B et C ont une lettre commune, elle appartient à la fois à A et B et son exposant dans A est supérieur à son exposant dans B ; on en conclut que C renferme une lettre commune à A et B avec un exposant égal à la différence des exposants de cette lettre dans A et B, si l'exposant de la lettre dans A est supérieur à l'exposant de la même lettre dans B.

Si l'exposant d'une lettre dans le monome B est supérieur à l'exposant de la même lettre dans le monome A, le quotient n'existe pas.

3° A renferme une lettre qui existe dans l'un des facteurs seulement, avec le même exposant que dans ce facteur ; inversement, toute lettre qui existe dans B et dans A avec le même exposant, ne peut entrer dans C, et toute lettre qui entre dans A sans entrer dans B, doit être contenue dans C avec le même exposant que dans A.

Si une lettre est contenue dans B sans l'être dans A, le quotient n'existe pas.

On peut donc énoncer la règle suivante :

112. Règle. — *Le quotient de deux monomes n'existe pas :*

1° *Si le diviseur renferme des lettres que ne renferme pas le dividende ;*

2° *Si le diviseur renferme des lettres avec un exposant supérieur à l'exposant de ces lettres dans le dividende.*

Le quotient, lorsqu'il existe, est formé de la façon suivante :

1° *Son coefficient est le quotient des coefficients du dividende et du diviseur ;*

2° *Il renferme les lettres communes aux deux monomes avec un exposant égal à la différence des exposants dans le dividende et le diviseur, si ces exposants sont différents ;*

3° *Il ne renferme pas les lettres communes aux deux monomes, qui y entrent avec le même exposant ;*

4° *Il renferme les lettres du dividende qui n'entrent pas dans le diviseur, avec l'exposant qu'elles ont dans le dividende.*

Exemples :

Le quotient de $15a^3b^4c^2$ par $-3ab^3$ est $-5a^2bc^2$;

Le quotient de $-18a^2b^3c$ par $-6ab^3$ est $3ac$;

Le quotient de $7a^2b^4$ par $5a^2bc$ n'existe pas.

En réalité, les raisonnements qui précèdent montrent seulement que, si l'on suppose que le quotient existe, il est donné par la règle indiquée ; on vérifie d'ailleurs immédiatement que le monome ainsi formé est bien tel que son produit par le diviseur donne le dividende.

113. Division d'un polynome par un monome. — *On appelle quotient d'un polynome par un monome un polynome, s'il existe, dont le produit par le monome soit le polynome donné.*

On voit d'abord que ce quotient ne peut être un monome, car son produit par le monome diviseur serait un monome et non un polynome.

Supposons donc que le quotient existe et soit un polynome $(a+b+c)$; son produit par le monome m sera la somme des produits des termes a, b, c par le monome ; d'ailleurs, ces termes ne seront pas semblables si a, b, c ne sont pas semblables ; le produit sera, sans réduction possible,

$$am + bm + cm.$$

114. Règle. — *Il faut donc que le polynome dividende soit formé de termes tous divisibles par le monome m, et on voit que le polynome quotient est alors la somme des quotients des termes du polynome dividende par le monome diviseur.*

Exemples :

Le quotient du polynome $5a^3b - 4a^2b^3$ par le monome $2ab$ est $\dfrac{5}{2} a^2 - 2ab^2$.

Le quotient du polynome $5ab^2 + 6abc$ par le monome $3bc$ n'existe pas, le premier terme de ce polynome n'étant pas divisible par $3bc$.

115. Mettre un monome en facteur. — La règle précédente permet de mettre un polynome sous la forme du produit d'un autre polynome par un monome qui divise tous les termes du polynome donné ; cette opération est la *mise en facteur* du monome.

Pour effectuer cette mise en facteur, on cherchera un monome divisant tous les termes du polynome, s'il en existe : il suffira que ce monome ne renferme que les *lettres communes aux termes du polynome avec leur plus petit exposant.*

Exemples :

Tous les termes du polynome

$$5a^3b - 3ab^2c + 6a^4b^3$$

contiennent les lettres a et b au moins avec l'exposant 1 ; on peut donc mettre en facteur soit le monome a, soit le monome b, soit le monome ab ; il est manifeste que l'on peut donner à ces monomes un coefficient arbitraire. En général, on met en facteur le monome du plus haut degré possible, ici ab, et si le polynome est à coefficients entiers, on choisit le coefficient du monome de façon à conserver partout des coefficients entiers ; on aura

$$5a^3b - 3ab^2c + 6a^4b^3 = ab (5a^2 - 3bc + 6a^3b^2).$$

Considérons de même le polynome

$$15a^3b^2c - 10a^2bc^3 + 20a^4b^3c^2.$$

On peut mettre en facteur le monome $5\,a^2bc$:

$$15a^3b^2c - 10a^2bc^3 + 20a^4b^3c^2 = 5a^2bc\,(3ab - 2c^2 + 4a^2b^2c).$$

116. Division de deux polynomes. — *Diviser un polynome* A *par un polynome* B, *c'est trouver un polynome* C, s'il EXISTE, *dont le produit par* B *soit* A.

Le polynome A est le *dividende*, B le *diviseur*, C le *quotient*; on dit que A est *divisible* par B.

Le degré de C est alors égal à la différence des degrés de A et B, ce qui exige que le degré de A soit supérieur ou égal à celui de B.

Nous verrons que le quotient ainsi défini n'existe pas en général; supposons qu'il existe et cherchons comment on peut l'obtenir; nous ordonnerons d'abord les polynomes donnés suivant les puissances descendantes d'une lettre x; la recherche du quotient résulte des théorèmes suivants.

117. Théorème I. — *Le premier terme du quotient est le quotient du premier terme du dividende par le premier terme du diviseur.*

Les polynomes A, B, C étant supposés ordonnés suivant les puissances descendantes de x, leurs premiers termes sont les termes de plus haut degré; le premier terme de A, produit des polynomes B et C, est le produit du premier terme de B par le premier terme de C (103); inversement, le premier terme de C sera le quotient du premier terme de A par le premier terme de B.

118. Théorème II. — *Si l'on considère le quotient comme somme de deux parties* Q *et* Q', *la seconde partie* Q' *est le quotient de la différence* A — BQ *par le diviseur* B.

Posant

$$C = Q + Q',$$

on a

$$A = BC = B\,(Q + Q') = BQ + BQ',$$

égalité qui peut s'écrire

$$A - BQ = BQ';$$

Q' est donc le quotient par B de la différence $A - BQ$.

119. Appliquons ces théorèmes à la recherche du quotient des deux polynomes A et B.

Le premier terme du quotient sera le quotient du premier terme de A par le premier terme de B (117) ; faisons le produit du diviseur par le terme ainsi obtenu et retranchons ce produit du dividende ; le quotient sera formé du terme obtenu et d'une seconde partie, qui sera le quotient de la différence précédente par le diviseur (118) ; on est donc ramené à la recherche d'un quotient, dont on obtiendra le premier terme en divisant le premier terme de la différence par le premier terme du diviseur, et ainsi de suite ; on peut donc énoncer la règle suivante :

RÈGLE. — Pour diviser un polynome A par un polynome B, on ordonne ces polynomes suivant les puissances descendantes; on divise le premier terme du dividende par le premier terme du diviseur ; on obtient le premier terme du quotient ; on retranche du dividende le produit du diviseur par le terme obtenu au quotient; on forme ainsi un premier dividende partiel, ordonné comme le dividende A.

On divise son premier terme par le premier terme du diviseur ; on obtient le second terme du quotient ; on retranche du premier dividende partiel le produit du diviseur par le terme obtenu au quotient ; on forme ainsi un second dividende partiel, ordonné comme le précédent.

On divise son premier terme par le premier terme du diviseur ; on a le troisième terme du quotient et on continue ainsi jusqu'à ce que l'on trouve au quotient un terme dont le produit par le diviseur soit le dividende partiel qui l'a fourni.

Le polynome formé des différents termes obtenus est le quotient.

Si, en effet, on multiplie tous les termes du diviseur par ceux du quotient en commençant par le dernier, et que l'on ajoute successivement les produits partiels, on retrouve les différents dividendes partiels et finalement, après avoir épuisé tous les termes du quotient, on a reconstitué le dividende, qui est bien le produit du diviseur par le quotient.

120. EXEMPLE I. — Soit à diviser le polynome

$$x^4 - 6x^3 + 16x^2 - 22x + 15 \qquad \text{par} \qquad x^2 - 2x + 3.$$

Pour bien faire comprendre ce qui précède, nous ferons la théorie sur cet exemple.

Le premier terme du quotient est x^2, quotient des premiers termes x^4 et x^2 du dividende et du diviseur (117).

Retranchons du dividende le produit du diviseur par le terme x^2 du quotient :

$$
\begin{array}{l}
x^4 - 6x^3 + 16x^2 - 22x + 15 \\
-x^4 + 2x^3 - 3x^2 \\
\hline
\quad\ -4x^3 + 13x^2 - 22x + 15
\end{array}
$$

Ce dividende partiel est alors (118) le produit du diviseur par la partie inconnue Q' du quotient ; Q' sera donc le quotient du dividende partiel par le diviseur et son premier terme sera (117) le quotient $-4x$ de $-4x^3$, premier terme du dividende partiel, par x^2, premier terme du diviseur.

Retranchons du dividende partiel le produit du diviseur par le terme $-4x$:

$$
\begin{array}{l}
-4x^3 + 13x^2 - 22x + 15 \\
+4x^3 - 8x^2 + 12x \\
\hline
\qquad\quad 5x^2 - 10x + 15
\end{array}
$$

Ce dividende partiel est (118) le produit du diviseur par le terme constant inconnu de Q' ; ce terme sera donc le quotient du dividende partiel par le diviseur et sera, en particulier (117), le quotient 5 de $5x^2$ par x^2.

Le quotient est donc, s'il existe, $x^2 - 4x + 5$. Vérifions que le produit du diviseur par ce polynome est le dividende.

On a successivement

$$x^4 - 6x^3 + 16x^2 - 22x + 15$$
$$= (x^2 - 2x + 3) \cdot x^2 + (-4x^3 + 13x^2 - 22x + 15),$$
$$-4x^3 + 13x^2 - 22x + 15$$
$$= (x^2 - 2x + 3) \cdot (-4x) + (5x^2 - 10x + 15),$$
$$5x^2 - 10x + 15 = 5(x^2 - 2x + 3).$$

Si l'on ajoute ces égalités membre à membre, on trouve

$$x^4 - 6x^3 + 16x^2 - 22x + 15$$
$$= (x^2 - 2x + 3).x^2 + (x^2 - 2x + 3).(-4x) + 5(x^2 - 2x + 3).$$
$$= (x^2 - 2x + 3)(x^2 - 4x + 5).$$

Dans la pratique, on dispose l'opération comme en arithmétique :

$$
\begin{array}{rl|l}
x^4 - 6x^3 + 16x^2 - 22x + 15 & & \;x^2 - 2x + 3 \\
-x^4 + 2x^3 - 3x^2 & & \;\overline{x^2 - 4x + 5} \\
\hline
-4x^3 + 13x^2 - 22x + 15 & \\
+4x^3 - 8x^2 + 12x & \\
\hline
5x^2 + 10x + 15 & \\
-5x^2 + 10x - 15 & \\
\hline
0 &
\end{array}
$$

Avec un peu d'habitude, on peut écrire les dividendes partiels immédiatement sans écrire les produits du diviseur par les termes du quotient et on effectue les soustractions en même temps que les multiplications, en ayant soin de changer les signes des produits, qu'il suffit alors d'ajouter aux termes du dividende partiel considéré.

Dans cet exemple, nous dirons :

Le quotient de x^4 par x^2 est x^2; le produit de x^2 par x^2 est x^4; $-x^4$ et x^4 donnent 0; le produit de $-2x$ par x^2 est $-2x^3$;

$$
\begin{array}{rl|l}
x^4 - 6x^3 + 16x^2 - 22x + 15 & & \;x^2 - 2x + 3 \\
-4x^3 + 13x^2 - 22x + 15 & & \;\overline{x^2 - 4x + 5} \\
5x^2 - 10x + 15 & \\
\hline
0 &
\end{array}
$$

$+2x^3$ et $-6x^3$ donnent $-4x^3$; le produit de 3 par x^2 est $3x^2$; $-3x^2$ et $16x^2$ donnent $13x^2$.

Le quotient de $-4x^3$ par x^2 est $-4x$, second terme du quotient; le produit de $-4x$ par x^2 est $-4x^3$; $4x^3$ et $-4x^3$ donnent 0; le produit de $-2x$ par $-4x$ est $8x^2$; $-8x^2$ et $13x^2$ donnent $5x^2$; le produit de 3 par $-4x$ est $-12x$; $12x$ et $-22x$ donnent $-10x$.

Le quotient de $5x^2$ par x^2 est 5, dernier terme du quotient; le produit de x^2 par 5 est $5x^2$; $-5x^2$ et $5x^2$ donnent 0; le produit de $-2x$ par 5 est $-10x$; $10x$ et $-10x$ donnent 0; le produit de 3 par 5 est 15; -15 et 15 donnent 0.

Le quotient existe et est $x^2 - 4x + 5$.

121. EXEMPLE II. — Trouver le quotient de

$$3bx^3 + (3ab - a^2) x^2 + (6b^3 - a^3) x - 2a^2b^2$$

par $\quad\quad\quad x^2 + ax + 2b^2.$

Les lettres a et b représentent ici des nombres connus et nous pouvons appliquer la règle précédente en faisant sur ces lettres les mêmes opérations que sur les nombres, en appliquant les règles du calcul des polynomes ; il suffira d'indiquer la marche de l'opération :

$$
\begin{array}{l|l}
3bx^3 + (3ab - a^2) x^2 + (6b^3 - a^3) x - 2a^2b^2 & \; x^2 + ax + 2b^2 \\
\quad\quad - a^2x^2 \quad\quad\quad\quad - a^3x - 2a^2b^2 & \overline{\quad 3bx - a^2 \quad} \\
\quad\quad\quad\quad\quad\quad 0 &
\end{array}
$$

Le quotient est $3bx - a^2$.

122. EXEMPLE III. — Diviser le polynome

$$x^4 + 2ax^3 + 2b^2x^2 - (a^3 + a^2b - 3ab^2 + b^3) x - 2a^2b^2 + 2b^4$$

par $\quad\quad\quad x^2 + (a - b) x - a^2 + b^2.$

Disposons l'opération comme précédemment :

$$
\begin{array}{l|l}
x^4 + 2ax^3 + 2b^2x^2 - (a^3 + a^2b - 3ab^2 + b^3)x - 2a^2b^2 + 2b^4 & \; x^2 + (a-b)x - a^2 + b^2 \\
(a+b)x^3 + (a^2 + b^2)x^2 & \overline{\quad x^2 + (a+b)x + 2b^2 \quad} \\
\quad\quad\quad\quad 2b^2x^2 + \quad\quad (2ab^2 - 2b^3) x & \\
\quad\quad\quad\quad\quad 0 \quad\quad\quad\quad\quad 0 \quad\quad\quad 0 &
\end{array}
$$

Ici, pour éviter des répétitions trop longues, nous avons négligé d'écrire les dividendes partiels complètement ; il est entendu que ces dividendes sont formés des termes obtenus par soustraction suivis des termes de degré inférieur qui sont écrits au dividende ; il est inutile d'écrire chaque fois ces derniers termes ; il suffit de les considérer au moment où un produit partiel est un terme de leur degré.

123. La règle donnée plus haut ne s'applique pas uniquement à des polynomes contenant une lettre ; nous venons de voir qu'elle fournit le moyen d'obtenir le quotient quand les polynomes contiennent différentes lettres ; il suffit de les ordonner suivant les puissances de l'une d'elles et de considérer les autres comme étant des coefficients ; il peut alors être nécessaire de faire des divisions partielles relativement à ces lettres ; nous allons en donner un exemple.

Diviser le polynome

$$2x^4y^2 - x^4y - x^4 + 6x^3y + 3x^2y^2 + 3x^3 - 2x^2y + 2x^2$$
$$+ 9xy - 3x + 3y - 1$$

par le polynome

$$2x^2y + x^2 + 3y - 1.$$

Ordonnons ces polynomes par rapport à x :

$$
\begin{array}{l|l}
x^4(2y^2-y-1)+x^3(6y+3)+x^2(3y^2-2y+2)+x(9y-3)+3y-1 & x^2(2y+1)+3y-1 \\
\quad x^3(6y+3)+x^2(2y+1) \qquad +x(9y-3)+3y-1 & \overline{} \\
\quad\quad\quad +x^2(2y+1) \qquad\qquad\qquad +3y-1 & x^2(y-1)+3x+1 \\
\quad\quad\quad\quad 0 \qquad\qquad\qquad\qquad\quad 0 &
\end{array}
$$

Nous avons dû faire ici des divisions partielles dont voici le détail :

$$
\begin{array}{l|l} 2y^2 - y - 1 & 2y + 1 \\ \ -2y - 1 & \overline{} \\ \quad 0 & y - 1 \end{array}
\qquad
\begin{array}{l|l} 6y + 3 & 2y + 1 \\ & \overline{} \\ \quad 0 & 3 \end{array}
$$

REMARQUE. — Comme ici rien ne distingue les lettres x et y, on peut encore faire l'opération en ordonnant les polynomes par rapport à y.

$$
\begin{array}{l|l}
y^2(2x^4+3x^2)+y(-x^4+6x^3-2x^2+9x+3)-x^4+3x^3+2x^2-3x-1 & y(2x^2+3)+x^2-1 \\
\quad y(-2x^4+6x^3-x^2+9x+3)-x^4+3x^3+2x^2-3x-1 & \overline{} \\
\quad\quad\quad 0 \qquad\qquad\qquad\qquad 0 & x^2y-x^2+3x+1
\end{array}
$$

Il a fallu faire les divisions partielles

$$
\begin{array}{l|l} 2x^4 + 3x^2 & 2x^2 + 3 \\ \quad 0 & \overline{} \\ & x^2 \end{array}
\qquad
\begin{array}{l|l}
-2x^4 + 6x^3 - x^2 + 9x + 3 & 2x^2 + 3 \\
\quad + 6x^3 + 2x^2 + 9x + 3 & \overline{} \\
\quad\quad\ 2x^2 \qquad\quad + 3 & -x^2 + 3x + 1 \\
\quad\quad\quad\quad 0 &
\end{array}
$$

A cause des divisions partielles qu'il y a lieu d'effectuer, il y a intérêt à ordonner les coefficients suivant les puissances d'une lettre. Il est manifeste que, s'il y a plus de deux lettres, la même règle s'applique encore, mais le nombre des divisions partielles peut devenir de plus en plus grand.

124. Conditions de possibilité. — Nous avons supposé pour faire les raisonnements qui précèdent que le polynome quotient existait et il résulte de ces raisonnements que les conditions nécessaires et suffisantes pour l'existence du quotient sont :

1° Le premier terme du dividende et des dividendes partiels doivent être divisibles par le premier terme du diviseur.

2° On doit trouver au quotient un terme dont le produit par le diviseur soit le dividende partiel qui a fourni ce terme.

125. Caractères auxquels on reconnaît qu'une division est impossible. — En appliquant la règle donnée, on constate qu'à chaque opération partielle, on fait disparaître le terme de plus haut degré du dividende partiel employé; les degrés de ces dividendes diminuent donc constamment, et on sera conduit à écrire un dividende partiel de degré inférieur au degré du diviseur ou un dividende partiel qui est le produit du diviseur par une puissance de x; dans ce dernier cas, la division est possible et on connaît le quotient; dans le premier cas, la division est impossible; on ne peut, en effet, continuer l'opération.

Si donc on est conduit à écrire un dividende partiel de degré inférieur à celui du diviseur, le quotient n'existe pas.

On peut encore reconnaître l'impossibilité d'une division de la manière suivante : d'après un résultat obtenu dans la théorie de la multiplication (103) le dernier terme du quotient est le quotient du dernier terme du dividende par le dernier terme du diviseur; on peut donc calculer ce terme à l'avance et si l'on est conduit à écrire *au quotient un terme de degré inférieur ou un terme de même degré n'ayant pas même coefficient,* on peut affirmer que la division est impossible.

126. Polynomes ordonnés suivant les puissances ascendantes. — La théorie exposée précédemment repose uniquement sur le fait que les polynomes sont ordonnés de la même façon et sur le théorème du n° 103, qui est applicable aussi bien aux termes de moindre degré qu'aux termes de plus haut degré; il en résulte que, lorsque le quotient existe, on peut appliquer la règle donnée aux polynomes ordonnés suivant les puissances ascendantes.

La seule différence consiste dans ce fait que le premier caractère d'impossibilité (125) n'est plus applicable; le second seul est applicable.

Il suffira d'en donner un exemple :

$$
\begin{array}{rl|l}
5 - 13x & -x^3 + x^4 & \;5 + 2x + x^3 \\
\quad - 15x - x^2 & & \overline{\;1 - 3x + x^2} \\
\quad\quad + 5x^2 + 2x^3 & & \\
\quad\quad\quad 0 \quad\quad 0 &
\end{array}
$$

Le quotient est $1 - 3x + x^2$.

Soit encore à diviser $3 + 2x - 5x^2 + x^3$ par $1 + 3x - x^2$:

$$
\begin{array}{l|l}
3 + 2x - 5x^2 + x^3 & 1 + 3x - x^2 \\
\quad\; - 7x - 2x^2 & \overline{} \\
& 3 - 7x
\end{array}
$$

Le dernier terme du quotient devait être $- x$, quotient de x^3 par $- x^2$; nous avons trouvé au quotient le terme $- 7x$, dont le coefficient n'est pas celui de $- x$; la division est donc impossible.

127. Généralisation de la notion de division. — Nous avons vu que le plus souvent, il était impossible de trouver le quotient de deux polynomes, tel qu'il a été défini ; si l'on suppose les polynomes ordonnés suivant les puissances *descendantes* et que l'on applique la règle donnée dans l'hypothèse d'une division possible, on obtient une série de dividendes partiels successifs dont les degrés diminuent constamment ; on devra arrêter l'opération quand le degré du dividende partiel sera inférieur à celui du diviseur ; désignons le dividende par A, le diviseur par B, le polynome obtenu au quotient par C et le dernier dividende partiel par R. D'après la méthode employée, le produit BC serait A, si ce dividende partiel se réduisait à zéro ; il en résulte que A est somme de BC et de R ; l'opération faite a donc permis de mettre A sous la forme BC + R, R étant un polynome de degré inférieur au degré de B ; ce résultat est tout à fait analogue aux résultats obtenus dans la division des nombres entiers.

En se basant sur ce qui précède, on est conduit à généraliser comme il suit la définition de la division.

Diviser un polynome A *ordonné suivant les puissances* DESCENDANTES *de x par un polynome* B *ordonné de la même façon et de degré inférieur ou égal à celui de* A, *c'est trouver un polynome* C *tel que la différence* $R = A - BC$ *soit de degré inférieur au degré de* B.

A est appelé le *dividende*, B le *diviseur*, C le *quotient* et R le *reste*.

L'existence du polynome C résulte de ce qui précède, mais rien ne prouve que la solution fournie par l'application de la règle de division soit la seule ; il nous reste à l'établir.

128. Théorème. — *Il n'existe qu'un polynome C tel que la différence* A — BC *soit de degré inférieur au degré de* B.

Supposons qu'il existe un autre polynome C' satisfaisant à cette condition et soient R et R' les différences A — BC et A — BC',

$$A = BC + R$$
$$A = BC' + R'.$$

On déduit de là que les polynomes BC + R et BC' + R' sont les mêmes,

$$BC + R = BC' + R',$$
ou $$BC — BC' = R' — R,$$
ou $$B(C — C') = R' — R.$$

Les polynomes R et R' ont, par hypothèse, des degrés inférieurs à celui de B; par suite, il en est de même de leur différence; si maintenant C et C' ne sont pas formés des mêmes termes, leur différence serait ou un polynome ou une constante et son produit par B serait d'un degré au moins égal à celui de B, ce qui est impossible, puisqu'un polynome B(C — C') ne peut être formé des mêmes termes qu'un autre polynome R' — R de degré inférieur à celui du premier; C et C' doivent donc avoir les mêmes termes et le produit B(C — C') étant alors formé de termes tous nuls, il en est de même de R — R', c'est-à-dire, que les polynomes R et R' sont formés des mêmes termes.

Division par $x — a$.

129. Théorème. — *Le reste de la division d'un polynome par le binome* $x — a$ *est la valeur que prend le polynome quand on y remplace* x *par* a.

Pour rappeler qu'un polynome est considéré par rapport à la lettre x, nous l'écrirons $f(x)$, et quand on donnera à x une valeur numérique 2, on désignera, pour abréger, la valeur numérique du polynome par la notation $f(2)$.

Ainsi $f(x)$ étant $x^2 + 3x — 1$, $f(2)$ est $4 + 6 — 1 = 9$. Ceci posé, si l'on divise un polynome $f(x)$ ordonné suivant les puissances descendantes de x par le binome $x — a$, le reste devant être de degré inférieur à celui du diviseur qui est du premier degré, ne devra pas contenir x; ce sera une constante et, d'après le théorème précédent, cette constante sera unique, quel que soit le procédé employé pour l'obtenir; écrivons que cette constante R inconnue est le reste :

$$f(x) = (x - a)\, \varphi(x) + R,$$

$\varphi(x)$ désignant le polynome quotient; les deux membres étant des polynomes formés des mêmes termes ont toujours même valeur numérique; la valeur numérique du second est, d'après la théorie de l'addition et de la multiplication des polynomes, la somme de R et du produit des valeurs numériques de $x - a$ et de $\varphi(x)$.

Donnons alors à x la valeur a, $x - a$ est nul, ainsi que le produit $(a - a)\varphi(a)$; on a donc

$$f(a) = R.$$

130. Corollaire. — *Une condition nécessaire et suffisante pour qu'un polynome $f(x)$ soit divisible par $x - a$ est que $f(a)$ soit nul.*

1° *La condition est nécessaire* : si $f(x)$ est divisible par $x - a$, on peut mettre $f(x)$ sous la forme $(x - a)\varphi(x)$; comme d'autre part, on peut toujours le mettre, *d'une seule façon*, sous la forme $(x - a)\varphi(x) + R$, il faut que R soit nul, c'est-à-dire que $f(a)$ soit nul.

2° *La condition est suffisante*, car si elle est remplie, l'égalité

$$f(x) = (x - a)\, \varphi(x) + R$$

se réduit à

$$f(x) = (x - a)\, \varphi(x),$$

R étant nul, puisque $f(a)$ qui lui est égal, est nul.

131. Remarque. — *Le reste de la division d'un polynome $f(x)$ par $x + a$ est $f(-a)$.*

On peut, en effet écrire

$$x + a = x - (- a),$$

et il suffit alors d'appliquer le théorème précédent au binome $x - (- a)$.

132. Loi de formation du quotient. — Soit le polynome

$$A_0 x^m + A_1 x^{m-1} + \ldots + A_p x^{m-p} + A_{p+1} x^{m-p-1} + \ldots + A_m,$$

que l'on divise par $x - a$; le quotient sera un polynome de degré $m - 1$, que l'on peut écrire

$$B_0 x^{m-1} + B_1 x^{m-2} + \ldots + B_{p-1} x^{m-p} + B_p x^{m-p-1} + \ldots + B_{m-1}.$$

Écrivons que ce polynome est le quotient et que le reste est R.

$$A_0 x^m + \ldots + A_p x^{m-p} + \ldots + A_m$$
$$= (B_0 x^{m-1} + \ldots + B_{p-1} x^{m-p} + B_p x^{m-p-1} + \ldots + B_{m-1})(x - a) + R.$$

Pour déterminer les coefficients B_0, B_1,..., B_{m-1}, effectuons les opérations indiquées dans le second membre et écrivons que l'on obtient le polynome donné en égalant les coefficients des mêmes puissances de x :

$$A_0 = B_0,$$
$$A_1 = B_1 - aB_0,$$
$$\ldots \ldots \ldots \ldots \ldots$$
$$A_p = B_p - aB_{p-1},$$
$$\ldots \ldots \ldots \ldots \ldots$$
$$A_m = R - aB_{m-1}.$$

Cherchons, en effet, le terme en x^{m-p}; dans le premier membre, il a pour coefficient A_p; dans le second membre, il provient du produit de x par $B_p x^{m-p-1}$ et du produit de $-a$ par $B_{p-1} x^{m-p}$; son coefficient est donc $B_p - aB_{p-1}$; ce qui justifie les égalités qui précèdent; on déduit de là

$$B_0 = A_0,$$
$$B_1 = A_1 + aB_0,$$
$$\ldots \ldots \ldots \ldots \ldots$$
$$B_p = A_p + aB_{p-1};$$
$$\ldots \ldots \ldots \ldots \ldots$$
$$R = A_m + aB_{m-1}.$$

Si l'on remarque que A_p est le coefficient de x^{m-p} dans le polynome donné et B_{p-1} le coefficient de x^{m-p} dans le quotient, on peut énoncer la règle suivante :

1° *Le coefficient de x^{m-1} dans le quotient est égal au coefficient de x^m dans le dividende.*

2° *Le coefficient de x^{m-p-1} dans le quotient est la somme du* *coefficient de x^{m-p} dans le dividende et du produit par a du coefficient de x^{m-p} dans le quotient.*

EXEMPLE. — *Trouver le quotient de* $x^4 - 3x^2 + x - 1$ par $x - 1$.

Le coefficient de x^3 est 1,
Le coefficient de x^2 est $0 + 1$ ou 1,
Le coefficient de x est $-3 + 1$ ou -2,
Le terme constant est $+1 - 2$ ou -1,
Le quotient est donc $x^3 + x^2 - 2x - 1$,
Le reste est $-1 - 1$ ou -2.

REMARQUE. — Le reste s'obtient d'après la même règle en ajoutant au terme indépendant de x du dividende le produit par a du terme indépendant de x dans le quotient.

Application I. — On peut à l'aide des formules qui précèdent trouver la forme du reste indiqué au début ; il suffit de multiplier les deux membres de la première par a^m, de la seconde par a^{m-1}, etc.; et d'ajouter membres à membres ; les B disparaissent et on a

$$R = A_0 a^m + A_1 a^{m-1} + \ldots + A_m.$$

133. Application II. — Si l'on veut trouver la valeur d'un polynome quand on donne à x une valeur numérique a, il est souvent plus simple de calculer le reste de la division par $x - a$ comme précédemment, que de remplacer x par a et d'effectuer les opérations indiquées.

Soit à calculer la valeur de $x^4 - 4x^3 + x^2 - 2$ pour $x = 3$; si l'on remplaçait x par 3, on aurait, dès le début, des calculs assez longs; cherchons, au contraire, le quotient et le reste de la division par $x - 3$.

Le coefficient de x^4 est 1,
«   de x^3 est $0 + 3$ ou 3,
«   de x^2 est $-4 + (3 \times 3) = 5$,
«   de x est $1 + (3 \times 5) = 16$.
Le terme indépendant est $0 + (3 \times 16) = 48$.
Le reste est $-2 + 3 \times 48 = 142$.

134. **Division de** $x^m \pm a^m$ **par** $x - a$. — Si dans $x^m - a$

on remplace x par a, on trouve zéro ; *ce binome est donc toujours divisible par* $x - a$.

Si dans $x^m + a^m$, on remplace x par a, on trouve comme reste $2a^m$; *ce binome n'est jamais divisible par* $x - a$, si a est différent de zéro.

Pour trouver le quotient, il suffit de remarquer que, dans les deux cas, les coefficients de $x^{m-1}, \ldots, x$ sont nuls dans le dividende ; les coefficients du quotient seront donc

$$1, a, a^2, \ldots, a^{m-1},$$

et le quotient sera

$$x^{m-1} + ax^{m-2} + \ldots + a^{m-2}x + a^{m-1}.$$

Le reste, dans le premier cas, est $a^m - a^m = 0$ et dans le second cas, $a^m + a^m = 2a^m$.

135. Division de $x^m \pm a^m$ **par** $x + a$. — Si l'on écrit $x + a$ sous la forme $x - (- a)$, on est ramené au cas précédent. Cherchons d'abord le reste de la division de $x^m - a^m$ par $x + a$; c'est $(- a)^m - a^m$; si m est pair, ce reste est nul, si m est impair, ce reste est $- 2a^m$; $x^m - a^m$ *est donc divisible par* $x + a$ *si* m *est pair et n'est pas divisible si* m *est impair*, a étant différent de zéro.

Si dans $x^m + a^m$, on remplace x par $- a$, on trouve $(- a)^m + a^m$, qui est nul pour m impair et égal à $2a^m$ pour m pair ; $x^m + a^m$ *est donc divisible par* $x + a$ *si* m *est impair, et n'est pas divisible si* m *est pair*, a étant différent de zéro.

Pour trouver la forme du quotient, il suffit de remarquer que dans les deux cas, les coefficients de $x^{m-1}, x^{m-2}, \ldots, x$ sont nuls dans le dividende ; les coefficients du quotient seront donc

$$1, - a, a^2, - a^3, \ldots$$

Le quotient sera

$$x^{m-1} - ax^{m-2} + a^2x^{m-3} + \ldots \pm a^{m-1},$$

le signe $+$ correspondant à m impair et le signe $-$ à m pair.

Exemples :

$$x^5 - a^5 = (x - a)(x^4 + ax^3 + a^2x^2 + a^3x + a^4),$$
$$x^4 + a^4 = (x - a)(x^3 + ax^2 + a^2x + a^3) + 2a^4,$$
$$x^5 - a^5 = (x + a)(x^3 - ax^2 + a^2x - a^3),$$
$$x^3 - a^3 = (x + a)(x^2 - ax + a^2) - 2a^3$$
$$x^4 + a^4 = (x + a)(x^3 - ax^2 + a^2x - a^3) + 2a^4.$$

Polynomes identiques.

136. Définitions. — *On appelle polynome* IDENTIQUEMENT NUL *un polynome dont les coefficients et le terme indépendant de x sont nuls;* on écrit $f(x) \equiv 0$.

On appelle polynomes IDENTIQUES *deux polynomes $f(x)$ et $\varphi(x)$ dont les coefficients des mêmes puissances de x sont égaux, ainsi que les termes indépendants de x;* on écrit $f(x) \equiv \varphi(x)$.

Un polynome identiquement nul a une valeur numérique nulle; il est *équivalent* à zéro.

Deux polynomes identiques ont toujours même valeur numérique; ils sont *équivalents*.

Les réciproques de ces propositions sont exactes; pour les établir, nous démontrerons d'abord le théorème suivant :

137. Théorème. — *La condition nécessaire et suffisante pour qu'un polynome soit divisible par le produit*

$$(x - a)(x - b)(x - c)$$

est qu'il soit divisible par chacun des binomes $x - a$, $x - b$, $x - c$.

1° *La condition est nécessaire;* le polynome $f(x)$ étant divisible par le produit, il existe un polynome $\varphi(x)$ tel que l'on ait

$$f(x) = (x - a)(x - b)(x - c)\varphi(x).$$

Ceci prouve que $f(x)$ est le produit de $x - a$ par le polynome $(x - b)(x - c)\varphi(x)$; il est donc divisible par $x - a$; on voit de même qu'il est divisible par $x - b$ et par $x - c$.

2° *La condition est suffisante;* le polynome étant divisible par $x - a$, il existe un polynome $\varphi(x)$ tel que

$$f(x) = (x - a)\varphi(x);$$

$f(x)$ a, d'après la définition de la multiplication, pour valeur numérique le produit des valeurs numériques de $x - a$ et $\varphi(x)$; donnons à x la valeur b; $f(b)$ est nul par hypothèse; $(b - a)\varphi(b)$, qui lui est égal, est nul; $b - a$ étant différent de zéro, $\varphi(b)$ est nul, c'est-à-dire, que $\varphi(x)$ est divisible par $x - b$,

$$\varphi(x) = (x - b)\psi(x)$$

et
$$f(x) = (x - a)(x - b)\,\psi(x).$$

Si l'on donne à x la valeur c, le premier membre est nul; il en est de même du second,
$$(c - a)(c - b)\,\psi(c) = 0.$$

$c - a$ et $c - b$ étant différents de zéro, $\psi(c)$ est nul, c'est-à-dire, que $\psi(x)$ est divisible par $x - c$,
$$\psi(x) = (x - c)\chi(x)$$

et
$$f(x) = (x - a)(x - b)(x - c)\chi(x);$$

ce qui exprime que $f(x)$ est le produit de $(x - a)(x - b)(x - c)$ par $\chi(x)$; $f(x)$ est donc divisible par le produit
$$(x - a)(x - b)(x - c).$$

Cette démonstration s'applique d'ailleurs au cas où le nombre des diviseurs est supérieur à trois.

Corollaire. — *Si un polynome de degré m n'est pas identiquement nul, et s'annule pour m valeurs distinctes $a, b, \ldots, l$ données à x, il est le produit du coefficient de x^m par les binomes $x - a, \ldots, x - l$.*

Soit $A_0 x^m + A_1 x^{m-1} + \ldots + A_m$ ce polynome dans lequel A_0 n'est pas nul; ce polynome étant divisible séparément par chacun des binomes $x - a, \ldots, x - l$, est divisible par leur produit, et on peut écrire
$$A_0 x^m + A_1 x^{m-1} + \ldots + A_m = (x - a)(x - b)\ldots(x - l)\,A,$$

A étant indépendant de x ou un polynome; si A n'était pas indépendant de x, le produit qui figure dans le second membre aurait un terme irréductible de degré supérieur à m et ne reproduirait pas le polynome donné; A est donc indépendant de x.

Pour en calculer la valeur, écrivons que le coefficient de x^m est A_0; on obtient le terme en x^m en prenant x dans chaque facteur binome et en multipliant par A; son coefficient est A, qui est, par suite, égal à A_0.

138. Théorème I. — *Si un polynome de degré m en x est nul pour $m + 1$ valeurs distinctes de x, il est identiquement nul.*

Supposons que le polynome ne soit pas identiquement nul et soit A_0 le coefficient *non nul* de x^m; si a, b, ..., l sont m valeurs qui annulent le polynome, on a

$$f(x) = A_0 (x - a)(x - b)...(x - l),$$

Si l'on donne à x une valeur quelconque autre que les précédentes, le produit qui figure dans le second membre n'est jamais nul, contrairement à l'hypothèse; on ne peut donc pas supposer que le polynome ne soit pas identiquement nul; il est identiquement nul.

139. Théorème II. — *Si deux polynomes de degré m prennent les mêmes valeurs pour $m+1$ valeurs distinctes données à x, ils sont identiques.*

Soient $f(x)$ et $\varphi(x)$ ces polynomes; leur différence est au plus de degré m et est nulle pour les $m+1$ valeurs considérées ; il en résulte que cette différence est identiquement nulle ; les coefficients des différentes puissances de x sont nuls ainsi que le terme indépendant de x; or, le coefficient de x^p dans cette différence est la différence entre les coefficients de x^p dans $f(x)$ et $\varphi(x)$; les coefficients des mêmes puissances de x dans les deux polynomes sont donc égaux et les polynomes sont identiques.

140. Théorème III. — *Si deux polynomes de degré m s'annulent pour m valeurs distinctes données à x, ils ont les coefficients des mêmes puissances de x proportionnels.*

Les deux polynomes $f(x)$ et $\varphi(x)$ sont, par hypothèse, de la forme :

$$f(x) \equiv A_0 (x - a)(x - b)...(x - l),$$
$$\varphi(x) \equiv B_0 (x - a)(x - b)...(x - l),$$

ou, en posant $\psi(x) \equiv (x - a)(x - b)... (x - l)$,

$$f(x) \equiv A_0 \psi(x),$$
$$\varphi(x) \equiv B_0 \psi(x).$$

Les coefficients des termes de $f(x)$ sont égaux aux coefficients des termes de même puissance de $\psi(x)$ multipliés par A_0.

Les coefficients des termes de $\varphi(x)$ sont égaux aux coefficients des termes de même puissance de $\psi(x)$ multipliés par B_0.

Ces coefficients sont par conséquent dans le rapport $\dfrac{A_0}{B_0}$, autrement dit, ils sont respectivement proportionnels.

La démonstration suppose qu'aucun des polynômes n'est identiquement nul; si d'ailleurs l'un d'eux était nul, on pourrait dire que ses coefficients sont les produits par zéro des coefficients de l'autre polynôme.

EXERCICES

1. Effectuer les divisions de

$$x^4 - x^3 + 2x^2 + x + 3 \qquad\text{par}\qquad x^2 - 2x + 3,$$
$$x^5 + x^4 - 5x^3 + 5x^2 + 4x - 6 \qquad\text{—}\qquad x^2 + 2x - 3,$$
$$x^7 + 4x^6 - 2x^5 - 4x^4 + 4x^3 + 12x^2 - 3x \qquad\text{—}\qquad x^4 - x^2 + 3,$$
$$x^5 - 5x^4 + 10x^3 - 10x^2 + 5x - 1 \qquad\text{—}\qquad x^3 - 3x^2 + 3v - 1.$$

2. Trouver le quotient et le reste de la division de

$$x^6 + 3x^5 - x^4 - x + 1 \qquad\text{par}\qquad x^3 + x - 2,$$
$$x^6 - x^4 + 2x^2 + x - 3 \qquad\text{—}\qquad x^2 + x - 3,$$
$$x^5 + 2x^4 - 3x^2 + 1 \qquad\text{—}\qquad x^4 - 2x + 5,$$
$$x^7 + 8x^6 - 7x^5 - 3x^2 + 1 \qquad\text{—}\qquad x^4 + 3x^2 - 3x + 2.$$

3. Effectuer les divisions de

$$(x + y + z)^3 - x^3 - y^3 - z^3 \qquad\text{par}\qquad (z + x)(x + y),$$
$$(x + y)^5 - x^5 - y^5 \qquad\text{—}\qquad x^2 + xy + y^2,$$
$$(x + y)^7 - x^7 - y^7 \qquad\text{—}\qquad 7x^2y + 7xy^2.$$

Montrer que le quotient de cette dernière division est le carré d'un trinôme.

4. Diviser

$$(a^2 - b^2)x^4 - (a^3 - a^2b - 2ab^2)\,x^3 + (2a^4 - a^2b^2 - ab^3 + 2b^4)x^2$$
$$- (a^5 - 2a^3b^2 + b^5)x + a^3(a^3 - b^3)$$

par $\qquad (a - b)x^2 + b^2x + a^3 ;$

$$a(a + b)x^4 + b^3x^3 - (a^4 - a^3b - a^2b^2 + b^4)x^2 - a^2b^2(a + b)x - a^5b$$

par $\qquad (a + b)x^2 - b^2x - a^3.$

5. Calculer directement, sans poser les divisions, le quotient et le reste des divisions de

$$x^5 + 4x^4 + x^3 - 2x^2 - x - 1 \qquad\text{par}\qquad x - 2,$$
$$x^5 - x^4 + 3x^2 + x - 2 \qquad\text{—}\qquad x - 1,$$
$$x^6 - x^4 + x^2 + x - 3 \qquad\text{—}\qquad x + 3,$$
$$x^7 - x^2 + 7x - 5 \qquad\text{—}\qquad x + 4.$$

6. Démontrer que

$$x^3 + y^3 + z^3 - 3xyz$$

est divisible par $x + y + z$ et trouver le quotient.

7. On connaît les restes de la division d'un polynome par $x - a$ et par $x - b$; en déduire le reste de la division par $(x - a)(x - b)$.

8. Dans un polynome, on remplace x^2 par a autant de fois que possible; on obtient ainsi un polynome du premier degré en x; démontrer que ce polynome est le reste de la division par $x^2 - a$.

9. En déduire des conditions nécessaires et suffisantes pour qu'un polynome soit divisible par $x^2 - 1$ ou par $x^2 + 1$.

10. Généraliser l'exercice 8 en cherchant le reste de la division par $x^p - a$; (on remarquera que l'on peut mettre le polynome sous la forme $\varphi(x^p) + x\varphi_1(x^p) + \ldots + x^{p-1}\varphi_{p-1}(x^p)$ et on y remplacera les polynomes $\varphi(x^p)$ par $(x^p - a)Q + \varphi(a^p)$.

11. Déduire de ce qui précède qu'une condition nécessaire et suffisante pour que $x^m - a^m$ soit divisible par $x^p - a^p$ est que m soit multiple de p.

12. Démontrer le même théorème en cherchant la loi de formation du quotient.

13. Démontrer que le produit

$$(x^m - 1)(x^{m-1} - 1)\ldots(x^{m-p} - 1)$$

est divisible par le produit

$$(x^p - 1)(x^{p-1} - 1)\ldots(x - 1).$$

14. Démontrer que le polynome

$$nx^{n+1} - (n + 1)x^n + 1$$

est divisible par $(x - 1)^2$ et calculer le quotient.

15. Trouver un polynome du second degré qui, divisé par $x - 1$ ou par $x - 2$, donne un résultat égal à 3, et qui s'annule pour $x = 0$.

16. Démontrer que si $f(x)$ est un polynome et qu'il existe un nombre a tel que l'on ait l'identité $f(x) \equiv f(x + a)$, ce polynome se réduit à une constante.

17. Les restes des divisions de deux polynomes $f(x)$ et $g(x)$ par $x^2 + x + 1$ sont respectivement x et $x + 1$; en déduire le reste de la division du produit $f(x) . g(x)$ par $x^2 + x + 1$.

18. Peut-on trouver le reste de la division d'un polynome par $x^3 - 1$ connaissant les restes des divisions de ce polynome par $x - 1$ et par $x^2 + x + 1$?

19. a étant un nombre entier et $f(x)$ un polynome dont les coefficients sont entiers et qui est divisible par $x - a$, montrer que $f(a + 1)$ et $f(a - 1)$ sont des entiers dont les valeurs absolues sont respectivement multiples de $a - 1$ et de $a + 1$.

20. 1° Déduire du reste de la division d'un polynome par $x^3 - 1$ (Ex. 10) le reste de la division de ce polynome par $x^2 + x + 1$.

2° Déduire du reste de la division de $(x - 1)f(x)$ par $x^3 - 1$ le reste de la division de $f(x)$ par $x^2 + x + 1$.

3° Déduire de ces différents résultats des caractères de divisibilité d'un nombre entier par 3, 7, 13. (On remarquera qu'un nombre est un polynome ordonné par rapport aux puissances de 10 et que les valeurs de $x^2 + x + 1$ pour $x = 1, 2, 3$, sont 3, 7, 13.)

CHAPITRE V

FRACTIONS RATIONNELLES

141. En se reportant aux règles données plus haut, on voit qu'en général le quotient exact de deux polynomes n'existe pas; on rencontre ici une impossibilité du genre de celle qui s'est présentée dans la division des nombres entiers en arithmétique.

Le monome ou le polynome quotient, lorsqu'ils existent, sont tels que leur valeur numérique soit le quotient des valeurs numériques du dividende et du diviseur; se plaçant à ce point de vue, on peut généraliser la notion de quotient, en le définissant une expression algébrique dont la valeur numérique soit le quotient des valeurs numériques du dividende et du diviseur; cette expression algébrique est appelée une *fraction rationnelle*; conformément à la notation arithmétique et à ce qui a été dit au début relativement aux valeurs numériques des expressions algébriques, on la représente par la notation $\dfrac{A}{B}$, A étant le dividende, B le diviseur.

Le dividende est le *numérateur*, le diviseur, le *dénominateur* de la fraction rationnelle.

La valeur numérique de la fraction $\dfrac{A}{B}$ est le quotient des valeurs numériques des polynomes ou monomes A et B.

EXEMPLE : Trouver la valeur numérique de la fraction

$$\frac{a^3 + a^2b - b^3}{a^2 + b^2}$$

pour $a = 1$, $b = -2$.

Le numérateur a pour valeur numérique

$$1 - 2 + 8 = 7.$$

Le dénominateur a pour valeur numérique

$$1 + 4 = 5.$$

La fraction a donc pour valeur numérique $\dfrac{7}{5}$.

142. **REMARQUE.** — Dans l'étude des fractions arithmétiques, et, plus généralement, des fractions algébriques, on a supposé essentiellement que le dénominateur n'était pas nul ; on ne devra donc jamais donner aux lettres des valeurs qui annulent le dénominateur de la fraction rationnelle ; pour de *telles valeurs*, la fraction rationnelle *n'a aucun sens*.

143. Nous allons montrer maintenant que les fractions rationnelles se combinent de la même manière que les fractions algébriques ; le théorème fondamental de cette théorie est le suivant :

Théorème. — *Si l'on multiplie les deux termes d'une fraction rationnelle par un même polynome (*), on forme une fraction rationnelle équivalente à la première, en excluant toutefois les valeurs des lettres qui annulent soit le dénominateur de la première fraction, soit le multiplicateur.*

Soit la fraction rationnelle

$$\frac{5x^2 + 3x - 1}{x^2 - 1}$$

et la fraction

$$\frac{(5x^2 + 3x - 1)(x - 2)}{(x^2 - 1)(x - 2)},$$

déduite de la première par la multiplication de ses termes par le même polynome $x - 2$.

Si l'on donne à x une valeur numérique -3, la première fraction prend la valeur numérique

$$\frac{45 - 9 - 1}{9 - 1} \qquad \text{ou} \qquad \frac{35}{8}.$$

La seconde fraction prend la valeur numérique

$$\frac{35 \times (-5)}{8 \times (-5)},$$

(*) Ce polynome peut se réduire à un monome ou même à un nombre.

[...] étant la valeur numérique du multiplicateur $x-2$, la fraction algébrique se déduit donc de la fraction algébrique

$$\frac{35}{8}$$

par la multiplication des deux termes 35 et 8 par un même nombre 5; ces deux fractions algébriques sont égales.

Le raisonnement étant indépendant de la valeur donnée à x, les deux fractions rationnelles ont toujours même valeur numérique; elles sont donc équivalentes.

REMARQUE. — Il est bien clair qu'il faut exclure les valeurs $+1$, 2, qui annulent l'un ou l'autre dénominateur, les [fract]ions rationnelles n'ayant aucun sens pour ces valeurs.

Corollaire. — *Si les deux termes d'une fraction ration[nelle] sont divisibles par un même polynôme* (*)*, la fraction [dont les] termes sont les quotients des termes de la première [par le] polynôme est équivalente à la première.*

Cela revient à dire que les fractions

$$\frac{(5x^2+3x-1)(x-2)}{(x^2-1)(x-2)} \quad \text{et} \quad \frac{5x^2+3x-1}{x^2-1}$$

sont équivalentes.

REMARQUE. — Il faut encore exclure des valeurs de x les [valeu]rs -1, $+1$, 2, qui annulent l'un ou l'autre dénomina[teur].

Première conséquence. — **Simplification des frac[tions]** rationnelles. — *Simplifier une fraction rationnelle, [c'est] la remplacer par une fraction rationnelle équivalente [dont les] termes soient d'un degré moindre que ceux de la pre[mière].*

[On y] parviendra en divisant les deux termes de la fraction [donnée] par un même polynôme ou monôme, si c'est possible.

EXEMPLES. — Soit la fraction

$$\frac{3a^4b^3c}{5a^2bd}$$

(*) [Un] polynôme peut se réduire à un monôme ou même à un nombre.

On peut diviser les deux termes de cette fraction par le monome a^2b et on trouve

$$\frac{3a^2b^2c}{5d},$$

Soit encore la fraction

$$\frac{a^2 - b^2}{a^2 - ba}.$$

On peut écrire cette fraction sous la forme

$$\frac{(a - b)(a + b)}{a(a - b)},$$

et divisant les deux termes par $a - b$, il vient

$$\frac{a + b}{a}.$$

REMARQUE I. — L'équivalence de ces fractions n'a lieu que pour les valeurs qui n'annulent pas les dénominateurs, les fractions n'ayant aucun sens pour les autres valeurs.

REMARQUE II. — Il y a quelquefois intérêt à diviser les deux termes par un même nombre; quoique, dans ce cas, on ne modifie pas les degrés des termes, nous dirons encore que l'on simplifie la fraction. On a ainsi

$$\frac{3a^2 + 6b^2}{9a - 15b} = \frac{a^2 + 2b^2}{3a - 5b}.$$

146. Deuxième conséquence. — Réduction au même dénominateur. — *Réduire des fractions rationnelles au même dénominateur, c'est les remplacer par des fractions rationnelles équivalentes, qui aient toutes le même dénominateur.*

Si l'on multiplie chaque terme d'une fraction par un même polynome, on obtient une fraction équivalente; il suffira donc de choisir pour chaque fraction un multiplicateur tel que tous les nouveaux dénominateurs soient égaux; le dénominateur commun sera, d'après cela, divisible par le dénominateur de chaque fraction; il est manifeste que le produit des dénominateurs remplit ces conditions; on peut donc énoncer la règle suivante :

On multiplie les deux termes de chaque fraction par le produit de tous les autres dénominateurs.

Exemple. — Soient les fractions

$$\frac{a}{x-1}, \qquad \frac{b}{x-2}, \qquad \frac{c}{x-3};$$

elles sont équivalentes aux fractions

$$\frac{a\,(x-2)(x-3)}{(x-1)(x-2)(x-3)}, \qquad \frac{b\,(x-1)(x-3)}{(x-1)(x-2)(x-3)},$$

$$\frac{c\,(x-1)(x-2)}{(x-1)(x-2)(x-3)}.$$

147. On peut quelquefois trouver un dénominateur commun de degré moindre que le produit des dénominateurs ; sans donner de règle générale à ce sujet, nous allons montrer sur quelques exemples comment on doit procéder.

Soient les fractions

$$\frac{A}{3a^2bc^3}, \qquad \frac{B}{5abc^2}, \qquad \frac{C}{a^4b^3}.$$

Le dénominateur commun devant être divisible (146) par $3a^2bc^3$, doit contenir les lettres a, b, c avec des exposants au moins égaux respectivement à 2, 1, 3 ; devant être divisible par le monome abc^2, il doit renfermer les mêmes lettres avec des exposants au moins égaux à 1, 1, 2 ; enfin, devant être divisible par le monome a^4b^3, il doit renfermer les lettres a et b avec des exposants au moins égaux à 4 et 3. En résumé, si l'on forme un monome avec les lettres a, b, c affectées d'exposants au moins égaux respectivement à 4, 3 et 3, ce monome sera divisible par chacun des dénominateurs ; le dénominateur commun de moindre degré sera, au coefficient près, $a^4b^3c^3$. On peut d'ailleurs prendre un coefficient arbitraire ; mais quand, comme dans l'exemple actuel, les coefficients des dénominateurs sont entiers, il y a souvent intérêt à ne pas introduire de fractions ; on donne au dénominateur commun un coefficient égal au plus petit commun multiple des coefficients des dénominateurs ; ici ce sera 15.

Le dénominateur commun est $15a^4b^3c^3$.

Pour passer du dénominateur $3a^2bc^3$ de la première fraction au dénominateur commun $15a^4b^3c^3$, il faut le multiplier par

$5a^2b^2$, quotient de ces deux dénominateurs ; on devra donc multiplier les deux termes de la fraction par ce quotient $5a^2b^2$; on a ainsi

$$\frac{5Aa^2b^2}{15a^4b^3c^3}.$$

De même on multipliera les deux termes de la seconde fraction par $3a^3b^2c$, quotient de $15a^4b^3c^3$ par le dénominateur $5abc^2$ de cette fraction ; on a ainsi

$$\frac{3Ba^3b^2c}{15a^4b^3c^3}.$$

Enfin, multipliant les deux termes de la troisième fraction par $15c^3$, on a

$$\frac{15Cc^3}{15a^4b^3c^3}.$$

Soient encore les fractions

$$\frac{A}{a^2-b^2}, \qquad \frac{B}{a^2-ab}, \qquad \frac{C}{(a+b)^2}.$$

On peut écrire ces fractions, en faisant apparaître les facteurs des dénominateurs,

$$\frac{A}{(a+b)(a-b)}, \qquad \frac{B}{a(a-b)}, \qquad \frac{C}{(a+b)^2}.$$

Nous prendrons pour dénominateur commun le produit des facteurs avec leur plus grand exposant ; ce sera

$$(a+b)^2\,(a-b)\,a.$$

Il faudra multiplier les deux termes de la première fraction par $a(a+b)$.

Il faudra multiplier les deux termes de la seconde fraction par $(a+b)^2$.

Il faudra multiplier les deux termes de la troisième fraction par $a(a-b)$.

On a ainsi les fractions

$$\frac{Aa(a+b)}{(a+b)^2(a-b)a}, \qquad \frac{B(a+b)^2}{(a+b)^2(a-b)a}, \qquad \frac{Ca(a-b)}{(a+b)^2(a-b)a}.$$

148. Addition des fractions rationnelles. — *On appelle somme de plusieurs fractions rationnelles une frac-*

tion dont la valeur numérique soit toujours la somme des valeurs numériques des fractions données.

Supposons que les fractions aient même dénominateur ; soient les fractions

$$\frac{A}{D}, \qquad \frac{B}{D}, \qquad \frac{C}{D}.$$

Si l'on donne aux lettres des valeurs déterminées, les polynomes A, B, C, D prennent des valeurs numériques A′, B′, C′, D′ (D′ n'étant pas zéro), et on a (39)

$$\frac{A'}{D'} + \frac{B'}{D'} + \frac{C'}{D'} = \frac{A' + B' + C'}{D'}.$$

Or, $\dfrac{A' + B' + C'}{D'}$ est la valeur numérique de la fraction rationnelle

$$\frac{A + B + C}{D},$$

qui est, par suite, la somme des fractions données.

RÈGLE. — *La somme de plusieurs fractions rationnelles qui ont même dénominateur est une fraction rationnelle de même dénominateur et dont le numérateur est la somme des numérateurs des fractions données.*

Si les fractions n'ont pas même dénominateur, on les réduit au même dénominateur et on applique la règle précédente.

REMARQUE. — Il est à peine besoin de faire observer que l'on procède d'une façon analogue pour la soustraction.

Exemples :

$$\frac{x}{x-1} + \frac{x-1}{x} = \frac{x^2 + (x-1)^2}{x(x-1)} = \frac{2x^2 - 2x + 1}{x(x-1)};$$

$$\frac{1}{x-1} - \frac{2}{x} + \frac{1}{x+1} = \frac{x(x+1)}{x(x+1)(x-1)} - \frac{2(x-1)(x+1)}{x(x+1)(x-1)}$$

$$+ \frac{x(x-1)}{x(x+1)(x-1)} = \frac{x^2 + x - 2(x^2-1) + x^2 - x}{x(x+1)(x-1)}$$

$$= \frac{2}{x(x+1)(x-1)}$$

149. Multiplication des fractions rationnelles. —

On appelle produit de plusieurs fractions rationnelles une fraction rationnelle dont la valeur numérique soit le produit des valeurs numériques des fractions données.

Soient les fractions

$$\frac{A_1}{B_1}, \qquad \frac{A_2}{B_2}, \qquad \frac{A_3}{B_3}.$$

Donnons aux lettres des valeurs numériques, et soient $A'_1, B'_1, A'_2, B'_2, A'_3, B'_3$ les valeurs numériques des polynomes A_1, B_1, etc. ; les fractions ont pour valeurs numériques

$$\frac{A'_1}{B'_1}, \qquad \frac{A'_2}{B'_2}, \qquad \frac{A'_3}{B'_3},$$

et le produit de ces valeurs est (40)

$$\frac{A'_1 . A'_2 . A'_3}{B'_1 . B'_2 . B'_3},$$

valeur numérique de la fraction rationnelle

$$\frac{A_1 . A_2 . A_3}{B_1 . B_2 . B_3},$$

qui est, par suite, le produit des fractions données.

RÈGLE. — *Le produit de plusieurs fractions rationnelles est une fraction dont les termes sont respectivement les produits des termes de même nature des fractions données.*

Exemple :

$$\frac{a+b}{a-b} \times \frac{a^2-b^2}{a^2+b^2} = \frac{(a+b)(a^2-b^2)}{(a-b)(a^2+b^2)} = \frac{(a+b)^2(a-b)}{(a-b)(a^2+b^2)}$$
$$= \frac{(a+b)^2}{a^2+b^2}.$$

150. Division des fractions rationnelles. — *On appelle*

quotient de deux fractions rationnelles rangées dans un ordre déterminé, une fraction rationnelle dont le produit par la seconde fraction soit égal à la première.

On peut remarquer que, d'après cette définition, la valeur numérique de la fraction quotient est le quotient des valeurs numériques des fractions rationnelles données.

Règle. — *Le quotient est le produit de la fraction dividende par la fraction diviseur renversée.*

Soit $\dfrac{A}{B}$ à diviser par $\dfrac{A'}{B'}$.

Pour montrer que le quotient est

$$\frac{A}{B} \times \frac{B'}{A'} = \frac{A \cdot B'}{BA'},$$

il suffit de montrer que le produit de cette dernière fraction par $\dfrac{A'}{B'}$ est $\dfrac{A}{B}$; on a

$$\frac{A \cdot B'}{B \cdot A'} \times \frac{A'}{B'} = \frac{A \cdot B' \cdot A'}{B \cdot A' \cdot B'} = \frac{A}{B}.$$

Exemple :

$$\frac{a^2 - ab}{a^2 + b^2} : \frac{a^2 - b^2}{a^2 + b^2} = \frac{(a^2 - ab)(a^2 + b^2)}{(a^2 + b^2)(a^2 - b^2)}$$

$$= \frac{a(a - b)(a^2 + b^2)}{(a^2 + b^2)(a - b)(a + b)} = \frac{a}{a + b}.$$

151. Fractions irrationnelles. — Il peut être utile de considérer des expressions algébriques analogues aux fractions rationnelles ; ce sont les expressions $\dfrac{A}{B}$, où A et B renferment des radicaux ; on les appelle *fractions irrationnelles* : leur valeur numérique se calcule en cherchant le quotient des valeurs numériques de A et B. Il est manifeste que les résultats trouvés précédemment sont applicables au cas actuel, et que l'on peut faire subir aux fractions irrationnelles les mêmes transformations qu'aux fractions rationnelles, si l'on a en vue leurs valeurs numériques, à la condition de ne donner aux lettres qui y figurent que des valeurs pour lesquelles A et B sont définies et B n'est pas nul.

Une transformation importante consiste à remplacer la fraction $\dfrac{A}{B}$ par une fraction équivalente, dont le dénominateur soit rationnel ; on y parvient le plus souvent en utilisant les identités de la division par $x - a$:

$$x^m - a^m \equiv (x - a)(x^{m-1} + ax^{m-2} + \cdots + a^{m-1})$$
$$x^{2m} - a^{2m} \equiv (x + a)(x^{2m-1} - ax^{2m-2} + \cdots - a^{2m-1})$$
$$x^{2m+1} + a^{2m+1} \equiv (x + a)(x^{2m} - ax^{2m-1} + \cdots + a^{2m}).$$

EXEMPLE I. — *Rendre rationnel le dénominateur de la fraction*

$$\frac{A}{B + \sqrt{C}}.$$

Multipliant les deux termes par $B - \sqrt{C}$, on a

$$\frac{A}{B + \sqrt{C}} = \frac{A(B - \sqrt{C})}{(B + \sqrt{C})(B - \sqrt{C})} = \frac{AB - A\sqrt{C}}{B^2 - C}.$$

Ainsi la fraction

$$\frac{3}{6 + \sqrt{5}}$$

est égale à

$$\frac{18 - 3\sqrt{5}}{36 - 5} \qquad \text{ou} \qquad \frac{18 - 3\sqrt{5}}{31}.$$

EXEMPLE II. — *Rendre rationnel le dénominateur de*

$$\frac{A}{\sqrt{B} - \sqrt{C}}.$$

Multipliant les deux termes par $\sqrt{B} + \sqrt{C}$, on a

$$\frac{A}{\sqrt{B} - \sqrt{C}} = \frac{A(\sqrt{B} + \sqrt{C})}{(\sqrt{B} - \sqrt{C})(\sqrt{B} + \sqrt{C})} = \frac{A\sqrt{B} + A\sqrt{C}}{B - C}.$$

Ainsi, la fraction

$$\frac{x}{\sqrt{x - 1} - \sqrt{x - 2}}$$

est équivalente à

$$\frac{x\sqrt{x - 1} + x\sqrt{x - 2}}{(x - 1) - (x - 2)} \qquad \text{ou} \qquad \frac{x\sqrt{x - 1} + x\sqrt{x - 2}}{1}.$$

EXEMPLE III. — *Rendre rationnel le dénominateur de la fraction*

$$\frac{A}{\sqrt[3]{B} + \sqrt[3]{C}}.$$

Nous partirons de l'identité

$$a^3 + b^3 = (a + b)(a^2 - ab + b^2),$$

dans laquelle a et b seront $\sqrt[3]{B}$ et $\sqrt[3]{C}$; on a

$$B + C = \left(\sqrt[3]{B} + \sqrt[3]{C}\right)\left(\sqrt[3]{B^2} - \sqrt[3]{BC} + \sqrt[3]{C^2}\right),$$

et, multipliant les deux termes de la fraction donnée par $\sqrt[3]{B^2} - \sqrt[3]{BC} + \sqrt[3]{C^2}$, on a

$$\frac{A}{\sqrt[3]{B} + \sqrt[3]{C}} = \frac{A\left(\sqrt[3]{B^2} - \sqrt[3]{BC} + \sqrt[3]{C^2}\right)}{\left(\sqrt[3]{B} + \sqrt[3]{C}\right)\left(\sqrt[3]{B^2} - \sqrt[3]{BC} + \sqrt[3]{C^2}\right)}$$

$$= \frac{A\sqrt[3]{B^2} - A\sqrt[3]{BC} + A\sqrt[3]{C^2}}{B + C}.$$

152. Les exemples qui précèdent suffisent pour indiquer la marche à suivre, quand le dénominateur est binome; si le dénominateur contient plus de deux termes, aucune règle générale ne peut être donnée; voici quelques cas où la répétition du procédé déjà employé conduit au résultat.

EXEMPLE I. — *Soit la fraction*

$$\frac{A}{B + \sqrt{C} + \sqrt{D}} \cdot$$

Considérons le dénominateur comme formé de deux parties B et $\sqrt{C} + \sqrt{D}$; on peut écrire

$$\frac{A}{B + \sqrt{C} + \sqrt{D}} = \frac{A\,(B - \sqrt{C} - \sqrt{D})}{[B + (\sqrt{C} + \sqrt{D})][B - (\sqrt{C} + \sqrt{D})]}$$

$$= \frac{A\,(B - \sqrt{C} - \sqrt{D})}{B^2 - (\sqrt{C} + \sqrt{D})^2} = \frac{A\,(B - \sqrt{C} - \sqrt{D})}{B^2 - C - D - 2\sqrt{CD}}.$$

On est alors ramené au premier cas, en considérant le dénominateur comme formé de deux parties, l'une rationnelle $B^2 - C - D$ et l'autre irrationnelle $2\sqrt{CD}$; il suffit de multiplier les deux termes de la fraction par $B^2 - C - D + 2\sqrt{CD}$. Ainsi la fraction

$$\frac{1}{4 + \sqrt{2} + \sqrt{3}}$$

s'écrit successivement

$$\frac{4 - \sqrt{2} - \sqrt{3}}{16 - 2 - 3 - 2\sqrt{6}} = \frac{4 - \sqrt{2} - \sqrt{3}}{11 - 2\sqrt{6}}$$

$$= \frac{(4 - \sqrt{2} - \sqrt{3})(11 + 2\sqrt{6})}{11^2 - 4 \times 6} = \frac{(4 - \sqrt{2} - \sqrt{3})(11 + 2\sqrt{6})}{97}.$$

EXEMPLE II. — *Soit la fraction*

$$\frac{A}{\sqrt{B} + \sqrt{C} - \sqrt{D} + \sqrt{E}} \cdot$$

Considérons le dénominateur comme somme de deux termes $\sqrt{B} + \sqrt{C}$ et $\sqrt{E} - \sqrt{D}$; on aura

$$\frac{A}{\sqrt{B} + \sqrt{C} - \sqrt{D} + \sqrt{E}} = \frac{A(\sqrt{B} + \sqrt{C} - \sqrt{E} + \sqrt{D})}{(\sqrt{B} + \sqrt{C})^2 - (\sqrt{D} - \sqrt{E})^2}$$

$$= \frac{A(\sqrt{B} + \sqrt{C} - \sqrt{E} + \sqrt{D})}{B + C - D - E + 2\sqrt{BC} + 2\sqrt{DE}}$$

Nous sommes alors ramenés au cas précédent.

EXERCICES

1. Effectuer les opérations suivantes :

$$\frac{3x - 5}{x} + \frac{6x}{x - 1} - \frac{9x + 7}{x - 2} ;$$

$$\frac{a}{(a - b)(a - c)} + \frac{b}{(b - a)(b - c)} + \frac{c}{(c - a)(c - b)} ;$$

$$\frac{a^2}{(a - b)(a - c)} + \frac{b^2}{(b - a)(b - c)} + \frac{c^2}{(c - a)(c - b)} ;$$

$$\frac{1}{1 + a} + \frac{1}{1 - a} + \frac{2}{1 + a^2} - \frac{4}{1 - a^4} ;$$

$$\frac{1}{(a + b)^2} \times \left(\frac{1}{a^2} + \frac{1}{b^2}\right) - \frac{1}{a^2 + b^2}\left(\frac{1}{a} + \frac{1}{b}\right)^2 ;$$

$$\frac{y^2 z^2}{b^2 c^2} + \frac{(y^2 - b^2)(z^2 - c^2)}{b^2(b^2 - c^2)} - \frac{(y^2 - c^2)(c^2 - z^2)}{c^2(c^2 - b^2)} ;$$

$$\frac{x^n}{x^n - 1} - \frac{x^{2n}}{x^n + 1} - \frac{1}{x^n - 1} + \frac{1}{x^n + 1} ;$$

$$\frac{a + b}{ab}(a^2 + b^2 - c^2) + \frac{b + c}{bc}(b^2 + c^2 - a^2) + \frac{a + c}{ac}(a^2 + c^2 - b^2).$$

2. Rendre rationnels les dénominateurs des fractions :

$$\frac{3}{4 + \sqrt{2}}, \qquad \frac{1}{\sqrt{2} + \sqrt{3}}, \qquad \frac{2}{\sqrt{5} - \sqrt{2}},$$

$$\frac{1}{\sqrt[3]{2} + \sqrt[3]{3}}, \qquad \frac{2}{\sqrt[3]{5} - \sqrt[3]{2}}, \qquad \frac{1}{3 + \sqrt[3]{4}},$$

$$\frac{1}{2 + \sqrt[3]{3}}, \qquad \frac{1}{\sqrt[3]{3} - \sqrt[3]{2}}, \qquad \frac{1}{\sqrt[3]{3} + \sqrt[3]{2}},$$

$$\frac{1}{\sqrt{2} + \sqrt{3} + \sqrt{4}}, \qquad \frac{1}{\sqrt{4} - \sqrt{3} + \sqrt{2}}, \qquad \frac{1}{2 + \sqrt{3} - \sqrt{5}},$$

3. Effectuer les opérations suivantes :

$$\frac{1}{a+b\sqrt{c}} + \frac{1}{a-b\sqrt{c}},$$

$$\frac{x}{x-\sqrt{x^2-1}} - \frac{x}{x+\sqrt{x^2-1}},$$

$$\frac{x+\sqrt{x}}{x-\sqrt{x}} - \frac{x-\sqrt{x}}{x+\sqrt{x}},$$

$$\frac{x^2+x+\sqrt{x^2-2x+3}}{1-\sqrt{x^2-2x+3}} + \frac{x^2+x-\sqrt{x^2-2x+3}}{1+\sqrt{x^2-2x+3}}.$$

4. Démontrer que si une fraction rationnelle est le carré d'une autre fraction, le produit de ses termes est le carré d'un polynome.

5. Si une fraction est symétrique en x et y et si l'un de ses termes est symétrique, l'autre l'est également.

6. Si deux polynomes A et B sont homogènes en x et y et de même degré, la fraction $\dfrac{A}{B}$ a toujours la même valeur si on donne à x et y des valeurs dont le rapport est constant.

LIVRE III

ÉQUATIONS DU PREMIER DEGRÉ

CHAPITRE I

GÉNÉRALITÉS. — TRANSFORMATIONS D'UNE ÉQUATION PRISE ISOLÉMENT

153. Égalité. — *On appelle* ÉGALITÉ *l'ensemble de deux expressions séparées par le signe* =, *que l'on prononce égale.*

EXEMPLES :

$$3a + 2b = 4,$$
$$(a + b)^2 = a^2 + 2ab + b^2,$$
$$7 + 5 = 18 - 6.$$

Les deux expressions qui figurent dans l'égalité sont les *membres* de l'égalité; l'expression placée à gauche est le *premier membre*, l'autre expression est le *second membre*.

On appelle ÉGALITÉ NUMÉRIQUE *une égalité qui a lieu entre nombres ;* telle est l'égalité

$$1 + \frac{3}{4} = - \left(- \frac{7}{4} \right).$$

On appelle IDENTITÉ *une égalité entre* EXPRESSIONS LITTÉRALES *qui a lieu pour toutes les valeurs numériques que l'on attribue aux lettres.*

Ainsi, quelles que soient les valeurs numériques des lettres a et b, on a

$$(a + b)^2 = a^2 + 2ab + b^2,$$
$$(a - b)^2 = a^2 - 2ab + b^2.$$

154. Équation. — *Étant données deux expressions algébriques A et B qui renferment des lettres x, y, z, résoudre l'équation A = B, c'est trouver les valeurs x, y, z, pour lesquelles A et B ont même valeur numérique ; A et B sont les membres de l'équation.*

Exemples :

$$3x - 5 = 4.$$

Les deux membres de cette équation sont égaux si l'on donne à x la valeur 3 ; pour toute autre valeur donnée à x, le premier membre est différent du second.

$$x^2 - 7x + 10 = 0.$$

Si l'on attribue à x une des valeurs 2 ou 5, le premier membre de l'équation est nul ; mais pour toute autre valeur de x, 7 par exemple, le premier membre est différent de zéro.

Il en sera de même pour l'équation

$$3x + 5y^2 = 2.$$

Si l'on donne à x la valeur 1 et à y la valeur — 1, le premier membre a la valeur 8 et n'est pas égal au second ; si, au contraire, on donne à x et à y la valeur — 1, le premier membre a pour valeur 2, et est égal au second.

155. Inconnues. — Racines ou solutions. — On appelle *inconnues* les lettres auxquelles il convient d'attribuer certaines valeurs particulières pour transformer l'équation en égalité numérique ; ces valeurs particulières sont appelées les *racines* ou *solutions* de l'équation.

Ainsi x est l'inconnue dans l'équation

$$3x - 5 = 4,$$

et 3 est une racine de l'équation.

On désigne généralement les inconnues par les dernières lettres de l'alphabet, x, y, z.

156. On distingue les équations en différentes catégories suivant le nombre des inconnues qu'elles renferment ; l'équation

$$3x - 5 = 4$$

est une équation à une inconnue.

L'équation

$$3x + 2y = 7$$

est une équation à deux inconnues.

157. Équations équivalentes. — *On appelle* ÉQUATIONS ÉQUIVALENTES *deux équations qui ont les mêmes racines.*

Pour établir que deux équations sont *équivalentes*, il faut montrer que toute racine de la première est racine de la seconde, et, réciproquement, que toute racine de la seconde est racine de la première.

De cette définition, il résulte que, pour trouver les racines d'une équation, on peut chercher les racines d'une équation équivalente.

Transformations d'une équation.

158. Théorème I. — *Si aux deux membres d'une équation, on ajoute une même expression* C, *on forme une équation équivalente à la première, sauf pour les valeurs des inconnues pour lesquelles* C *n'a pas de valeur numérique.*

Soit

(1) $$A = B$$

l'équation donnée, dans laquelle A et B sont des expressions renfermant des inconnues x, y, z ; et soit

(2) $$A + C = B + C$$

l'équation transformée.

1° Une solution de l'équation (1) fait acquérir à A et B des valeurs numériques égales A_1 et B_1 ; si C *a une valeur numérique* C_1, les nombres $A_1 + C_1$ et $B_1 + C_1$ sont égaux, c'est-à-dire que l'équation (2) est vérifiée pour la solution de (1).

2° Si pour des valeurs des inconnues x, y, z, les expressions A, B, C ont des valeurs numériques A_1, B_1, C_1 et si l'on a

$$A_1 + C_1 = B_1 + C_1,$$

on en conclut que les nombres A_1 et B_1 sont égaux, c'est-à-dire que la solution de l'équation (2) est solution de (1).

Les deux équations sont équivalentes.

Remarque. — Cette conclusion suppose essentiellement que C ait une valeur numérique pour les valeurs données aux inconnues.

Exemples. — Les équations

$$x + 3 = 2 - x^2 \qquad \text{et} \qquad x + 3 + 7 = 2 - x^2 + 7$$

sont équivalentes, la quantité C étant ici un nombre 7.
Les équations

$$2x + y = 7 \qquad \text{et} \qquad 2x + y - x^2 = 7 - x^2$$

sont équivalentes, C étant ici $- x^2$ qui a toujours une valeur numérique.
Les équations

$$x = 3 \qquad \text{et} \qquad x + \sqrt{x^2 - 10} = 3 + \sqrt{x^2 - 10}$$

ne sont pas équivalentes : la première a pour unique solution 3 et l'expression $C = \sqrt{x^2 - 10}$ n'a pas de valeur numérique correspondante ; pour cette valeur 3, les deux membres de la seconde équation n'ont pas de valeur numérique ; cette équation n'est donc pas vérifiée pour $x = 3$.
De même, les équations

$$x = 2 \qquad \text{et} \qquad x + \frac{1}{x - 2} = 2 + \frac{1}{x - 2}$$

ne sont pas équivalentes (*).

159. Application. — *Faire passer un terme d'une équation d'un membre dans l'autre.*

Soit m un terme du premier membre d'une équation ; si nous ajoutons aux deux membres l'expression $- m$, nous obtenons une équation équivalente à la première ; dans le premier membre de cette nouvelle équation, les termes m et $- m$ se détruisent et, dans le second membre, apparaît le nouveau terme $- m$; on forme donc une équation équivalente à la première en *supprimant un terme de l'un des membres et en introduisant ce terme changé de signe dans l'autre membre.*
Remarquons encore ici que ceci n'est possible que si le terme

---

(*) On verra plus loin qu'on peut, en introduisant la notion de limite, considérer ces équations comme équivalentes ; elles ne le sont pas au point de vue auquel nous nous plaçons ici.

considéré a une valeur numérique ; ce n'est que dans cette hypothèse que les règles du calcul algébrique sont applicables.

Considérons, par exemple, l'équation

$$x + \frac{1}{x} = \frac{1 + x^3}{x}$$

et faisons passer le terme du second membre dans le premier :

$$x + \frac{1}{x} - \frac{1 + x^3}{x} = 0,$$

ou
$$x - x^2 = 0, \qquad x(1 - x) = 0.$$

Cette dernière équation a pour solutions 0 et 1.

Pour la valeur 1, les termes considérés ont des valeurs numériques, et nous pouvons effectuer les opérations relatives aux
fractions ; cette solution vérifie la première équation ; si x a la
valeur 0, les fractions n'ont aucun sens et il n'est pas permis de
leur appliquer les règles du calcul algébrique : nous voyons
d'ailleurs directement que pour 0, les deux membres de l'équation donnée n'ont aucun sens ; on ne peut pas dire que 0 soit
une solution.

160. Conséquence. — *On obtient une équation équivalente à
une équation donnée en changeant les signes de tous ses termes.*

Cela revient, en effet, à faire passer les termes du premier
membre dans le second et inversement.

161. Degré d'une équation entière. — Considérons une
équation dont les deux membres sont rationnels et entiers par
rapport aux inconnues ; tous les termes ont des valeurs numériques, quelles que soient les valeurs données aux inconnues ; on
peut donc faire passer ces termes dans le premier membre et
effectuer ensuite la réduction des termes semblables, de telle
sorte que l'équation prendra la forme

$$A = 0.$$

On appelle alors *degré de l'équation* le degré du polynome A
qui figure dans le premier membre.

162. Théorème II. — *Si on multiplie ou si on divise les
deux membres d'une équation par une expression algébrique*

DÉFINIE ET NON NULLE, *on obtient une équation équivalente à la première*.

Soient les équations

(1) $$A = B,$$

(2) $$AC = BC.$$

Elles sont équivalentes aux équations

(3) $A - B = 0,$ (4) $AC - BC = 0$

pour toutes les valeurs des inconnues pour lesquelles A, B, C ont des valeurs numériques.

L'équation (4) peut s'écrire

$$(A - B)\, C = 0$$

et on voit alors que toute solution de (1) ou (3) annulant le facteur A — B vérifie les équations (2) et (4); inversement, une solution de l'équation (4) qui n'annule pas C annule A — B et est solution de (3) et (1). Les deux équations (1) et (2) sont donc équivalentes.

163. Remarque I. — Nous avons supposé que C était *bien définie et non nulle*; il reste à examiner ce qui arrive si ces conditions ne sont pas remplies. C, étant une expression algébrique, ne sera pas définie dans deux cas : 1° si elle renferme des radicaux d'indices pairs et si les valeurs données aux inconnues rendent négatives les expressions placées sous ces radicaux ; 2° si C renferme des dénominateurs qui s'annulent pour les valeurs données aux inconnues. Dans ces deux cas, la multiplication par C n'est pas légitime et on ne saurait effectuer les réductions algébriques qui résultent d'une telle opération ; toutefois, comme on ne sait pas à l'avance quelles sont les solutions, on effectue d'ordinaire les opérations algébriques, en *supposant qu'elles sont légitimes*; il y aura donc lieu ensuite de rechercher si, pour les solutions trouvées, les opérations étaient légitimes et si les solutions de la seconde équation vérifient la première ou si des solutions de la première équation ont pu disparaître, cette recherche ne devant d'ailleurs porter que sur *les systèmes de valeurs des inconnues pour lesquelles* C *n'est pas définie*.

Exemples. I. — L'équation

$$x^2 = 3x$$

a pour solutions   3   et   0.

L'équation

$$x^2 \sqrt{x - 1} = 3x \sqrt{x - 1},$$

déduite de la première par la multiplication par $\sqrt{x - 1}$, lui est équivalente, sauf pour les valeurs de x inférieures à 1 ; il en résulte que la seconde équation a seulement la solution 3 et n'a pas la solution 0.

II. — L'équation

$$x \sqrt{x - 1} = 0$$

a la seule solution $x = 1$; en effet, le produit $x\sqrt{x - 1}$ ne peut s'annuler que si l'un des facteurs s'annule ; or, si le premier est nul, le second n'a aucune valeur numérique ; on ne peut donc dire que le produit soit nul ; au contraire, si $x = 1$, les deux facteurs ont des valeurs 1 et 0, dont le produit est nul.

Multiplions maintenant les deux membres par $\sqrt{x - 1}$, *en supposant cette opération légitime* ; nous formons l'équation

$$x (x - 1) = 0,$$

qui a deux solutions 0 et 1 ; la multiplication effectuée n'a aucun sens si l'on donne à x la valeur 0 ; nous avons d'ailleurs vu directement que la première équation n'admettait pas cette solution.

Les deux équations ne sont pas équivalentes.

164. Remarque II. — Supposons maintenant que C étant définie s'annule pour certaines valeurs des inconnues ; toute solution de (1) et (3) annule la différence A — B et, par suite, le produit (A — B)C ; c'est donc une solution de (2) et (4) ; mais la réciproque n'est pas exacte ; des valeurs des inconnues qui annulent C forment bien une solution de (2) et (4), mais n'annulent pas *nécessairement* A — B ; cette solution *peut donc ne pas convenir* à l'équation primitive.

On devra vérifier directement si les solutions de la dernière équation, qui annulent le multiplicateur C, constituent ou non des solutions de l'équation donnée.

165. Remarque III. — Tout ce qui précède s'applique manifestement à la division par C en remarquant que cette opération équivaut à la multiplication par $\dfrac{1}{C}$.

166. Application. — *Faire disparaître les dénominateurs qui figurent dans une équation rationnelle.*

Supposons d'abord que l'équation soit entière par rapport aux inconnues et que les coefficients des termes de l'équation renferment seuls des dénominateurs ; si l'on réduit les coefficients au même dénominateur et si l'on multiplie les termes par ce dénominateur commun, on obtiendra une équation équivalente à la première et dont tous les termes auront des coefficients entiers.

Dans le calcul actuel, le multiplicateur est indépendant des inconnues et a toujours une valeur définie non nulle, sans quoi certains termes de l'équation donnée auraient des coefficients n'ayant pas de valeur numérique ; il n'y aurait pas à considérer une telle équation.

Supposons, en second lieu, que les inconnues figurent en dénominateur. Si l'on cherche le dénominateur commun D à tous les termes, et si l'on multiplie les deux membres de l'équation par D, on forme une nouvelle équation, qui est entière ; il reste à examiner si elle est ou non équivalente à la première.

D est un polynome ; il a donc toujours une valeur numérique ; mais ce polynome peut s'annuler et les valeurs des inconnues qui l'annulent peuvent vérifier la seconde équation ; elles ne conviennent pas à la première, dont un terme au moins n'a alors pas de valeur numérique. Il en résulte que la *première équation a comme solutions les solutions de la seconde équation qui n'annulent pas le dénominateur commun D.*

167. Théorème III. — *Si on élève les deux membres d'une équation à une même puissance d'exposant* IMPAIR, *on forme une nouvelle équation équivalente à la première ; si on élève les deux membres d'une équation à une même puissance d'exposant* PAIR, *on forme une nouvelle équation, qui admet les solutions de la première, mais qui admet en général d'autres solutions.*

I. Soient l'équation

(1) $$A = B$$

et l'équation

(2) $$A^{2m+1} = B^{2m+1}$$

obtenue en élevant les deux membres de la première à la puissance $2m + 1$.

1° Toute solution de l'équation (1) fait acquérir aux expressions A et B des valeurs numériques A_1 et B_1 égales ; les puissances d'exposant $2m + 1$ de ces nombres sont égales ; cette solution est donc telle que l'on ait

$$A_1^{2m+1} = B_1^{2m+1},$$

c'est une solution de l'équation (2).

2° Toute solution de l'équation (2) fait acquérir aux expressions A^{2m+1} et B^{2m+1} des valeurs numériques égales ; soit α la valeur de A^{2m+1} ; la valeur de A existe et est par définition la racine d'indice $2m + 1$ de α ; de telle sorte que si A_2 est la valeur de A, α est A_2^{2m+1} ; de même la valeur de B^{2m+1} est B_2^{2m+1}, en désignant par B_2 la valeur numérique de B ; par hypothèse les nombres A_2^{2m+1} et B_2^{2m+1} sont égaux ; comme, d'autre part, un nombre a une seule racine d'indice impair, on en conclut

$$A_2 = B_2 ;$$

la solution de (2) est donc solution de (1) et les deux équations sont équivalentes.

II. Soient les équations

(1) $$A = B,$$

(2) $$A^{2m} = B^{2m}.$$

1° Toute solution de la première équation fait acquérir à A et B des valeurs numériques égales A_1 et B_1 ; les puissances d'exposant $2m$ de ces nombres sont donc égales, c'est-à-dire, que la solution considérée est solution de l'équation (2).

2° Considérons une solution de l'équation (2) et supposons qu'elle fasse acquérir à A et B des valeurs numériques A_2 et B_2 ; par hypothèse, A_2^{2m} et B_2^{2m} sont égaux ; mais chacun de ces nombres a deux racines opposées d'indice $2m$; et de leur égalité, on déduit

$$A_2 = B_2 \qquad \text{ou} \qquad A_2 = - B_2,$$

c'est-à-dire que la solution de l'équation (2) est solution de l'une des équations

$$A = B \qquad \text{ou} \qquad A = - B,$$

mais on ne peut pas affirmer qu'elle soit certainement solution de la première.

RemarquE. — Nous avons supposé que la solution considérée faisait acquérir des valeurs numériques à A et B; mais ceci peut ne pas avoir lieu; en effet, les expressions A^{2m} et B^{2m} sont algébriques et peuvent être toutes les deux négatives; dans ce cas, A et B n'ont aucun sens, de telle sorte que la solution de l'équation (2) ne convient à aucune des équations

$$A = B \qquad \text{ou} \qquad A = - B.$$

Ceci tient à ce que l'élévation à la puissance d'exposant $2m$ n'était pas légitime pour les valeurs considérées.

En résumé, si pour résoudre une équation on l'a remplacée par une autre équation déduite de la première en élevant les deux membres à une même puissance d'exposant pair, *on ne devra conserver des solutions de la seconde équation que celles qui font acquérir aux deux membres de la première deux valeurs numériques de même signe.*

Exemples. I. — *Résoudre l'équation*

$$\sqrt{x} = \sqrt{2x + 1}.$$

Élevons les deux membres au carré

$$x = 2x + 1 \qquad \text{ou} \qquad x = - 1.$$

Cette solution ne fait acquérir aucune valeur aux deux membres de l'équation donnée; comme toutes les solutions de l'équation donnée doivent être solutions de la transformée et que celle-ci a la solution unique -1, on en conclut que la première équation n'a pas de solution.

II. — *Résoudre l'équation.*

$$(1) \qquad x + 2 = \sqrt{x + 4}.$$

Élevons les deux membres au carré

$$(2) \qquad x^2 + 4x + 4 = x + 4,$$
$$x^2 + 3x = x(x + 3) = 0.$$

Cette équation a les seules solutions 0 et — 3.

Remarquons d'abord qu'elles font certainement acquérir des valeurs numériques aux deux membres de l'équation donnée; en effet, ces deux nombres rendent $x + 4$ égal au carré $(x + 2)^2$; $x + 4$ est donc positif et on peut en extraire la racine carrée; il en résulte que 0 et — 3 sont solutions de l'équation donnée ou de l'équation

$$x + 2 = -\sqrt{x + 4} :$$

$x + 2$ est positif pour $x = 0$ et est négatif pour $x = -3$; 0 est donc la seule solution de l'équation donnée.

168. Application. — *Rendre rationnelle une équation qui renferme des radicaux.*

1° Si l'équation renferme un seul radical d'indice impair, on isole ce radical dans un membre de l'équation, en groupant tous les autres termes dans l'autre membre, et on élève ensuite les deux membres à la puissance dont l'exposant est égal à l'indice du radical; on a ainsi une équation équivalente à l'équation donnée et ne contenant plus de radical.

EXEMPLE. — *Résoudre l'équation*

$$x + 1 - \sqrt[3]{x^3 + 1} = 0.$$

Cette équation est équivalente aux équations

$$x + 1 = \sqrt[3]{x^3 + 1},$$
$$x^3 + 3x^2 + 3x + 1 = x^3 + 1,$$
$$3x(x + 1) = 0.$$

Cette dernière équation a pour racine 0 et — 1, qui sont les racines de l'équation proposée.

2° Si l'équation renferme un seul radical d'indice pair on procède de la même manière, mais il faut alors vérifier si les solutions trouvées conviennent à l'équation donnée.

3° Si l'équation renferme plusieurs radicaux, on peut par des élévations successives à diverses puissances obtenir une équation rationnelle; s'il y a eu des élévations à des puissances d'exposants pairs, il faut ensuite vérifier si les solutions trouvées n'ont pas été introduites par les transformations effectuées;

nous reviendrons plus tard sur ce sujet, nous nous bornons ici à donner quelques exemples.

EXEMPLES. I. — *Rendre rationnelle l'équation*

$$\sqrt{x} + \sqrt{x+1} = 1.$$

Élevons les deux membres au carré :

$$x + x + 1 + 2\sqrt{x(x+1)} = 1,$$

ou, en isolant le radical,

$$x = -\sqrt{x(x+1)}.$$

Élevons de nouveau au carré

$$x^2 = x^2 + x \qquad \text{ou} \qquad x = 0.$$

Cette équation a pour solution unique 0, qui vérifie bien l'équation donnée.

II. — *Rendre rationnelle l'équation*

$$\sqrt[3]{x+a} + \sqrt[3]{x+b} = \sqrt[3]{x+c}.$$

Élevons les deux membres au cube :

$$x+a+3\sqrt[3]{(x+a)^2(x+b)}+3\sqrt[3]{(x+a)(x+b)^2}+x+b=x+c,$$

ou

$$3\sqrt[3]{(x+a)(x+b)}\left[\sqrt[3]{x+a}+\sqrt[3]{x+b}\right]=-x+c-a-b,$$

ou, en tenant compte de la première équation,

$$3\sqrt[3]{(x+a)(x+b)}\;\sqrt[3]{x+c}=-x+c-a-b.$$

Nous pouvons de nouveau élever au cube et nous avons l'équation rationnelle

$$27(x+a)(x+b)(x+c) = (-x+c-a-b)^3.$$

169. REMARQUE. — Dans tout ce qui précède, nous avons constamment parlé de valeur numérique, correspondant aux valeurs des inconnues; c'est supposer que les coefficients qui entrent dans les équations sont des nombres ; examinons ce qui arrive si ces coefficients sont des lettres ; ces lettres représentent nécessairement des nombres donnés et tout coefficient est alors la valeur numérique d'une certaine expression algébrique qui

renferme ces lettres; or, le calcul des expressions algébriques
conduit finalement à une expression dont la valeur numérique
est le résultat des opérations que l'on ferait sur les nombres ;
tout se passe donc comme si, au lieu de lettres, on avait des
nombres et si on effectuait au fur et à mesure les opérations ;
en sorte que les résultats précédents sont applicables aux équations dont les coefficients sont littéraux, pourvu bien entendu
que ces coefficients aient un sens quand on remplace les lettres
par leurs valeurs.

CHAPITRE II

ÉQUATION DU PREMIER DEGRÉ A UNE INCONNUE

170. Appliquons les théorèmes généraux relatifs à la transformation des équations à la résolution de l'équation du premier degré à une inconnue, en étudiant d'abord quelques exemples.

EXEMPLE I. — Soit l'équation

$$4x - \frac{3}{5} = \frac{2x}{3} + 7 + \frac{4x}{5}.$$

Faisons disparaître les dénominateurs en multipliant les deux membres par le dénominateur commun 15 des termes de l'équation ; nous obtenons l'équation

$$60x - 9 = 10x + 105 + 12x,$$

équivalente à la première ; nous sommes ainsi ramenés à résoudre cette équation.

Faisons passer tous les termes en x dans le premier membre et tous les termes connus dans le second membre ; nous avons l'équation

$$60x - 10x - 12x = 105 + 9,$$

équivalente à la précédente ; c'est donc cette équation qu'il suffit de résoudre ; effectuant les opérations indiquées, nous pouvons écrire cette équation sous la forme

$$38x = 114.$$

Divisant les deux membres par 38, nous avons l'équation équivalente

$$x = \frac{114}{38} \qquad \text{ou} \qquad x = 3,$$

dont la solution unique est 3.

L'équation proposée a donc une solution unique, 3.

171. Exemple II. — Soit l'équation

$$\frac{a\,(x-a)}{b} - 4b = \frac{4\,(bx-a^2)}{a},$$

dans laquelle a et b sont donnés ; nous devons supposer a et b *différents de zéro* pour que les termes qui ont ces lettres en dénominateur aient une valeur numérique ; nous pouvons alors multiplier les deux membres de l'équation par le produit $a.b$:

$$a^2\,(x-a) - 4ab^2 = 4b\,(bx-a^2)$$

ou

$$a^2x - a^3 - 4ab^2 = 4b^2x - 4a^2b.$$

Faisant passer les termes en x dans le premier membre, et les termes connus dans le second, nous formons l'équation équivalente

$$a^2x - 4b^2x = a^3 + 4ab^2 - 4a^2b$$

ou

$$x\,(a^2 - 4b^2) = a^3 - 4a^2b + 4ab^2.$$

Si l'on suppose $a^2 - 4b^2$ différent de zéro, nous pouvons diviser les deux membres par $a^2 - 4b^2$ et il vient

$$x = \frac{a^3 - 4a^2b + 4ab^2}{a^2 - 4b^2} = \frac{a(a-2b)^2}{(a-2b)(a+2b)}.$$

Comme nous avons supposé $a^2 - 4b^2 \neq 0$, a n'est pas égal à $2b$, et nous pouvons simplifier cette expression en divisant ses deux termes par $a - 2b$.

L'équation a donc pour solution $\dfrac{a\,(a-2b)}{a+2b}$, sous la condition $a^2 - 4b^2 \neq 0$.

172. Exemple III. — Soit l'équation

$$\frac{x}{7} - 3 + \frac{3x}{5} = 4x - \frac{11}{2} - \frac{114}{35}x.$$

Réduisant au même dénominateur tous les termes et multipliant les deux membres par ce dénominateur commun 70, on obtient l'équation équivalente

$$10x - 210 + 42x = 280x - 385 - 228x,$$

ou, faisant passer les termes en x dans le premier membre, les autres termes dans le second membre,

$$10x + 42x - 280x + 228x = 210 - 385,$$

Le premier membre se réduit à 0 et le second membre à — 175. Il n'y a donc pas à proprement parler d'équation et cette dernière égalité étant impossible, on en conclut qu'aucun nombre mis à la place de x dans l'équation proposée ne vérifie cette équation.

L'équation n'a pas de solution.

173. EXEMPLE IV. — Soit l'équation

$$3x + \frac{5}{2} = \frac{x}{2} - \frac{1}{2} + \frac{5x}{2} + 3.$$

Faisant disparaître les dénominateurs, nous avons l'équation équivalente

$$6x + 5 = x - 1 + 5x + 6,$$

et réunissant dans un membre les termes en x, dans l'autre les termes connus, il vient

$$6x - x - 5x = - 1 + 6 - 5,$$

égalité qui est vérifiée, quelle que soit la valeur donnée à x, puisque l'on a

$$0 . x = 0.$$

On en conclut que tout nombre positif ou négatif est solution de l'équation donnée.

174. Équation générale. — Les exemples qui précèdent embrassent tous les cas qui peuvent se présenter, ainsi que nous allons le voir en étudiant l'équation générale.

On peut toujours faire passer dans le premier membre les termes en x et dans le second membre les termes connus, en sorte que l'on peut écrire l'équation sous la forme

$$ax = b,$$

a et b étant des nombres supposés connus.

1° $a \neq 0$. — On peut alors diviser les deux membres de l'équation par a et on a l'équation équivalente

$$x = \frac{b}{a} \cdot$$

L'équation proposée a donc une *solution unique*.

2° $a = 0$, $b \neq 0$. — Dans ce cas, il est impossible qu'il y ait égalité entre le premier membre, nul quel que soit x, et le second membre différent de zéro.

L'équation proposée *n'a pas de solution*.

3° $a = 0$, $b = 0$. — Il n'y a plus d'équation, mais une identité.

Équations qui se ramènent au premier degré.

175. Nous allons montrer par quelques exemples comment la résolution d'équations dont les deux membres peuvent n'être ni entiers ni rationnels, se ramène parfois à la résolution d'équations du premier degré, à l'aide des transformations indiquées au chapitre précédent, en n'oubliant pas toutefois à quelles conditions ces transformations sont légitimes.

Exemple I. — Soit l'équation

$$\frac{x + 2}{x + 1} = \frac{5x}{x + 2} - 4.$$

Nous multiplions les deux membres de l'équation par le dénominateur $(x + 1)(x + 2)$ commun aux fractions réduites au même dénominateur; il vient

$$(x + 2)^2 = 5x (x + 1) - 4 (x + 1)(x + 2);$$

cette équation est équivalente à la première, sauf peut-être pour les valeurs -1 et -2 qui annulent le multiplicateur. En effectuant les opérations indiquées, nous trouvons

$$x^2 + 4x + 4 = 5x^2 + 5x - 4x^2 - 12x - 8,$$

et réunissant les termes de même degré, il vient

$$11x = -12;$$

équation qui a pour unique solution $-\dfrac{12}{11}$; cette valeur, n'annulant pas le multiplicateur $(x + 1)(x + 2)$, est solution de l'équation donnée.

176. **Exemple II.** — Soit l'équation

(4) $$x + \sqrt{x^2 + 3} = 3.$$

Pour résoudre cette équation (168), isolons le radical dans le premier membre

$$(2) \qquad \sqrt{x^2 + 3} = 3 - x.$$

En élevant au carré les deux membres de cette équation, nous formons l'équation

$$(3) \qquad x^2 + 3 = 9 - 6x + x^2,$$

qui a les solutions de l'équation donnée ainsi que celles de l'équation

$$(4) \qquad - \sqrt{x^2 + 3} = 3 - x.$$

L'équation (3) peut s'écrire

$$3 = 9 - 6x,$$
$$6x = 6,$$
$$x = 1.$$

Cette solution 1 doit vérifier l'équation (2) ou l'équation (4); elle vérifie l'équation (2), car le second membre $3 - x$ est positif si x est remplacé par 1.

L'équation proposée a donc une solution unique.

177. Exemple III. — Soit l'équation

$$\sqrt{x + 4} = x - 2,$$

Élevons au carré les deux membres de cette équation

$$x + 4 = (x - 2)^2$$
$$\text{ou} \qquad x + 4 = x^2 - 4x + 4$$
$$\text{ou} \qquad x^2 - 5x = 0.$$

Le premier membre de cette équation est le produit $x(x - 5)$; il s'annule donc pour les valeurs qui annulent un des facteurs x, $x - 5$; l'équation finale a donc deux racines 0 et 5.

Ces racines peuvent ne pas vérifier l'équation donnée ; appliquant la règle du n° 168, on voit que 5 est racine, tandis que 0 n'est pas racine.

178. Il peut arriver qu'en changeant l'inconnue, on ramène une équation à ne renfermer que des termes du premier degré par rapport à la nouvelle inconnue.

EXEMPLES :

Soit l'équation

$$3 + x^2 = 5 + \frac{x^2}{2}.$$

Si l'on considère cette équation par rapport à x^2, elle est du premier degré, et on a la solution

$$x^2 = 4.$$

On est ramené à trouver un nombre dont le carré soit 4. Il existe alors deux solutions, $+ 2$ et $- 2$.

Soit encore l'équation

$$\sqrt{1 - x} + 5 = 3\sqrt{1 - x} - 3.$$

Considérons cette équation en prenant pour inconnue auxiliaire $\sqrt{1 - x}$; nous pouvons la mettre sous la forme

$$5 + 3 = 2\sqrt{1 - x},$$
$$\sqrt{1 - x} = 4.$$

Élevant au carré, il vient

$$1 - x = 16,$$

dont la racine unique est $- 15$.

Remarquons que l'élévation au carré n'a pu introduire de solution étrangère, puisque l'équation

$$- \sqrt{1 - x} = 4$$

n'a aucune solution, ses deux membres étant toujours de signes différents et le second ne pouvant s'annuler.

EXERCICES

1. Résoudre les équations suivantes :

$$1 - \frac{3x}{2} + \frac{5}{3} = 2 - \frac{3x}{5} \; ;$$

$$2x + \frac{1}{5} = 3 - \frac{x}{6} + \frac{2}{5} \; ;$$

$$\frac{30x + 5}{4} - \frac{3x}{2} = 2 + \frac{5x}{3} \; ;$$

$$\frac{5x}{3} - \frac{3}{2} = x - \frac{5}{6} + \frac{2x}{3} \; ;$$

$$1 + \frac{x}{4} - \frac{4}{5} = x + \frac{1}{5} - \frac{3x}{4}.$$

2. Résoudre les équations suivantes :

$$ax + b^2 = bx + a^2 \; ;$$

$$\frac{x}{a} + \frac{x}{b} + \frac{x}{c} = \frac{1}{abc} \; ;$$

$$ax + \frac{x}{a} = b + \frac{1}{b} \; ;$$

$$\frac{x}{(a-b)(a-c)} + \frac{x}{(b-a)(b-c)} + \frac{x}{(c-a)(c-b)} = 1 \; ;$$

$$\frac{ax}{(a-b)(a-c)} + \frac{bx}{(b-a)(b-c)} + \frac{cx}{(c-a)(c-b)} = d \; ;$$

$$\frac{a^2x}{(a-b)(a-c)} + \frac{b^2x}{(b-a)(b-c)} + \frac{c^2x}{(c-a)(c-b)} = abc.$$

3. Résoudre les équations :

$$\frac{20x+17}{18} - \frac{24x+2}{22x-8} = \frac{10x-4}{9} \; ;$$

$$\frac{7}{7x-1} - \frac{2}{x+1} = \frac{1}{7x-1} \; ;$$

$$\frac{a}{3(x-1)} + \frac{b}{x-1} + \frac{c}{2(x-1)} = 5 \; ;$$

$$\frac{a+x}{b-x} = 3 + \frac{5}{b-x} \; .$$

4. Résoudre les équations :

$$x + 1 - \sqrt{x^2+1} = 0 \; ;$$

$$\frac{1-x}{1+x} = \sqrt{\frac{1-2x}{1+2x}} \; ;$$

$$a + x = \sqrt{x^2+a^2} - 2b \; ;$$

$$\sqrt{\frac{a+x}{a-x}} = \sqrt{\frac{a+2x}{a-2x}} \; ;$$

$$(a+x)(b+x) - a(b+c) - x^2 = \frac{a^2c}{b} \; ;$$

$$\sqrt{5-x} + 3 = \frac{2}{3}\sqrt{5-x} + 7 \; ;$$

$$\sqrt{1+x} - 2 = 5\sqrt{1+x} + 6 \; ;$$

$$\frac{1}{2} - \frac{3}{x} = \sqrt{\frac{1}{4} - \frac{1}{x}\sqrt{9 - \frac{36}{x}}} \; ;$$

$$\sqrt{a+\sqrt{x}} + \sqrt{a-\sqrt{x}} = \sqrt{x}.$$

CHAPITRE III

INÉGALITÉS CONSIDÉRÉES ISOLÉMENT

179. Définitions. — Étant données deux expressions algébriques A et B, qui renferment des lettres x, y, z, ..., on peut se proposer de trouver les systèmes de valeurs qu'il faut donner simultanément à ces lettres pour que la valeur numérique de A soit supérieure à celle de B ; trouver ces valeurs de x, y, z, ..., c'est *résoudre l'inégalité*

$$A > B;$$

x, y, z sont les *inconnues* et un système de valeurs vérifiant l'inégalité constitue une *solution* ; A et B sont les deux *membres* de l'inégalité.

Pour distinguer ces inégalités des inégalités numériques, on les appelle quelquefois des *inégalités conditionnelles* ou des *inéquations*.

Deux inégalités sont dites *équivalentes*, si elles ont les mêmes solutions.

La résolution des inégalités repose, comme celle des équations, sur la transformation en inégalités équivalentes au moyen des théorèmes suivants :

180. Théorème I. — *On forme une inégalité équivalente à une inégalité en ajoutant une même expression définie aux deux membres et en conservant le sens de la première inégalité.*

Soit l'inégalité

$$A > B$$

et l'inégalité

$$A + C > B + C$$

déduite de la première en ajoutant C aux deux membres.

1° Une solution de la première inégalité fait acquérir à A et B des valeurs numériques A_1 et B_1 telles que l'on ait

$$A_1 > B_1 \,;$$

si, pour les valeurs considérées des inconnues, C a une valeur numérique C_i, on a (46)

$$A_1 + C_1 > B_1 + C_1,$$

ce qui établit que les valeurs des inconnues forment une solution de la seconde inégalité.

2° Le même raisonnement montre qu'une solution de la seconde inégalité est solution de la première, puisque l'on passe de la seconde à la première en ajoutant $-C$ aux deux mêmes membres.

Les deux inégalités sont donc équivalentes.

181. Remarque. — La démonstration suppose essentiellement que C ait une valeur numérique, sans quoi il ne saurait être question d'inégalité.

Considérons, par exemple, les inégalités

$$x > 3,$$
$$x + \sqrt{x - 8} > 3 + \sqrt{x - 8}.$$

La première est vérifiée pour toute valeur de x supérieure à 3 ; la seconde est vérifiée seulement pour les valeurs de x supérieures à 8, puisque pour des valeurs inférieures à 8, les quantités placées sous les radicaux sont négatives et ces radicaux n'ont pas de valeur numérique.

182. Corollaire. — Ce théorème permet de faire passer un terme d'un membre dans l'autre, comme pour les équations ; ainsi, les inégalités

$$3 + 5x > y - 7$$

et

$$3 + 7 > y - 5x$$

sont équivalentes.

183. Théorème II. — *On forme une inégalité équivalente à une inégalité, en multipliant ses deux membres par une même expression définie, non nulle. La seconde inégalité a le* *sens de la première, si le multiplicateur est positif ; elle a le sens contraire, si le multiplicateur est négatif.*

1° Soient l'inégalité

$$A < B$$

et l'inégalité

$$AC < BC$$

déduite de la première en multipliant les deux membres par le facteur *positif* C.

Une solution de la première inégalité fait acquérir à A et B des valeurs numériques A_1 et B_1, telles que

$$A_1 < B_1.$$

D'autre part, nous supposons que pour les valeurs considérées des inconnues, l'expression C a une valeur numérique positive C_1 ; on a donc (48)

$$A_1 C_1 < B_1 C_1,$$

c'est-à-dire que la solution de la première inégalité est solution de la seconde.

Une solution de la seconde inégalité fait acquérir à A, B, C des valeurs numériques A_2, B_2, C_2, cette dernière étant, par hypothèse, positive ; comme on a

$$A_2 C_2 < B_2 C_2,$$

on en déduit (48), en multipliant les deux membres par le nombre positif $\dfrac{1}{C_2}$,

$$A_2 < B_2.$$

La solution de la seconde inégalité est solution de la première et les deux inégalités sont équivalentes.

2° Si l'on suppose que C prenne des valeurs numériques négatives, on peut répéter le même raisonnement, en remarquant que de l'inégalité numérique

$$A_1 < B_1$$

on déduit (48)

$$A_1 C_1 > B_1 C_1,$$

et de l'inégalité numérique

$$A_2 C_2 > B_2 C_2$$

on déduit
$$A_2 < B_2,$$
c'est-à-dire que les inégalités
$$A < B,$$
$$AC > BC$$
sont équivalentes.

184. Remarque I. — Si le multiplicateur C ne conserve pas toujours le même signe, on étudiera d'abord les valeurs des inconnues pour lesquelles il est positif; l'inégalité déduite par la multiplication par C sera de même sens que la première; puis, on considérera les valeurs des inconnues pour lesquelles C est négatif, et la nouvelle inégalité sera de sens contraire à celui de la première.

Exemples. I. — *Résoudre l'inégalité*
$$\frac{2x^2 - x + 1}{x^2} < 2.$$

Nous pouvons multiplier les deux membres par x^2 qui est toujours positif, puisque nous rejetons la valeur 0, pour laquelle le premier membre n'a pas de valeur numérique; nous avons ainsi une inégalité équivalente à la première :
$$2x^2 - x + 1 < 2x^2$$
ou (182)
$$1 < x.$$

L'inégalité est donc vérifiée pour toute valeur de x supérieure à 1.

II. — *Résoudre l'inégalité*
$$\frac{3x + 2}{x} < 1.$$

Supposons d'abord x positif; si on multiplie les deux membres par x, on forme l'inégalité équivalente
$$3x + 2 < x,$$
ou (182)
$$2x < -2,$$
ou (183)
$$x < -1.$$

Cette dernière inégalité ne peut être vérifiée, puisque l'on a supposé x positif; il en résulte que cette hypothèse est à rejeter.

Si l'on suppose x négatif, on peut encore multiplier les deux membres de l'inégalité donnée par x et on a

$$3x + 2 > x,$$

ou (182)

$$2x > -2.$$

ou (183)

$$x > -1.$$

En résumé, l'inégalité donnée est vérifiée par les valeurs de x comprise entre -1 et 0.

185. REMARQUE II. — Si, pour certaines valeurs des inconnues, le multiplicateur C n'a pas de valeur numérique, il n'y a plus équivalence entre les deux inégalités; ici encore, il peut arriver que l'on supprime dans la seconde inégalité des solutions de la première ou qu'au contraire, on en introduise qui ne conviennent pas à la première; cela tient à ce fait qu'en effectuant les calculs algébriques et les simplifications, on suppose que les valeurs numériques existent; il faut donc s'assurer de leur existence quand on a trouvé les solutions; ceci est tout-à-fait analogue à ce que nous avons dit pour les équations; nous n'y insisterons pas, nous bornant à donner un exemple.

EXEMPLE. — *Résoudre l'inégalité*

$$x\sqrt{x} + 2\sqrt{x} < 0.$$

Divisons par $\sqrt{x}$ qui, *s'il existe*, est essentiellement positif; nous avons

$$x + 2 < 0,$$

cette inégalité est vérifiée pour les valeurs de x inférieures à -2; or, pour de telles valeurs $\sqrt{x}$ n'a pas de valeur numérique; il en résulte que la première inégalité n'est jamais vérifiée.

186. Application. — *Faire disparaître les dénominateurs qui figurent dans une inégalité à termes rationnels.*

On peut calculer le dénominateur commun à tous les termes;

si on sépare les valeurs des inconnues en intervalles dans lesquels ce dénominateur est constamment de même signe, on pourra remplacer l'inégalité donnée par celle que l'on en déduit en multipliant tous les termes par le dénominateur commun ; on aura ainsi une inégalité à termes entiers ; elle sera équivalente à la première et de même sens dans les intervalles où le multiplicateur est positif, de sens contraire dans les autres intervalles.

EXEMPLES. I. — Les inégalités

$$\frac{x}{3} - \frac{1}{2} > \frac{1}{6}$$

et

$$2x - 3 > 1$$

sont équivalentes.

II. — L'inégalité

$$\frac{x}{x-1} > \frac{1}{x}$$

est équivalente à l'inégalité

$$x^2 > x - 1$$

pour les valeurs de x non comprises entre 0 et 1, le multiplicateur $x(x-1)$ étant alors positif, et à l'inégalité

$$x^2 < x - 1$$

pour les valeurs de x comprises entre 0 et 1, le multiplicateur étant, dans ce cas, négatif.

187. REMARQUE. — On peut éviter de séparer l'ensemble des valeurs de x en intervalles dans lesquels le multiplicateur a un signe constant et remplacer l'inégalité donnée par une inégalité unique de même sens et équivalente ; il suffit de multiplier les deux membres par le *carré du dénominateur commun*, qui est toujours positif.

Ainsi, on remplacera l'inégalité

$$\frac{x}{x-1} < \frac{1}{x}$$

par l'inégalité équivalente

$$x^2 (x-1) < (x-1)^2 x.$$

Il est bien évident que, si le dénominateur commun a constamment le même signe, il est inutile d'avoir recours à son carré.

188. Théorème III. — *Si l'on élève les deux membres d'une inégalité à une même puissance d'exposant impair, on forme une inégalité équivalente et de même sens ; si on élève les deux membres à une même puissance d'exposant pair, on forme une inégalité équivalente et de même sens si les deux membres de la première étaient positifs, de sens contraire si les deux membres de la première étaient négatifs, à la condition toutefois que les termes considérés aient des valeurs numériques pour les valeurs données aux inconnues.*

I. — Soient les inégalités

$$A > B,$$
$$A^{2p+1} > B^{2p+1}.$$

1° Une solution de la première inégalité fait acquérir à A et B des valeurs numériques A_1 et B_1 telles que

$$A_1 > B_1 ;$$

on en déduit (50)

$$A_1^{2p+1} > B_1^{2p+1}.$$

Cette solution est donc solution de la seconde inégalité.

2° Une solution de la seconde inégalité fait acquérir à A et B des valeurs numériques A_2 et B_2 telles que

$$A_2^{2p+1} > B_2^{2p+1} ;$$

on en déduit (51)

$$A_2 > B_2,$$

et les deux inégalités considérées sont équivalentes.

II. — Soient les inégalités

$$A > B,$$
$$A^{2p} > B^{2p},$$

dans lesquelles A et B sont supposées avoir des valeurs numériques constamment positives pour les valeurs considérées des inconnues.

1° Une solution de la première fait acquérir à A et B des valeurs positives A_1 et B_1 telles que

$$A_1 > B_1 ;$$

on en déduit (50)

$$A_1^{2p} > B_1^{2p};$$

cette solution est donc aussi solution de la seconde inégalité.

2° Une solution de la seconde inégalité fait acquérir à A et B des valeurs numériques positives A_2 et B_2 telles que

$$A_2^{2p} > B_2^{2p};$$

on en déduit

$$A_2 > B_2;$$

les deux inégalités considérées sont donc équivalentes.

III. — Le cas où A et B ont des valeurs négatives se traite comme le précédent.

189. Remarque. — Observons ici encore que l'on ne peut parler de la puissance d'une expression A que si cette expression a une valeur numérique ; toutefois, cette expression étant algébrique, il peut arriver qu'on ait formé une autre expression algébrique ayant une valeur numérique, même quand A n'en a pas ; ainsi $\sqrt{x}$ a pour carré x, si x est positif ; quand x a une valeur négative, il n'est plus légitime de parler du carré de $\sqrt{x}$; les observations présentées plus haut subsistent ici et il faudra toujours rechercher si les solutions trouvées après élévation des deux membres d'une inégalité à une même puissance font acquérir des valeurs numériques aux termes de l'inégalité donnée ; ce n'est qu'à cette condition que le théorème précédent est applicable.

190. Application. — *Rendre rationnelle une inégalité qui renferme des radicaux.*

Le procédé est le même que pour les équations, mais il importe ici de tenir compte des signes des deux membres de l'inégalité ; nous nous bornerons au cas où un seul radical figure dans l'inégalité ; le cas général se traiterait de la même façon ; la discussion en est trop compliquée pour qu'il y ait intérêt à l'exposer complètement.

I. *L'inégalité renferme un radical d'indice impair.* On isole ce radical dans un membre et on élève les deux membres de la nouvelle inégalité à la puissance marquée par l'indice du radical ; l'inégalité obtenue est équivalente à la première et de même sens.

EXEMPLE. — *Résoudre l'inégalité*

$$\sqrt[3]{x^2} < x.$$

Elle est équivalente à l'inégalité

$$x^2 < x^3,$$

ou, en divisant les deux membres par x^2, qui est positif,

$$1 < x.$$

II. *L'inégalité renferme un seul radical d'indice pair.* Si on isole ce radical dans un membre, deux cas peuvent se présenter, si l'on suppose que le radical isolé est positif :

1° L'expression qui figure dans l'autre membre est négative ; il est alors inutile d'élever à une puissance de façon à faire disparaître le radical, puisque l'on sait qu'un nombre négatif est inférieur à un nombre positif.

2° L'expression qui figure dans l'autre membre est positive ; en élevant alors les deux membres à la puissance marquée par l'indice du radical, on forme une inégalité équivalente à la première et de même sens, à la condition toutefois que pour les valeurs trouvées la quantité placée sous le radical soit positive.

EXEMPLES. I. — *Résoudre l'inégalité*

$$x - 1 < \sqrt{x^2 + 2x + 4}.$$

1° Si x est inférieur à 1, le premier membre est négatif et l'inégalité est vérifiée.

2° Si x est supérieur à 1, on peut remplacer l'inégalité par l'inégalité équivalente

$$x^2 - 2x + 1 < x^2 + 2x + 4,$$

ou

$$- 3 < 4x.$$

L'inégalite donnée est donc vérifiée si x est à la fois supérieur à 1 et à $-\dfrac{3}{4}$, c'est-à-dire s'il est supérieur à 1 ; nous voyons d'ailleurs que l'expression $x^2 + 2x + 4$ ou $(x+1)^2 + 3$ est toujours positive et que le radical a une valeur numérique.

II. — *Résoudre l'inégalité*

$$x + 1 > \sqrt{1 - x},$$

1° Si x est inférieur à — 1 le premier membre est négatif, et l'inégalité n'est pas vérifiée.

2° Si x est supérieur à — 1, on peut élever les deux membres au carré :

$$x^2 + 2x + 1 > 1 - x,$$

ou

$$x^2 + 3x > 0, \qquad x(x + 3) > 0.$$

Cette dernière inégalité est vérifiée quand les deux facteurs x et $x + 3$ sont de même signe, c'est-à-dire si x est inférieur à — 3 ou est supérieur à 0 ; mais nous avons supposé ici x supérieur à — 1, il ne peut donc être inférieur à — 3 ; examinons la solution $x > 0$; pour qu'elle convienne à la première inégalité, il faut que le radical ait une valeur, c'est-à-dire que x soit inférieur à 1.

En résumé, l'inégalité proposée a pour solutions tous les nombres compris entre 0 et 1.

Résolution de l'inégalité du premier degré à une inconnue.

191. L'inégalité du premier degré à une inconnue ne renfermant que des termes du premier degré en x et des termes indépendants, on peut toujours (182) réunir dans un membre les termes qui renferment l'inconnue et dans l'autre membre les termes qui en sont indépendants.

On peut d'ailleurs supposer que le coefficient de x soit positif ; s'il en était autrement, il suffirait de faire passer les termes en x dans l'autre membre et inversement. Ainsi, de l'inégalité

$$- 3x > 5$$

on déduit l'inégalité équivalente

$$- 5 > 3x$$

ou

$$3x < - 5.$$

Soit donc une inégalité

$$ax > b ;$$

a étant positif, on peut diviser les deux membres de l'inégalité par a et on obtient l'inégalité équivalente

$$x > \frac{b}{a}.$$

De même de l'inégalité

$$ax < b,$$

dans laquelle a est toujours positif, on déduit

$$x < \frac{b}{a}.$$

Il n'y a qu'un cas d'exception, celui où a est nul : alors ou bien l'inégalité est impossible, ou elle se réduit à une inégalité numérique.

192. Exemple I. — Soit à résoudre l'inégalité

$$\frac{x}{2} - 3 > 4x + 5.$$

Multipliant les deux membres de l'inégalité par 2, il vient

$$x - 6 > 8x + 10,$$

et faisant passer les termes en x dans le second membre, les termes indépendants dans le premier,

$$- 16 > 7x$$

ou

$$x < - \frac{16}{7}.$$

Exemple II. — Résoudre l'inégalité

$$\frac{x}{3} - 5 < x + 7 - \frac{2x}{3}.$$

Si l'on réunit dans le premier membre les termes en x et dans le second membre les termes indépendants, l'inégalité devient

$$0 < 12,$$

inégalité qui est toujours vérifiée.

Exemple III. — Résoudre l'inégalité

$$4 - 3x > 5x + 7 - 8x.$$

Cette inégalité est équivalente à l'inégalité impossible

$$4 > 7.$$

Aucune valeur de x ne vérifie l'inégalité donnée.

193. Il peut arriver qu'une quantité x soit assujettie à vérifier plusieurs inégalités simultanées ; en traitant chacune d'elles isolément, on détermine entre quelles limites doit varier x pour que toutes ces inégalités soient vérifiées.

Exemple I. — Résoudre les inégalités simultanées

$$x > 5, \qquad x > 3, \qquad x > 2.$$

Il est évident que si la première inégalité est vérifiée, les deux autres le sont également ; il suffit donc de donner à x des valeurs supérieures à 5.

Exemple II. — Résoudre les inégalités

$$x < 3, \qquad x > 2, \qquad x > -1.$$

Si x est supérieur à 2, il est certainement supérieur à -1 ; il faudra donc prendre ici les valeurs comprises entre 2 et 3.

Exemple III. — Résoudre les inégalités

$$x > 5, \qquad x \leqslant 2.$$

Il est impossible qu'un nombre soit à la fois supérieur à 5 et inférieur à 2 ; ces deux inégalités sont *incompatibles*.

194. On peut ramener à un système d'inégalités du premier degré des inégalités de degré supérieur ou même des inégalités dont les membres ne sont pas des polynomes entiers ; je me contenterai de montrer sur quelques exemples comment on peut procéder.

Exemple I. — Résoudre l'inégalité

$$(x + 1)(x - 1)(x - 2) > 0.$$

Le signe de ce produit dépend du signe de chaque facteur ; pour connaître le signe d'un facteur, on est conduit à résoudre une inégalité du premier degré ;

$x + 1$ est positif pour $x > -1$ et négatif pour $x < -1$;
$x - 1$ est positif pour $x > 1$ et négatif pour $x < 1$;
$x - 2$ est positif pour $x > 2$ et négatif pour $x < 2$.

On voit donc qu'au passage par une des valeurs — 1, 1, 2, un facteur change de signe; il en est de même du produit.

Si x est inférieur à — 1, les trois facteurs sont négatifs; le produit est négatif.

x variant de — 1 à 1, deux facteurs restent négatifs, le premier étant positif; le produit est positif.

x variant de 1 à 2, les deux premiers facteurs sont positifs, le dernier est négatif; le produit est négatif.

x étant supérieur à 2, les trois facteurs sont positifs; le produit est positif.

En résumé, l'inégalité est vérifiée pour les valeurs de x comprises entre — 1 et + 1 et pour les valeurs de x supérieures à 2.

EXEMPLE II. — Résoudre l'inégalité

$$\frac{x}{x-1} + 3 > 1 - \frac{x}{x-1}.$$

Réduisant tous les termes au même dénominateur, on peut écrire

$$\frac{x + 3(x-1)}{x-1} > \frac{x-1-x}{x-1},$$

ou, faisant tout passer dans le premier membre,

$$\frac{x + 3(x-1) - x + 1 + x}{x-1} > 0,$$

$$\frac{4x-2}{x-1} > 0.$$

Ce quotient sera positif si les deux termes ont même signe; nous sommes donc conduits à chercher le signe de

$$4x - 2 \quad \text{et} \quad x - 1,$$

c'est-à-dire à résoudre des inégalités du premier degré. $4x - 2$ est positif si x est supérieur à $\frac{1}{2}$, négatif si x est inférieur à $\frac{1}{2}$.

$x - 1$ est positif si x est supérieur à 1, négatif si x est inférieur à 1.

On voit donc que l'inégalité sera vérifiée pour les valeurs de x inférieures à $\frac{1}{2}$ et pour les valeurs de x supérieures à 1.

EXERCICES

1. Résoudre les inégalités suivantes, prises isolément, puis combinées deux à deux, trois à trois, etc. :

$$\frac{x}{2} - 3 > 3x - 5,$$

$$3 - \frac{2x}{5} + \frac{7}{2} < 5 - 3x + \frac{x}{6},$$

$$\frac{x - 3}{4} + \frac{2x - 5}{3} < 1 - 3x,$$

$$\frac{x - 1}{2} + \frac{3x}{4} > 1 - 4x.$$

2. Résoudre les inégalités suivantes prises isolément :

$$x(x - 1) < 0;$$

$$(3x + 2)(5x - 3) > 0;$$

$$(x + 2)(3x - 1)(7x - 11) < 0.$$

3. Résoudre les inégalités suivantes prises isolément

$$\frac{1}{x - 1} + 4 < 3 - \frac{2x}{x - 1};$$

$$\frac{x + 1}{3x - 5} - \frac{1}{3} > 2 + \frac{1}{3x - 5};$$

$$\frac{x}{4x + 2} + \frac{2}{5} > 3 - \frac{5}{16x + 8}.$$

4. Montrer que l'on a

$$\sqrt{11} + \sqrt{7} > \sqrt{19} + \sqrt{2};$$

$$\sqrt{10} + \sqrt{7} < \sqrt{19} + \sqrt{3}.$$

5. Si a et b ont même signe, montrer que l'on a toujours

$$(1 + a)(1 + b) > 1 + a + b.$$

6. En déduire que si $a, b, \ldots, l$ sont des nombres positifs, on a

$$(1 + a)(1 + b) \ldots (1 + l) > 1 + a + b + \ldots + l.$$

7. Résoudre les inégalités

$$x - 2 < \sqrt{x^2 + 4},$$
$$x - 3 > \sqrt{x + 9},$$
$$x > \sqrt[4]{x^4 + x^3},$$
$$x + 2 < \sqrt[3]{x^3 + 8}.$$

8. Résoudre les inégalités

$$\sqrt{x + 2} < \sqrt{3x - 1},$$
$$\sqrt{(x - 2)(x - 3)} > \sqrt{(x - 1)(x - 6)},$$
$$\sqrt{x} + \sqrt{x - 1} < \sqrt{4x - 1},$$
$$\sqrt{x^2 + 1} > \sqrt{x^3 + x}.$$

CHAPITRE IV

VARIATION DES FONCTIONS $ax + b$ et $\dfrac{ax + b}{a'x + b'}$
NOTIONS DE GÉOMÉTRIE ANALYTIQUE

195. Définitions. — Une quantité y est dite *fonction* d'une quantité variable x si à chaque valeur donnée à x correspond pour y une valeur bien déterminée.

x est appelée la *variable indépendante*.

Ainsi, si l'on pose $y = ax + b$, a et b étant des nombres fixes donnés, à toute valeur de x correspond pour y une valeur qui est celle du binome $ax + b$; y est une fonction de x définie pour toutes les valeurs de la variable.

De même, si l'on pose $y = \dfrac{ax + b}{a'x + b'}$, a, b, a', b' étant des nombres fixes donnés, à toute valeur de x qui n'annule pas le dénominateur correspond pour y une valeur, qui est celle de la fraction rationnelle $\dfrac{ax + b}{a'x + b'}$; y est donc une fonction de x, définie pour toute valeur de x autre que $-\dfrac{b'}{a'}$.

Une fonction peut n'être définie que pour certaines valeurs de la variable ; ainsi $y = \sqrt{x}$ n'est définie que pour les valeurs positives de x.

196. Fonction croissante ou décroissante. — Supposons que la variable x croissant de a à b, la fonction varie par degrés insensibles de A à B ; nous dirons qu'elle est *croissante* dans l'intervalle (a, b) si elle varie dans le même sens que la variable, *décroissante* si elle varie en sens inverse de la variable.

Soient alors x_1, x_2 deux valeurs de x et y_1, y_2 les valeurs correspondantes de y ; si la fonction est croissante, et si x_2 est plus grand que x_1, y_2 sera plus grand que y_1; les différences $x_2 - x_1$ et $y_2 - y_1$ ont alors même signe. Si la fonction est décroissante, et si x_2 est plus grand que x_1, y_2 sera plus petit que y_1; les différences $x_2 - x_1$ et $y_2 - y_1$ sont alors de signes contraires.

Les réciproques de ces propositions sont immédiates et on voit que pour reconnaître si une fonction croît ou décroît, il suffit de comparer les différences $x_2 - x_1$ et $y_2 - y_1$, pourvu toutefois que ces différences aient constamment même signe ou constamment des signes différents pour tous les nombres x_1, x_2 de l'intervalle (a, b).

Si la fonction croissante dans l'intervalle (a, b) est ensuite décroissante dans l'intervalle (b, c) $(a < b < c)$, on dit qu'elle passe par un *maximum* pour b; si la fonction est décroissante dans le premier intervalle et croissante dans le second intervalle, on dit qu'elle passe par un *minimum* pour b.

Fonction $ax + b$.

197. Signe de $ax + b$. — Nous distinguerons deux cas suivant le signe du coefficient a.

1° $a > 0$. Dans cette hypothèse, cette fonction est positive si

$$ax + b > 0,$$

ou

$$x > -\frac{b}{a},$$

et est négative si

$$ax + b < 0,$$

ou

$$x < -\frac{b}{a}.$$

La fonction $ax + b$ est donc négative pour toutes les valeurs de x inférieures à $-\dfrac{b}{a}$, est nulle pour la valeur $-\dfrac{b}{a}$ et est positive pour les valeurs de x supérieures à $-\dfrac{b}{a}$.

2° $a < 0$. Dans ce cas, l'inégalité

$$ax + b > 0$$

équivant à

$$x < -\frac{b}{a},$$

et l'inégalité

$$ax + b < 0$$

équivaut à

$$x > -\frac{b}{a}.$$

La fonction $ax + b$ est positive pour toutes les valeurs de x inférieures à $-\dfrac{b}{a}$, est nulle pour la valeur $-\dfrac{b}{a}$ et est négative pour les valeurs de x supérieures à $-\dfrac{b}{a}$.

Dans les deux cas, elle change de signe en s'annulant.

198. Théorème I. — *La fonction $ax + b$ peut prendre toutes les valeurs.*

Soit A une valeur quelconque; si pour x_0 la fonction prend cette valeur, on a

$$A = ax_0 + b ;$$

x_0 est déterminée par une équation du premier degré et est égale à

$$\frac{A - b}{a}.$$

199. Théorème II. — *La fonction $ax + b$ est croissante si a est positif, décroissante si a est négatif.*

Soient x_1 et x_1 deux valeurs *quelconques* de x ; les valeurs correspondantes de y sont

$$y_1 = ax_1 + b, \qquad y_2 = ax_2 + b,$$

et on a

$$y_2 - y_1 = a(x_2 - x_1).$$

Les différences $x_2 - x_1$, $y_2 - y_1$ ont donc toujours même signe si a est positif, la fonction est croissante ; elles ont toujours des signes contraires si a est négatif, la fonction est décroissante.

Remarquons que si a est nul, $y_2 - y_1$ est constamment nulle; la fonction est *constante* et ne dépend pas de la valeur donnée à x.

200. Corollaire. — *Les fonctions y et $z = ay + b$ varient dans le même sens si a est positif et en sens contraire si a est négatif, a et b étant deux constantes.*

Cette remarque, qui résulte immédiatement du théorème précédent, permet de déduire l'étude de la variation de la fonction z de celle de la variation de la fonction y.

201. Théorème III. — *La valeur absolue de la fonction $ax + b$ $(a \neq 0)$ croît indéfiniment avec celle de x.*

Cet énoncé signifie que l'on peut donner à x une valeur absolue assez grande pour que, pour toute valeur supérieure, la valeur absolue de la fonction surpasse un nombre positif A donné aussi grand qu'on veut.

Nous savons que la valeur absolue de la somme $ax + b$ est supérieure ou égale à la différence des valeurs absolues de ses termes; si donc on remarque que pour des valeurs absolues de x suffisamment grandes, la valeur absolue de ax est supérieure à celle de b, il suffira de trouver x tel que

$$| ax + b | \geqslant | ax | - | b | > A.$$
$$| ax | > A + | b |.$$

Si l'on prend $| x |$ supérieure à $\dfrac{A + | b |}{| a |}$, y aura une valeur absolue supérieure à A.

202. Variations de $ax + b$. — 1° $a > 0$. D'après ce qui précède, $ax + b$ croît constamment; si x est négatif et très grand en valeur absolue, la fonction est négative et aussi grande que l'on veut en valeur absolue; elle s'annule pour $- \dfrac{b}{a}$, devient ensuite positive et prend des valeurs de plus en plus grandes. Pour la commodité du langage, nous dirons que x partant de $- \infty$ pour aller à $+ \infty$, la fonction croît constamment de $- \infty$ à $+ \infty$.

2° $a < 0$. La fonction décroît constamment; elle part de

$+ \infty$, est positive, s'annule pour $x = -\dfrac{b}{a}$, devient négative et décroît jusqu'à $-\infty$.

$$\text{Fonction } \frac{ax + b}{a'x + b'} \cdot$$

203. Variations de la fonction $\dfrac{ax + b}{a'x + b'}$. — Cette fraction existe pour toute valeur de x autre que $-\dfrac{b'}{a'}$, qui annule son dénominateur ; cherchons si elle peut prendre une valeur quelconque A ; nous aurons à résoudre l'équation

$$A = \frac{ax + b}{a'x + b'},$$
$$(Aa' - a)\, x = b - Ab'.$$

Cette équation a une solution si A n'est pas égale à $\dfrac{a}{a'}$; la fonction peut donc prendre une valeur quelconque autre que $\dfrac{a}{a'}$. Supposons maintenant $A = \dfrac{a}{a'} = \dfrac{b}{b'}$, l'équation qui fournit x se réduit à une identité et on en conclut que, quelle que soit la valeur attribuée à x, la fraction a la valeur constante $A = \dfrac{a}{a'} = \dfrac{b}{b'}$; nous laisserons ce cas de côté.

Faisons alors varier x de $-\infty$ à une valeur $-\dfrac{b'}{a'} - \varepsilon$ très voisine de $-\dfrac{b'}{a'}$ et inférieure à $-\dfrac{b'}{a'}$, puis de $-\dfrac{b'}{a'} + \varepsilon$ à $+\infty$; cherchons si la fonction est croissante ou décroissante dans chacun de ces intervalles ; si x_1 et x_2 sont deux nombres pris dans un même intervalle, les valeurs correspondantes de y ont pour différence

$$y_2 - y_1 = \frac{ax_2 + b}{a'x_2 + b'} - \frac{ax_1 + b}{a'x_1 + b'} = \frac{(ab' - ba')(x_2 - x_1)}{(a'x_2 + b')(a'x_1 + b')} \cdot$$

Les deux nombres x_1 et x_2 sont tous les deux inférieurs ou tous les deux supérieurs à $-\dfrac{b'}{a'}$; il en résulte que les deux facteurs du dénominateur ont même signe et que leur produit est positif; la différence $y_2 - y_1$ a donc le signe de $x_2 - x_1$ si $ab' - ba'$ est positif et la fonction est *croissante* dans chaque intervalle; si $ab' - ba'$ est négatif, les différences $y_2 - y_1$ et $x_2 - x_1$ ont des signes différents, et la fonction est *décroissante* dans chaque intervalle; enfin, si $ab' - ba' = 0$, la différence $y_2 - y_1$ est constamment nulle; la fonction se réduit à la constante $\dfrac{a}{a'} = \dfrac{b}{b'}$, comme nous l'avons déjà vu.

1º $ab' - ba' > 0$. La fonction est croissante; cherchons sa valeur quand x est très grand en valeur absolue; on peut écrire

$$\frac{ax + b}{a'x + b'} = \frac{a + \dfrac{b}{x}}{a' + \dfrac{b'}{x}};$$

les rapports $\dfrac{b}{x}$, $\dfrac{b'}{x}$ tendent vers zéro et la fraction diffère très peu de $\dfrac{a}{a'}$; nous avons vu que $\dfrac{a}{a'}$ était la seule valeur que ne pourrait prendre la fraction; pour rappeler qu'elle peut s'en approcher de plus en plus, nous dirons que pour $x = \pm \infty$, la fraction est égale à $\dfrac{a}{a'}$.

Pour la valeur $-\dfrac{b'}{a'} - \varepsilon$, le numérateur est très peu différent de $-a\dfrac{b'}{a'} + b$ et le dénominateur très peu différent de zéro; la fraction est de plus en plus grande en valeur absolue; comme ses deux termes sont négatifs (*), elle est positive; nous dirons qu'elle tend vers $+\infty$.

Si l'on repart de $-\dfrac{b'}{a'} + \varepsilon$, on voit encore que la fraction est très grande en valeur absolue; son numérateur est encore négatif, mais son dénominateur est positif; la fraction est néga-

---

(*) Ceci suppose $a' > 0$; si cette condition n'est pas remplie, il suffira de changer tous les signes pour être ramené au cas actuel; y conserve la même valeur.

tive ; nous dirons qu'elle part de $-\infty$; elle croît pour arriver à $\dfrac{a}{a'}$ pour $x = +\infty$.

2° $ab' - ba' \leqslant 0$. La fraction décroît dans chaque intervalle ; elle est encore égale à $\dfrac{a}{a'}$ pour $x = \pm\infty$; elle tend vers $-\infty$, si x tend vers $-\dfrac{b'}{a'}$ par valeurs inférieures et repart de $+\infty$ si x part de $-\dfrac{b'}{a'} + \varepsilon$.

Pour rappeler que le passage par la valeur $-\dfrac{b'}{a'}$ fait acquérir à la fonction des valeurs très différentes, nous dirons que $-\dfrac{b'}{a'}$ est une *valeur de discontinuité*.

NOTIONS DE GÉOMÉTRIE ANALYTIQUE

204. Coordonnées d'un point — Traçons dans un plan deux axes rectangulaires $x'Ox$, $y'Oy$ sur lesquels nous choisirons des sens positifs $x'x$, $y'y$; nous les appellerons *axes des coordonnées*. Si l'on projette un point M du plan sur ces axes, en abaissant de ce point des perpendiculaires, on détermine deux points P et Q, qui sont les extrémités des vecteurs $\overline{OP}$,

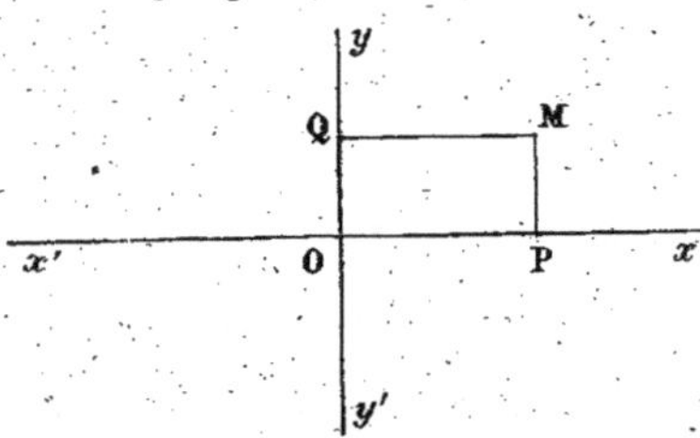

$\overline{OQ}$; ces vecteurs sont mesurés par des nombres a et b, que l'on appelle les *coordonnées* du point M ; a qui mesure le vecteur $\overline{OP}$ dirigé suivant $x'Ox$ est appelée l'*abscisse* ; b qui mesure le vecteur $\overline{OQ}$ dirigé suivant $y'Oy$ est l'*ordonnée*.

A un point M correspond donc l'ensemble de deux nombres qui sont ses coordonnées ; si le point est dans le premier angle xOy, les deux coordonnées sont positives ; s'il est dans le second angle, l'abscisse est négative, l'ordonnée est positive ; dans le troisième angle, l'abscisse et l'ordonnée sont négatives et dans le quatrième angle, l'abscisse est positive, l'ordonnée négative.

Pour tout point de l'axe $x'Ox$, l'ordonnée est nulle et pour tout point de l'axe $y'Oy$ l'abscisse est nulle.

Réciproquement (*), à tout ensemble de deux nombres a et b correspond un point M qui a ces nombres pour coordonnées. En effet, au nombre a correspond un point P bien déterminé de $x'Ox$ et au nombre b correspond un point Q bien déterminé de $y'Oy$; les perpendiculaires en P et Q aux axes se coupent en un seul point M, dont les coordonnées sont a et b.

205. Distance de deux points. — Soient deux points M et M' dont les coordonnées sont x, y et x' y' ; abaissons de ces points les perpendiculaires sur les axes :

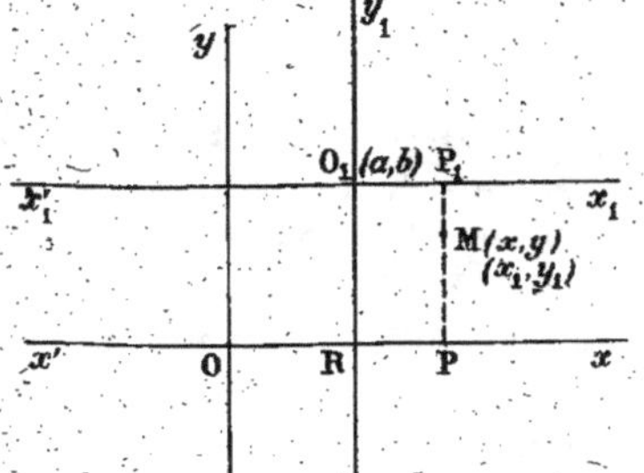

$$\overline{OP} = x, \qquad \overline{OQ} = \overline{PM} = y,$$
$$\overline{OP'} = x', \qquad \overline{OQ'} = \overline{P'M'} = y'.$$

Dans le triangle rectangle MM'R, on a

$$\overline{MM'}^2 = \overline{MR}^2 + \overline{RM'}^2.$$

D'autre part, le vecteur $\overline{MR}$ ou $\overline{PP'}$ a pour mesure (58) $x' - x$; le vecteur $\overline{RM'}$ ou $\overline{QQ'}$ a pour mesure (58) $y' - y$; on a donc

$$\overline{MM'}^2 = (x' - x)^2 + (y' - y)^2.$$

En particulier, la distance du point M à l'origine est donnée par

$$\overline{OM}^2 = x^2 + y^2.$$

206. Changement d'axes de coordonnées. — Supposons que l'on connaisse les coordonnées d'un point par rapport à deux axes $x'Ox$, $y'Oy$ et que l'on

---

veuille calculer les coordonnées du même point par rapport à deux autres axes ; on aura alors à traiter le problème du changement d'axes de coordonnées ; nous ne le traiterons pas complètement ici, nous bornant au cas particulier où on suppose que les nouveaux axes sont parallèles aux premiers et ont même sens.

Soient donc deux axes $x'Ox$, $y'Oy$ et deux axes parallèles aux premiers $x'_1O_1x_1$, $y'_1O_1y_1$; ces nouveaux axes sont entièrement déterminés si l'on connaît le point O_1 ou ses coordonnées a, b par rapport aux premiers axes. Désignons par x, y les coordonnées d'un point M par rapport aux premiers axes, et par x_1, y_1 les coordonnées du même point par rapport aux nouveaux axes.

Si l'on projette M en P sur $x'Ox$ et en P_1 sur $x_1O_1x_1$, on a

$$x = \overline{OP}, \qquad x_1 = \overline{O_1P_1}.$$

D'autre part, le vecteur $\overline{O_1P_1}$ est équipollent au vecteur $\overline{RP}$, dont l'origine est la projection R du point O_1 sur $x'Ox$; il en résulte que x_1 est la mesure du vecteur $\overline{RP}$; on a donc (58)

$$x_1 = x - a \qquad \text{ou} \qquad x = x_1 + a.$$

De même, on a, en considérant les ordonnées,

$$y_1 = y - b \qquad \text{ou} \qquad y = y_1 + b.$$

207. Représentation graphique de la fonction $y = ax + b$. — Cherchons d'abord la représentation de la fonction $Y = ax$. Le point d'abscisse 0 a pour ordonnée 0 ; la ligne passe par l'origine des coordonnées.

Soient α, β les coordonnées d'un point M_1 de cette ligne ; ces coordonnées vérifient la relation

$$\beta = a\alpha ;$$

x et Y étant les coordonnées d'un point M quelconque de la même ligne, on a

$$\alpha = \overline{OP_1}, \qquad a\alpha = \overline{P_1M_1},$$
$$x = \overline{OP}, \qquad ax = \overline{PM} ;$$

$$\frac{\overline{PM}}{\overline{OP}} = \frac{\overline{P_1M_1}}{\overline{OP_1}}$$

Ces rapports étant égaux, leurs valeurs absolues sont égales,

$$\frac{\overline{PM}}{\overline{OP}} = \frac{\overline{P_1M_1}}{\overline{OP_1}}.$$

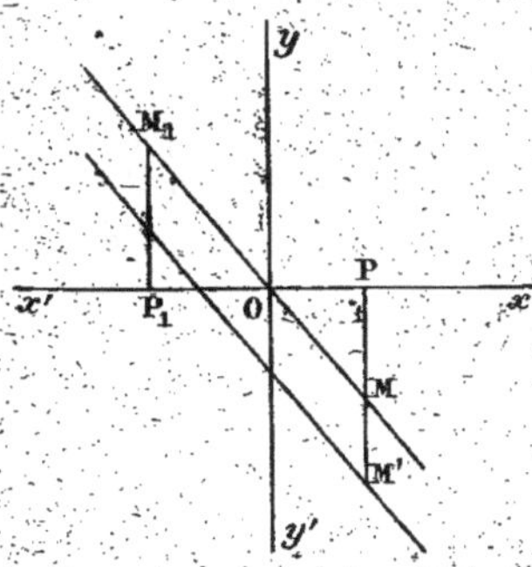

Les triangles OPM, OP_1M_1 ont dès lors les angles P et P_1 égaux compris entre côtés proportionnels ; ils sont semblables et les angles POM, P_1OM_1 sont égaux ; la demi-droite OM peut alors occuper quatre positions : être dirigée suivant OM_1, suivant son prolongement, être symétrique de OM_1 par rapport à l'un des axes.

Ce dernier cas ne peut se présenter ; en effet, si a est positif, β et α ont même signe, ainsi que Y et x ; les points M_1 et M sont dans l'un des angles xOy et $x'Oy'$; si a est négatif, β et α ont des signes contraires, ainsi que Y et x, les points M_1 et M sont dans l'un des angles $x'Oy$, xOy'. Les points M et M_1 sont donc, ou dans le même angle, ou dans deux angles opposés par le sommet ; et les droites OM_1, OM sont confondues ou dans le prolongement l'une de l'autre.

Dans tous les cas, les points O, M_1, M sont en ligne droite et la ligne représentative de la fonction $Y = ax$ est une droite passant par l'origine ; elle est dans le premier et le troisième angle si $a > 0$, dans le second et le quatrième si $a < 0$.

Considérons maintenant la fonction $y = ax + b$; donnons à x une valeur déterminée ; si M est le point (x, Y) et M' le point (x, y), on a

$$y = Y + b,$$
$$\overline{PM'} = \overline{PM} + b.$$

On déduit donc le point M' du point M, en portant à partir de M parallèlement à $y'Oy$ un vecteur b ; le point M' ainsi obtenu décrit une droite parallèle à la droite qui représente la fonction Y.

On peut remarquer que, si b varie, on obtient une série de droites parallèles.

208. Équation d'une droite. — Tous les points du plan dont les coordonnées vérifient l'équation du premier degré à deux inconnues sont, d'après ce qui précède, sur une droite.

Réciproquement, les coordonnées d'un point d'une droite vérifient une même équation du premier degré à deux inconnues.

1° Supposons que la droite ne soit parallèle à aucun des axes et qu'elle passe par l'origine ; elle sera déterminée par un point M_1 autre que l'origine : soient α, β les coordonnées de ce point et x, y celles d'un point M quelconque de la droite (figure précédente).

Les triangles semblables OMP, OM_1P_1 donnent

$$\frac{MP}{OP} = \frac{M_1P_1}{OP_1}$$

ou

$$\left|\frac{y}{x}\right| = \left|\frac{\beta}{\alpha}\right|.$$

D'autre part, les points M et M_1 sont ou dans le même angle ou dans des angles opposés par le sommet ; il en résulte que, x, y et α, β ont en même temps même signe ou en même temps des signes différents ; les rapports $\frac{y}{x}$ et $\frac{\beta}{\alpha}$ ont donc même signe et on a

$$\frac{y}{x} = \frac{\beta}{\alpha},$$

$$y = \frac{\beta}{\alpha}\, x ;$$

$\frac{\beta}{\alpha}$ est une constante que nous désignerons par a : les coordonnées d'un point de la droite vérifient l'équation

$$y = ax.$$

2° Supposons que la droite ne passe pas par l'origine ; menons-lui une parallèle par l'origine ; soit alors M' un point de la droite donnée ; son ordonnée rencontre la parallèle issue de l'origine en un point M et on a

$$\overline{PM'} = \overline{PM} + \overline{MM'} ;$$

le vecteur MM' est d'ailleurs constant ; soit b sa valeur ; la relation entre les ordonnées Y et y des points M' et M sera

$$Y = y + b.$$

Comme on a, d'autre part,

$$y = ax,$$

on en conclut que les coordonnées d'un point M' de la droite donnée vérifient l'équation

$$Y = ax + b.$$

3° Nous avons supposé que la droite n'était pas parallèle aux axes ; si une droite est parallèle à $y'Oy$, l'abscisse d'un point de cette droite est une constante x_0 ; on a pour tout point de cette droite

$$x = x_0.$$

Réciproquement, tout point dont les coordonnées vérifient cette équation a une abscisse constante ; il est sur une parallèle à $y'Oy$.

On voit de même que les coordonnées d'un point d'une parallèle à $x'Ox$ vérifient l'équation

$$y = y_0,$$

et que tous les points vérifiant cette équation sont sur une parallèle à $x'Ox$.

En particulier, pour les points de $x'Ox$, on a

$$y = 0,$$

et pour les points de $y'Oy$,

$$x = 0.$$

209. Coefficient angulaire. — Toutes les droites parallèles à la droite qui a pour équation

$$y = ax$$

ont une équation de la forme

$$y = ax + b.$$

a est donc la constante qui détermine la direction de la droite ; on l'appelle *coefficient angulaire* de la droite ; c'est le coefficient de x dans l'équation résolue par rapport à y.

Dans le cas particulier où la droite est parallèle à $x'Ox$,

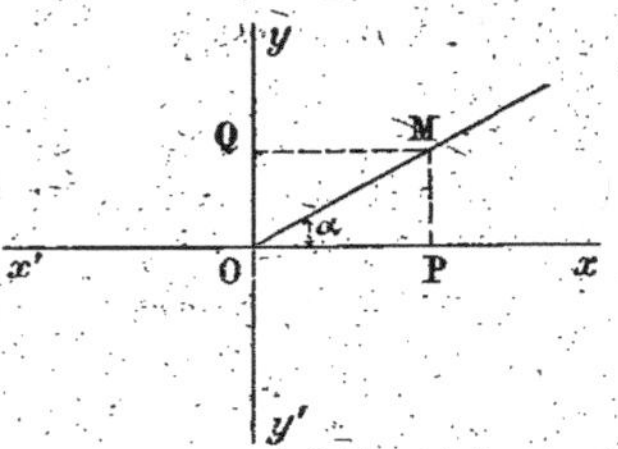

le coefficient angulaire est *nul*; si une droite pivote autour de l'origine de façon à devenir parallèle à $y'Oy$, le coefficient angulaire qui est le rapport de l'ordonnée d'un point à son abscisse augmente de plus en plus ; c'est pourquoi on dit que le coefficient angulaire d'une parallèle à $y'Oy$ est *infini*.

240. Angle d'une droite avec l'axe $x'Ox$. — Nous pouvons supposer que cette droite passe par l'origine ; désignons alors par a son coefficient angulaire et par α l'angle que fait la partie supérieure de la droite avec la direction positive Ox.

Si x et y sont les coordonnées d'un point, on a

$$x = \overline{OP} = \overline{OM} \cos \alpha,$$
$$y = \overline{OQ} = \overline{OM} \sin \alpha,$$
$$\frac{y}{x} = \operatorname{tg} \alpha.$$

Mais le rapport $\dfrac{y}{x}$ est constant et égal à a; on a donc

$$a = \operatorname{tg} \alpha.$$

241. Droite passant par deux points. — Soient x_1, y_1 et x_2, y_2 les coordonnées de ces points, que nous supposons non situés sur une parallèle aux axes ; l'équation de la droite qui les joint est de la forme

$$y = ax + b.$$

Pour connaître les constantes a et b, écrivons que les coordonnées des points vérifient cette équation :

$$y_1 = ax_1 + b,$$
$$y_2 = ax_2 + b.$$

On en déduit, en retranchant membres à membres,

$$y_2 - y_1 = a(x_2 - x_1),$$
$$a = \frac{y_2 - y_1}{x_2 - x_1}.$$

Le coefficient angulaire d'une droite passant par deux points est égal au rapport de la différence des ordonnées de ces points à la différence de leurs abscisses.

On calculera ensuite b à l'aide de la première équation,

$$b = y_1 - x_1 \frac{y_2 - y_1}{x_2 - x_1},$$

et l'équation de la droite sera

$$y = x \frac{y_2 - y_1}{x_2 - x_1} + y_1 - x_1 \frac{y_2 - y_1}{x_2 - x_1},$$

ou

$$y - y_1 = \frac{y_2 - y_1}{x_2 - x_1} (x - x_1).$$

Nous avons supposé que les points n'étaient pas sur une parallèle aux axes ; s'ils sont sur une parallèle à $x'Ox$ on a $y_1 = y_2$ et l'équation de la droite est $y = y_1$; le coefficient angulaire est nul ; s'ils sont sur une parallèle à $y'Oy$ on a $x_1 = x_2$ et l'équation de la droite est $x = x_1$.

Comme cas particulier, examinons ce que devient l'équation quand les points donnés sont pris sur les axes ; on a alors, si le premier est sur $x'Ox$, le second sur $y'Oy$:

$$y_1 = 0, \qquad x_2 = 0,$$

et l'équation devient

$$y = \frac{y_2}{-x_1} (x - x_1),$$

ou

$$x_1 y + y_2 x = x_1 y_2,$$

ou, en divisant les deux membres par $x_1 y_2$,

$$\frac{x}{x_1} + \frac{y}{y_2} = 1.$$

212. Problème. — *Construire une droite dont on donne l'équation* (*).

(*) Pour abréger le langage, on dit souvent *la droite* $ax + by + c = 0$ au lieu de *la droite représentée par l'équation* $ax + by + c = 0$.

1° L'équation ne renferme qu'une coordonnée x ou y; la droite est parallèle à un axe, et pour la construire, il suffit d'en marquer un point, par exemple, celui qui est situé sur un axe de coordonnées.

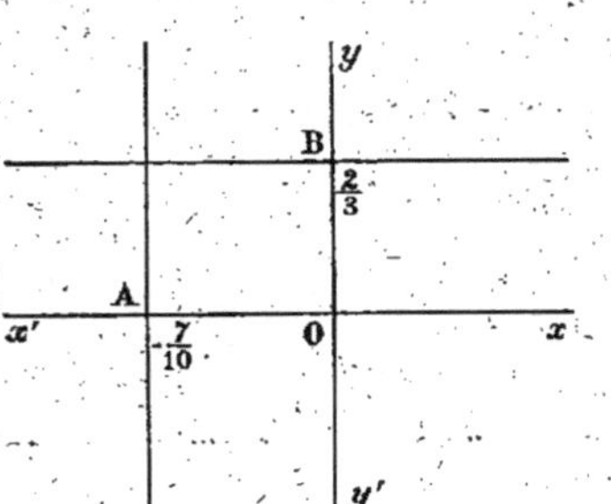

Ainsi la droite représentée par l'équation

$$10x + 7 = 0$$

est parallèle à $y'Oy$; elle passe par le point A d'abscisse $-\dfrac{7}{10}$;

la droite représentée par l'équation

$$3y - 2 = 0$$

est parallèle à $x'Ox$; elle passe par le point B d'ordonnée $\dfrac{2}{3}$.

2° L'équation ne renferme pas de terme indépendant de x et y; la droite passe par l'origine et il suffit d'en connaître un second point pour la déterminer; on donnera à x une valeur arbitraire et on en déduira la valeur de y; les deux nombres ainsi obtenus sont les coordonnées d'un point de la droite.

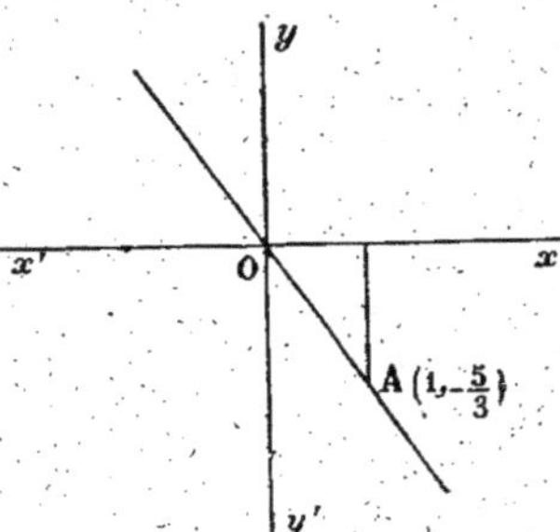

Soit à construire la droite dont l'équation est

$$3y + 5x = 0.$$

Donnons à x la valeur 1, y a la valeur $-\dfrac{5}{3}$; et construisons le point A $\left(1, -\dfrac{5}{3}\right)$.

La droite cherchée est OA.

3° L'équation est quelconque; on pourrait construire la parallèle menée par l'origine et en déduire la droite, comme nous l'avons fait dans la théorie; mais il est plus simple de chercher les points où la droite rencontre les axes. Le point situé sur

$x'Ox$ a une ordonnée nulle ; on aura son abscisse en remplaçant

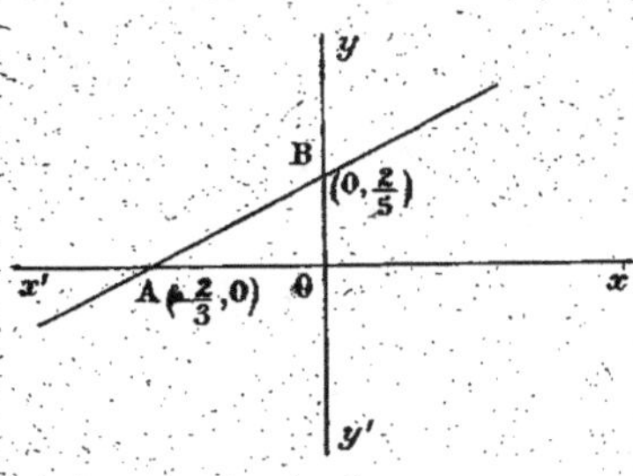

y par zéro dans l'équation et en calculant x ; de même l'ordonnée du point situé sur $y'Oy$ s'obtient en faisant $x = 0$ dans l'équation.

Soit à construire la droite

$$3x - 5y + 2 = 0.$$

Faisons $y = 0$, il vient

$$x = -\frac{2}{3}.$$

Faisons $x = 0$, il vient $y = \frac{2}{5}$.

Les points $A\left(-\frac{2}{3}, 0\right)$ et $B\left(0, \frac{2}{5}\right)$ déterminent la droite.

213. Représentation graphique de la fonction $\dfrac{ax + b}{a'x + b'}$. — 1° $ab' - ba' > 0$. Si l'on fait varier x de $-\infty$ à $-\dfrac{b'}{a'} - \varepsilon$, la fonction croît de $\dfrac{a}{a'}$ à $+\infty$; si l'on construit

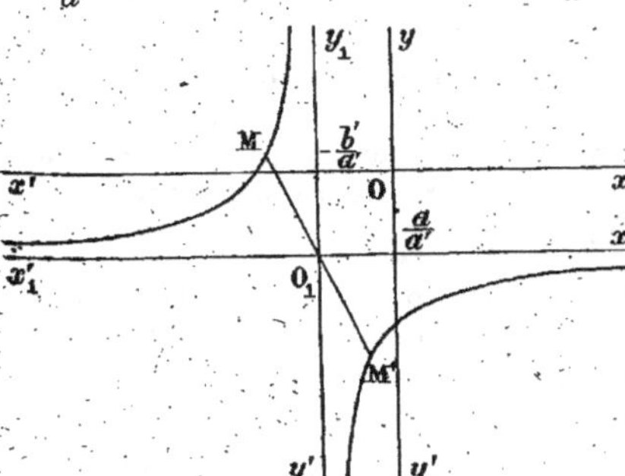

les points qui ont pour coordonnées les valeurs correspondantes de x et y, on a une branche de courbe qui part très voisine de la droite $y = \dfrac{a}{a'}$, s'élève pour se rapprocher de plus en plus de la droite $x = -\dfrac{b'}{a'}$, puis x variant de $-\dfrac{b'}{a'} + \varepsilon$

à $+\infty$, y varie en croissant de $-\infty$ à $\dfrac{a}{a'}$; il y a donc une seconde branche de courbe qui part à droite de la droite $x = -\dfrac{b'}{a'}$ pour s'élever en se rapprochant de plus en plus de la droite $y = \dfrac{a}{a'}$.

Remarque. — Les deux droites $x = -\dfrac{b'}{a'}$, $y = \dfrac{a}{a'}$, dont la courbe se rapproche de plus en plus sans les atteindre, s'appellent les *asymptotes* de la courbe.

Si nous prenons pour axes de coordonnées ces asymptotes, les formules de transformation de coordonnées sont (206)

$$x = x_1 - \frac{b'}{a'}, \qquad y = y_1 + \frac{a}{a'}.$$

Remplaçons x et y par ces valeurs dans la relation

$$y = \frac{ax + b}{a'x + b'},$$

on a

$$y_1 + \frac{a}{a'} = \frac{a\left(x_1 - \dfrac{b'}{a'}\right) + b}{a'\left(x_1 - \dfrac{b'}{a'}\right) + b'},$$

ou

$$y_1 = \frac{ba' - ab'}{a^2 x_1}.$$

Ceci est l'équation de la courbe précédente dans le nouveau système d'axes de coordonnées ; on voit sous cette forme que, si l'on change x_1 en $-x_1$, y_1 change en $-y_1$; les points M et M' correspondants ayant leurs coordonnées opposées sont symétriques par rapport au point O_1 de rencontre des asymptotes ; ce point O_1 est appelé le *centre* de la courbe.

2° $ab' - ba' < 0$. — La représentation est identique à la précédente ; la courbe, au lieu d'être située dans les angles $y_1 O_1 x_1$ et $y'_1 O_1 x_1$, est située dans les deux autres angles.

214. Équation du cercle. — Pour terminer, nous indiquerons une relation un peu moins simple que les précédentes, qui montrera comment il est possible de trouver l'équation qui lie les coordonnées des points d'une courbe définie géométriquement. Considérons un cercle dont le centre C a pour coordonnées a, b et soit R son rayon ; si M est un point de coordonnées x, y, le carré de sa distance au point C est

$$(x - a)^2 + (y - b)^2.$$

Si M est sur le cercle, cette distance est R, et les coordonnées de ce point vérifient la relation

$$(x - a)^2 + (y - b)^2 = R^2.$$

Réciproquement, si les coordonnées d'un point vérifient cette relation, ce point est à la distance R du point C, il est donc sur le cercle.

L'équation précédente est appelée l'*équation du cercle*; à toute propriété de cette équation correspondra pour le cercle une propriété géométrique; on peut ainsi ramener l'étude de cette courbe à des questions d'algèbre (*).

EXERCICES

1. Étudier les variations des fonctions

$$5x + 3, \qquad 2x - 7, \qquad -3x + 5, \qquad -7x + 9.$$

2. Construire les droites dont les équations sont

$$x = 3, \qquad y = 7, \qquad 3x - 2 = 0, \qquad 4y + 9 = 0,$$
$$y = 4x; \qquad y + 5x = 0, \qquad 5y - 7x = 0, \qquad 6y + 11x = 0,$$
$$\frac{x}{2} + \frac{y}{3} - 1 = 0, \qquad \frac{x}{3} - \frac{y}{3} + 1 = 0, \qquad \frac{x}{5} - \frac{y}{7} - 1 = 0,$$
$$3x + 5y - 8 = 0, \qquad 2x + 7y + 9 = 0, \qquad 5x - y + 6 = 0.$$

3. Quels sont les coefficients angulaires des droites passant par les points

$$(0,0) \quad \text{et} \quad (1,1); \qquad (0,0) \quad \text{et} \quad (2, -3);$$
$$(5,2) \quad \text{et} \quad (0,3); \qquad (2,7) \quad \text{et} \quad (-3, -5)?$$

4. Trouver les équations des droites précédentes.

(*) C'est à Descartes qu'est due l'idée de représenter un point par ses coordonnées et une courbe par une équation. Il a ainsi créé une nouvelle science, la *Géométrie analytique*, qui étudie les propriétés des figures à l'aide d'équations; à la vérité, les Anciens avaient déjà introduit le calcul dans des questions de géométrie, mais seulement lorsqu'il s'agissait de propriétés relatives à des longueurs.

Les procédés de la Géométrie analytique permettent de ramener toute question de géométrie à un problème algébrique, qu'il s'agisse de formes ou de grandeurs; l'extrême facilité des transformations algébriques et leur infinie diversité a ainsi permis d'étendre beaucoup les résultats géométriques et a montré que des liens étroits existaient entre des questions en apparence très différentes.

5. Trouver l'équation d'une parallèle à la première ou à la seconde bissectrice de l'angle des axes et passant par l'un des points

$$(0, 1); \qquad (2, 0); \qquad (3, 3); \qquad (5, 7).$$

6. Calculer en grades ou en degrés les angles avec $x'Ox$ des droites dont les équations sont

$$3x + 2y = 0, \qquad 105x - 31y = 0, \qquad 4x + 7y - 15 = 0.$$

7. Démontrer que si deux droites ont pour coefficients angulaires a et a', leur angle V est donné par la relation

$$\operatorname{tg} V = \frac{a - a'}{1 + aa'} .$$

8. En déduire que si deux droites sont perpendiculaires, on a

$$1 + aa' = 0.$$

9. Trouver l'équation de la perpendiculaire abaissée de l'origine sur la droite dont l'équation est

$$3x + 5y - 4 = 0.$$

10. Trouver les coordonnées du pied de cette perpendiculaire et en déduire la distance de l'origine à la droite.

11. Étudier les variations des fonctions

$$y = \frac{1}{2x - 3} , \qquad y = \frac{x + 5}{x - 5} , \qquad y = \frac{x - 7}{3x + 2} .$$

12. Construire les courbes représentatives des fonctions précédentes; quelles sont leurs asymptotes, leur centre ? Que deviennent les équations de ces courbes, si on prend pour axes les asymptotes ?

13. Trouver l'équation d'un cercle dont le centre a pour coordonnées (1, 2) et qui passe par l'origine.

14. Trouver l'équation d'un cercle qui a pour centre le point de coordonnées (3, — 2), et qui passe par le point de coordonnées (— 1, — 3).

15. Trouver l'équation d'un cercle qui a pour centre le point (3, — 4) et qui est tangent soit à l'axe $x'Ox$, soit à l'axe $y'Oy$.

16. Quelles sont les formules de transformation de coordonnées si les nouveaux axes passent par le point de coordonnées a, b, et si :

1° L'axe $x'_1 O_1 x_1$ est parallèle à $x'Ox$ et a même sens, l'axe $y'_1 O_1 y_1$ étant parallèle à $y'Oy$, mais de sens opposé.

2° L'axe $x'_1 O_1 x_1$ est parallèle à $y'Oy$ et a même sens, l'axe $y'_1 O_1 y_1$ étant parallèle à $x'Ox$ et de même sens.

3° L'axe $x'_1 O_1 x_1$ est parallèle à $y'Oy$ et a même sens, l'axe $y'_1 O_1 y_1$ étant parallèle à $x'Ox$ et de sens opposé.

17. Montrer que si M est un point d'un cercle dont le centre est l'origine, et si φ désigne l'angle (Ox, OM), les coordonnées du point M sont $a \cos \varphi$, $a \sin \varphi$, a étant le rayon.

18. Quelles seraient les coordonnées du point M, si le centre n'était pas à l'origine ?

19. Trouver l'équation de la tangente au point M, en remarquant qu'elle est perpendiculaire au rayon du point de contact.

20. Étant donné un cercle de centre (3, 4) et de rayon 1, trouver les coordonnées des points de contact des tangentes de coefficient angulaire m. Applications : $m = 1$, $m = \sqrt{3}$.

21. 1° Montrer que les droites représentées par l'équation

$$x(1 + \lambda\mu) + y(\mu - \lambda) + 1 + 2\lambda = 0$$

passent par un point fixe A quand λ varie et que μ a une valeur donnée μ_0, par un autre point fixe B, quand λ a une valeur donnée λ_0 et que μ varie.

2° Où doit être le point dont les cordonnées sont λ_0, μ_0 pour que les points A et B soient alignés avec l'origine ?

22. 1° Par deux points A et B de la courbe représentée par l'équation

$$y = \frac{x + 1}{x - 1},$$

on mène des parallèles aux axes ; montrer que la diagonale du rectangle ainsi formé passe par le centre de la courbe.

2° Quel est le lieu du milieu de la corde AB, si elle se déplace parallèlement à une direction donnée ?

3° Par B, on mène la perpendiculaire à AB, qui rencontre à nouveau la courbe en C ; montrer que la hauteur du triangle ABC ne rencontre la courbe qu'au point B.

CHAPITRE V

SYSTÈMES D'ÉQUATIONS DU PREMIER DEGRÉ
A PLUSIEURS INCONNUES

Généralités.

215. Définitions. — On appelle *système d'équations simultanées* l'ensemble de plusieurs équations à une ou plusieurs inconnues.

Résoudre ce système, c'est trouver les groupes de valeurs des inconnues qui vérifient à la fois ces équations; un tel groupe de valeurs constitue une *solution* du système.

Une équation est dite *conséquence* de plusieurs autres, si elle est vérifiée par toutes les solutions du système formé par ces autres équations.

Un système est formé d'équations *distinctes*, si aucune des équations du système n'est conséquence des autres.

Deux systèmes sont dits *équivalents*, s'ils ont les mêmes solutions.

Si l'on applique aux différentes équations d'un système les théorèmes relatifs aux équations considérées isolément, on peut remplacer ces équations par d'autres qui leur sont respectivement équivalentes; le système nouveau est manifestement équivalent au premier; nous allons montrer comment on peut encore déduire d'un système un autre système équivalent en combinant entre elles les équations données.

216. Théorème I. — *Si d'une équation d'un système, on tire une inconnue, en y considérant les autres comme données, et que l'on remplace dans toutes les autres équations cette inconnue par l'expression trouvée, on forme un nouveau système équivalent au premier.*

Soit le système

$$\text{(I)}\quad \begin{cases} f(x, y, z) = 0, \\ \varphi(x, y, z) = 0, \\ \psi(x, y, z) = 0, \end{cases}$$

et supposons qu'en regardant y et z comme des nombres connus, on puisse trouver *une* expression de x qui vérifie la première équation; soit $x = \theta(y, z)$; substituant cette expression dans $\varphi(x, y, z)$ et $\psi(x, y, z)$, nous formons le nouveau système

$$\text{(II)}\quad \begin{cases} x = \theta(y, z), \\ \varphi[\theta(y, z), y, z] = 0, \\ \psi[\theta(y, z), y, z] = 0. \end{cases}$$

Les systèmes (I) et (II) sont équivalents.

1° Soit (x_1, y_1, z_1) une solution du système (I); par hypothèse la première équation de ce système ne fournit pour x qu'une valeur $\theta(y, z)$; on a donc $x_1 = \theta(y_1, z_1)$ et, d'autre part, $\varphi(x_1, y_1, z_1) = 0$, et $\psi(x_1, y_1, z_1) = 0$, ce qui peut s'écrire

$$\varphi[\theta(y_1, z_1), y_1, z_1] = 0,$$
$$\psi[\theta(y_1, z_1), y_1, z_1] = 0.$$

Ces égalités expriment que l'ensemble (x_1, y_1, z_1) est solution du système (II).

2° Soit (x_2, y_2, z_2) une solution du système (II); on a

$$x_2 = \theta(y_2, z_2),$$
$$\varphi[\theta(y_2, z_2), y_2, z_2] = 0,$$
$$\psi[\theta(y_2, z_2), y_2, z_2] = 0.$$

Par hypothèse la première égalité entraîne l'égalité

$$f(x_2, y_2, z_2) = 0;$$

d'autre part, les deux nombres x_2 et $\theta(y_2, z_2)$ étant égaux, on peut écrire

$$\varphi(x_2, y_2, z_2) = 0,$$
$$\psi(x_2, y_2, z_2) = 0;$$

(x_2, y_2, z_2) est donc solution du système (I).

REMARQUE. — La démonstration suppose essentiellement que de la première équation, on tire une seule expression de x et que cette expression soit bien définie pour les valeurs y_1 et z_1; si la première équation fournit plusieurs expressions de x, à chacune d'elles correspondra un système tel que (II) et le système primitif aura les solutions de tous les systèmes (II) ainsi formés.

Considérons par exemple le système

$$\begin{cases} xy - y = 0, \\ x + y = 0. \end{cases}$$

La première équation donne $x = 1$ ou $y = 0$.
Si l'on prend $x = 1$, la seconde équation donne $y = -1$.
Si l'on prend $y = 0$, la seconde équation donne $x = 0$.
Il y a donc deux systèmes de solutions :

$$x = 1, \qquad y = -1;$$
$$x = 0, \qquad y = 0.$$

217. Théorème II. — *Si dans un système d'équations on remplace l'une d'elles par l'équation obtenue en ajoutant membres à membres plusieurs équations du système à l'équation considérée, on forme un système équivalent au premier.*

Soient les systèmes

$$\text{(I)} \qquad \begin{cases} A = 0, \\ B = 0, \\ C = 0. \end{cases}$$

$$\text{(II)} \qquad \begin{cases} A + B + C = 0, \\ B = 0, \\ C = 0. \end{cases}$$

1° Une solution du système (I) fait acquérir à A, B, C des valeurs A_1, B_1, C_1 qui sont nulles ; la somme $A_1 + B_1 + C_1$ est donc nulle et cette solution vérifie le système (II).

2° Une solution du système (II) fait acquérir à A, B, C des valeurs A_1, B_1, C_1 telles que

$$A_1 + B_1 + C_1 = 0,$$
$$B_1 = 0,$$
$$C_1 = 0.$$

On en déduit que A_1 est nul, c'est-à-dire que la solution considérée est solution du système (I).

Remarque. — Nous savons que l'on peut remplacer une équation par l'équation équivalente obtenue en multipliant ses deux membres par un même nombre différent de zéro ; on pourra donc remplacer le système donné par le système équivalent

$$\left\{ \begin{array}{l} a\mathrm{A} + b\mathrm{B} + c\mathrm{C} = 0, \\ \mathrm{B} = 0, \\ \mathrm{C} = 0, \end{array} \right.$$

a n'étant pas nul ; b et c peuvent être nuls ou non, car, d'après l'énoncé du théorème, on peut ne pas faire intervenir toutes les équations.

218. A chacun de ces théorèmes, correspond une méthode de résolution d'un système d'équations du premier degré. Dans la MÉTHODE DE SUBSTITUTION, pour résoudre un système de n équations à n inconnues, *on tire l'une des inconnues de la première équation et on la remplace par l'expression trouvée dans toutes les autres ; on forme ainsi un système de n équations du premier degré, la première renfermant n inconnues, les $n - 1$ autres ne renfermant plus que $n - 1$ inconnues. Opérant de la même façon sur le système formé par ces dernières équations, on forme un système formé de 1 équation à n inconnues, 1 équation à $n - 1$ inconnues et $n - 2$ équations à $n - 2$ inconnues. En continuant ainsi, on obtient finalement un système de n équations contenant respectivement $n, n - 1, ..., 2, 1$ inconnues.*

De la dernière équation, on tire la valeur de la dernière inconnue ; substituant la valeur trouvée dans l'équation précédente, on en déduit la valeur de l'avant-dernière inconnue, et ainsi de suite, jusqu'à ce que l'on ait trouvé les valeurs de toutes les inconnues.

Dans la MÉTHODE PAR ADDITION ou dans la MÉTHODE DES COEFFICIENTS INDÉTERMINÉS, on cherche à *déterminer des multiplicateurs a, b, c,..., tels qu'en multipliant les deux membres des équations par $a, b, c,...$, et en ajoutant membres à membres, on obtienne une équation ne renfermant qu'une seule inconnue.*

Nous verrons plus loin que si l'on considère un système de n équations à n inconnues, la détermination des multiplicateurs dépend d'un système de $n - 1$ équations du premier degré à $n - 1$ inconnues ; ce système est ramené lui-même à un système de $n - 2$ équations à $n - 2$ inconnues, et ainsi de suite.

Systèmes de deux équations.

219. Système de deux équations à une inconnue. — Soit le système

$$\begin{cases} ax + b = 0, \\ a'x + b' = 0; \end{cases}$$

a et a' étant supposés différents de zéro, chacune de ces équations a une solution unique; si ces solutions sont égales, le système a cette solution, sinon les deux équations sont incompatibles.

On en conclut qu'*une condition nécessaire et suffisante pour que ces équations aient même solution est* :

$$\frac{-b}{a} = \frac{-b'}{a'}, \qquad \text{ou} \qquad ab' - ba' = 0.$$

Si a est nul, la première équation se réduit à une identité pour $b = 0$ et la condition précédente est vérifiée; si b n'est pas nul, le système est impossible et la condition précédente n'est pas vérifiée.

La condition est donc encore nécessaire si $a = 0$; mais elle n'est plus suffisante, car la relation devient alors

$$ba' = 0$$

et elle peut être vérifiée pour $a' = 0$; dans ce cas, les deux équations peuvent se réduire à des égalités impossibles, lorsque b et b' sont différents de zéro, ou seulement l'un d'eux.

220. Système de deux équations à deux inconnues. — Soit le système

$$(\text{I}) \qquad \begin{cases} ax + by = c, \\ a'x + b'y = c'. \end{cases}$$

I. *Méthode de substitution.* — Nous pouvons toujours supposer que l'un des coefficients des inconnues n'est pas nul, sans quoi il n'y aurait pas d'équation ; soit $a \neq 0$.

Tirons x de la première équation, et substituons l'expression trouvée dans la seconde; le nouveau système

$$(\text{II}) \quad \begin{cases} x = \dfrac{c - by}{a}, \\ a' \dfrac{c - by}{a} + b'y = c' \end{cases}$$

est équivalent au premier; il peut s'écrire

$$\begin{cases} x = \dfrac{c - by}{a}, \\ (ab' - ba')\, y = ac' - ca'. \end{cases}$$

Relativement à ce système, nous distinguerons deux cas :

$1°\ ab' - ba' \neq 0$. La seconde équation a une solution unique

$$y = \frac{ac' - ca'}{ab' - ba'}.$$

Substituant cette valeur dans l'expression de x, on trouve

$$x = \frac{cb' - bc'}{ab' - ba'}.$$

Le système a une solution unique.

La condition $ab' - ba' \neq 0$ entraîne la condition que tous les coefficients ne soient pas nuls en même temps; nous pouvons donc énoncer la proposition suivante :

Sous la seule condition $ab' - ba' \neq 0$, le système a une solution unique.

Remarque. — La composition des formules est facile à retenir : le dénominateur commun est la différence des produits en croix des coefficients de x et y; le numérateur d'une inconnue s'obtient en remplaçant dans le dénominateur les coefficients de cette inconnue par les termes constants des équations, ces termes étant supposés écrits dans les seconds membres.

$2°\ ab' - ba' = 0$.

Le système (II) équivalent au système (I) se réduit dans ce cas à

$$\begin{cases} x = \dfrac{c - by}{a}, \\ ac' - ca' = 0. \end{cases}$$

Si la relation $ac' - ca' = 0$ n'est pas vérifiée, il n'existe aucune solution ; si $ac' - ca' = 0$, le système se réduit à la seule équation

$$x = \frac{c - by}{a} ;$$

on peut donner à y une valeur arbitraire et en déduire pour x une valeur correspondante ; on dit que le système est *indéterminé*.

REMARQUE I. — Nous avons supposé que les coefficients a, b, a', b', n'étaient pas tous nuls ; il peut arriver que l'on soit conduit à écrire un système de deux équations et qu'ensuite on introduise l'hypothèse que ces coefficients sont tous nuls ; alors, si c et c' sont nuls, on aura écrit deux identités et tous les systèmes de valeurs de x et y seront acceptables ; si l'un des nombres c ou c' est différent de zéro, on devra en conclure que la question proposée est impossible.

REMARQUE II. — Les résultats de la discussion précédente peuvent s'expliquer en considérant le système (I).

Lorsque l'on a $a \neq 0$, l'hypothèse $ab' - ba' = 0$ donne

$$\frac{a'}{a} = \frac{b'}{b} = k,$$

ou $\qquad\qquad a' = ka, \qquad\qquad b' = kb.$

Le système (I) peut être mis sous la forme

$$\begin{cases} ax + by = c, \\ k(ax + by) = c', \end{cases}$$

ou, en supposant $k \neq 0$,

$$\begin{cases} ax + by = c, \\ ax + by = \dfrac{c'}{k} \end{cases}$$

ce qui entraîne la condition

$$\frac{c'}{k} = c \quad \text{ou} \quad \frac{c}{c'} = \frac{a}{a'} = \frac{b}{b'} \quad \text{ou} \quad ac' - ca' = 0.$$

Si $k = 0$, c' doit être nul, et comme a' l'est également, on a bien encore

$$ac' - ca' = 0.$$

La discussion précédente peut se résumer dans le tableau suivant :

$ab' - ba' \neq 0$ . . . . une solution.

$$ab' - ba' = 0 \begin{cases} a \neq 0 & \begin{cases} ac' - ca' \neq 0, \text{ pas de solution.} \\ ac' - ca' = 0, \text{ syst. indéterminé,} \end{cases} \\ a = b = a' = b' = 0 & \begin{cases} c \text{ ou } c' \neq 0, \text{ pas de solution.} \\ c = \bullet = 0, \text{ double indéterm.} \end{cases} \end{cases}$$

Les relations $ab' - ba' = 0$, $ac' - ca' = 0$ entraînent d'ailleurs la relation $bc' - cb' = 0$.

II. *Méthode par addition.* — Reprenons le système

$$(I) \qquad \begin{cases} ax + by = c, \\ a'x + b'y = c'. \end{cases}$$

Multiplions les deux membres de la première équation par $-a'$, les deux membres de la seconde par a et ajoutons membres à membres

$$(II) \qquad \begin{cases} ax + by = c, \\ (ab' - ba')y = ac' - ca' ; \end{cases}$$

ce système est équivalent au premier.

Si $ab' - ba'$ est différent de zéro, on tire y de la seconde équation, et on retrouve les résultats précédents.

La discussion est d'ailleurs identique à la précédente.

Remarque. — On voit ici que les deux méthodes sont au fond identiques, car nous avons dû supposer ici $a \neq 0$. Comme dans la première méthode, dans la seconde méthode on a remplacé x par sa valeur tirée de la première équation.

221. Appliquons ces résultats au système

$$\begin{cases} x + \lambda y = \mu, \\ 3x + y = 2\mu. \end{cases}$$

Formons $ab' - ba'$:

$$ab' - ba' = 1 - 3\lambda.$$

1° $1 - 3\lambda \neq 0$ ou $\lambda \neq \dfrac{1}{3}$, le système a une solution unique, quelle que soit la valeur donnée à μ :

$$x = \frac{\mu(1 - 2\lambda)}{1 - 3\lambda}, \qquad y = \frac{-\mu}{1 - 3\lambda}.$$

2° $1 - 3\lambda = 0$ ou $\lambda = \dfrac{1}{3}$. Il peut y avoir impossibilité ou indétermination ; formons $ac' - ca' = 0$,

$$ac' - ca' = 2\mu - 3\mu = -\mu.$$

Si $\mu \neq 0$, le système est impossible.

Si $\mu = 0$, il y a indétermination ; on peut donner à x une valeur arbitraire, la valeur correspondante de y est $-3x$

Le tableau suivant résume la discussion :

$$\lambda \neq \dfrac{1}{3} \ldots \ldots \ldots \quad 1 \text{ solution ;}$$

$$\lambda = \dfrac{1}{3} \begin{cases} \mu \neq 0 \ldots & \text{impossibilité ;} \\ \mu = 0 \ldots & \text{indétermination} \quad y = -3x. \end{cases}$$

222. Équations homogènes. — Considérons le cas particulier où les deux équations du système sont homogènes.

$$\begin{cases} ax + by = 0, \\ a'x + b'y = 0. \end{cases}$$

Le système $x = 0$, $y = 0$ vérifie évidemment les deux équations ; d'après ce qui précède, il n'y a pas d'autre solution, si $ab' - ba'$ est différent de zéro.

Supposons $ab' - ba' = 0$; c et c' étant nuls, $ac' - ca'$ est nul et le système se réduit à une seule équation ; il y a indétermination.

Une condition nécessaire et suffisante pour qu'un système de deux équations homogènes à deux inconnues ait des solutions différentes de zéro est $ab' - ba' = 0$.

Applications géométriques.

223. Intersection de deux droites. — Nous avons vu que les coordonnées d'un point d'une droite vérifient l'équation de cette droite et que, réciproquement, tout point dont les coordonnées vérifient une équation du premier degré est situé sur la droite représentée par cette équation. Si l'on considère deux droites dont les équations sont

$$ax + by + c = 0,$$
$$a'x + b'y + c' = 0,$$

les coordonnées de leur point d'intersection vérifient ces deux équations et réciproquement, tout point dont les coordonnées vérifient le système de ces deux équations appartient à la fois aux deux droites ; il résulte de là que le problème de la recherche des points communs à deux droites est identique au problème de la résolution d'un système de deux équations du premier degré à deux inconnues.

1° $ab' - ba' \neq 0$. Les deux équations ont une solution unique ; les droites *se coupent* en un point bien déterminé dont les coordonnées sont

$$x = \frac{bc' - cb'}{ab' - ba'}, \qquad y = \frac{ca' - ac'}{ab' - ba'}.$$

2° $ab' - ba' = 0$ et $ac' - ca' \neq 0$. Le système est impossible ; les deux droites n'ont aucun point commun ; elles sont donc *parallèles*.

3° $ab' - ba' = 0$ et $ac' - ca' = 0$. Le système est indéterminé et se réduit à une seule équation ; autrement dit, tout point dont les coordonnées vérifient une équation, est tel que ces mêmes coordonnées vérifient l'autre équation ; les deux droites sont *confondues*.

Il est d'ailleurs facile de retrouver ces résultats sans passer par l'intermédiaire de la discussion du système des deux équations : supposons b et b' différents de zéro ; les équations des deux droites sont

$$y = -\frac{a}{b}x - \frac{c}{b},$$

$$y = -\frac{a'}{b'}x - \frac{c'}{b'}.$$

Leurs coefficients angulaires sont $-\dfrac{a}{b}$ et $-\dfrac{a'}{b'}$; ces droites se coupent si ces coefficients angulaires ne sont pas égaux, c'est-à-dire si l'on a

$$-\frac{a}{b} \neq -\frac{a'}{b'} \qquad \text{ou} \qquad ab' - ba' \neq 0.$$

Elles sont parallèles ou confondues si les coefficients angulaires sont égaux, c'est-à-dire si l'on a

$$-\frac{a}{b} = -\frac{a'}{b'} \qquad \text{ou} \qquad ab' - ba' = 0.$$

Mais alors deux cas peuvent se présenter : ou elles ont un point commun et sont alors confondues, ou elles n'ont aucun point commun et sont alors parallèles ; pour distinguer ces deux cas, il suffit de considérer les points de rencontre des deux droites avec l'axe $y'Oy$; ces points ont pour ordonnées

$$-\frac{c}{b} \qquad \text{et} \qquad -\frac{c'}{b'}\, ;$$

Il en résulte que les deux droites sont confondues ou sont parallèles, suivant que l'on a

$$cb' - bc' = 0 \qquad \text{ou} \qquad cb' - bc' \neq 0,$$

ce qui équivaut à

$$ac' - ca' = 0 \qquad \text{ou} \qquad ac' - ca' \neq 0.$$

Nous avons supposé b et b' différents de zéro. Si b' est nul, sans que b le soit, l'une des droites est parallèle à $y'Oy$, l'autre ne lui est pas parallèle ; les droites se coupent et on a encore $ab' - ba' \neq 0$, car a' ne peut être nul, sans quoi la seconde équation n'existerait pas.

Si b et b' sont nuls, les deux droites sont parallèles à $y'Oy$; leurs équations sont

$$x = -\frac{c}{a}, \qquad x = -\frac{c'}{a'} ;$$

elles sont parallèles si $\dfrac{c}{a} \neq \dfrac{c'}{a'}$ et confondues si $\dfrac{c}{a} = \dfrac{c'}{a'}$; dans le premier cas on a $ac' - ca' \neq 0$ et dans le second $ac' - ca' = 0$; nous pouvons remarquer encore ici que a et a' ne peuvent être nuls.

EXEMPLE. — Considérons les droites dont les équations sont

$$\begin{cases} x + \lambda y + \mu = 0, \\ x + y - \mu = 0. \end{cases}$$

1° Si $1 - \lambda \neq 0$ ou $\lambda \neq 1$, les deux droites se coupent au point

$$x = \frac{-\mu(\lambda + 1)}{1 - \lambda}, \qquad y = \frac{2\mu}{1 - \lambda}.$$

2° Si $1 - \lambda = 0$ ou $\lambda = 1$, les droites sont parallèles ou confondues ; elles sont confondues si $\mu = 0$ et parallèles si $\mu \neq 0$.

224. Inégalités simultanées à deux inconnues. — Une inégalité à une seule inconnue a une infinité de solutions ; de même, si l'on considère plusieurs inégalités à plusieurs inconnues, il pourra y avoir une infinité de systèmes de valeurs des inconnues vérifiant ces inégalités, et, sauf des cas particuliers, il sera impossible de remplacer le système donné par un autre plus simple ; la représentation géométrique donne, au contraire, un moyen commode de trouver toutes les solutions ; nous établirons d'abord le lemme suivant :

LEMME. — *La droite qui a pour équation* $ax + by + c = 0$ *sépare le plan en deux régions* A *et* B ; *si l'on substitue à* x *et* y *dans le polynome* $ax + by + c$ *les coordonnées d'un point de* A *et si le résultat de substitution est positif, il en sera de même pour tous les points de la région* A *et la substitution des coordonnées d'un point quelconque de* B *fera acquérir au polynome une valeur négative. Pour les points situés sur la droite le polynome s'annule.*

Supposons d'abord la droite parallèle à un axe, par exemple à l'axe $x'Ox$; son équation est de la forme $ay + b = 0$ et

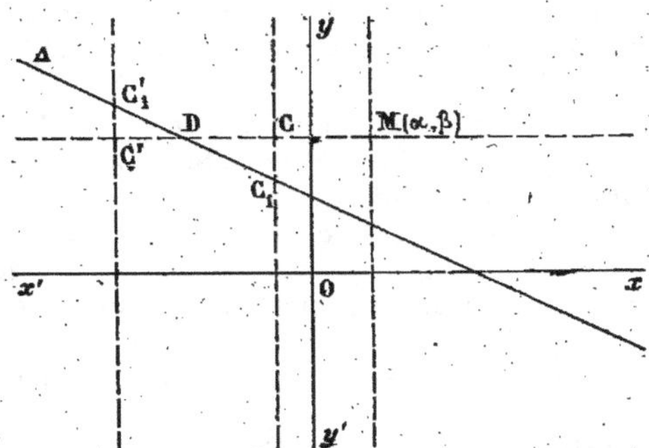

cette droite sépare le plan en deux régions ; pour tout point d'une des régions, l'ordonnée est inférieure à $-\dfrac{b}{a}$ et pour tout point de l'autre région, l'ordonnée est supérieure à $-\dfrac{b}{a}$; si l'on substitue cette ordonnée dans $ay + b$, on voit que pour les points de la première région, le résultat a le signe contraire à celui de a et pour les points de la seconde région, le résultat a le signe de a (197).

Considérons maintenant une droite Δ non parallèle aux axes de coordonnées et soit

$$ax + by + c = 0$$

son équation.

Prenons dans le plan un point M de coordonnées α, β et menons par ce point une parallèle à $x'Ox$; son équation est $y = \beta$; un point quelconque C de cette droite a pour ordonnée β et son abscisse x est arbitraire; le résultat de la substitution des coordonnées de C est

$$ax + b\beta + c\,;$$

cette expression du premier degré en x s'annule quand x est l'abscisse du point D commun à Δ et à la droite menée par M parallèlement à $x'Ox$; elle conserve donc le même signe à droite de D et prend l'autre signe à gauche de D.

Ainsi, pour tous les points situés du même côté que M par rapport à Δ on trouve le signe de $a\alpha + b\beta + c$ et pour tous les points situés de l'autre côté, on trouve le signe contraire.

Il est manifeste que ce raisonnement subsiste si l'on considère une parallèle à $y'Oy$.

Ceci posé, prenons sur la droite MD un point C situé à droite de D et menons par ce point une parallèle à $y'Oy$, qui rencontre Δ en C_1; pour tous les points de cette parallèle situés au-dessus de Δ, la fonction $ax + by + c$ a le même signe que pour le point C, c'est-à-dire le signe de $a\alpha + b\beta + c$; ces points sont d'ailleurs dans la région de M; pour les points de cette parallèle situés au-dessous de Δ, la fonction a, par suite, le signe contraire à celui de $a\alpha + b\beta + c$ et ces points ne sont pas dans la région de M.

Prenons maintenant un point C' à gauche de D et menons par ce point une parallèle à $y'Oy$, qui rencontre Δ en C'_1; les points situés au-dessous de Δ donnent le même signe que C', c'est-à-dire, le signe contraire à celui de $a\alpha + b\beta + c$ et ces points ne sont pas dans la région de M; les points situés au-dessus de Δ donnent un signe contraire à celui qui correspond à C', c'est-à-dire le signe de $a\alpha + b\beta + c$, et ces points sont dans la région de M. En résumé, pour tous les points de la région qui contient M, on a le signe de $a\alpha + b\beta + c$; pour les points de la région qui ne contient pas M, on a l'autre signe.

La démonstration précédente ne s'applique pas aux points situés sur la parallèle à $y'Oy$ passant par D ; mais on peut pour ces points répéter le raisonnement, en menant, par les points de la parallèle à $y'Oy$ issue de M, des parallèles à $x'Ox$.

225. Application. — Pour résoudre plusieurs inégalités du premier degré à plusieurs inconnues, dont le second membre est zéro, on construira les droites dont les équations sont obtenues en égalant à zéro les premiers membres ; on cherchera les régions positives et négatives de ces droites et on en déduira la

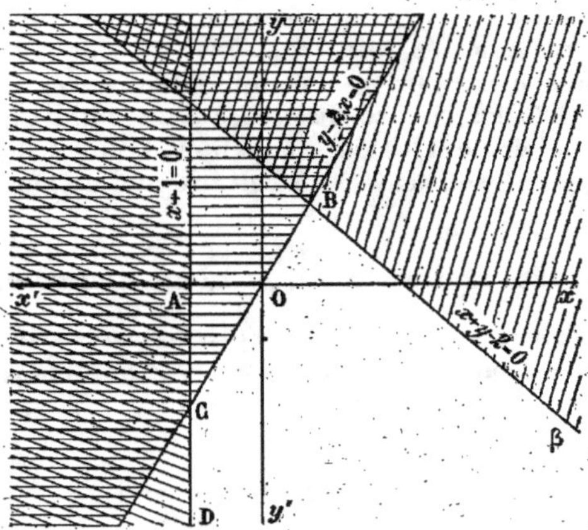

région du plan où toutes les inégalités sont vérifiées ; les coordonnées des points de cette région seront les solutions cherchées.

EXEMPLE. — *Résoudre les inégalités*

$$y - 2x < 0,$$
$$x + 1 > 0,$$
$$x + y - 2 < 0.$$

Construisons les droites dont les équations sont

$$y - 2x = 0,$$
$$x + 1 = 0,$$
$$x + y - 2 = 0$$

et cherchons leurs régions positives et négatives.

Substituons dans $y - 2x$ les coordonnées -1 et 0 de A ; nous avons $+2$; A est dans la région positive ; comme on doit avoir $y - 2x < 0$, les points de cette région ne conviennent pas ; couvrons-la de hachures.

La région positive de $x + 1$ est à droite ; mettons des hachures à gauche de la parallèle à $y'Oy$ qui passe par A. Si dans $x + y - 2$, on substitue les coordonnées, 0, 0 de l'origine, on trouve -2 ; l'origine est dans la région négative ; nous conserverons cette région et nous couvrons de hachures celle qui se trouve à droite de $x + y - 2 = 0$.

Les points qui restent sont compris dans la région limitée par le contour DCOBβ ; les coordonnées d'un point quelconque de cette région vérifient les trois inégalités, tandis que les coordonnées d'un point non situé dans cette région ne les vérifient pas à la fois.

Systèmes de plus de deux équations.

226. Méthode de substitution. — Nous avons indiqué au début de ce chapitre en quoi consiste cette méthode ; nous allons l'appliquer à des exemples.

I. *Résoudre le système*

$$\begin{cases} 3x - 4y + z = -2, \\ 4x + y - 2z = 0, \\ x + 3y + 5z = 22. \end{cases}$$

Tirons z de la première équation et substituons l'expression trouvée dans les deux autres :

$$\begin{cases} z = -2 - 3x + 4y, \\ 4x + y - 2(-2 - 3x + 4y) = 0, \\ x + 3y + 5(-2 - 3x + 4y) = 22, \end{cases}$$

ou

$$\begin{cases} z = -2 - 3x + 4y, \\ 10x - 7y + 4 = 0, \\ -14x + 23y = 32. \end{cases}$$

Les deux dernières équations ne contiennent plus que les inconnues x et y; nous pouvons les résoudre; on trouve ainsi

$$x = 1, \qquad y = 2.$$

Remplaçant x et y par ces valeurs dans l'expression de z, on a

$$z = 3.$$

Le système a donc la solution unique

$$x = 1, \qquad y = 2, \qquad z = 3.$$

II. *Résoudre et discuter le système*

$$\begin{cases} x + \lambda y - z = \mu, \\ x + y + z = \mu, \\ x + 2y + 3z = 0. \end{cases}$$

Tirons x de la dernière équation et substituons dans les deux autres :

$$\begin{cases} (\lambda - 2)\, y - 4z = \mu, \\ - y - 2z = \mu, \\ x = - 2y - 3z. \end{cases}$$

1° Les deux premières équations renferment les seules inconnues y et z; elles admettent une solution unique, si

$$- 2(\lambda - 2) - 4 \neq 0 \qquad \text{ou} \qquad \lambda \neq 0.$$

Les valeurs de y et z sont alors

$$y = \frac{2\mu}{- 2\lambda} = - \frac{\mu}{\lambda}, \qquad z = \frac{\mu(\lambda - 1)}{- 2\lambda}.$$

On en déduit pour x la valeur

$$x = \frac{2\mu}{\lambda} + \frac{3\mu(\lambda - 1)}{2\lambda} = \frac{(3\lambda + 4)\mu}{2\lambda}.$$

2° Si $\lambda = 0$, les deux premières équations sont incompatibles ou forment un système indéterminé; formons $bc' - cb'$:

$$bc' - cb' = - 2\mu.$$

Si μ est différent de zéro, les deux équations sont incompatibles et le système proposé n'a pas de solution.

Si $\mu = 0$, ces deux équations se réduisent à une seule

$$y + 2z = 0.$$

On peut alors donner à z une valeur arbitraire, il en résulte pour y une valeur déterminée et la troisième équation fournit une valeur pour x ; on peut donc se donner arbitrairement la valeur d'une inconnue ; le système est indéterminé.

La discussion est résumée dans le tableau suivant :

$\lambda \neq 0$ .... 1 solution.

$\lambda = 0 \begin{cases} \mu = 0.. & \text{système indéterminé : 1 inconnue arbitraire.} \\ \mu \neq 0.. & \text{pas de solution.} \end{cases}$

227. Méthode de Bezout ou des coefficients indéterminés. — Considérons le système

$$\begin{cases} ax + by + cz = d, \\ a'x + b'y + c'z = d', \\ a''x + b''y + c''z = d'' ; \end{cases}$$

multiplions les deux membres de la première équation par λ, les deux membres de la seconde par λ', les deux membres de la troisième par λ'' et ajoutons membres à membres ; nous formons le nouveau système équivalent au premier

$$\begin{cases} (\lambda a+\lambda'a'+\lambda''a'')x+(\lambda b+\lambda'b'+\lambda''b'')y+(\lambda c+\lambda'c'+\lambda''c'')z=\lambda d+\lambda'd'+\lambda''d'', \\ a'x + b'y + c'z = d', \\ a''x + b''y + c''z = d'', \end{cases}$$

si λ est différent de zéro.

Donnons à λ la valeur 1, et déterminons λ' et λ'' de façon à annuler les coefficients de y et z dans la première équation :

$$\begin{cases} b + \lambda'b' + \lambda''b'' = 0, \\ c + \lambda'c' + \lambda''c'' = 0. \end{cases}$$

Ces deux équations à deux inconnues λ', λ'' nous donneront ces quantités et la valeur de x sera

$$x = \frac{d + \lambda'd' + \lambda''d''}{a + \lambda'a' + \lambda''a''} \cdot$$

On pourrait de même calculer y et z, en annulant les coefficients de x et z ou de x et y ; on aurait deux nouveaux systèmes pour calculer les nouvelles valeurs de λ, λ' et λ''. Nous ne ferons pas ici la discussion générale, qui n'offre d'ailleurs aucune difficulté, mais est un peu longue. Dans la pratique, le plus simple, quand on a calculé ainsi la valeur de x, consiste à remplacer x par sa valeur dans les deux dernières équations du second système et à en déduire les valeurs de y et z.

EXEMPLE. — *Résoudre le système*

$$\begin{cases} x + 3y - 2z = 14, \\ 2x - y + 2z = 3, \\ 3x + y - 6z = 10. \end{cases}$$

Multiplions les deux membres de la première équation par λ, de la seconde par λ' et ajoutons ces nouvelles équations membres à membres à la troisième, que nous remplacerons par l'équation ainsi formée :

$$\begin{cases} x + 3y - 2z = 14, \\ 2x - y + 2z = 3, \\ (\lambda + 2\lambda' + 3)x + (3\lambda - \lambda' + 1)y + (-2\lambda + 2\lambda' - 6)z = 14\lambda + 3\lambda' + 10. \end{cases}$$

Déterminons λ et λ' de façon que les coefficients de y et z soient nuls :

$$\begin{cases} 3\lambda - \lambda' + 1 = 0, \\ 2\lambda - 2\lambda' + 6 = 0. \end{cases}$$

On en déduit

$$\lambda = 1, \qquad \lambda' = 4,$$

et

$$x = \frac{14\lambda + 3\lambda' + 10}{\lambda + 2\lambda' + 3} = \frac{36}{12} = 3.$$

Remplaçons x par cette valeur dans les deux premières équations :

$$3y - 2z = 11,$$
$$-y + 2z = -3,$$

d'où on tire

$$y = 4, \qquad z = \frac{1}{2}.$$

Le système proposé a la solution unique

$$x = 3, \qquad y = 4, \qquad z = \frac{1}{2}.$$

REMARQUE. — La même méthode s'applique à un système de n équations à n inconnues ; on pourra encore déterminer $n-1$ coefficients à l'aide d'un système de $n-1$ équations à $n-1$ inconnues, de façon qu'en multipliant les deux membres des $n-1$ dernières équations par ces coefficients et ajoutant membres à membres à la première, on obtienne une équation ne renfermant qu'une seule inconnue. Le système auxiliaire de $n-1$ équations pourra être ramené à un système de $n-2$ équations et ainsi de suite.

Procédés divers.

228. Les méthodes que nous venons d'indiquer conduisent sûrement aux solutions des systèmes d'équations du premier degré; mais, pour peu que le nombre des équations soit grand, les calculs deviennent compliqués et il arrive souvent que d'autres procédés conduisent plus rapidement au résultat; il est manifeste que l'on ne peut donner aucune règle précise à cet égard, chaque cas particulier comportant un procédé que l'habitude du calcul peut seule faire découvrir.

Notons d'abord que si certaines équations ne renferment pas toutes les inconnues, les méthodes générales s'appliquent encore, mais donnent lieu à des calculs plus simples, puisque le nombre des substitutions est diminué.

Un cas étendu est celui où une certaine symétrie a lieu dans la façon dont les inconnues entrent dans les équations; il y a alors intérêt à conserver cette symétrie, en introduisant au besoin une inconnue auxiliaire.

On peut encore, comme on l'a vu pour une équation à une inconnue, ramener au premier degré des systèmes d'équations de degré supérieur au premier.

EXEMPLES. I. — *Résoudre le système*

$$\begin{cases} x + y + z = d, \\ \dfrac{x}{a} = \dfrac{y}{b} = \dfrac{z}{c}. \end{cases}$$

Désignons par t la valeur commune des rapports

$$\frac{x}{a}, \quad \frac{y}{b}, \quad \frac{z}{c};$$

nous avons le nouveau système

$$\begin{cases} x + y + z = d, \\ x = at, \\ y = bt, \\ z = ct. \end{cases}$$

Substituant dans la première équation les valeurs de x, y, z, il vient

$$\left\{ \begin{array}{l} (a + b + c)t = d, \\ x = at, \\ y = bt, \\ z = ct, \end{array} \right.$$

ou

$$\left\{ \begin{array}{l} t = \dfrac{d}{a + b + c}, \\ x = \dfrac{ad}{a + b + c}, \quad y = \dfrac{bd}{a + b + c}, \quad z = \dfrac{cd}{a + b + c}, \end{array} \right.$$

en supposant $a + b + c \neq 0$.

II. — *Résoudre le système*

$$\left\{ \begin{array}{l} a^2x^2 = b^2y^2 = c^2z^2, \\ x + y + z = d. \end{array} \right.$$

Désignons par t^2 la valeur commune des produits a^2x^2, b^2y^2, c^2z^2,

$$\left\{ \begin{array}{l} a^2x^2 = b^2y^2 = c^2z^2 = t^2, \\ x + y + z = d. \end{array} \right.$$

On en déduit, en désignant par ε, ε', ε'' des nombres qui peuvent être égaux à $+1$ ou à -1 :

$$\left\{ \begin{array}{l} x = \varepsilon\,\dfrac{t}{a}, \quad y = \varepsilon'\,\dfrac{t}{b}, \quad z = \varepsilon''\,\dfrac{t}{c}, \\ t\left(\dfrac{\varepsilon}{a} + \dfrac{\varepsilon'}{b} + \dfrac{\varepsilon''}{c}\right) = d. \end{array} \right.$$

On trouve ainsi, en combinant les signes des nombres ε, ε', ε'' huit valeurs pour t, auxquelles correspondent huit solutions ; mais, si l'on remarque qu'en changeant en même temps tous les signes de ε, ε', ε'', on change le signe de t, on voit que x est le produit de deux facteurs ε et $\dfrac{t}{a}$ qui changent de signe en même temps ; x reprend donc la même valeur ; il en est de même pour y et z et il n'y a en réalité que quatre solutions.

EXERCICES

1. Résoudre les systèmes suivants :

$$\begin{cases} 3x - 5y = 5, \\ 2x + y = 25 ; \end{cases}$$

$$\begin{cases} 9x + 4y = 4, \\ 27x - 16y = 5 ; \end{cases}$$

$$\begin{cases} x + y + z = 12, \\ 3x - 2y + 4z = 33, \\ 2x + 7y - 5z = -15 ; \end{cases}$$

$$\begin{cases} 6x + 3y - 4z = 3, \\ 2x - 9y + 18z = \dfrac{5}{2}, \\ x + 2y - 28z = -\dfrac{35}{6} ; \end{cases}$$

$$\begin{cases} \dfrac{x}{2} + \dfrac{y}{3} - \dfrac{z}{4} = \dfrac{1}{12}, \\ \dfrac{x}{3} + \dfrac{y}{2} + \dfrac{2z}{5} = \dfrac{38}{15}, \\ \dfrac{7x}{4} - \dfrac{3y}{5} - \dfrac{11z}{2} = -\dfrac{319}{20}. \end{cases}$$

$$\begin{cases} x + 2y + 5z - 4t = 14, \\ 3x + 4y - 6z - 2t = -24, \\ 2x - 3y + z + 2t = 10, \\ 4x - y - z + 6t = 0 ; \end{cases}$$

$$\begin{cases} 2x + 3y - 5z + 2t = 145, \\ x + 2y - z = 2, \\ 7x - 11y + 5z = 0, \\ 11x + 12y - 4z = 23 ; \end{cases}$$

$$\begin{cases} x + 2y - z = 3, \\ y + 3z - 2t = 2, \\ x + 3y + 2z - 2t = 5, \\ 3x + y = 7 ; \end{cases}$$

2. Résoudre les systèmes

$$\begin{cases} x + y - z = 6, \\ y + z - x = 7, \\ z + x - y = 11 ; \end{cases}$$

$$\begin{cases} x + 3(y + z) = 11, \\ 2y + 3(x + z) = 15, \\ 3z + 3(x + y) = 17 ; \end{cases}$$

$$\begin{cases} \dfrac{3}{x} + \dfrac{2}{y} - \dfrac{1}{z} = 2, \\ \dfrac{7}{x} - \dfrac{11}{y} + \dfrac{5}{z} = 0, \\ \dfrac{11}{x} + \dfrac{12}{y} - \dfrac{4}{z} = 23. \end{cases}$$

$$\begin{cases} 3x + 5y - 7z = 4, \\ 3y + 5z - 7x = 8, \\ 3z + 5x - 7y = 11 ; \end{cases}$$

$$\begin{cases} 8x^3 = 125y^3 = 27z^3, \\ \dfrac{1}{x} + \dfrac{1}{y} + \dfrac{1}{z} = 1. \end{cases}$$

$$\begin{cases} x^2 + y^2 + z^2 = 14, \\ 3x^2 - y^2 + 2z^2 = 17, \\ 5x^2 - 2y^2 - 4z^2 = -39 ; \end{cases}$$

3. Résoudre et discuter les systèmes suivants :

$$\begin{cases} ax - by = c^2, \\ (x + a)(y + b) = (x - b)(y + a) + ab ; \end{cases}$$

$$\left\{ \begin{array}{l} (a^2 - b^2)(3x + 3y) = 2ab(4a - b), \\ a^2y - \dfrac{ab^2c}{a + b} + (a + b + c)bx = b^2y + ab(a + 2b) ; \end{array} \right.$$

$$\left\{ \begin{array}{l} a^3 + a^2x + ay + z = 0, \\ b^3 + b^2x + by + z = 0, \\ c^3 + c^2x + cy + z = 0 ; \end{array} \right.$$

$$\left\{ \begin{array}{l} x + y - z = 3, \\ 2x - 3y + z = 5, \\ ax + y + 3z = 7 ; \end{array} \right.$$

$$\left\{ \begin{array}{l} x + y + z = 0, \\ (a + b)x + (a + c)y + (b + c)z = 0, \\ abx + acy + bcz = 0 ; \end{array} \right.$$

$$\left\{ \begin{array}{l} x + y + z = 0, \\ \dfrac{a^2x}{a - d} + \dfrac{a^2y}{a - d} + \dfrac{b^2z}{b - d} = 0, \\ \dfrac{ax}{a - d} + \dfrac{ay}{a - d} + \dfrac{bz}{b - d} = d. \end{array} \right.$$

4. Reconnaître si les droites dont les équations sont :

$$1° \left\{ \begin{array}{l} x + \lambda y - 5 = 0, \\ 3x + y + \mu = 0 ; \end{array} \right. \qquad 2° \left\{ \begin{array}{l} 2x + \lambda y + 7 = 0, \\ 3x + y - 5 = 0, \end{array} \right.$$

se coupent et, dans ce cas, trouver les coordonnées de leur point d'intersection.

5. Quelle valeur faut-il donner à λ pour que les droites dont les équations sont :

$$1° \left\{ \begin{array}{l} x + y - 1 = 0, \\ 2x - 5y + 3 = 0, \\ 3x + \lambda y + 2 = 0, \end{array} \right. \qquad 2° \left\{ \begin{array}{l} x + 2y + 5 = 0, \\ 2x - y + 7 = 0, \\ x - 3y + \lambda = 0, \end{array} \right.$$

soient concourantes ?

6. Déterminer λ et μ de façon que les trois droites dont les équations sont :

$$1° \left\{ \begin{array}{l} x + y + 1 = 0, \\ 2x - y + 3 = 0, \\ x + \lambda y - \mu = 0 ; \end{array} \right. \qquad 2° \left\{ \begin{array}{l} 2x + y - 5 = 0, \\ 7x + y + 2 = 0, \\ x + 2\lambda y + 3\mu = 0, \end{array} \right.$$

soient concourantes et que la dernière droite coupe l'axe des abscisses au point d'abscisse — 1.

7. Trouver les coordonnées des sommets, du point de rencontre des médianes et du point de rencontre des hauteurs d'un triangle dont les équations des côtés sont :

$$1° \begin{cases} x + 2y - 5 = 0, \\ 3x - y + 7 = 0, \\ 7x + y - 9 = 0; \end{cases} \qquad 2° \begin{cases} 3x - y + 2 = 0, \\ x + 4y - 5 = 0, \\ 2x + 5y + 3 = 0. \end{cases}$$

8. Par les sommets de ces triangles, on mène des parallèles aux côtés opposés ; trouver les équations de ces parallèles et les coordonnées des sommets des triangles formés par ces parallèles. Si ABC est le premier triangle, A'B'C' le triangle formé comme il vient d'être dit, montrer que les coordonnées de A sont les moyennes arithmétiques des coordonnées de B' et C'.

On forme à l'aide de A'B'C' un nouveau triangle A″B″C″ ; montrer que les points A, A', A″ sont en ligne droite et que l'on a AA' = A'A″.

9. Étant données trois droites parallèles AB, A'B', A″B″, on mène les droites A'A″ et B'B″, AA″ et BB″, AA' et BB' qui se coupent respectivement en C, C', C″ ; démontrer que ces points sont en ligne droite.

10. Sur les côtés OA, OB d'un triangle rectangle, on construit les carrés OAA'A″ et OBB'B″ ; démontrer que les côtés extérieurs de ces carrés se coupent sur la hauteur, ainsi que les droites AB' et BA'.

11. Résoudre géométriquement les inégalités :

$$1° \begin{cases} x + y - 5 > 0, \\ x - y + 2 < 0; \end{cases} \qquad 2° \begin{cases} 3x - y > 2x, \\ 2x - 7y < 8; \end{cases} \qquad 3° \begin{cases} y - 2x < 0, \\ 2y + 7x < x; \end{cases}$$

$$4° \begin{cases} x > 3, \\ y < 4, \\ x + y < 5; \end{cases} \qquad 5° \begin{cases} x + y + 1 > 0, \\ y - 2x < 0, \\ x - 3 < 0; \end{cases} \qquad 6° \begin{cases} \dfrac{x}{2} + \dfrac{y}{3} < 1, \\ \dfrac{x}{2} - \dfrac{y}{3} < 1, \\ -x + \dfrac{y}{3} < 1; \end{cases}$$

$$7° \begin{cases} x - 2 < 0, \\ x + 2 > 0, \\ y - 2 < 0, \\ y + 2 > 0; \end{cases} \qquad 8° \begin{cases} x + y + 1 > 0, \\ x + y - 1 < 0, \\ x - y + 1 > 0, \\ x - y - 1 < 0; \end{cases} \qquad 9° \begin{cases} x + y - 1 > 0, \\ x - y - 1 > 0, \\ x + y - 2 < 0, \\ x - y - 2 < 0. \end{cases}$$

12. Résoudre géométriquement les inégalités suivantes :

$$(x - 2)(y - 3) > 0, \qquad (x + y - 1)(x + y - 2) < 0,$$
$$(x + y - 1)(x - y + 1)(x - 2) > 0, \quad (x + y + 1)(2x - y)(5x - y + 1) > 0.$$

13. Soient α, β les coordonnées d'un point P d'un plan rapporté à deux axes $\alpha'Ox$, $\beta'O\beta$; où doit être ce point P pour que les droites représentées par les équations :

$$1° \begin{cases} x + y - 1 = 0, \\ 2\alpha x - \beta y + 2 = 0, \end{cases} \qquad 2^n \begin{cases} \alpha x + \beta y - 1 = 0, \\ \beta x + \alpha y + 2 = 0, \end{cases}$$

soient parallèles ?

14. Démontrer que les droites représentées par l'équation

$$\lambda x + 5y - 2\lambda + 1 = 0$$

passent par un point fixe, quelle que soit la valeur donnée à λ.

15. Démontrer que les droites représentées par l'équation

$$x(\alpha^2 - 5\alpha - 4) + y(\alpha^2 + \alpha + 2) - 3\alpha^2 + \alpha - 2 = 0$$

passent par un point fixe, quelle que soit la valeur donnée à α.

16. Quelle relation doit exister entre α et β pour que les droites représentées par l'équation

$$(5\alpha^2 + \beta - 1)x + (3\alpha - 2\beta)y - \alpha + 5\beta = 0$$

soient constamment parallèles à la bissectrice de l'angle xOy ?

17. Dans un parallélogramme ABCD, les droites BE, DF, qui joignent les sommets B et D aux milieux E et F des côtés DC, AB, partagent AC en trois parties égales.

18. Deux parallélogrammes OACB, OA'C'B' ont l'angle O commun ; démontrer que les droites AB', BA', CC' sont concourantes.

19. On considère un triangle ABC et deux points A', A″ en ligne droite avec A ; on joint A' et A″ à un point D variable sur BC ; les droites A'D, A″D coupent AB, AC en M et N. Démontrer que la droite MN passe par un point fixe.

20. Sur deux axes rectangulaires Ox, Oy, on prend des points variables A, B, tels que le périmètre du rectangle OACB soit constant. Démontrer que la perpendiculaire menée du sommet C sur la diagonale AB passe par un point fixe.

CHAPITRE VI

PROBLÈMES DU PREMIER DEGRÉ

229. La résolution d'un problème au moyen de l'algèbre comprend trois parties distinctes :

1° La mise en équations ;
2° La résolution des équations ;
3° La discussion.

I. Mise en équations. — Mettre un problème en équations, c'est traduire en notations algébriques les relations qui, d'après l'énoncé, doivent exister entre les éléments connus et les éléments inconnus du problème, lorsque ces relations sont susceptibles d'être exprimées par des égalités ou par des équations ; à cet effet, on considère les inconnues comme données et les représentant par des lettres $x, y, z, \ldots$, on écrit les égalités qui doivent être vérifiées pour que les conditions imposées par l'énoncé le soient.

Si les équations ainsi formées sont du premier degré, le problème est dit du premier degré.

II. Résolution des équations. — C'est une question de pure algèbre, qui a été traitée précédemment dans le cas du premier degré.

III. Discussion. — La discussion des résultats comporte deux parties, l'une relative à la résolution des équations ; elle a été traitée pour le premier degré dans les chapitres qui précèdent ; l'autre relative à l'énoncé même du problème.

Quand on a mis le problème en équations, on peut affirmer que toute solution du problème est solution des équations ; mais la réciproque n'est pas toujours vraie ; il peut exister des conditions restrictives, que l'on ne peut traduire en équations ;

par exemple, les nombres cherchés peuvent être assujettis à être entiers, à être compris entre certaines limites, etc. ; on ne devra alors accepter parmi les solutions des équations que celles qui satisfont, en outre, à ces conditions supplémentaires.

Pour discuter un problème, on commencera par écrire toutes les conditions imposées par l'énoncé, puis les conditions relatives aux transformations des équations ; on éliminera les conditions qui font double emploi, et il restera à choisir parmi les solutions trouvées celles qui satisfont aux conditions qui ont été conservées.

230. Problème I. — *Dans quel système de numération le nombre 45 du système décimal s'écrit-il* $\overline{3a}$?

Soit x la base de ce système ; le nombre des unités de $\overline{3a}$ est

$$3x + a,$$

x étant écrit dans le système décimal ; on doit avoir

$$3x + a = 45.$$

Cette équation a la solution unique

$$x = \frac{45 - a}{3}.$$

Discussion. — Le nombre x doit être entier et positif ; de plus, a étant un chiffre dans le système de base x, x doit être supérieur à a ; ainsi, x est assujetti à être entier et supérieur à a ; cette dernière condition supprime la condition x positif.

Exprimons que x est supérieur à a :

$$\frac{45 - a}{3} > a,$$

ou

$$45 > 4a,$$
$$a < \frac{45}{4} ;$$

a est donc un nombre entier au plus égal à 11.

Exprimons que x est entier ; il faut et il suffit que $45 - a$ soit divisible par 3 ; 45 étant multiple de 3, a devra être multiple de 3 ou nul ; ce sera donc un des nombres 0, 3, 6, 9.

À ces valeurs correspondent pour x les valeurs 15, 14, 13, 12.

231. Problème II. — *Dans une course, sont engagés trois chevaux A, B, C ;*

si A gagne, on rend a fois la mise ;
si B   »   » b »   » ;
si C   »   » c »   » .

Quelles mises doit-on faire sur les trois chevaux pour gagner dans tous les cas une somme s ?

Soient x, y, z, les mises sur les chevaux A, B, C.

Si le cheval A gagne, on reçoit ax et on a donné $x + y + z$; pour que l'on ait ainsi gagné s, il faut que ces nombres vérifient la relation

$$ax = x + y + z + s.$$

Les deux autres hypothèses fournissent deux relations analogues ; on a donc le système

$$\begin{cases} ax = x + y + z + s, \\ by = x + y + z + s, \\ cz = x + y + z + s, \end{cases} \quad \text{ou} \quad \begin{cases} x = \dfrac{t}{a} + \dfrac{s}{a} ; \\ y = \dfrac{t}{b} + \dfrac{s}{b} , \\ z = \dfrac{t}{c} + \dfrac{s}{c} , \end{cases}$$

en désignant par t la somme $x + y + z$.

Si nous ajoutons membres à membres ces équations, nous avons le nouveau système équivalent au premier :

$$\begin{cases} x = \dfrac{t + s}{a} , \\ y = \dfrac{t + s}{b} , \\ z = \dfrac{t + s}{c} , \\ t = t\left(\dfrac{1}{a} + \dfrac{1}{b} + \dfrac{1}{c}\right) + s\left(\dfrac{1}{a} + \dfrac{1}{b} + \dfrac{1}{c}\right). \end{cases}$$

La dernière équation donne t et les précédentes donnent x, y, z.

Discussion. — Les nombres x, y, z et t doivent être positifs ; remarquons d'ailleurs que si t est positif, il en est de même de x, y, z à cause de la forme des valeurs de x, y, z ; il suffit donc d'exprimer que t est positif ; au point de vue algébrique, il faut et il suffit que le coefficient $1 - \dfrac{1}{a} - \dfrac{1}{b} - \dfrac{1}{c}$ de t soit différent de zéro; mais, d'autre part, pour que t soit positif, il faut que ce coefficient soit lui-même positif.

En résumé, le problème n'est possible que si $1 > \dfrac{1}{a} + \dfrac{1}{b} + \dfrac{1}{c}$.

232. Problème III. — *Dans un triangle rectangle, un côté de l'angle droit est a; trouver l'hypoténuse, sachant que le périmètre est $2p$.*

Si l'on désigne par x l'hypoténuse, le second côté de l'angle droit est $\sqrt{x^2 - a^2}$ et l'équation du problème est

$$x + a + \sqrt{x^2 - a^2} = 2p,$$

ou

$$\sqrt{x^2 - a^2} = 2p - a - x.$$

Élevons les deux membres de l'équation au carré,

$$x^2 - a^2 = (2p - a)^2 - 2(2p - a)x + x^2,$$

on en déduit

$$x = \frac{(2p - a)^2 + a^2}{2(2p - a)}.$$

Discussion. — Au point de vue géométrique, x doit être supérieur à a; si cela a lieu, on pourra toujours construire le triangle.

Au point de vue algébrique, il faut d'abord que l'équation finale du premier degré ait une solution, c'est-à-dire que $2p - a$ ne soit pas nul; de plus, les deux membres de l'équation primitive doivent avoir un sens, c'est-à-dire que $x^2 - a^2$ doit être positif; enfin, comme on a élevé les deux membres de l'équation primitive au carré, on a pu introduire les solutions de

$$-\sqrt{x^2 - a^2} = 2p - a - x.$$

La solution trouvée conviendra si $2p - a - x$ est positif ou $x < 2p - a$. Nous pouvons d'abord remarquer que $x^2 - a^2$, étant égal au carré de $2p - a - x$, est certainement positif et si x est positif, x est supérieur à a; il reste donc à exprimer que x existe, est positif et inférieur à $2p - a$.

1° x existe, car $2p$ est certainement supérieur à a.

2°
$$0 < \frac{2(p-a)^2 + a^2}{2(2p-a)} < (2p-a).$$

La première inégalité est toujours vérifiée.

La seconde donne
$$(2p-a)^2 + a^2 < 2(2p-a)^2$$
ou
$$0 < 4p(p-a),$$

c'est-à-dire que p doit être supérieur à a.

En résumé, le problème est possible et admet une solution, si p est plus grand que a.

REMARQUE. — Nous avons pu éliminer certaines conditions en remarquant que la quantité placée sous le radical était nécessairement positive; c'est un fait qui se présente souvent, comme nous le verrons plus loin.

233. Problème IV. — *On donne un triangle ABC de base a et de hauteur h ; trouver un rectangle dont un côté soit sur BC et les autres sommets sur les côtés AB, AC ou leurs prolongements et tel que son périmètre ait une longueur donnée 2p.*

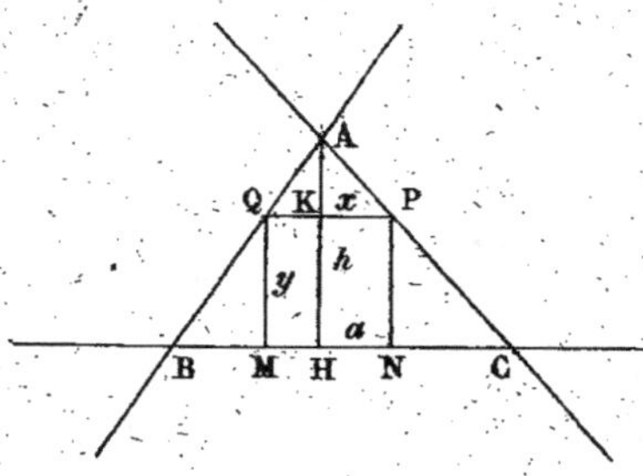

Nous aurons différents cas à examiner suivant que les sommets sont sur les côtés ou sur leurs prolongements.

Soient x et y les longueurs des côtés du rectangle ; on a la première équation
$$x + y = p.$$

Quelles que soient les positions des sommets, les triangles APQ, ABC sont semblables :
$$\frac{PQ}{BC} = \frac{AK}{AH},$$
$$\frac{x}{a} = \frac{AK}{h}.$$

Exprimons la longueur AK.
La relation de Chasles est ici.

$$\overline{AK} = \overline{AH} + \overline{HK};$$

en prenant pour direction positive la direction $\overline{AH}$, on a

$$\overline{AK} = h + \overline{HK}.$$

Si alors K est entre A et H, $\overline{AK}$ est positif et $\overline{HK}$ négatif ; si K est au-dessus de A, $\overline{AK}$ et $\overline{HK}$ sont négatifs ; si K est au-dessous de H, $\overline{AK}$ et $\overline{HK}$ sont positifs, de sorte que l'on aura suivant les cas

$$\frac{x}{a} = \frac{h-y}{h}, \qquad \frac{x}{a} = \frac{y-h}{h}, \qquad \frac{x}{a} = \frac{y+h}{h}.$$

Nous aurons donc, suivant la position du point K, à résoudre l'un des systèmes

$$\begin{cases} x+y=p, \\ \dfrac{x}{a}=\dfrac{h-y}{h}, \end{cases} \text{ou} \begin{cases} x+y=p, \\ \dfrac{x}{a}=\dfrac{y-h}{h}, \end{cases} \text{ou} \begin{cases} x+y=p, \\ \dfrac{x}{a}=\dfrac{y+h}{h}. \end{cases}$$

1°
$$\begin{cases} x+y=p, \\ \dfrac{x}{a}=\dfrac{h-y}{h} \end{cases}$$

donne

$$x = a\,\frac{h-p}{h-a}, \qquad y = h\,\frac{p-a}{h-a},$$

en supposant $h-a \neq 0$.

Dans le cas actuel, y doit être compris entre 0 et h ; supposons alors $h > a$; on doit avoir $p > a$
et

$$h\,\frac{p-a}{h-a} < h \qquad \text{ou} \qquad p < h.$$

Si on suppose $h < a$, on doit avoir $p < a$
et
$$h\,\frac{p-a}{h-a} < h,$$

ou, $h-a$ étant négatif,

$$p-a > h-a \qquad \text{ou} \qquad p > h.$$

Dans les deux hypothèses, il faut que p soit compris entre h

et a. Il reste à examiner l'hypothèse $h = a$; le système primitif est alors

$$x + y = p,$$
$$x + y = h.$$

Si $h = p$, il y a indétermination; si $h \neq p$, impossibilité; la première de ces hypothèses fournit le théorème suivant: *Si dans un triangle la base est égale à la hauteur, tous les rectangles inscrits ont même périmètre, double de la base du triangle.*

2°
$$\begin{cases} x + y = p, \\ \dfrac{x}{a} = \dfrac{y - h}{h} \end{cases}$$

donne

$$x = a\,\frac{p - h}{a + h}, \qquad y = h\,\frac{p + a}{a + h}.$$

y doit être supérieur à h, ce qui donne la seule condition $p > h$.

3°
$$\begin{cases} x + y = p, \\ \dfrac{x}{a} = \dfrac{y + h}{h} \end{cases}$$

donne

$$x = a\,\frac{p + h}{h + a}, \qquad y = h\,\frac{p - a}{h + a}.$$

y est assujetti à être positif, ce qui donne la seule condition $p > a$.

En résumé, si p est supérieur à a et à h, il y a deux solutions, dont aucune ne correspond à un rectangle inscrit; si p est compris entre h et a, il y a deux solutions, dont une correspond à un rectangle inscrit; si p est inférieur à h et à a, le problème est impossible. Enfin, si p est égal à a et à h, le problème est indéterminé.

234. Problème V. — *Un père a 39 ans ; son fils a 15 ans; à quelle époque l'âge du père est-il triple de l'âge du fils?*

Soit x le nombre algébrique dont la valeur absolue est le nombre d'années qui sépare l'époque actuelle de l'époque cherchée ; si x est compté positivement postérieurement à l'époque actuelle, on a

$$39 + x = 3(15 + x),$$
$$x = -3.$$

Il y a 3 ans que l'âge du père était triple de l'âge de son fils.

235. Remarque sur les solutions négatives. — Dans le problème IV, nous avons dû, pour embrasser tous les cas, résoudre successivement trois systèmes différents ; dans le problème V, au contraire, l'introduction des nombres positifs ou négatifs a permis de résoudre le problème à l'aide d'une seule équation. Il est manifeste que lorsqu'on met un problème en équations, il faut d'abord étudier la nature des quantités qui figurent dans l'énoncé, afin de savoir si elles sont susceptibles d'être comptées dans deux sens et représentées par des nombres positifs ou négatifs ou si, au contraire, elles sont purement arithmétiques; dans le premier cas, toute solution convient, qu'elle soit positive ou négative, pourvu qu'elle remplisse les autres conditions de l'énoncé ; dans le second cas, une solution positive peut seule convenir.

Les solutions négatives ne présentent donc aucune difficulté particulière ; mais, si théoriquement il en est ainsi, pratiquement il peut en aller tout autrement ; on est en général moins familiarisé avec les grandeurs à deux sens qu'avec les grandeurs arithmétiques et il pourra arriver que l'on considère une grandeur comme purement arithmétique, quand, au contraire, elle est susceptible d'être représentée par un nombre positif ou négatif; il importe donc d'avoir un moyen de reconnaître *a posteriori* si une solution négative a un sens ou n'en a pas. Il suffira d'appliquer le théorème suivant :

Théorème. — *Si un système d'équations admet comme solution des nombres négatifs pour certaines inconnues, les valeurs absolues de ces nombres vérifient les équations que l'on déduit des premières en changeant les signes des coefficients des termes de degré impair par rapport à l'ensemble de ces inconnues.*

Soit le système

$$\begin{cases} 2x^2 + xy = 1, \\ 3x - y = 4, \end{cases}$$

qui admet comme solution $x = 1$, $y = -1$; on a les égalités

$$2(+1)^2 + (+1)(-1) = 1,$$
$$3(+1) - (-1) = 4.$$

Ces égalités peuvent s'écrire

$$2(1)^2 - (1)(1) = 1,$$
$$3(1) + (1) = 4,$$

c'est-à-dire que la solution $x = 1$, $y = 1$ vérifie le système

$$\begin{cases} 2x^2 - xy = 1, \\ 3x + y = 4. \end{cases}$$

Il en résulte que, si en comptant y en sens inverse du sens primitif, on est conduit à ce dernier système, on pourra en conclure que la solution négative trouvée au début avait un sens.

On dit quelquefois que l'on peut interpréter les solutions négatives en modifiant l'énoncé; ceci n'est pas résoudre le problème, mais se proposer un nouveau problème; une telle interprétation n'a donc rien de commun avec la question qui nous occupe, qui est uniquement la résolution d'un problème dont l'énoncé est supposé donné de façon précise.

EXERCICES

1. Une montre marque midi. A quelle heure l'aiguille des minutes sera-t-elle de nouveau en coïncidence avec l'aiguille des heures ?

2. Une montre marque midi. A quel moment l'une des aiguilles (*) sera-t-elle bissectrice de l'angle formé par les deux autres ?

3. Généraliser le problème précédent en supposant que l'une des aiguilles (*) partage l'angle aigu formé par les deux autres dans le rapport $\dfrac{p}{q}$.

4. Deux personnes partent de deux villes distantes de $60^{km},5$ et vont à la rencontre l'une de l'autre; la première fait 6^{km} à l'heure, la seconde en fait 5 ; toutes les deux heures, elles se reposent pendant 15^{mn}; au bout de combien de temps se rencontreront-elles ?

5. Une personne place une certaine somme à 5 % pendant 1 an

(*) On suppose que la montre est munie d'aiguilles indiquant sur un même cadran les heures, les minutes, les secondes.

7 mois; au bout de ce temps, elle réunit le capital et l'intérêt, en place les $\frac{3}{5}$ à 6 °/₀ et le reste à 4 °/₀; deux ans après, elle touche un intérêt de 6734^{fr}; quel était le capital primitif?

6. Deux rectangles ont pour dimensions 12^m et 7^m, 15^m et a^m; de combien faut-il augmenter ou diminuer en même temps ces dimensions pour que les deux nouveaux rectangles soient équivalents?

7. Un canotier descend une rivière avec la vitesse v par minute et remonte cette rivière avec la vitesse $\frac{2v}{5}$; jusqu'à quelle distance peut-il aller pour être de retour au bout de 1^{h}45^{mn}?

8. Quand on mélange des volumes égaux d'eau et d'alcool, le volume du mélange est inférieur à la somme des deux volumes, de telle sorte que le litre d'alcool pesant 0^{kg},8, le litre du mélange pèse 0^{kg},942; quels volumes égaux d'eau et d'alcool faut-il mélanger pour avoir 31^L,4 de mélange?

9. Un train parcourt une certaine distance d'un mouvement uniforme; si sa vitesse était augmentée de a^{km} à l'heure, il mettrait 5 heures de moins, et si sa vitesse était diminuée de a^{km} à l'heure, il mettrait 7^{h}30^{mn} de plus à parcourir la distance. Quelle est cette distance?

10. Une somme formée de pièces (*) de 20^{fr}, de pièces (*) de 2^{fr} et de pièces (*) de bronze de 0^{fr},10 est égale à 104^{fr},40; le nombre de ces pièces est 20 et le poids total a; combien y a-t-il de pièces de chaque espèce?

11. Un train, ayant marché pendant 1 heure est obligé de s'arrêter pendant une $\frac{1}{2}$ heure; il a ensuite une vitesse qui est les $\frac{4}{5}$ de sa vitesse primitive et arrive à destination avec 1$^h\frac{1}{4}$ de retard. Si l'accident s'était produit à a^{km} plus loin, le retard aurait été de 1^h. Calculer la vitesse du train.

12. La somme des chiffres d'un nombre de 3 chiffres est 20; si l'on divise par 2 la différence entre ce nombre et 16, on trouve le nombre renversé. Quel est ce nombre?

13. Un père laisse un héritage à partager de la manière suivante: le premier enfant a a francs, plus le n^e du reste; le second a 2a francs, plus le n^e du reste et ainsi de suite; les enfants ayant ainsi la même somme, quel est le montant de l'héritage?

14. Trois joueurs conviennent que le perdant doublera l'argent des

---

(*) Il s'agit ici de monnaies en usage avant 1911.

deux autres; ils se retirent du jeu avec a francs chacun, après avoir perdu chacun une partie; combien chaque joueur avait-il en se mettant au jeu?

15. Trouver dans le système de base 8 un nombre de 4 chiffres sachant que : 1° la somme des chiffres est 13 (système décimal); 2° le troisième à partir de la droite est égal à la somme des deux premiers; 3° la somme des deux chiffres du milieu est le triple du premier chiffre à gauche; 4° la différence entre le nombre et le nombre retourné s'écrit 2066 dans le système 8.

16. On considère la suite

$$u = a + b + c, \quad u_1 = ap + bq + cr, \quad u_2 = ap^2 + bq^2 + cr^2, \ldots,$$

et on propose de déterminer trois nombres x, y, z tels que chaque terme de la suite soit lié aux précédents par la relation

$$u_n = u_{n-1}x + u_{n-2}y + u_{n-3}z.$$

17. Dans un triangle ABC de base a et de hauteur h, inscrire un rectangle dont un côté soit sur la base BC, les deux autres sommets étant sur les côtés AB, AC ou sur leurs prolongements et tel que le rapport des côtés de ce rectangle soit un nombre donné k.

18. Même problème en supposant que la différence des côtés soit une longueur donnée l.

19. Deux circonférences de rayons R et R′ sont tangentes à une même droite; à quelle distance de cette droite faut-il lui mener une parallèle, pour que les cordes déterminées sur cette parallèle dans les deux circonférences soient dans un rapport donné k?

20. Couper une sphère de rayon R par un plan tel que le rapport de l'aire de la calotte déterminée par ce plan à l'aire latérale du cône circonscrit le long de la courbe de base de cette calotte soit égal à un nombre donné k. (Deux cas.)

21. Deux cônes de révolution ont pour bases des cercles de rayons R et R′ situés dans un même plan; les hauteurs de ces cônes étant h et h', à quelle distance du plan de base faut-il mener un plan parallèle pour déterminer deux troncs de cônes ayant des aires latérales dans le rapport k?

22. Inscrire dans un cône de révolution de rayon R et de hauteur h, un cylindre de révolution dont la surface totale soit égale à la surface latérale du cylindre de hauteur h et dont le rayon de base soit égal au rayon de base du premier cylindre augmenté d'une longueur l.

23. Un hexagone régulier de côté a et un triangle de base b et de hauteur h reposent par un côté et par la base sur une droite donnée ; déterminer une parallèle à cette droite de façon que les segments interceptés sur cette droite par les deux polygones aient une somme ou une différence donnée l.

24. Trouver sur une demi-circonférence de diamètre AB un point M tel que la somme MA + MB ou la différence MA — MB soit égale à une longueur donnée l.

25. Trouver sur le prolongement du diamètre d'une circonférence des points A et B tels que le rapport de leurs distances au centre soit un nombre k et que le rapport des longueurs des tangentes issues de ces points soit un autre nombre k'.

26. Trouver sur une ellipse dont les foyers sont F et F' et le grand axe est $2a$ un point M tel que la projection sur le grand axe du rayon qui joint le centre O au point M ait une longueur l. Calculer MF, MF' et MO.

27. Trouver sur une ellipse un point M tel que le cercle exinscrit dans l'angle MFF' au triangle MFF' touche le côté MF' en un point qui partage MF' dans le rapport k.

28. Trouver sur une ellipse un point M tel que si les cercles exinscrits au triangle MFF' touchent les côtés MF, MF' en des points P et P' situés sur ces côtés, le rapport $\dfrac{MP}{MP'}$ ait une valeur donnée.

29. Trouver sur une parabole un point M tel que si l'on mène la normale MP et l'ordonnée MQ, le triangle MPQ ait un périmètre donné.

30. Trouver sur une parabole un point M tel que si l'on mène la normale MP et l'ordonnée MQ, le cercle inscrit au triangle MPQ ait une longueur l.

31. Même question en remplaçant le cercle inscrit par un cercle exinscrit.

32. On donne un demi-cercle de diamètre AB ; on mène la tangente BD et une sécante ACD ; calculer CB de façon que

$$\frac{CD + DB}{AC} = m \, ;$$

étudier comment varie m, si C varie.

33. Trouver sur un demi-cercle de diamètre AB un point M tel que si on le projette en P et que si l'on désigne par Q le milieu de AP, on ait

$$\overline{MQ}^2 = MA \times MP.$$

34. On donne les côtés d'un triangle ABC et on demande de mener une parallèle DE à BC, de façon que

$$BD + EC = DE + l.$$

35. Calculer les côtés b et c d'un triangle, connaissant leur somme s, le côté a et la hauteur h issue de B.

36. Partager le périmètre d'un triangle dans un rapport k par une parallèle à un côté.

37. Une tour de hauteur b est surmontée d'une flèche de hauteur a. Où doit être placé dans le plan horizontal du pied de la tour un observateur, dont l'œil est à la hauteur h, pour qu'il aperçoive la tour et la flèche sous le même angle ? (*Baccalauréat.*)

38. Sur une longueur de 240^m, les roues de devant d'une voiture font 12 tours de plus que les roues de derrière. Elles n'en feraient que 4 de plus, si on augmentait la circonférence des premières de $\dfrac{1}{4}$ de sa longueur et la circonférence des dernières de $\dfrac{1}{5}$ de sa longueur. Calculer ces circonférences.

39. Deux personnes partent ensemble de A pour se rendre en B à 8^{km} de A ; la première fait 4^{km} à l'heure, la seconde, 5^{km}. A quelle distance de A aura lieu leur rencontre, si la seconde, parvenue en B, revient vers A, après un repos de dix minutes ?

40. Deux voyageurs partent ensemble pour faire le même trajet : le premier fait 6 pas pendant que le second en fait 5 ; 10 pas du premier en valent 9 du second. Le second voyageur arrivant un quart d'heure après le premier, trouver le temps employé par chacun d'eux à effectuer le trajet.

LIVRE IV

ÉQUATIONS DE DEGRÉ SUPÉRIEUR AU PREMIER

CHAPITRE I

ÉQUATION DU SECOND DEGRÉ

236. Résolution de l'équation. — L'équation du second degré est de la forme

$$ax^2 + bx + c = 0,$$

a, b, c étant des nombres donnés, dont le premier n'est pas nul ; la résolution de cette équation résulte du théorème suivant :

Théorème. — *Le trinome $ax^2 + bx + c$ est identique au produit de a par une somme de deux carrés, un carré ou une différence de carrés, suivant que $b^2 - 4ac$ est* NÉGATIF, NUL OU POSITIF.

On peut écrire, en remarquant que $x^2 + \dfrac{b}{a}\, x$ sont les deux premiers termes du développement de $\left(x + \dfrac{b}{2a}\right)^2$,

$$ax^2 + bx + c \equiv a\left(x^2 + \frac{b}{a}\, x + \frac{c}{a}\right)$$

ou, en ajoutant et retranchant dans la parenthèse $\dfrac{b^2}{4a^2}$,

$$ax^2 + bx + c \equiv a\left[x^2 + \frac{b}{a}\, x + \frac{b^2}{4a^2} + \frac{c}{a} - \frac{b^2}{4a^2}\right]$$

$$\equiv a\left[\left(x + \frac{b}{2a}\right)^2 + \frac{4ac - b^2}{4a^2}\right].$$

1° $b^2 - 4ac < 0$, $4ac - b^2$ est alors positif, ainsi que $\dfrac{4ac - b^2}{4a^2}$, qui peut être considéré comme le carré du nombre $\sqrt{\dfrac{4ac - b^2}{4a^2}}$; la quantité placée entre crochets est une somme de carrés.

2° $b^2 - 4ac = 0$; la quantité placée entre crochets se réduit au seul carré $\left(x + \dfrac{b}{2a}\right)^2$.

3° $b^2 - 4ac > 0$; la quantité entre crochets peut s'écrire

$$\left(x + \frac{b}{2a}\right)^2 - \frac{b^2 - 4ac}{4a^2},$$

et $\dfrac{b^2 - 4ac}{4a^2}$, étant positif, peut être considéré comme le carré d'un nombre; on a donc bien une différence de carrés.

237. Corollaire. — *L'équation du second degré n'a pas de racine si $b^2 - 4ac$ est négatif, a une racine égale à $-\dfrac{b}{2a}$ si $b^2 - 4ac$ est nul et a deux racines si $b^2 - 4ac$ est positif.*

1° $b^2 - 4ac < 0$. Le trinome est le produit de a par une somme de deux nombres, l'un $\left(x + \dfrac{b}{2a}\right)^2$ positif ou nul, l'autre positif; le trinome ne peut donc s'annuler pour aucune valeur de x.

2° $b^2 - 4ac = 0$. Le trinome est le produit de a par le carré de $x + \dfrac{b}{2a}$; il ne peut s'annuler que si $x + \dfrac{b}{2a}$ est nul, c'est-à-dire, si l'on donne à x la valeur unique $-\dfrac{b}{2a}$.

3° $b^2 - 4ac > 0$. Le trinome peut alors être mis sous la forme

$$a\left[\left(x + \frac{b}{2a}\right)^2 - \left(\frac{\sqrt{b^2 - 4ac}}{2a}\right)^2\right]$$
$$= a\left(x + \frac{b}{2a} + \frac{\sqrt{b^2 - 4ac}}{2a}\right)\left(x + \frac{b}{2a} - \frac{\sqrt{b^2 - 4ac}}{2a}\right);$$

il s'annule si l'un des facteurs du produit est nul, c'est-à-dire si l'on a

$$x + \frac{b}{2a} + \frac{\sqrt{b^2 - 4ac}}{2a} = 0,$$

ou

$$x + \frac{b}{2a} - \frac{\sqrt{b^2 - 4ac}}{2a} = 0.$$

L'équation du second degré a donc les deux racines

$$x' = \frac{-b - \sqrt{b^2 - 4ac}}{2a},$$

$$x'' = \frac{-b + \sqrt{b^2 - 4ac}}{2a},$$

et on peut écrire

$$ax^2 + bx + c \equiv a(x - x')(x - x'').$$

238. Remarque I. — Les formules précédentes peuvent être appliquées aux cas de $b^2 - 4ac \leqslant 0$; en effet, si $b^2 - 4ac < 0$, elles ne fournissent aucune valeur pour x ; si $b^2 - 4ac = 0$, les deux valeurs x' et x'' se réduisent à $-\dfrac{b}{2a}$; ainsi, quoique ces formules aient été établies dans l'hypothèse $b^2 - 4ac > 0$, elles conduiront encore à des résultats exacts, si on les applique dans les autres cas.

Ces formules se simplifient si l'on suppose que b soit un nombre pair $2b'$; elles donnent

$$x = \frac{2b' \pm \sqrt{4b'^2 - 4ac}}{2a} = \frac{-b' \pm \sqrt{b'^2 - ac}}{a}.$$

On met quelquefois l'équation sous la forme

$$x^2 + px + q = 0 ;$$

les formules deviennent dans ce cas

$$x = -\frac{p}{2} \pm \sqrt{\frac{p^2}{4} - q}.$$

239. Remarque II. — Lorsque les nombres a et c sont de signes différents, le produit ac est négatif et $b^2 - 4ac$ est nécessairement positif ; l'équation a alors des racines.

EXEMPLE. — L'équation

$$x^2 + 4x - 1 = 0$$

a des racines qui sont

$$x' = -2 + \sqrt{4+1} = -2 + \sqrt{5},$$
$$x'' = -2 - \sqrt{4+1} = -2 - \sqrt{5}.$$

Relations entre les coefficients et les racines.

240. Théorème. — *Si l'équation du second degré a des racines, leur somme est égale à* $-\dfrac{b}{a}$ *et leur produit à* $\dfrac{c}{a}$.

On peut écrire, en appelant x' et x'' les racines,

$$ax^2 + bx + c \equiv a(x - x')(x - x'');$$

les deux membres étant identiques, les coefficients des mêmes puissances de x doivent être égaux ; on a

$$b = -a(x' + x''), \qquad \text{ou} \qquad x' + x'' = -\frac{b}{a},$$

$$c = ax'x'', \qquad \text{ou} \qquad x'x'' = \frac{c}{a}.$$

Remarquons que, si $b^2 - 4ac = 0$, on peut écrire

$$ax^2 + bx + c \equiv a(x - x')^2,$$

x' étant la racine unique ; on dit que l'équation a une *racine double* ou deux *racines égales* pour rappeler que le trinôme contient le carré de $x - x'$; en identifiant, on trouve

$$b = -2ax', \qquad \text{ou} \qquad 2x' = -\frac{b}{a},$$

$$c = ax'^2, \qquad \text{ou} \qquad x'^2 = \frac{c}{a}.$$

Le théorème s'étend donc encore à ce cas particulier, en considérant non plus une seule racine x', mais deux racines égales à x'.

241. Application I. — *Trouver les signes des racines d'une équation du second degré, sans résoudre l'équation.*

Nous supposons que cette équation a des racines distinctes ;

si le produit $\dfrac{c}{a}$ est positif, ces racines ont même signe, qui est celui de la somme $-\dfrac{b}{a}$. Si le produit $\dfrac{c}{a}$ est négatif, une racine est positive, l'autre est négative ; le signe de la somme $-\dfrac{b}{a}$ est le signe de la racine dont la valeur absolue est la plus grande. Si $\dfrac{c}{a}$ est nul, une racine est nulle, l'autre égale à $-\dfrac{b}{a}$.

Le tableau suivant résume ces résultats :

$$\frac{c}{a} > 0 \begin{cases} -\dfrac{b}{a} > 0 & \text{2 racines positives,} \\[2mm] -\dfrac{b}{a} < 0 & \text{2 racines négatives ;} \end{cases}$$

$$\frac{c}{a} < 0 \ldots\ldots\ldots \text{2 racines de signes contraires ;}$$

$$c = 0 \ldots\ldots\ldots \text{1 racine nulle, 1 racine égale à } -\frac{b}{a}.$$

EXEMPLES. — I. L'équation

$$x^2 + 4x - 9 = 0$$

a des racines distinctes, a et c étant des signes différents ; les racines sont, l'une positive, l'autre négative, puisque le produit -9 est négatif ; la racine négative a la plus grande valeur absolue, puisque la somme -4 est négative.

II. L'équation

$$x^2 - 5x + 3 = 0$$

a des racines distinctes, $b^2 - 4ac = 25 - 12 = 13$ étant positif ; le produit 3 et la somme 5 sont des nombres positifs ; les deux racines sont donc positives.

242. Application II. — *Trouver deux nombres connaissant leur somme s et leur produit p.*

L'équation

$$x^2 - sx + p = 0$$

a deux racines (en supposant $s^2 - 4p > 0$) qui satisfont à l'é-
noncé; il reste à montrer qu'il n'y a pas d'autres solutions.

Soient x et y les nombres donnés; ils doivent vérifier le
système

$$\begin{cases} x + y = s, \\ xy = p; \end{cases}$$

équivalent au suivant

$$\begin{cases} y = s - x, \\ x^2 - sx + p = 0. \end{cases}$$

Il semble donc qu'à chaque racine x corresponde une racine
y, ce qui donnerait deux solutions; mais les valeurs x' et x'' ont
une somme s; si donc, on prend pour x la racine x', la valeur
de y sera x'' et inversement, et il n'y a qu'une solution pour
l'ensemble des nombres x, y.

243. Somme des puissances semblables des racines de l'équation du second degré.

— Soit à calculer la
somme $x'^p + x''^p$, p étant un nombre entier positif.

x' et x'' étant racines de l'équation

$$ax^2 + bx + c = 0,$$

on a

$$ax'^2 + bx' + c = 0,$$
$$ax''^2 + bx'' + c = 0.$$

Multipliant les deux membres de la première égalité [par
x'^{p-2} et les deux membres de la seconde par x''^{p-2}, nous trouvons

$$ax'^p + bx'^{p-1} + cx'^{p-2} = 0.$$
$$ax''^p + bx''^{p-1} + cx''^{p-2} = 0,$$

Ajoutons ensuite membres à membres

$$a(x'^p + x''^p) + b(x'^{p-1} + x''^{p-1}) + c(x'^{p-2} + x''^{p-2}) = 0,$$

ou, en désignant par S_k la somme $x'^k + x''^k$

$$aS_p + bS_{p-1} + cS_{p-2} = 0,$$

formule qui permet de calculer de proche en proche $S_2, S_3, \ldots$;
on a ainsi

$$aS_2 + bS_1 + cS_0 = 0,$$
$$aS_3 + bS_2 + cS_1 = 0,$$
$$\cdots \cdots \cdots \cdots \cdots$$

d'où on tire

$$S_2 = \frac{b^2 - 2ac}{a^2},$$

$$S_3 = \frac{3abc - b^3}{a^3},$$

. . . .

Application I. — *Calculer la somme des puissances semblables à exposants négatifs.*

Soit à calculer

$$x'^{-p} + x''^{-p} = \frac{1}{x'^p} + \frac{1}{x''^p}.$$

Cette somme est égale à

$$S_{-p} = \frac{x''^p + x'^p}{x'^p x''^p} = \frac{a^p S_p}{c^p}.$$

Application II. — *Calculer la valeur de l'expression* $A = x'^3 + x''^3 + 3x'^4 x''^2 + 3x'^2 x''^4$, x' *et* x'' *étant les racines de l'équation*

$$ax^2 + bx + c = 0.$$

On peut écrire

$$A = x'^3 + x''^3 + 3x'^2 x''^2 (x'^2 + x''^2),$$
$$A = S_3 + 3x'^2 x''^2 S_2,$$

ou

$$A = \frac{3abc - b^3}{a^3} + 3 \frac{c^2}{a^2} \cdot \frac{b^2 - 2ac}{a^2}.$$

Le procédé que nous venons d'appliquer réussit parce que l'expression donnée est *symétrique* en x' et x'', c'est-à-dire, qu'elle ne change pas quand on intervertit x' et x'' ; toutes les fois que ce fait se présentera, on pourra calculer l'expression sans résoudre l'équation ; il suffira de grouper deux à deux les termes qui se permutent par l'échange des lettres x' et x'' ; chaque groupe sera une somme S_p ou son produit par une puissance de $x'x''$.

Transformations de l'équation du second degré.

244. Problème. — *Étant donnée une équation du second degré, qui a des racines x', x'', former l'équation du second* *degré qui a pour racines $x' + h$, $x'' + h$, h étant un nombre donné.*

1re Méthode. — Soit l'équation

$$ax^2 + bx + c = 0.$$

Les racines vérifient les relations

$$x' + x'' = -\frac{b}{a},$$

$$x'x'' = \frac{c}{a}.$$

Si y' et y'' sont les nombres $x' + h$ et $x'' + h$, on aura

$$y' + y'' = x' + x'' + 2h = -\frac{b}{a} + 2h,$$

$$y'y'' = x'x'' + h(x' + x'') + h^2 = \frac{c}{a} - \frac{b}{a}h + h^2,$$

et ces nombres vérifient l'équation

$$y^2 + \left(\frac{b}{a} - 2h\right)y + \frac{c}{a} - \frac{b}{a}h + h^2 = 0,$$

ou

$$ay^2 + (b - 2ah)y + c - bh + ah^2 = 0.$$

2e Méthode. — Si y est une racine de l'équation cherchée, et x la racine correspondante de l'équation donnée, on a

$$y = x + h \qquad \text{ou} \qquad x = y - h.$$

Le nombre x devant vérifier l'équation

$$ax^2 + bx + c = 0,$$

le nombre $y - h$, qui lui est égal, vérifiera cette équation; réciproquement, si y vérifie l'équation

$$a(y - h)^2 + b(y - h) + c = 0,$$

$y - h$ et par suite x vérifie l'équation donnée ; une racine y de la nouvelle équation est donc bien égale à une racine x de l'équation donnée augmentée de h.

L'équation en y est, en développant,

$$ay^2 + (b - 2ah)y + ah^2 - bh + c = 0.$$

Remarque I. — Cette dernière méthode ne suppose nullement que l'on connaisse les racines de l'équation donnée ; elle peut même servir à résoudre cette équation : h étant arbitraire, prenons-le égal à $\dfrac{b}{2a}$; y vérifie alors l'équation

$$ay^2 + \frac{b^2}{4a} - \frac{b^2}{2a} + c = 0,$$

$$y^2 = \frac{b^2 - 4ac}{4a^2}.$$

Les valeurs de y sont donc (en supposant $b^2 - 4ac > 0$)

$$\pm \frac{\sqrt{b^2 - 4ac}}{2a}.$$

Les valeurs de x seront

$$-\frac{b}{2a} \pm \frac{\sqrt{b^2 - 4ac}}{2a}.$$

Remarque II. — Les deux méthodes précédentes s'appliquent à la recherche des équations ayant pour racines kx' et kx'', $\dfrac{1}{x'}$ et $\dfrac{1}{x''}$; la première méthode s'appliquera à toute transformation dans laquelle y sera lié à x par une expression rationnelle $y = f(x)$; il suffira de calculer $y' + y''$ et $y'y''$ à l'aide des sommes des puissances semblables des racines x' et x'' ; on peut d'ailleurs simplifier en remarquant que le carré de x' et celui de x'' peuvent être remplacés par $-\dfrac{bx'+c}{a}$ et $-\dfrac{bx''+c}{a}$.

EXERCICES

1. Résoudre et discuter les équations suivantes :

$$x^2 - 2(\lambda + 1) + \lambda^2 = 0, \qquad x^2 - (5\lambda + 2)x + 1 = 0,$$
$$x^2 - 2x + \lambda - 4 = 0, \qquad \lambda x^2 - 3x + 5 = 0,$$
$$x^2 - 6x + \lambda - 3 = 0, \qquad \lambda x^2 - 2x + 4\lambda = 0,$$
$$(\lambda + 1)x^2 - 4(\lambda - 2)x + 4\lambda - 5 = 0, \quad 2\lambda x^2 - (4\lambda + 3)x + 2\lambda - 5 = 0,$$

et trouver les signes des racines.

2. Résoudre les équations suivantes :

$$\frac{1}{x-1} + \frac{1}{x-2} + \frac{1}{x+1} + \frac{1}{x+2} = 0, \qquad \frac{x+2}{x-4} + \frac{x+3}{x-2} + 5 = 0.$$

$$\frac{x-3}{x+4} + \frac{x+5}{x-5} + \frac{x-1}{x+1} = 3, \qquad \frac{3x+2}{2x-1} + \frac{7-x}{2x+1} = \frac{7x-1}{4x^2-1} + 5,$$

$$\frac{1}{x-a} + \frac{1}{x-b} + \frac{1}{x-c} = 0, \qquad \frac{a-b+x}{a+b+x} + \frac{a+b}{x+b} = 2,$$

$$\frac{a^2 x_0}{a^2+\lambda} + \frac{b^2 y_0}{b^2+\lambda} - 1 = 0, \qquad \frac{3x-2b}{x-b} - \frac{4x+2b}{x+a} = \frac{a-b}{a+b}.$$

3. Démontrer que si l'équation
$$x^2 + px + q = 0$$
a des racines, l'équation
$$x^2 + (p+2\lambda)x + q + \lambda p = 0$$
a des racines, quel que soit λ.

4. x' et x'' étant les racines de l'équation
$$x^2 + px + q = 0,$$
calculer les expressions
$$x'^3 + x''^3 + 3x'^2 + 3x''^2, \qquad x'^4 + 2x'x''^2 + 2x'^2x'' + x''^4,$$
$$x'^5 + 4x'^3x''^2 + 5x'x''^2 + 4x'^2x''^3 + 5x'^2x'' + x''^5,$$
$$\frac{x'^2 + 2x' + 2x'' + x''^2}{1 + 3x'^3 + 3x''^3}, \qquad \frac{x'^4 + 2x'x'' + x''^4}{3 + 5x'^2x''^2},$$
$$\frac{1}{x'^2} + \frac{2}{x'} + \frac{1}{x''^2} + \frac{2}{x''}, \qquad 3 + \frac{5}{x'^2+x''^2} + \frac{3}{x'^3} + \frac{3}{x''^3}.$$

5. Étant donnée l'équation
$$x^2 + px + q = 0,$$
former les équations dont les racines y sont liées aux racines x de la précédente par l'une des relations
$$y = x^2 + 1; \qquad y = x^2 + 3x - 1, \qquad y = x^3 + 5x + 2,$$
$$y = \frac{x+1}{x+2}, \qquad y = \frac{x^2-1}{x+3}, \qquad y = \frac{x^2+2x+4}{x^2-3x-1}.$$

6. Déterminer λ de façon que les racines de l'équation
$$x^2 - 2x + \lambda = 0$$
soient liées par une des relations
$$x'^2 + x''^2 = 3, \qquad x'^2 - x''^2 = 1, \qquad x'x'' + x' + x'' = 5.$$

7. Étant donnée l'équation
$$x^2 + px + q = 0$$
dont les racines sont x' et x'', former l'équation qui a pour racines

1° $\qquad\qquad \dfrac{x'}{x''}$ et $\dfrac{x''}{x'}$;

2° $\qquad\qquad \dfrac{x'^2 + x''}{x''}$ et $\dfrac{x''^2 + x'}{x'}$.

8. Trouver la relation qui doit exister entre p et q pour que dans l'équation

$$x^2 + px + q = 0,$$

une racine soit :

1° triple de l'autre ;

2° égale au carré de l'autre.

CHAPITRE II

TRINOME DU SECOND DEGRÉ

245. Signe du trinome. — Le trinome $ax^2 + bx + c$ a une valeur bien déterminée pour toute valeur de x; il définit donc une fonction de x; proposons-nous d'abord d'étudier son signe; cette étude résulte du théorème démontré précédemment (236); on en déduit les conséquences suivantes :

Théorème I. — *Si* $b^2 - 4ac$ *est négatif ou nul, le trinome n'a jamais un signe différent de celui du coefficient de* x^2.

1° $b^2 - 4ac < 0$. Dans ce cas, le trinome est le produit de a par une somme de deux nombres $\left(x + \dfrac{b}{2a}\right)^2$ et $\dfrac{4ac - b^2}{4a^2}$ qui ne peuvent être négatifs; il a donc le signe de a, et nous savons qu'il ne peut s'annuler.

2° $b^2 - 4ac = 0$. Le trinome est alors le produit $a\left(x + \dfrac{b}{2a}\right)^2$; il est nul pour $x = -\dfrac{b}{2a}$ et, pour toute autre valeur, il a le signe de a.

246. Corollaire I. — *Si le résultat de substitution d'un nombre* α *à* x *dans le trinome a un signe différent de celui du coefficient de* x^2, *le trinome a des racines distinctes* (*).

En effet, d'après le théorème précédent, on ne peut avoir ni $b^2 - 4ac < 0$, ni $b^2 - 4ac = 0$; $b^2 - 4ac$ est donc positif, et l'équation

$$ax^2 + bx + c = 0$$

a des racines distinctes.

(*) Pour simplifier le langage, nous appellerons racines du trinome les racines de l'équation obtenue en égalant le trinome à zéro.

Applications. — I. Substituons 0 à x; le résultat de substitution est c; si c a le signe contraire à celui de a, l'équation a des racines, comme nous l'avons déjà vu.

II. *Soit l'équation* $(x - a)(x - b) - c^2 = 0$.

Le coefficient de x^2 est 1; si l'on substitue a ou b à x, on trouve $- c^2$, qui est négatif; l'équation a donc des racines distinctes, quels que soient a, b, c, c étant différent de 0; si c est nul, les racines sont a et b.

III. *Soit encore l'équation*
$$(x - a)(x - b) + (x - a) + (x - b) = 0.$$

Le coefficient de x^2 est l'unité; si l'on suppose $a > b$ et que l'on substitue b à x, on trouve $b - a$, qui est négatif; l'équation a des racines distinctes.

Supposons $b = a$, l'équation devient
$$(x - a)^2 + 2(x - a) = 0,$$
$$(x - a)(x - a + 2) = 0,$$
et a pour racines a et $a - 2$.

247. Corollaire II. — *Si les résultats de substitution de deux nombres α, β ont des signes différents, le trinome a deux racines distinctes.*

En effet, l'un de ces résultats a le signe du coefficient de x^2, l'autre a un signe différent; le trinome a donc (246) des racines distinctes.

Application. — Considérons l'équation
$$(x - a)(x - b) + A(x - a) + B(x - b) = 0,$$
dans laquelle A et B ont même signe; si l'on substitue successivement a et b à x, on obtient
$$B(a - b) \qquad \text{et} \qquad A(b - a),$$
qui ont des signes différents; l'équation a donc des racines distinctes, en supposant $a \neq b$; si $a = b$, l'équation devient
$$(x - a)(x - a + A + B) = 0,$$
et ses racines a et $a - A - B$ sont encore distinctes.

248. Théorème II. — *Si un trinome a des racines distinctes,* *il a le signe du coefficient de x^2 pour toute valeur de x non comprise entre les racines, le signe contraire pour toute valeur comprise entre les racines.*

Si x' et x'' sont les racines de l'équation

$$ax^2 + bx + c = 0,$$

le trinome qui figure dans le premier membre peut être mis sous la forme (237)

$$a(x - x')(x - x'').$$

Si l'on donne à x une valeur inférieure à x' (en supposant $x' < x''$) les deux facteurs $x - x'$, $x - x''$ sont négatifs; si l'on donne à x une valeur supérieure à x'', ces deux facteurs sont positifs; dans les deux cas, leur produit est positif et le trinome a le signe de a. Si l'on donne à x une valeur comprise entre x' et x'', le facteur $x - x'$ est positif et le facteur $x - x''$ est négatif; leur produit est négatif et le trinome a le signe contraire à celui de a.

249. Application. — *Reconnaître la place d'un nombre α par rapport aux racines d'une équation du second degré (si elles existent) sans résoudre l'équation.*

Soit l'équation

$$f(x) = ax^2 + bx + c = 0.$$

I. Formons $f(\alpha)$; si cette quantité a un signe contraire à celui de a, l'équation a des racines distinctes (246) et le nombre α est compris entre ces racines (248).

II. Si $f(\alpha)$ a le signe de a, on ne peut affirmer que l'équation ait des racines; formons $b^2 - 4ac$.

1° $b^2 - 4ac < 0$, l'équation n'a pas de racine.

2° $b^2 - 4ac = 0$, l'équation a la seule racine $-\dfrac{b}{2a}$ que l'on peut comparer immédiatement à α.

3° $b^2 - 4ac > 0$, l'équation a des racines distinctes et α n'est pas situé entre ces racines; il reste à reconnaître si α est supérieur ou inférieur à ces racines; or, il sera en même temps supérieur ou en même temps inférieur aux deux racines et à tout nombre compris entre ces racines; il suffit donc de le comparer à un nombre quelconque compris entre ces racines, si l'on en connaît un.

Si l'on ne connaît pas à l'avance de nombre compris entre les racines, il suffira de calculer leur demi-somme $-\dfrac{b}{2a}$ qui est comprise entre ces racines; en effet, de l'inégalité

$$x' < x'',$$

on déduit

$$2x' < x' + x'' < 2x'',$$

$$x'' < \frac{x' + x''}{2} < x''.$$

250. Classer les racines d'une équation du second degré par rapport à deux nombres α, β, sans résoudre l'équation. — On pourrait appliquer à chacun de ces nombres le procédé qui vient d'être indiqué; mais on peut simplifier en formant simultanément $f(\alpha)$ et $f(\beta)$.

I. $f(\alpha).f(\beta) < 0$. L'équation a des racines distinctes (247) entre lesquelles est compris l'un des nombres α, β, l'autre n'étant pas dans leur intervalle; si $f(\alpha)$ a le signe de a, α n'est pas compris entre les racines et on a la disposition

$$\alpha \qquad x' \qquad \beta \qquad x''$$

en supposant

$$\alpha < \beta.$$

II. $f(\alpha).f(\beta) > 0$, mais $f(\alpha)$ et $f(\beta)$ ont un signe contraire à celui de a. L'équation a des racines distinctes (246), entre lesquelles α et β sont compris; on a la disposition

$$x' \qquad \alpha \qquad \beta \qquad x''.$$

III. $f(\alpha)$ et $f(\beta)$ ont le signe de a. On ne sait pas alors si l'équation a des racines; formons $b^2 - 4ac$; si cette quantité est négative, il n'y a pas de racine; si elle est nulle, il y a une seule racine $-\dfrac{b}{2a}$, que l'on compare immédiatement aux nombres α et β.

Enfin, si la quantité $b^2 - 4ac$ est positive, l'équation a deux racines qui ne comprennent pas entre elles les nombres α, β; nous savons que les deux racines occupent alors par rapport à α

et par rapport à β la même position qu'un nombre quelconque compris entre elles, en particulier leur demi-somme $-\dfrac{b}{2a}$; on classera $-\dfrac{b}{2a}$ par rapport à α et β et les deux racines seront en même temps dans celui des intervalles

$$-\infty \qquad \alpha \qquad \beta \qquad +\infty$$

qui contient $-\dfrac{b}{2a}$.

REMARQUE. — On voit que, dans tous les cas, il faut calculer $f(\alpha)$ et $f(\beta)$, tandis qu'il peut être inutile de former $b^2 - 4ac$; pour procéder méthodiquement, on formera $f(\alpha)$, $f(\beta)$, on en cherchera les changements de signe que l'on inscrira dans un tableau à double entrée ; puis, s'il est nécessaire, on calculera $b^2 - 4ac$.

Il est bien entendu qu'en formant $f(\alpha)$, on ne peut dire que l'on compare α aux racines, puisque l'on ne sait pas si ces racines existent ; on fait simplement un calcul préliminaire.

251. EXEMPLE I. — *Classer les racines de l'équation*

$$x^2 - 2(3\lambda + 2)x + 6\lambda = 0$$

par rapport aux nombres 0 *et* 1, *suivant les valeurs données à* λ.

Formons $f(0)$ et $f(1)$:

$$f(0) = 6\lambda, \qquad f(1) = -3,$$

$f(1)$ est toujours négatif, l'équation a donc toujours des racines. $f(0)$ change de signe pour $\lambda = 0$.

Nous pouvons dresser le tableau suivant qui résume ces résultats :

λ	$-\infty$	0	$+\infty$
$f(0)$ $f(1)$	$\begin{matrix} - \\ - \end{matrix}$		$\begin{matrix} + \\ - \end{matrix}$
	x' 0 1 x''		0 x' 1 x''

Dans le premier intervalle, 0 et 1 sont entre les racines. Dans le second, 0 n'est pas entre les racines, 1 est entre les racines ; nous avons donc les dispositions inscrites au tableau.

252. EXEMPLE II. — *Classer par rapport à* —1 *et* 0 *les racines de l'équation*

$$(\lambda - 1)x^2 - 2(3\lambda + 1)x + 9\lambda = 0.$$

Formons $f(-1)$ et $f(0)$:
$$f(-1) = 16\lambda + 1,$$
$$f(0) = 9\lambda.$$

Ces quantités changent de signe quand λ passe par les valeurs $-\frac{1}{16}$ et 0; le coefficient de x^2 change de signe pour $\lambda = 1$.

Traçons le tableau qui résume ces résultats :

λ	$-\infty$		$-\frac{1}{15}$		$-\frac{1}{16}$		0		1		$+\infty$
Coef. de x^2			$-$		$-$		$-$				$+$
$f(-1)$			$-$		$+$		$+$				$+$
$f(0)$			$-$		$-$		$+$				$+$
	pas de racine		$-1\ x'\ x''\ 0$		$x'\ -1\ x''\ 0$		$x'\ -1\ 0\ x''$				$-1\ 0\ x'\ x''$

Nous voyons immédiatement que dans l'intervalle $\left(-\frac{1}{16}, 0\right)$, l'équation a des racines entre lesquelles est compris —1; 0 n'est pas compris entre ces racines; on a la disposition

$$x' \qquad -1 \qquad x'' \qquad 0.$$

Dans l'intervalle (0, 1), l'équation a des racines, entre lesquelles sont compris les nombres —1 et 0; on a la disposition

$$x' \qquad -1 \qquad 0 \qquad x''.$$

Pour étudier les intervalles $\left(-\infty, -\frac{1}{16}\right)$ et $(1, +\infty)$, formons $b^2 - ac$.

$$b^2 - ac = (3\lambda + 1)^2 - 9\lambda(\lambda - 1) = 15\lambda + 1.$$

L'équation a donc des racines si λ est supérieur à $-\frac{1}{15}$; cette valeur, que nous marquons dans le tableau, est inférieure à $-\frac{1}{16}$; nous avons un premier intervalle $-\infty$ à $-\frac{1}{15}$ dans lequel l'équation n'a pas de racine.

Pour étudier l'intervalle $-\frac{1}{15}$ à $-\frac{1}{16}$, formons la demi-somme :

$$\frac{3\lambda + 1}{\lambda - 1},$$

le dénominateur est négatif, le numérateur est positif; elle est donc négative; comparons-la à — 1.

A cet effet, calculons la différence

$$\frac{3\lambda + 1}{\lambda - 1} - (-1);$$

$\lambda - 1$ étant négatif, le signe de cette différence est celui de

$$- (3\lambda + 1 + \lambda - 1) = - 4\lambda;$$

λ est ici négatif, la différence considérée est positive et la demi-somme des racines est supérieure à — 1. Les deux racines sont donc comprises entre 0 et — 1, comme leur demi-somme; on a la disposition

$$-1 \qquad x' \qquad x'' \qquad 0.$$

Dans le dernier intervalle, il est inutile d'avoir recours à la demi-somme; en effet le produit $\dfrac{9\lambda}{\lambda - 1}$ est positif, ainsi que la somme $\dfrac{2(3\lambda + 1)}{\lambda - 1}$; les deux racines sont donc positives, et on a la disposition

$$-1 \qquad 0 \qquad x' \qquad x''.$$

Inégalités du second degré.

253. L'inégalité du second degré peut toujours être ramenée à la forme

$$ax^2 + bx + c > 0 \qquad \text{ou} \qquad ax^2 + bx + c < 0$$

en réunissant tous les termes dans un même membre; les deux cas se traitent de la même façon; nous étudierons le premier cas

I. a positif.

1° $b^2 - 4ac \leqslant 0$, l'inégalité est toujours vérifiée, sauf pour la valeur $x = -\dfrac{b}{2a}$ dans le cas de $b^2 - 4ac = 0$; en effet, pour cette valeur le trinome est nul, pour toute autre valeur il a le signe de a, c'est-à-dire est positif.

2° $b^2 - 4ac > 0$, le trinome a le signe de a quand x n'est pas compris entre les racines x' et x'' du trinome; l'inégalité est vérifiée; elle ne l'est pas pour les autres valeurs de x.

II. *a négatif.*

1° $b^2 - 4ac \leqslant 0$, l'inégalité n'est jamais vérifiée, le trinôme ayant toujours le signe de a ou étant nul.

2° $b^2 - 4ac > 0$, l'inégalité est vérifiée, quand on attribue à x des valeurs comprises entre les racines x' et x''.

EXEMPLES. — I. *Résoudre l'inégalité*

$$x^2 - 5x + 6 < 0.$$

Ce trinôme a pour racines 2 et 3 ; il est négatif pour les valeurs de x comprises entre 2 et 3; l'inégalité est donc vérifiée pour ces valeurs seulement.

II. — *Résoudre l'inégalité*

$$x^2 + x + 1 < 0.$$

Cette inégalité n'est jamais vérifiée; car le trinôme $x^2 + x + 1$ n'a pas de racine, puisque $b^2 - 4ac = 1 - 4 = -3$; ce trinôme a donc toujours le signe du coefficient de x^2; il est positif.

254. Si l'on a à résoudre une inégalité de degré supérieur au second, on essaiera de mettre le premier membre sous la forme d'un produit de facteurs du premier degré ou du second degré, ces derniers pouvant fournir des facteurs du premier degré lorsqu'ils ont des racines; ceci fait, on réunit les facteurs identiques et on supprime les facteurs qui sont toujours positifs : ce sont ceux qui entrent à une puissance paire (*) ou les trinomes qui n'ont pas de racine et dont le premier terme est positif; cette condition peut d'ailleurs toujours être remplie en changeant le signe du trinôme et le sens de l'inégalité. On range ensuite les facteurs du premier degré qui restent de façon que leurs racines croissent; on détermine ainsi une série d'intervalles pour x ; quand on passe d'un intervalle à l'autre, un seul facteur change de signe, le produit change de signe; il suffit donc de connaître le signe du produit dans un intervalle pour en déduire son signe dans tous les intervalles.

EXEMPLES. — I. *Résoudre l'inégalité*

$$(x - 1)(x^2 - 3x + 2)(x^2 + x + 1) < 0.$$

(*) Il ne faut pas oublier que l'inégalité n'est pas vérifiée pour les valeurs de x qui annulent de tels facteurs.

Le second facteur se décompose en $(x-1)(x-2)$; on a donc

$$(x-1)^2(x-2)(x^2+x+1) < 0.$$

Nous pouvons supprimer les facteurs positifs $(x-1)^2$ et x^2+x+1, il reste

$$x-2 < 0,$$

et l'inégalité est vérifiée pour $x < 2$, sauf pour $x = 1$.

II. *Résoudre l'inégalité*

$$(x-1)^2(x^2-5x+6)(x^3-2x^2+2x-1) > 0.$$

Le facteur $(x-1)^2$ est positif; nous pouvons le supprimer.
Le facteur x^2-5x+6 est égal au produit $(x-2)(x-3)$.
Le facteur x^3-2x^2+2x-1 est divisible par $x-1$ et peut s'écrire $(x-1)(x^2-x+1)$.

On a donc à résoudre l'inégalité

$$(x-2)(x-3)(x-1)(x^2-x+1) > 0.$$

Le dernier facteur est un trinôme qui est toujours positif, b^2-4ac étant égal à $1-4 = -3$.
Il suffit de considérer les trois premiers facteurs qui fournissent les intervalles

$$-\infty \qquad 1 \qquad 2 \qquad 3 \qquad +\infty.$$

Pour $x = 0$, le produit est négatif; l'inégalité n'est donc pas vérifiée dans le premier intervalle, elle est vérifiée dans le second, ne l'est pas dans le troisième et est vérifiée dans le dernier.

En résumé, l'inégalité est vérifiée si x est compris entre 1 et 2 ou si x est supérieur à 3.

III. *Résoudre l'inégalité*

$$x < \frac{1}{x-2} - \frac{4}{x-3}.$$

Réduisons tout au même dénominateur et faisons passer tous les termes dans le premier membre :

$$\frac{x(x-2)(x-3) - (x-3) + 4(x-2)}{(x-2)(x-3)} < 0,$$

ou

$$\frac{x^3 - 5x^2 + 9x - 5}{(x - 2)(x - 3)} < 0,$$

ou, en multipliant les deux membres par le carré du dénominateur,

$$(x^3 - 5x^2 + 9x - 5)(x - 2)(x - 3) < 0.$$

Le premier facteur est divisible par $x - 1$ et on a

$$(x^2 - 4x + 5)(x - 1)(x - 2)(x - 3) < 0.$$

Le facteur $x^2 - 4x + 5$ est toujours positif, car

$$b'^2 - ac = 4 - 5 = -1;$$

on peut le négliger et nous sommes ramenés à résoudre l'inégalité

$$(x - 1)(x - 2)(x - 3) < 0,$$

On voit, en raisonnant comme dans l'exemple précédent, qu'elle est vérifiée si x est inférieur à 1 ou si x est compris entre 2 et 3.

Variations du trinome du second degré.

255. Le trinome du second degré peut être mis sous la forme

$$y = a\left[\left(x + \frac{b}{2a} \right)^2 + \frac{4ac - b^2}{4a^2} \right];$$

il varie donc dans le même sens que

$$\left(x + \frac{b}{2a} \right)^2$$

si a est positif, et en sens inverse si a est négatif (200).

Étudions comment varie le carré de $x + \frac{b}{2a}$; on sait qu'un nombre positif et son carré varient dans le même sens et qu'un nombre négatif et son carré varient en sens inverses l'un de l'autre (50) ; nous devons donc séparer les valeurs de x en deux catégories ; celles qui sont inférieures à $-\frac{b}{2a}$ et pour lesquelles $x + \frac{b}{2a}$ est négatif, celles qui sont supérieures à $-\frac{b}{2a}$ et pour lesquelles $x + \frac{b}{2a}$ est positif.

x variant de $-\infty$ à $-\dfrac{b}{2a}$, $\left(x+\dfrac{b}{2a}\right)^2$ décroît.

x variant de $-\dfrac{b}{2a}$ à $+\infty$, $\left(x+\dfrac{b}{2a}\right)^2$ croît.

Si a est positif, le trinome décroît quand x croît de $-\infty$ à $-\dfrac{b}{2a}$, et croît quand x varie de $-\dfrac{b}{2a}$ à $+\infty$; il y a un minimum pour $x=-\dfrac{b}{2a}$ et ce minimum a pour valeur $\dfrac{4ac-b^2}{4a}$.

Si a est négatif, le trinome croît quand x varie de $-\infty$ à $-\dfrac{b}{2a}$ et décroît quand x varie de $-\dfrac{b}{2a}$ à $+\infty$; il y a un maximum pour $x=-\dfrac{b}{2a}$ et ce maximum a pour valeur $\dfrac{4ac-b^2}{4a}$.

Enfin, si x est très grand en valeur absolue, y est très grand en valeur absolue, ou, d'une façon plus précise, on peut prendre x assez grand en valeur absolue pour que la valeur absolue de y surpasse tout nombre donné A.

En effet, la valeur absolue du trinome est supérieure ou égale à

$$|a|\left[\left(x+\frac{b}{2a}\right)^2-\left|\frac{4ac-b^2}{4a^2}\right|\right];$$

il suffit donc de montrer que l'on peut prendre x tel que

$$\left|x+\frac{b}{2a}\right|^2 > \frac{A}{|a|}+\left|\frac{4ac-b^2}{4a^2}\right|;$$

ceci est possible et a lieu si la valeur absolue de $x+\dfrac{b}{2a}$ est supérieure à $\sqrt{\dfrac{A}{|a|}+\left|\dfrac{4ac-b^2}{4a^2}\right|}$, ou si la valeur absolue de x est supérieure à $\left|\dfrac{b}{2a}\right|+\sqrt{\dfrac{A}{|a|}+\left|\dfrac{4ac-b^2}{4a^2}\right|}$

On peut donc dire que le trinome augmente indéfiniment en valeur absolue en même temps que x.

Le tableau suivant résume cette discussion :

x	$-\infty$	croît	$-\dfrac{b}{2a}$	croît	$+\infty$
$a>0$ $\quad y$	$+\infty$	décroît	$\dfrac{4ac-b^2}{4a}$ minimum	croît	$+\infty$
$a<0$ $\quad y$	$-\infty$	croît	$\dfrac{4ac-b^2}{4a}$ maximum	décroît	$-\infty$

Le trinome a un maximum si a est négatif, un minimum si a est positif; ce maximum ou ce minimum a lieu pour $x = -\dfrac{b}{2a}$ *et est égal à* $\dfrac{4ac-b^2}{4a}$.

REMARQUE. — *Si l'on donne à x deux valeurs équidistantes de* $-\dfrac{b}{2a}$, $-\dfrac{b}{2a}-\alpha$ *et* $-\dfrac{b}{2a}+\alpha$, *le trinome prend la même valeur.*

En effet, ces valeurs sont

$$a\left[(-\alpha)^2+\frac{4ac-b^2}{4a^2}\right] \quad \text{et} \quad a\left[(+\alpha)^2+\frac{4ac-b^2}{4a^2}\right];$$

elles sont égales, le carré de $(-\alpha)$ étant égal au carré de $(+\alpha)$.

256. Représentation graphique. — Proposons-nous de construire la courbe qui a pour équation

$$y = ax^2 + bx + c.$$

1° $a>0$. x ayant des valeurs négatives très grandes en valeur absolue, le trinome a le signe de a; en effet, ou bien il n'a pas de racines et il a toujours ce signe ou il a des racines et il a ce signe quand x n'est pas entre ces racines, ce qui a lieu ici. y est donc positif et très grand en valeur absolue. La courbe part en haut et à gauche. x croissant de $-\infty$ à $-\dfrac{b}{2a}$, y décroît de $+\infty$ à un minimum $\dfrac{4ac-b^2}{4a}$, la courbe descend et s'incline vers la droite ; x croissant de $-\dfrac{b}{2a}$ à $+\infty$, y croît jusqu'à $+\infty$, la courbe remonte vers la droite ; le point A correspond au minimum.

D'après la remarque faite précédemment, si l'on donne à x les valeurs $-\dfrac{b}{2a} - \alpha$ et $-\dfrac{b}{2a} + \alpha$, on obtient deux points M, M' dont les ordonnées MP, M'P' sont égales ; la figure PMM'P' est

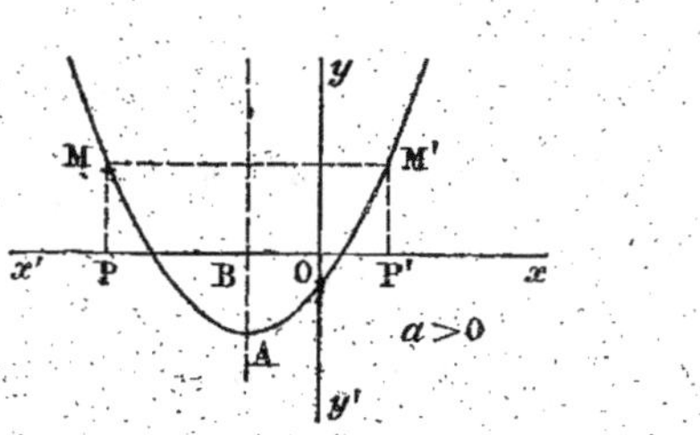

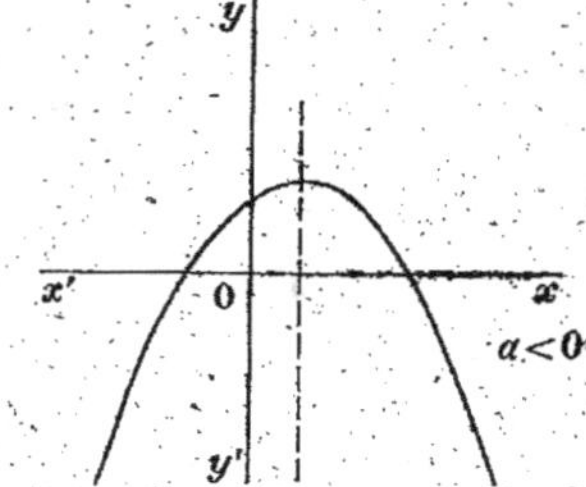

un rectangle et la parallèle à $y'Oy$ menée par A passant par le milieu B de PP' partage MM' en deux parties égales ; les points M et M' sont symétriques par rapport à cette parallèle, qui est un *axe de symétrie* de la courbe.

2°. $a < 0$. La courbe a la même forme que la précédente ; elle est simplement dirigée en sens inverse.

REMARQUE. — Les coordonnées du point le plus bas si a est positif, du point le plus haut si a est négatif, sont

$$x = -\frac{b}{2a}, \qquad y = \frac{4ac - b^2}{4a}.$$

Transportons les axes parallèlement à eux-mêmes en ce point ; les formules de transformation sont

$$x = x_1 - \frac{b}{2a}, \qquad y = y_1 + \frac{4ac - b^2}{4a},$$

et l'équation de la courbe devient

$$y_1 + \frac{4ac - b^2}{4a} = a\left[x_1^2 + \frac{4ac - b^2}{4a^2} \right],$$

ou

$$y_1 = ax_1^2.$$

Cette courbe est donc telle que l'ordonnée d'un point soit proportionnelle au carré de son abscisse; il est facile de montrer que c'est une parabole; nous supposerons $a > 0$. La courbe est tout entière au-dessus de $x'_1 O_1 x_1$; si l'on mène la droite Δ dont l'équation est

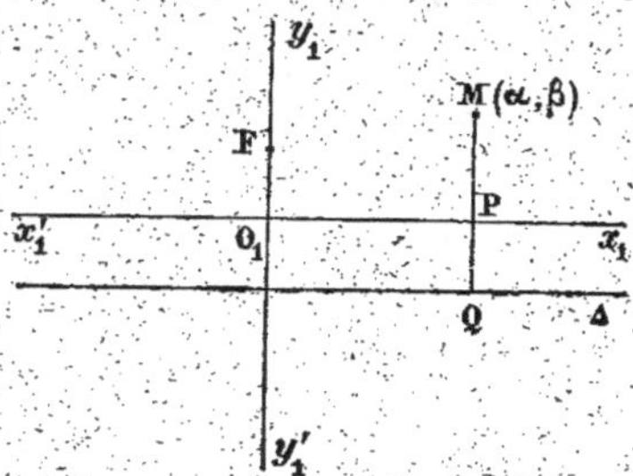

$$y_1 = -\frac{1}{4a},$$

la distance MQ d'un point de la courbe à cette droite est

$$MQ = \beta + \frac{1}{4a},$$

si α et β sont les coordonnées de ce point.

Prenons d'autre part le point F situé sur $y'_1 O_1 y_1$ et dont l'ordonnée est $\frac{1}{4a}$; on a

$$\overline{MF}^2 = \alpha^2 + \left(\beta - \frac{1}{4a}\right)^2,$$

ou

$$\overline{MF}^2 = \frac{\beta}{a} + \left(\beta - \frac{1}{4a}\right)^2 = \left(\beta + \frac{1}{4a}\right)^2,$$

en tenant compte de la relation

$$\beta = a\alpha^2.$$

Le point M est donc équidistant d'un point fixe F et d'une droite fixe Δ; il est situé sur une parabole ayant pour foyer F et pour directrice Δ.

257. Application. — L'étude des variations du trinome du second degré et la représentation graphique fournissent un moyen simple de reconnaître si une équation du second degré a des racines et de classer ces racines par rapport à des nombres donnés.

Soit à classer les racines de l'équation

$$x^2 - 7x + 9 = 0$$

par rapport aux nombres 3 et 4.

Construisons la courbe dont l'équation est

$$y = x^2 - 7x + 9.$$

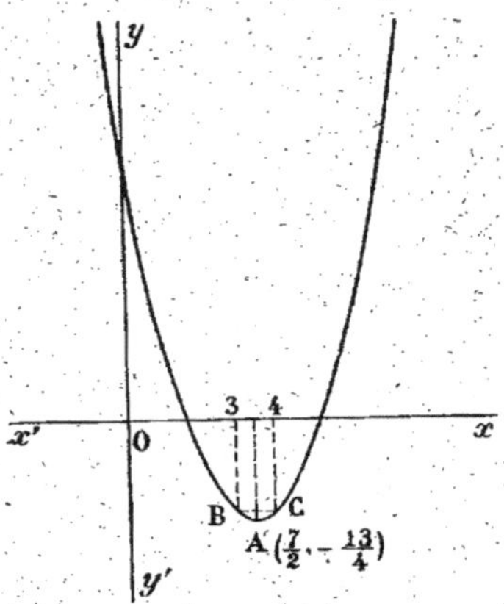

Le sommet a pour coordonnées $\dfrac{7}{2}$ et $-\dfrac{13}{4}$:

Pour $x = 3$, on a $y = -3$.
Pour $x = 4$, on a $y = -3$.
Les points B et C correspondants sont au-dessous de $x'Ox$ et sur une parallèle à cet axe; il n'y a pas de racine entre 3 et 4.

Nous pouvons utiliser la courbe pour déterminer graphiquement les racines, si la courbe est bien tracée; ces racines ne sont autre chose que les abscisses des points de rencontre avec l'axe $x'Ox$; on peut alors les mesurer et on a ainsi des valeurs très approchées des racines.

EXERCICES

1. Classer les racines des équations suivantes par rapport à 1 et 2 :

$$x^2 - 2(\lambda + 3)x + 4 = 0,$$
$$x^2 - (\lambda + 4)x + 4 - \lambda = 0,$$
$$\lambda x^2 - 2(\lambda + 1)x + \lambda - 1 = 0.$$

2. Déterminer λ de façon que les équations suivantes aient leurs racines comprises entre -1 et $+1$:

$$x^2 - 4(\lambda + 1)x - \lambda = 0,$$
$$(\lambda - 3)x^2 - (2\lambda + 1)x - 4 = 0,$$
$$(\lambda^2 - 1)x^2 - 2(\lambda - 1)x + \lambda = 0.$$

3. Résoudre les inégalités suivantes :

$$x^2 - 7x + 6 < 0,$$
$$x(x^2 - 1)(x^2 - 3x + 2)(x^2 + 5x + 7) > 0,$$
$$x(x^3 - 3x + 2)(x^3 - 3x^2 + 2) < 0,$$

$$\frac{2x + 3}{x - 1} \leq \frac{x + 5}{x + 1},$$

$$\frac{x - 5}{x} > \frac{2x + 3}{x - 2}.$$

4. Déterminer λ de façon que l'on ait, quelle que soit la valeur de x,

$$\frac{2x^2 + 2\lambda x + \lambda}{4x^2 + 6x + 3} < 1,$$

$$\frac{5x^2 + 4x + 4}{x^2 + x + 1} < \lambda.$$

5. Étudier les variations des trinomes

$$x^2 + x + 1,$$
$$3x^2 - x - 4,$$
$$- 4x^2 + 7x + 6,$$

et construire les courbes représentatives.

6. Montrer que les sommets des paraboles représentées par les équations

1° $y = x^2 + 2x + \lambda$ sont sur une parallèle à $y'Oy$;

2° $y = x^2 + 2\lambda x + \lambda^2 - 1$ sont sur une parallèle à $x'Ox$, ainsi que leurs foyers.

3° $y = x^2 + 2\lambda x + \lambda^2 + \lambda$ sont sur la seconde bissectrice des axes et que leurs foyers sont sur une droite.

7. Déterminer λ de façon que la valeur maxima du trinome

$$- x^2 - 2\lambda x - 3$$

soit double de la valeur correspondante de x.

8. Déterminer p et q de façon que le trinome

$$x^2 + px + q$$

ait pour racine 1 et soit minimum, pour $x = 2$.

9. Déterminer λ de façon que les fractions

$$\frac{x - \lambda}{x^2 - 3x + 2},$$

$$\frac{x^2 - \lambda x + 1}{x^2 - 5x + 6},$$

prennent toutes les valeurs.

10. Déterminer λ et μ de façon que la fraction

$$\frac{2\lambda x + \mu}{x^2 + x + 1}$$

soit constamment comprise entre $- 6$ et .

GRÉVY. — Traité d'algèbre. 15

11. On considère l'équation du second degré

$$\alpha x^2 - (2\alpha + \beta)x + \alpha + 2\beta = 0,$$

dans laquelle x est l'inconnue, et α, β les coordonnées d'un point M d'un plan.

Où doit se trouver M pour que l'équation ait ses racines égales, ses racines inégales ou n'ait pas de racine ? M étant dans la région où il y a des racines distinctes, étudier suivant la position de M, les signes de ces racines.

(Baccalauréat.)

12. 1° m étant un paramètre variable, dire combien l'équation

$$2x^2 + 4(m - 2)x - 7m + 9 = 0$$

admet de racines pour chaque valeur de m et quels sont les signes de ces racines, quand elles existent.

2° Trouver les valeurs de m pour lesquelles une racine est égale au carré de l'autre. Vérifier, en particulier, que ce fait se présente si $m = -1$.

(Saint-Cyr.)

13. On considère la fonction y de x définie par la relation

$$y = \frac{ax - 11}{x + a - 12},$$

dans laquelle a est un nombre donné.

1° On choisit $a = 5$. Représenter graphiquement les variations de y. Montrer qu'il existe deux droites parallèles à la droite dont l'équation est $y + x = 0$, qui rencontrent la courbe en deux points confondus. Calculer leurs coordonnées à $\frac{1}{100}$ près.

2° Soit C_a la courbe représentant les variations de la fonction y qui correspond au nombre a. Chercher pour quelles valeurs de a cette fonction est croissante, décroissante ou constante. Déterminer a de façon que la courbe C_a passe par un point P dont les coordonnées sont p, q. Discuter suivant la position de P.

Rechercher suivant la position de P, si la courbe C_a qui y passe correspond à une fonction croissante, décroissante ou constante. On indiquera les résultats en les traduisant graphiquement.

(École de Fontenay-aux-Roses.)

14. 1° Résoudre et discuter le système d'équations

$$(a + 1)x + y + z = a + 1,$$
$$x + (a + 1)y + z = a + 3,$$
$$x + y + (a + 1)z = -2a - 4,$$

dans lesquelles x, y, z sont les inconnues et a un paramètre. (On pourra utiliser l'équation obtenue en ajoutant membres à membres les équations données.)

2° En supposant que le système a une solution unique, on assujettit

x, y, z à vérifier la relation $x^2 + y^2 + z^2 = h$, où h est un nombre positif donné. Former et discuter l'équation qui donne les valeurs de a correspondantes et étudier le signe des valeurs de x quand h varie. Déterminer la forme des valeurs entières de h pour lesquelles les valeurs de a correspondantes sont entières ou fractionnaires, sont positives ou négatives.

(École de Fontenay-aux-Roses.)

15. Étant donné le trinome

$$(1) \qquad x^2 + px + q,$$

dont les racines sont x' et x'', former un trinome

$$(2) \qquad y^2 + Py + Q,$$

dont les racines y', y'' soient les carrés de x', x''.

Trouver les conditions que doivent remplir p et q :

1° pour que le trinome (2) ait des racines égales ;

2° pour que le trinome (2) ait les mêmes racines que le premier ;

3° pour que les deux trinomes aient une racine commune.

(Agrégation des jeunes filles.)

CHAPITRE III

ÉQUATIONS DONT LA RÉSOLUTION SE RAMÈNE A LA RÉSOLUTION D'UNE ÉQUATION DU SECOND DEGRÉ

Équation bicarrée

258. On appelle *équation bicarrée* une équation du quatrième degré dont le premier membre ne renferme pas de termes de degré impair ; elle est de la forme

$$(1) \qquad ax^4 + bx^2 + c = 0.$$

Pour la résoudre, nous calculerons d'abord les carrés des racines et nous en déduirons les racines ; soit x une racine et y son carré ; ce nombre y étant égal à x^2, y^2 est égal à x^4 et on doit avoir

$$(2) \qquad ay^2 + by + c = 0,$$

équation du second degré que doivent vérifier les carrés des racines de l'équation (1) ; l'équation (2) est appelée la *résolvante* de l'équation (1).

A toute racine de l'équation (1) correspond un nombre *positif*, qui est racine de l'équation (2).

Réciproquement, à toute *racine positive* de l'équation (2), correspondent deux nombres opposés, qui en sont les racines carrées, et qui sont solutions de l'équation (1). Soit, en effet, y' une racine positive de l'équation (2) ; les deux nombres $\sqrt{y'}$ et $-\sqrt{y'}$ sont tels que

$$(\sqrt{y'})^2 = y', \qquad (\sqrt{y'})^4 = y'^2,$$
$$(-\sqrt{y'})^2 = y', \qquad (-\sqrt{y'})^4 = y'^2,$$

et vérifient l'équation

$$ax^4 + bx^2 + c = 0.$$

Ceci posé, nous distinguerons différents cas :

I. $b^2 - 4ac < 0$. — L'équation résolvante n'a pas de racine ; aucun nombre ne vérifie l'équation donnée, sans quoi le carré d'un tel nombre serait racine de la résolvante, ce qui n'a pas lieu : *l'équation bicarrée n'a pas de racine.*

II. $b^2 - 4ac = 0$. — La résolvante a une racine unique $-\dfrac{b}{2a}$.

1° $-\dfrac{b}{a} > 0$; la racine $-\dfrac{b}{2a}$ est alors positive et il lui correspond pour l'équation bicarrée *deux racines opposées,*

$$+\sqrt{-\dfrac{b}{2a}} \text{ et } -\sqrt{-\dfrac{b}{2a}}.$$

2° $\dfrac{b}{a} = 0$; la résolvante a une racine unique nulle, il lui correspond pour l'équation bicarrée *une seule racine, qui est nulle.*

3° $-\dfrac{b}{a} < 0$; la racine de la résolvante est négative; l'équation bicarrée *n'a pas de racine.*

III. $b^2 - 4ac > 0$. — La résolvante a deux racines.

1° $\dfrac{c}{a} < 0$; les racines de la résolvante sont de signes différents; à la racine positive correspondent deux racines opposées; l'équation bicarrée a *deux racines opposées.*

2° $c = 0$; la résolvante a une racine nulle et l'autre égale à $-\dfrac{b}{a}$; b n'est pas nul, sans quoi $b^2 - 4ac$ serait nul.

Si $-\dfrac{b}{a}$ est positif, à cette racine correspondent pour l'équation bicarrée *deux racines opposées* $+\sqrt{-\dfrac{b}{a}}$ et $-\sqrt{-\dfrac{b}{a}}$.

Si $-\dfrac{b}{a}$ est négatif, l'équation bicarrée *n'a pas de racines* correspondantes.

Dans les deux cas, à la racine nulle de la résolvante correspond pour l'équation bicarrée *une racine nulle.*

3° $\dfrac{c}{a} > 0$; les deux racines de la résolvante ont même signe.

Si $-\dfrac{b}{a}$ est positif, elles sont positives et à chacune d'elles correspondent deux racines opposées pour l'équation bicarrée, qui a *quatre racines opposées deux à deux*.

Si $-\dfrac{b}{a}$ est négatif, elles sont négatives et l'équation bicarrée *n'a pas de racine*.

Remarquons que b ne peut être nul, car alors $b^2 - 4ac$ se réduirait à $-4ac$ qui est ici négatif.

Cette discussion peut être résumée dans le tableau suivant :

$b^2 - 4ac < 0$ . . . . 0 racine.

$b^2 - 4ac = 0$
$\begin{cases} -\dfrac{b}{a} < 0 & \text{. . . 0 racine.} \\[2mm] -\dfrac{b}{a} = 0 & \text{. . . 1 racine nulle.} \\[2mm] -\dfrac{b}{a} > 0 & \text{. . . 2 racines opposées.} \end{cases}$

$b^2 - 4ac > 0$
$\begin{cases} \dfrac{c}{a} < 0 & \text{. . . . . 2 racines opposées.} \\[3mm] \dfrac{c}{a} = 0 & \begin{cases} -\dfrac{b}{a} > 0 & \text{3 racines : 1 nulle et 2 opposées.} \\[2mm] -\dfrac{b}{a} < 0 & \text{1 racine nulle.} \end{cases} \\[4mm] \dfrac{c}{a} > 0 & \begin{cases} -\dfrac{b}{a} > 0 & \text{4 racines, 2 à 2 opposées.} \\[2mm] -\dfrac{b}{a} < 0 & \text{0 racine.} \end{cases} \end{cases}$

Lorsque l'équation bicarrée a des racines, les valeurs de ces racines sont

$$\pm \sqrt{\dfrac{-b \pm \sqrt{b^2 - 4ac}}{2a}}.$$

Ces expressions compliquées se prêtent mal au calcul, et il y a avantage, lorsque cela est possible, à les remplacer par d'autres plus simples ; à cet effet, nous traiterons la question arithmétique suivante :

259. Problème. — *Étant donnés des nombres positifs rationnels A et B, B n'étant pas carré parfait, trouver, s'il est possible, deux nombres positifs rationnels x et y tels que l'on ait*

$$\sqrt{A + \sqrt{B}} = \sqrt{x} + \sqrt{y}$$

Élevons au carré les deux membres de cette équation; nous n'introduisons aucune solution, puisque ces deux membres sont positifs; nous formons l'équation équivalente

$$A + \sqrt{B} = x + y + 2\sqrt{xy},$$

ou

$$(1) \qquad A - x - y + \sqrt{B} = 2\sqrt{xy}.$$

Élevons de nouveau au carré, ce qui suppose

$$A - x - y + \sqrt{B} > 0,$$
$$(A - x - y)^2 + B + 2(A - x - y)\sqrt{B} = 4xy.$$

Le coefficient de $\sqrt{B}$ est nécessairement nul : s'il était différent de zéro on pourrait tirer $\sqrt{B}$ de cette équation et la valeur trouvée serait un nombre rationnel, ce qui est impossible, puisque B n'est pas carré parfait; on a donc

$$A = x + y,$$
$$B = 4xy.$$

Il en résulte que, si le problème est possible, x et y sont les racines rationnelles de l'équation

$$X^2 - AX + \frac{B}{4} = 0.$$

Cette équation doit avoir des racines rationnelles, c'est-à-dire que la quantité $A^2 - B$ qui figure sous le radical doit être carré parfait; ainsi, *une condition nécessaire et suffisante pour que la transformation soit possible est que $A^2 - B$ soit carré parfait.*

REMARQUE. — On transforme, sous la même condition, l'expression

$$\sqrt{A - \sqrt{B}} \text{ en } \sqrt{x} - \sqrt{y}.$$

260. Application. — Les racines de l'équation bicarrée sont

$$\pm\sqrt{-\frac{b}{2a}\pm\sqrt{\frac{b^2-4ac}{4a^2}}}.$$

La transformation indiquée sera possible si

$$\frac{b^2}{4a^2}-\frac{b^2-4ac}{4a^2}=\frac{c}{a}$$

est carré parfait, ou ce qui revient au même, si ac est carré parfait.

EXEMPLE. — *Résoudre l'équation*

$$x^4-18x^2+16=0.$$

Le produit ac est 16, il est carré de 4; on peut appliquer la transformation; les racines sont

$$\pm\sqrt{9\pm\sqrt{65}};$$

x et y sont racines de l'équation

$$X^2-9X+\frac{65}{4}=0,$$

$$x=\frac{9+4}{2}=\frac{13}{2}, \qquad y=\frac{9-4}{2}=\frac{5}{2},$$

et les racines cherchées sont données par l'expression

$$\pm\left[\sqrt{\frac{13}{2}}\pm\sqrt{\frac{5}{2}}\right].$$

261. REMARQUE. — La méthode employée pour résoudre l'équation bicarrée s'étend aux équations plus générales

$$ax^{2p}+bx^p+c=0.$$

Si l'on prend pour inconnue auxiliaire

$$y=x^p,$$

on sera conduit à chercher les racines de la résolvante

$$ay^2+by+c=0.$$

Si p est *impair*, à toute racine y' de la résolvante correspond pour l'équation donnée une seule racine $x'=\sqrt[p]{y'}$; si p est *pair*, à une racine positive y' de la résolvante, correspondent deux racines opposées $+\sqrt[p]{y'}$ et $-\sqrt[p]{y'}$ et à une racine négative de la résolvante ne correspond aucune racine pour l'équation donnée.

EXEMPLES. — I. *Résoudre l'équation* $x^6 - 7x^3 - 8 = 0$. La résolvante

$$y^2 - 7y - 8 = 0$$

a les racines -1 et 8 auxquelles correspondent pour l'équation proposée les racines $\sqrt[3]{-1} = -1$ et $\sqrt[3]{8} = 2$.

II. — *Résoudre l'équation* $x^8 + 4x^4 - 5 = 0$. La résolvante

$$y^2 + 4y - 5 = 0$$

a les racines 1 et -5; à la première correspondent pour x les valeurs -1 et $+1$; à la seconde, qui est négative, ne correspond aucune valeur pour x.

Trinome bicarré.

262. Signe du trinome bicarré. — Ce trinome

$$ax^4 + bx^2 + c$$

peut être remplacé par le trinome du second degré,

$$ay^2 + by + c,$$

en posant $x^2 = y$; nous distinguerons différents cas, pour en étudier le signe.

I. $b^2 - 4ac < 0$. Nous savons que le trinome du second degré et, par suite, le trinome bicarré, a toujours le signe de a.

II. $b^2 - 4ac = 0$. Le trinome du second degré peut être mis sous la forme

$$a\left(y + \frac{a}{2a}\right)^2$$

et le trinome bicarré est alors identique à

$$a\left(x^2 + \frac{b}{2a}\right)^2,$$

il a encore le signe de a, sauf s'il s'annule.

Remarquons que si $-\dfrac{b}{a}$ est positif, on peut écrire

$$a\left(x+\sqrt{-\dfrac{b}{2a}}\right)^2\left(x-\sqrt{-\dfrac{b}{2a}}\right)^2;$$

pour rappeler que le trinome est un produit de deux facteurs carrés de binomes du premier degré, nous dirons que l'équation bicarrée à deux racines doubles, $+\sqrt{-\dfrac{b}{2a}}$ et $-\sqrt{-\dfrac{b}{2a}}$.

Si $b = 0$, le trinome se réduit à

$$ax^4$$

et nous dirons qu'il a une *racine quadruple nulle* pour rappeler qu'il peut être mis sous forme d'une quatrième puissance d'un facteur du premier degré.

III. $b^2 - 4ac > 0$. Le trinome du second degré est, en appelant y' et y'' ses racines,

$$a(y - y')(y - y''),$$

et le trinome bicarré peut être mis sous la forme

$$a(x^2 - y')(x^2 - y'').$$

Si y' et y'' sont négatifs, le trinome a alors le signe de a ; dans ce cas, l'équation bicarrée n'a pas de racine.

Si y' est négatif et y'' positif, le facteur $x^2 - y'$ est positif et le facteur $x^2 - y''$ change de signe quand x passe par une des valeurs $-\sqrt{y''}$ et $+\sqrt{y''}$, qui sont les racines de l'équation bicarrée.

Enfin, si y' et y'' sont positifs, l'équation bicarrée a quatre racines et le trinome est

$$a(x + \sqrt{y''})(x + \sqrt{y'})(x - \sqrt{y'})(x - \sqrt{y''});$$

il change de signe en passant par une racine.

D'ailleurs, il a le signe de a pour des valeurs très grandes en valeur absolue de y ou de x.

En résumé, *le trinome bicarré a le signe de a pour $x = \pm\infty$ et change de signe quand x passe par une racine simple.*

Corollaire. — *Si dans le trinome bicarré, on substitue à x deux nombres α et β, les résultats de substitution seront de même* *signe ou de signes différents, suivant qu'il y a entre α et β un nombre pair (*) ou un nombre impair de racines (**).*

En effet, si entre α et β il n'y a pas de racine, quand x variera de α à β, le trinome ne changera pas de signe ; s'il y a un nombre pair de racines, le trinome changera un nombre pair de fois ; il reprendra donc le signe qu'il avait primitivement.

Au contraire, si entre α et β, il y a un nombre impair de racines, il y aura changement de signe.

La réciproque résulte immédiatement de la proposition directe.

263. Placer un nombre α par rapport aux racines d'une équation bicarrée. — Remarquons que si $b^2 - 4ac$ est négatif ou nul, il n'y a pas lieu de se poser le problème ; nous supposerons donc $b^2 - 4ac > 0$.

Formons $f(\alpha) = a\alpha^4 + b\alpha^2 + c$.

Ceci revient à substituer α^2 à y dans le trinome du second degré

$$ay^2 + by + c.$$

I. $f(\alpha)$ a un signe contraire à celui de a. α^2 est alors compris entre les racines y' et y'' du trinome du second degré ; une de ces racines est donc certainement positive.

1° $y' < 0$ et $y'' > 0$; on a

$$y' < 0 < \alpha^2 < y''.$$

L'équation bicarrée a deux racines $-\sqrt{y''}$ et $+\sqrt{y''}$ et on a

$$-\sqrt{y''} < \alpha < \sqrt{y''}.$$

2° $0 < y' < y''$; on a alors

$$\sqrt{y'} < \alpha < \sqrt{y''}, \qquad \text{si} \quad \alpha > 0,$$
$$-\sqrt{y'} > \alpha > -\sqrt{y''}, \qquad \text{si} \quad \alpha < 0.$$

II. $f(\alpha)$ est du signe de a.

1° $y' < 0$ et $y'' > 0$; α^2 sera certainement supérieur aux racines y, puisque l'une d'elles est négative

$$\alpha^2 > y'',$$

(*) Zéro est considéré comme nombre pair.
(**) Dans cet énoncé, une racine double compte pour deux racines.

et, par suite,

$$\alpha > \sqrt{y''} \qquad \text{si} \qquad \alpha > 0,$$
$$\alpha < -\sqrt{y''} \qquad \text{si} \qquad \alpha < 0.$$

2° $0 < y' < y''$; α^2 sera supérieur aux deux racines, s'il est supérieur à leur demi-somme $-\dfrac{b}{2a}$,

$$\alpha^2 > y'' > y'.$$

ou

$$\alpha > \sqrt{y''} > \sqrt{y'} \qquad \text{si} \qquad \alpha > 0,$$
$$\alpha < -\sqrt{y''} < -\sqrt{y'} \qquad \text{si} \qquad \alpha < 0.$$

α^2 sera inférieur aux deux racines, s'il est inférieur à leur demi-somme $-\dfrac{b}{2a}$,

$$\alpha^2 < y' < y'',$$
$$\alpha < \sqrt{y'} < \sqrt{y''} \qquad \text{si} \qquad \alpha > 0,$$
$$\alpha > -\sqrt{y'} > -\sqrt{y''} \qquad \text{si} \qquad \alpha < 0.$$

EXEMPLE. — *Placer le nombre 2 par rapport aux racines de l'équation*

$$x^4 - 11x^2 + 17 = 0.$$

L'équation bicarrée a 4 racines.
Substituons $2^2 = 4$ à y dans

$$y^2 - 11y + 17;$$

on a $\qquad\qquad 16 - 44 + 17 = -11,$

4 est compris entre y' et y'',

$$y' < 4 < y'',$$

et

$$-\sqrt{y''} < -\sqrt{y'} < \sqrt{y'} < 2 < \sqrt{y''}.$$

2 est compris entre les deux racines positives de l'équation.

264. Décomposition du trinome bicarré en un produit de facteurs du second degré. —Nous allons montrer que l'on peut toujours décomposer le trinome bicarré en un produit de deux facteurs du second degré; nous pouvons supposer que l'on a mis en facteur le coefficient de x^4 et considérer le trinome

$$x^4 + px^2 + q.$$

1° Si l'on considère les deux premiers termes comme les deux premiers termes du développement du carré de $x^2 + \frac{p}{2}$, on peut écrire

$$x^4 + px^2 + q \equiv \left(x^2 + \frac{p}{2}\right)^2 - \left(\frac{p^2}{4} - q\right)$$

Si $\frac{p^2}{4} - q$ est positif, on a une différence de carrés et on peut mettre le trinome sous la forme

$$(1) \quad x^4 + px^2 + q \equiv$$
$$\left(x^2 + \frac{p}{2} + \sqrt{\frac{p^2}{4} - q}\right)\left(x^2 + \frac{p}{2} - \sqrt{\frac{p^2}{4} - q}\right).$$

Nous avons ainsi une première décomposition, qui ne convient que si $\frac{p^2}{4} - q$ est positif, ce qui a lieu toujours si q est négatif.

2° Supposons $q > 0$; x^4 et q peuvent être considérés comme les termes extrêmes du développement du carré de $x^2 + \sqrt{q}$ ou de $x^2 - \sqrt{q}$. Prenons le premier cas :

$$x^4 + px^2 + q \equiv (x^2 + \sqrt{q})^2 - (2\sqrt{q} - p)x^2.$$

Si $2\sqrt{q} - p$ est positif, on a encore une différence de carrés, qui fournit la décomposition

$$(2) \quad x^4 + px^2 + q$$
$$\equiv \left(x^2 + \sqrt{q} + x\sqrt{2\sqrt{q} - p}\right)\left(x^2 + \sqrt{q} - x\sqrt{2\sqrt{q} - p}\right).$$

La condition

$$2\sqrt{q} > p$$

est vérifiée si p est négatif.

Si p est positif, elle équivaut à

$$4q > p^2 \qquad \text{ou} \qquad p^2 - 4q < 0.$$

Examinons le second cas :

$$x^4 + px^2 + q \equiv (x^2 - \sqrt{q})^2 + (2\sqrt{q} + p)x^2,$$

Si $2\sqrt{q}+p$ est négatif, on a une différence de carrés, qui fournit la décomposition

$$(3)\quad x^4 + px^2 + q$$
$$\equiv\left(x^2 - \sqrt{q} + x\sqrt{-2\sqrt{q}+p}\right)\left(x^2 - \sqrt{q} - x\sqrt{-2\sqrt{q}+p}\right).$$

La condition
$$2\sqrt{q} + p < 0$$
entraîne la condition $\quad p < 0$
et l'on a $\qquad 2\sqrt{q} < -p,$
$$4q < p^2 \quad \text{ou} \quad p^2 - 4q > 0.$$

En résumé, nous avons indiqué trois procédés de décomposition (*) (1), (2), (3) qui conviennent si l'on a simultanément

$$\frac{p^2}{4} - q > 0, \quad q > 0, \quad p < 0;$$

le premier (1) convient seul si l'on a seulement

$$\frac{p^2}{4} - q > 0,$$

et le second (2) convient seul si l'on a

$$\frac{p^2}{4} - q < 0.$$

Les trois procédés conviennent donc si l'équation bicarrée a quatre racines ; ceci est facile à expliquer ; on a en effet dans cette hypothèse

$$x^4 + px^2 + q \equiv (x - x')(x - x'')(x - x''')(x - x^{IV}),$$

en appelant x', x'', x''', x^{IV} les racines.

Si on associe le premier facteur successivement avec chacun des trois autres, on aura trois décompositions différentes. Nous n'avons pas examiné les cas particuliers où $\frac{p^2}{4} - q, q, p$ sont nuls ; les résultats sont alors immédiats.

(*) Il est facile de montrer qu'il n'y en a pas d'autres, il suffit de chercher les valeurs de λ, μ, λ', μ' telles que
$$x^4 + px^2 + q \equiv (x^2 + \lambda x + \mu)(x^2 + \lambda' x + \mu').$$
En identifiant, on trouve quatre équations qui déterminent λ, μ, λ', μ'.

265. Variations du trinome bicarré. — Le trinome

$$ax^4 + bx^2 + c$$

peut être mis sous la forme

$$y = a\left[\left(x^2 + \frac{b}{2a}\right)^2 + \frac{4ac - b^2}{4a^2}\right].$$

Il varie donc dans le même sens que $\left(x^2 + \dfrac{b}{2a}\right)^2$ si a est positif et en sens inverse si a est négatif.

Étudions la variation de $\left(x^2 + \dfrac{b}{2a}\right)^2$; cette expression varie dans le même sens que $x^2 + \dfrac{b}{2a}$ si $x^2 + \dfrac{b}{2a}$ est positif, en sens inverse si $x^2 + \dfrac{b}{2a}$ est négatif.

Nous distinguerons deux cas suivant que $x^2 + \dfrac{b}{2a}$ peut s'annuler ou est constamment positif.

I. $\dfrac{b}{2a} > 0$, $x^2 + \dfrac{b}{2a}$ est toujours positif et son carré varie dans le même sens que l'expression elle-même ; or nous savons que cette expression décroît si x varie de $-\infty$ à 0 et croît si x varie de 0 à $+\infty$; il y a donc un minimum pour $\left(x^2 + \dfrac{b}{2a}\right)^2$, ce minimum a lieu pour $x = 0$.

Le trinome bicarré a un minimum correspondant à $x = 0$ si a est positif et un maximum si a est négatif; la valeur de ce minimum ou de ce maximum est c.

x	$-\infty$	croît	0	croît	$+\infty$
$x^2 + \dfrac{b}{2a}$		décroît		croît	
$\left(x^2 + \dfrac{b}{2a}\right)^2$		décroît		croît	
$a > 0 \quad y$	$+\infty$	décroît	c minimum	croît	$+\infty$
$a < 0 \quad y$	$-\infty$	croît	c maximum	décroît	$-\infty$

D'ailleurs, si x a une très grande valeur absolue, il en est de même de x^2 et, par suite, du trinome bicarré qui est du second degré en x^2.

Représentation graphique. — Dans le cas de $a > 0$, la courbe est analogue à la parabole relative au trinome du second degré, *mais ce n'est pas une parabole;* le trinome ne change pas de valeur quand on change x de signe; on en déduit, comme pour le trinome du second degré, que l'axe $y'Oy$ est un axe de *symétrie.*

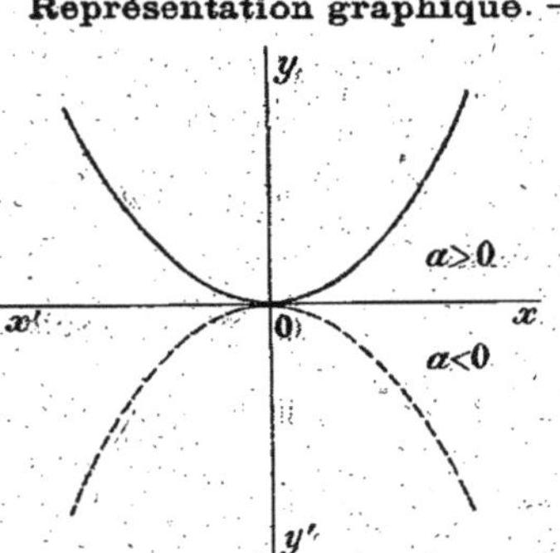

Dans le cas de $a < 0$, on a une courbe tracée en sens inverse (*).

II. $b = 0$. Le trinome bicarré varie comme dans le cas précédent.

III. $\dfrac{b}{2a} < 0$. $x^2 + \dfrac{b}{2a}$ est nul pour $x = -\sqrt{-\dfrac{b}{2a}}$ et $x = +\sqrt{-\dfrac{b}{2a}}$; il est positif quand x n'est pas compris entre ces racines et négatif dans le cas contraire; par suite, si x varie de $-\infty$ à $-\sqrt{-\dfrac{b}{2a}}$, $\left(x^2 + \dfrac{b}{2a}\right)^2$ varie dans le même sens que $x^2 + \dfrac{b}{2a}$; si x varie de $-\sqrt{-\dfrac{b}{2a}}$ à $+\sqrt{-\dfrac{b}{2a}}$, $\left(x^2 + \dfrac{b}{2a}\right)^2$ varie en sens inverse et si x varie de $+\sqrt{-\dfrac{b}{2a}}$ à $+\infty$, $\left(x^2 + \dfrac{b}{2a}\right)^2$ varie dans le même sens que $x^2 + \dfrac{b}{2a}$; comme d'autre part $x^2 + \dfrac{b}{2a}$ a un minimum pour $x = 0$, on connaît le sens des variations du trinome bicarré; le tableau suivant résume cette discussion.

(*) La représentation graphique donnée ici correspond à $c = 0$.

x	$-\infty$ cr.	$-\sqrt{-\dfrac{b}{2a}}$ cr.	0 cr.	$+\sqrt{-\dfrac{b}{2a}}$ cr.	$+\infty$
$x^2+\dfrac{b}{2a}$	déc.		déc. cr.		cr.
	$+$		$-$ $-$		$+$
$\left(x^2+\dfrac{b}{2a}\right)^2$	déc.		cr. déc.		cr.
$a>0\quad y$	$+\infty$ déc.	$\dfrac{4ac-b^2}{4a}$ minimum	cr. c déc. max.	$\dfrac{4ac-b^2}{4a}$ minimum	cr. $+\infty$
$a<0\quad y$	$-\infty$ cr.	$\dfrac{4ac-b^2}{4a}$ maximum	déc. c cr. min.	$\dfrac{4ac-b^2}{4a}$ maximum	déc. $-\infty$

Représentation graphique. — Nous supposerons $a>0$, le cas de $a<0$ étant tout semblable.

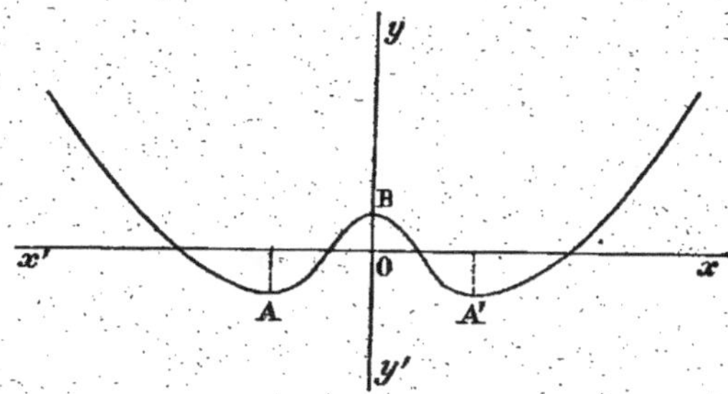

La courbe part d'en haut à gauche, descend jusqu'au point A de coordonnées

$$-\sqrt{-\frac{b}{2a}}\,,\qquad \frac{4ac-b^2}{4a}\,,$$

qui correspond au minimum de y ; la courbe remonte jusqu'au point B de coordonnées

$$0,\qquad c,$$

pour redescendre jusqu'au point A$'$ de coordonnées

$$\sqrt{-\frac{b}{2a}}\,,\qquad \frac{4ac-b^2}{4a}\,,$$

et s'élever ensuite indéfiniment vers la droite.

Remarquons que, si l'on change x de signe, y conserve la même valeur ; la courbe a donc pour axe de symétrie l'axe $y'Oy$.

REMARQUE. — Nous avons trouvé un maximum c et néanmoins y peut prendre des valeurs supérieures à c : il est important de noter que le mot *maximum*, défini comme nous l'avons fait, ne signifie nullement plus grande valeur ; comme il peut être utile de rechercher la plus grande valeur d'une fonction, nous la désignerons sous le nom de *maximum absolu* ; de même la plus petite valeur sera un *minimum absolu* ; ainsi $\dfrac{4ac - b^2}{4a}$ est ici un minimum absolu.

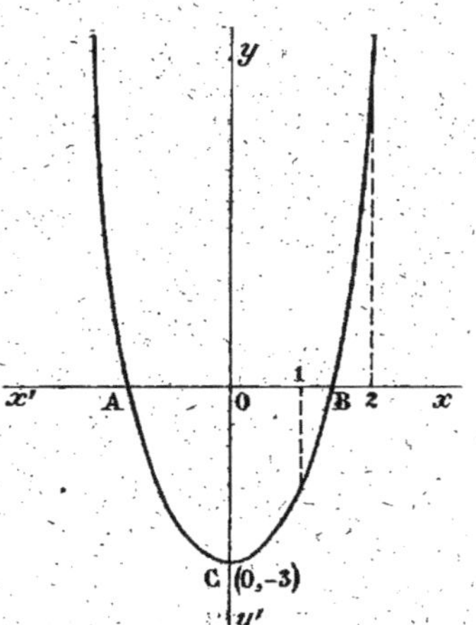

266. La représentation graphique permet, comme dans le cas du second degré, de discuter les racines d'une équation bicarrée.

EXEMPLES. — I. *Combien l'équation*

$$\frac{x^4}{4} + x^2 - 3 = 0$$

a-t-elle de racines comprises entre 1 et 2 ?

Construisons la courbe représentée par

$$y = \frac{x^4}{4} + x^2 - 3 ;$$

son point le plus bas est C $(0, -3)$; les points A et B d'intersection avec $x'Ox$ ont pour abscisses les racines ; il y a donc deux racines.

Si $\qquad x = 1, \qquad y = -\dfrac{7}{4} ;$

si $\qquad x = 2, \qquad y = 5.$

Les points correspondants sont de part et d'autre de B, et il y a une racine entre 1 et 2.

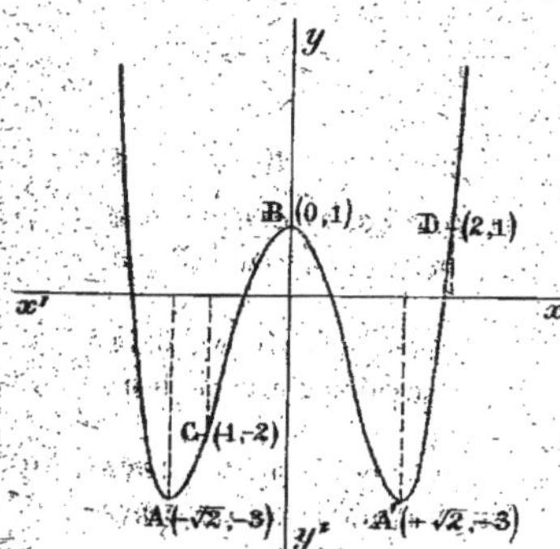

II. *Combien l'équation*

$$x^4 - 4x^2 + 1 = 0$$

a-t-elle de racines entre —1 *et* 2 ?

Construisons la courbe représentée par l'équation

$$y = x^4 - 4x^2 + 1.$$

Si $x = -1$, $y = -2$;
si $x = 2$, $y = 1$.

Les points qui ont ces coordonnées sont C et D et on voit que la courbe coupe trois fois l'axe $x'Ox$ entre ces deux points. Il y a trois racines comprises entre —1 et 2.

Équations réciproques.

267. Définition. — On appelle *équation réciproque* une équation

$$f(x) = 0$$

dont le premier membre est un polynome ordonné ayant ses coefficients des termes équidistants des extrêmes égaux, ou encore égaux ou opposés deux à deux, si le polynome n'a pas de terme du milieu.

Ainsi, les équations

$$ax^4 + bx^3 + cx^2 + bx + a = 0,$$
$$ax^4 + bx^3 + bx + a = 0,$$
$$ax^4 + bx^3 - bx - a = 0,$$

sont réciproques.

Soit x' une racine d'une telle équation, de la première, par exemple; on a

$$ax'^4 + bx'^3 + cx'^2 + bx' + a = 0;$$

a étant supposé différent de zéro, x' n'est pas nul et nous pou-

vons diviser le premier membre de l'égalité numérique par x'^4 ;
l'égalité

$$a + b\,\frac{1}{x'} + c\,\frac{1}{x'^2} + b\,\frac{1}{x'^3} + a\,\frac{1}{x'^4} = 0$$

lue de droite à gauche, montre que $\dfrac{1}{x'}$ est racine de l'équation
donnée ; on en conclut que *si un nombre est racine d'une équation réciproque, l'inverse de ce nombre est aussi racine de l'équation*.

Il en résulte que si une équation réciproque n'a pas les racines 1 ou —1, ses racines peuvent être groupées deux à deux ; leur nombre est pair.

La forme particulière de l'équation réciproque permet de ramener sa résolution à la résolution d'équations de degré inférieur ; nous allons examiner les équations réciproques du troisième, du quatrième et du cinquième degré.

268. Équation réciproque du troisième degré. —
1° Soit l'équation

$$ax^3 + bx^2 + bx + a = 0.$$

Si on y remplace x par —1, on a

$$-a + b - b + a = 0 ;$$

—1 est racine et on peut mettre $x+1$ en facteur dans le premier membre :

$$(x+1)[ax^2 + (b-a)x + a] = 0.$$

Les racines de l'équation donnée sont —1 et les racines de l'équation du second degré

$$ax^2 + (b-a)x + a = 0,$$

qui est également réciproque.

2° Soit l'équation

$$ax^3 + bx^2 - bx - a = 0.$$

Elle admet la racine 1, et on peut la mettre sous la forme

$$(x-1)[ax^2 + (a+b)x + a] = 0.$$

Les autres racines sont données par l'équation du second degré réciproque

$$ax^2 + (a+b)x + a = 0.$$

269. Équation réciproque du quatrième degré. —
1° Soit l'équation
$$ax^4 + bx^3 - bx - a = 0.$$

Cette équation a les racines 1 et —1, et on peut l'écrire en groupant les termes équidistants des extrêmes

$$a(x^4 - 1) + bx(x^2 - 1) \equiv (x^2 - 1) \lfloor ax^2 + bx + a \rfloor = 0;$$

on est ainsi ramené à résoudre l'équation du second degré
$$ax^2 + bx + a = 0.$$

2° Soit l'équation
$$ax^4 + bx^3 + cx^2 + bx + a = 0.$$

Cette équation n'a pas, en général, les racines 1 ou —1 ; pour la résoudre, divisons par x^2 et réunissons les termes équidistants des extrêmes :

$$a\left(x^2 + \frac{1}{x^2}\right) + b\left(x + \frac{1}{x}\right) + c = 0.$$

Nous prendrons comme inconnue auxiliaire

$$y = x + \frac{1}{x} \, ;$$

on en déduit

$$y^2 = x^2 + \frac{1}{x^2} + 2 \qquad \text{ou} \qquad y^2 - 2 = x^2 + \frac{1}{x^2} \cdot$$

Au lieu de résoudre l'équation, on pourra résoudre le système

$$\begin{cases} a(y^2 - 2) + by + c = 0, \\ x + \dfrac{1}{x} = y, \end{cases} \qquad \text{ou} \qquad \begin{cases} ay^2 + by + c - 2a = 0, \\ x^2 - xy + 1 = 0. \end{cases}$$

La première équation renferme la seule inconnue y et est du second degré ; on sait la résoudre ; si y_1 est une racine de cette équation, les valeurs de x correspondantes seront données par l'équation

$$x^2 - xy_1 + 1 = 0.$$

On a donc, à l'aide de deux équations du second degré, résolu l'équation réciproque du quatrième degré. L'équation en y est appelée la *résolvante*.

Discussion. — Si x' est une racine de l'équation réciproque, $\dfrac{1}{x'}$ existe, et la somme $y' = x' + \dfrac{1}{x'}$ existe ; il en résulte que la résolvante a des racines ; c'est une condition nécessaire, mais non suffisante.

Soit y' une racine de la résolvante ; toute racine x' de la seconde équation est telle que l'on ait

$$x'^2 - x'y' + 1 = 0 \qquad \text{ou} \qquad y' = x' + \frac{1}{x'},$$

elle vérifie l'équation réciproque, puisque l'on a

$$a\left(x'^2 + \frac{1}{x'^2}\right) + b\left(x' + \frac{1}{x'}\right) + c = 0.$$

Les conditions nécessaires et suffisantes pour que l'équation réciproque ait des racines sont donc :

1° *La résolvante doit avoir des racines.*

2° *L'équation*

$$x^2 - xy + 1 = 0$$

doit avoir des racines.

Cette dernière condition équivaut à

$$y^2 - 4 > 0.$$

Les racines y de la résolvante sont assujetties à ne pas être comprises entre -2 et $+2$.

Pour discuter l'équation réciproque, on devra donc chercher combien la résolvante a de racines non comprises entre -2 et $+2$; à chaque racine remplissant cette condition correspondront deux racines pour l'équation réciproque.

Exemple. — *Discuter l'équation*

$$x^4 + 2(\lambda - 2)x^3 - 3\lambda x^2 + 2(\lambda - 2)x + 1 = 0.$$

Divisons par x^2 et groupons les termes équidistants des extrêmes :

$$x^2 + \frac{1}{x^2} + 2(\lambda - 2)\left(x + \frac{1}{x}\right) - 3\lambda = 0.$$

Posant

$$y = x + \frac{1}{x},$$

la résolvante est

$$y^2 + 2(\lambda - 2)y - 3\lambda - 2 = 0.$$

Formons $f(-2)$ et $f(2)$ relativement à cette résolvante :

$$f(-2) = -7\lambda + 10,$$
$$f(2) = \lambda - 6.$$

Les valeurs remarquables de λ sont $\dfrac{10}{7}$ et 6 ; nous pouvons dresser le tableau suivant :

λ	$-\infty$	$\dfrac{10}{7}$	6	$+\infty$
$f(-2)$	$+$	$-$		$-$
$f(2)$	$-$	$-$		$+$
	$-2, y', +2, y''$	$y', -2, +2, y''$		$y', -2, y'', +2$
	2 sol.	4 sol.		2 sol.

Si λ n'est pas compris entre $\dfrac{10}{7}$ et 6, la résolvante a des racines et l'une d'elles est comprise entre -2 et $+2$, l'autre n'est pas comprise entre -2 et $+2$; dans le premier intervalle, la plus grande est supérieure à 2 et donne deux racines pour x ; dans le dernier intervalle, la plus petite est inférieure à -2 et donne deux racines pour x.

Si λ est compris entre $\dfrac{10}{7}$ et 6, -2 et 2 sont compris entre les racines ; l'une d'elles est inférieure à -2, l'autre est supérieure à 2 ; l'équation réciproque a quatre racines.

270. Équation réciproque du cinquième degré. — L'équation réciproque du cinquième degré est

$$ax^5 + bx^4 + cx^3 + cx^2 + bx + a = 0$$

ou

$$ax^5 + bx^4 + cx^3 - cx^2 - bx - a = 0.$$

La première a la racine -1 et la seconde a la racine 1 ; on peut les écrire

$$(x+1)[ax^4 + (b-a)x^3 + (a-b+c)x^2 + (b-a)x + a] = 0$$

ou

$$(x-1)[ax^4+(a+b)x^3+(a+b+c)x^2+(a+b)x+a]=0,$$

et, dans les deux cas, on a à résoudre une équation réciproque du quatrième degré.

271. Équation réciproque de seconde espèce. — On appelle ainsi une équation de la forme

$$ax^4+bx^3+cx^2-bx+a=0.$$

Soit x' une racine de cette équation ; l'égalité

$$ax'^4+bx'^3+cx'^2-bx'+a=0$$

peut s'écrire

$$a+b\,\frac{1}{x'}+c\,\frac{1}{x'^2}-b\,\frac{1}{x'^3}+a\,\frac{1}{x'^4}=0$$

ou

$$a\left(-\frac{1}{x'}\right)^4+b\left(-\frac{1}{x'}\right)^3+c\left(-\frac{1}{x'}\right)^2-b\left(-\frac{1}{x'}\right)+a=0,$$

ce qui montre que $-\dfrac{1}{x'}$ est encore racine.

Pour résoudre l'équation, divisons par x^2, réunissons les termes équidistants des extrêmes :

$$a\left(x^2+\frac{1}{x^2}\right)+b\left(x-\frac{1}{x}\right)+c=0,$$

et prenons l'inconnue auxiliaire

$$y=x-\frac{1}{x}\,;$$

on en déduit

$$y^2=x^2+\frac{1}{x^2}-2 \qquad \text{ou} \qquad y^2+2=x^2+\frac{1}{x^2}.$$

L'équation réciproque de seconde espèce conduit à l'équation *résolvante*

$$ay^2+by+c+2a=0.$$

On voit encore ici que, si l'équation donnée a des racines, la résolvante a des racines ; nous allons voir que, réciproquement, à toute racine de la résolvante correspondent deux racines de l'équation donnée. Soit y' une racine de la résolvante ; les valeurs de x seront racines de l'équation

$$x^2 - xy - 1 = 0,$$

équation qui a toujours deux racines de signes contraires.

Équations irrationnelles.

272. Un changement de variable permet quelquefois de résoudre des équations irrationnelles au moyen d'équations rationnelles ; nous allons le montrer par quelques exemples.

EXEMPLE I. — *Résoudre l'équation*

$$x^2 - 3x - 5\sqrt{x^2 - 3x} - 6 = 0.$$

Posons

$$y = \sqrt{x^2 - 3x}.$$

L'équation résolvante en y est

$$y^2 - 5y - 6 = 0$$

Elle a pour racines 6 et -1 ; la seconde ne convient pas, puisque y est essentiellement positif ; à la valeur 6 correspondent pour x les racines de l'équation

$$6 = \sqrt{x^2 - 3x},$$

ou, en élevant au carré les deux membres qui sont positifs,

$$x^2 - 3x - 36 = 0.$$

On a donc les deux racines

$$x = \frac{3 \pm \sqrt{153}}{2}.$$

Remarquons que la racine -1 de la résolvante conviendrait si l'on avait considéré l'équation

$$x^2 - 3x + 5\sqrt{x^2 - 3x} - 6 = 0$$

et la racine 6 ne conviendrait pas.

EXEMPLE II. — *Résoudre et discuter l'équation*

$$x^2 - 2x + 2(\lambda - 1)\sqrt{x^2 - 2x + 5} + \lambda^2 = 0.$$

Posons

$$y = \sqrt{x^2 - 2x + 5}.$$

On en déduit

$$y^2 - 5 = x^2 - 2x,$$

et l'équation donnée fournit l'équation résolvante

$$y^2 + 2(\lambda - 1)y + \lambda^2 - 5 = 0.$$

Discussion. — Si x' est une racine de l'équation donnée, l'expression $\sqrt{x^2 - 2x + 5}$ a une valeur numérique y' qui doit vérifier la résolvante ; la résolvante a donc des racines ; une telle racine ne peut convenir que si elle est positive ; d'ailleurs, si une racine y' de la résolvante est positive, elle donne pour x des solutions telles que

$$\sqrt{x^2 - 2x + 5} = y' \qquad \text{et} \qquad x^2 - 2x = y'^2 - 5,$$

ou, en remplaçant dans la résolvante,

$$x^2 - 2x + 2(\lambda - 1)\sqrt{x^2 - 2x + 5} + \lambda^2 - 5 = 0.$$

Les valeurs de x ainsi obtenues sont donc racines de la proposée et ce sont les seules, si elles existent.

Pour que l'on puisse calculer x, il faut que l'on ait

$$1 + (y'^2 - 5) \geqslant 0 \qquad \text{ou} \qquad y'^2 - 4 \geqslant 0.$$

En résumé, à toute racine positive supérieure à 2 de la résolvante correspondent deux racines de l'équation donnée.

Formons $f(2)$ dans la résolvante.

$$f(2) = \lambda^2 + 4\lambda - 5.$$

$f(2)$ change de signe si λ a une des valeurs -5 ou 1. Dressons le tableau de ces valeurs de λ :

λ	$-\infty$		-5		1		3		$+\infty$
$f(2)$		$+$		$-$		$+$			
		4 racines		2 racines		0 racine		0 racine	

Si λ est compris entre -5 et 1, l'équation résolvante a des racines, l'une d'elles étant supérieure à 2 ; à cette racine correspondent deux racines de l'équation donnée.

Si λ n'est pas compris entre -5 et 1, on ne sait pas si la résolvante a des racines ; formons $b'^2 - ac$:

$$(\lambda - 1)^2 - \lambda^2 + 5 = -2\lambda + 6 > 0 ;$$

λ doit être inférieur à 3.

Il nous reste à examiner ce qui arrive si λ est inférieur à —5 ou est compris entre 1 et 3.

Dans le second intervalle, la somme des racines y est négative ; 2 ne peut donc qu'être supérieur aux deux racines, et l'équation donnée n'a pas de racines.

Dans le premier intervalle, la demi-somme $1 - \lambda$ est supérieure à 2 ; les deux racines de la résolvante sont supérieures à 2 et l'équation donnée a quatre racines.

REMARQUE. — La méthode précédente est applicable toutes les fois que la quantité qui figure dans le radical ne diffère de la partie rationnelle que par le terme constant.

273. Nous avons vu que l'on peut faire disparaître les radicaux qui figurent dans une équation au moyen d'élévations à certaines puissances ; mais il peut arriver que l'on introduise des solutions étrangères ; nous allons passer en revue les cas les plus simples qui puissent se présenter et indiquer brièvement comment on peut les discuter.

I. *Équation* $A = \sqrt{B}$.

Élevons les deux membres au carré ; l'équation obtenue

$$A^2 = B$$

a toutes les solutions de la première ; mais la réciproque peut ne pas être exacte ; une solution de la seconde équation convient, si elle fait acquérir à A et B des valeurs positives ; or, d'après la forme de la seconde équation, B étant alors égal à A^2 est positif ; la seule condition que doit vérifier une racine est de rendre A positif. Il y a exception si pour une racine A et B sont nuls simultanément ; la racine convient encore.

II. *Équation* $\sqrt{A} = \pm \sqrt{B}$.

Si l'on prend le signe — devant le second radical, les deux membres de l'équation ne peuvent être égaux à moins que l'on ait à la fois $A = 0$, $B = 0$.

Occupons-nous alors de l'équation $\sqrt{A} = \sqrt{B}$.

Si l'on élève les deux membres au carré, on obtient la nouvelle équation

$$A = B$$

dont les racines ne peuvent vérifier l'équation $\sqrt{A} = -\sqrt{B}$ (sauf pour $A = B = 0$) ; elles vérifient donc l'équation donnée, si toutefois les deux membres de l'équation ont un sens, c'est-à-dire si A et B ont des valeurs positives ; d'ailleurs si A est positif, B qui lui est égal est aussi positif ; il faut et il suffit donc encore que A soit positif.

III. *Équation* $A = \sqrt{B} + \sqrt{C}$.

Élevons les deux membres de cette équation au carré ; nous obtenons l'équation

$$A^2 = B + C + 2\sqrt{BC} \qquad \text{ou} \qquad A^2 - B - C = 2\sqrt{BC}.$$

En élevant de nouveau les deux membres au carré, on a

$$(A^2 - B - C)^2 = 4BC,$$

équation rationnelle.

Les racines de l'équation donnée sont certainement racines de cette dernière équation, mais la réciproque peut n'être pas exacte ; il reste donc à trouver à quelles conditions une racine de la dernière équation est racine de la première ; elle doit d'abord être racine de la seconde, c'est-à-dire qu'elle doit faire acquérir une valeur numérique à $\sqrt{BC}$; BC doit être positif ; mais nous pouvons remarquer que cette condition est remplie, puisque BC a pour valeur numérique le carré de la valeur numérique de $\dfrac{A^2 - B - C}{2}$; il faut de plus que l'on ait

$$(1) \qquad\qquad A^2 - B - C > 0,$$

puisque le radical qui figure dans le second membre de la seconde équation est précédé du signe $+$.

Une racine vérifiant la condition (1) sera racine de l'équation donnée, si elle fait acquérir à tous les termes de cette équation une valeur numérique, c'est-à-dire si B et C sont positifs ; de plus, le second membre étant la somme de deux radicaux précédés du signe $+$, le premier membre doit être positif. En résumé, une racine de l'équation rationnelle est racine de l'équation donnée si, en la substituant dans A, B, C, on a

$$A^2 - B - C > 0,$$
$$A > 0, \qquad B > 0, \qquad C > 0.$$

Nous allons montrer que les conditions relatives à B et C sont *nécessairement* vérifiées ; en effet, l'équation rationnelle peut s'écrire

$$A^4 + (B + C)^2 - 2A^2(B + C) - 4BC = 0,$$

ou

$$A^4 + (B - C)^2 = 2A^2(B + C),$$

ce qui montre que $B + C$ a une valeur numérique positive pour toute racine de cette dernière équation ; $B + C$ et BC ayant des valeurs positives, il en est de même de B et C.

Les seules conditions sont donc

$$A > 0, \qquad A^2 - B - C > 0.$$

Le même raisonnement s'applique aux équations

$$A = \sqrt{B} - \sqrt{C},$$
$$A = -\sqrt{B} - \sqrt{C},$$

et conduit à des conditions analogues.

Dans tous les cas, *il est inutile d'écrire que les quantités placées sous les radicaux sont positives.*

274. Remarque. — Si A est une constante, et B, C des polynomes du premier degré, l'équation finale sera du second degré et on pourra résoudre et discuter complètement l'équation donnée ; d'ailleurs, A, B, C ne remplissant pas ces conditions particulières, il peut arriver que l'équation finale soit du second degré, bicarrée ou réciproque, auxquels cas on pourra encore la résoudre et la discuter.

Exemple. — *Résoudre et discuter l'équation*

$$(1) \qquad a = \sqrt{2x + 1} - \sqrt{x - 1}.$$

Élevons les deux membres de l'équation au carré :

$$a^2 = 3x - 2\sqrt{(2x + 1)(x - 1)},$$

ou

$$(2) \qquad 3x - a^2 = 2\sqrt{(2x + 1)(x - 1)}.$$

Élevons de nouveau les deux membres au carré :

$$9x^2 - 6a^2 x + a^4 = 4(2x + 1)(x - 1),$$

ou

$$(3) \qquad x^2 - 2(3a^2 - 2)x + a^4 + 4 = 0.$$

On est ainsi ramené à résoudre une équation du second degré.

Discussion. — Il faut d'abord que cette équation ait des racines et ensuite que ces racines vérifient l'équation donnée ; nous avons vu qu'il n'y avait pas lieu de s'occuper du signe des expressions $2x + 1$ et $x - 1$ placées sous les radicaux ; il suffit donc d'écrire que le premier membre de l'équation (2) est positif comme le second membre et que les deux membres de l'équation (1) ont même signe.

Relativement à l'équation (2), on trouve la condition

$$3x - a^2 > 0 \qquad \text{ou} \qquad x > \frac{a^2}{3}.$$

Relativement à l'équation (1), on peut remarquer que, x étant certainement supérieur à 1, $2x + 1$ est supérieur à $x - 1$; le second membre est positif ; il faut que a soit positif.

Exprimons maintenant que l'équation (3) a des racines et que l'une d'elles au moins est supérieure à $\frac{a^2}{3}$.

Formons $f\left(\frac{a^2}{3}\right)$:

$$f\left(\frac{a^2}{3}\right) = -\frac{4}{9}(2a^4 - 3a^2 - 9) = -\frac{4}{9}(a^2 - 3)(2a^2 + 3).$$

Cette quantité est positive si a^2 est inférieur à 3 et négative si a^2 est supérieur à 3 ; dans ce dernier cas, l'équation (3) a des racines qui comprennent entre elles $\frac{a^2}{3}$; la plus grande convient seule.

Pour examiner ce qui arrive dans le premier cas, formons $b'^2 - ac$:

$$(3a^2 - 2)^2 - a^4 - 4 = 4a^2(2a^2 - 3);$$

a^2 doit être supérieur à $\frac{3}{2}$, pour que l'équation (3) ait des racines et si a^2 est compris entre $\frac{3}{2}$ et 3, ces racines conviendront si leur demi-somme est supérieure à $\frac{a^2}{3}$; cette demi-somme est $3a^2 - 2$; l'inégalité

$$3a^2 - 2 > \frac{a^2}{3}$$

donne

$$a^3 > \frac{3}{4},$$

ce qui a lieu ; les deux racines conviennent. En résumé, si a est supérieur à $\sqrt{3}$, l'équation donnée a une solution ; elle a deux solutions si a est compris entre $\sqrt{\frac{3}{2}}$ et $\sqrt{3}$ et n'a pas de solution si a est inférieur à $\sqrt{\frac{3}{2}}$.

Dans le cas particulier où $a = \sqrt{3}$ une racine est 1, l'autre est égale à 13 ; pour $a = \sqrt{\frac{3}{2}}$, il y a une racine égale à $\frac{5}{2}$.

Remarque. — Il semble qu'il y ait contradiction entre les différents résultats trouvés : d'une part, on a dit qu'une racine était toujours supérieure à 1 ; si donc $\frac{a^2}{3}$ est inférieur à 1, ou $a < \sqrt{3}$, une racine est certainement supérieure à $\frac{a^2}{3}$; d'autre part, nous avons trouvé que a devait être supérieur à $\sqrt{\frac{3}{2}}$. Cette contradiction n'est qu'apparente ; une racine n'est supérieure à 1 que si elle existe, ce qui exige $a > \sqrt{\frac{3}{2}}$; cette condition étant remplie, si a est compris entre $\sqrt{\frac{3}{2}}$ et $\sqrt{3}$, on peut affirmer que x^2 est supérieur à $\frac{a^2}{3}$ et nous aurions pu nous dispenser d'étudier la demi-somme des racines.

EXERCICES

1. Calculer à $\frac{1}{100}$ près les racines des équations

$$x^4 - 7x^2 + 9 = 0, \qquad 5x^4 - 42x^2 + 20 = 0.$$

2. Discuter, suivant les valeurs de λ, les équations
$$x^4 - 2(\lambda + 5)x^2 + \lambda^2 - 7 = 0,$$
$$(\lambda - 2)x^4 + 2(\lambda - 3)x^2 + \lambda = 0,$$
$$(2\lambda - 1)x^4 - 2(\lambda + 1)x^2 - (\lambda + 2) = 0.$$

3. Trouver la somme des puissances semblables des racines d'une équation bicarrée.

4. Étant donnée l'équation
$$x^4 + px^2 + q = 0$$
dont on suppose que les racines x_1, x_2, x_3, x_4 existent, calculer
$$x_1^3 + x_2^3 + x_3^3 + x_4^3 + 3x_1x_2 + 3x_1x_3 + 3x_1x_4 + 3x_2x_3 + 3x_2x_4 + 3x_3x_4,$$
$$\frac{1}{x_1^2} + \frac{1}{x_2^2} + \frac{1}{x_3^2} + \frac{1}{x_4^2}, \qquad \frac{1}{x_1^4} + \frac{1}{x_2^4} + \frac{1}{x_3^4} + \frac{1}{x_4^4}.$$

5. Résoudre et discuter les équations suivantes :
$$x^6 - 2(\lambda + 2)x^3 + \lambda^2 = 0,$$
$$x^8 - 2\lambda x^4 - (\lambda + 1) = 0.$$

6. L'équation
$$ax^{4p} + bx^{2p} + c = 0$$
a au plus quatre racines ; en supposant qu'elle ait quatre racines, montrer que la somme de leurs puissances d'exposant $2k + 1$ est nulle, quel que soit k ; calculer les sommes des puissances d'exposant kp des racines.

7. L'équation
$$ax^{2(2p+1)} + bx^{2p+1} + c = 0$$
a deux racines si $b^2 - 4ac$ est positif ; calculer dans cette hypothèse les sommes des puissances d'exposant $(2p + 1)k$ des racines.

8. Calculer les sommes des puissances d'exposant pair des racines de l'équation.
$$x^8 + px^4 + q = 0,$$
en supposant
$$p^2 - 4q > 0, \qquad p < 0, \qquad q > 0.$$

9. Classer les nombres 2 et — 3 par rapport aux racines des équations suivantes :
$$2x^4 - 5x^2 + 1 = 0,$$
$$x^4 - 3x^2 + 1 = 0,$$
$$x^6 + 4x^3 + 1 = 0,$$
$$x^8 - 6x^4 + 2 = 0,$$
$$x^4 - 7x^2 + \lambda = 0,$$
$$(\lambda - 1)x^4 - 4(\lambda + 2)x^2 + 1 = 0.$$

10. Résoudre les inégalités

$$x^4 - 5x^2 + 4 < 0,$$
$$x^4 - 11x^2 + 24 > 0,$$
$$\frac{x^4 + 5x^2 - 6}{x^4 - x^2 + 1} < 0,$$
$$\frac{x^2 - 3x + 2}{x^4 - 17x^2 + 16} > 0,$$
$$x^6 - 9x^3 + 8 < 0,$$
$$x^8 - 15x^4 - 16 > 0.$$

11. Décomposer en produit de facteurs du second degré les trinomes

$$x^4 - 6x^2 + 1; \qquad x^4 + 2x^2 - 1, \qquad x^4 - x^2 + 4.$$

12. Étudier les variations des trinomes suivants et construire les courbes représentatives :

$$x^4 + 3x^2 + 2, \qquad x^4 + x^2 - 1, \qquad -x^4 + 2x^2 - 5,$$
$$x^4 - 6x^2 + 1, \qquad -x^4 + 4x^2, \qquad -x^4 + 4x^2 - 1.$$

13. Démontrer que les points qui correspondent aux minima des trinomes

$$x^4 - 3x^2 + \lambda, \qquad x^4 - 4x^2 + \lambda - 2, \qquad x^4 - 2\lambda x^2 + \lambda^2 - 1,$$
$$x^4 - 4(\lambda + 1)x^2 + 4\lambda^2 + 8\lambda, \qquad x^4 - 2\lambda^2 x^2 + \lambda^4 + \lambda,$$
$$x^4 - 2\lambda x^2 + \lambda^2 + \lambda, \qquad x^4 + 2(\lambda + 1)x^2 + 3$$

sont situés sur des droites ou des paraboles, et limiter sur ces lignes les portions utiles.

14. Résoudre les équations

$$3x^3 - 13x^2 + 13x - 3 = 0,$$
$$6x^4 - 5x^3 - 38x^2 - 5x + 6 = 0,$$
$$2x^4 + 5x^3 - 5x - 2 = 0,$$
$$6x^5 + x^4 - 43x^3 - 43x^2 + x + 6 = 0.$$

15. Discuter les équations

$$x^4 - 2\lambda x^3 + x^2 + 2\lambda x + 1 = 0,$$
$$(\lambda - 1)x^4 + 3\lambda x^3 + x^2 - 3\lambda x + \lambda - 1 = 0,$$
$$(\lambda - 1)x^4 + 3\lambda x^3 + x^2 + 3\lambda x + \lambda - 1 = 0.$$

16. Résoudre l'équation

$$ax^4 + bx^3 + cx^2 + kbx + k^2 a = 0.$$

$$\left(\text{On prend pour inconnue auxiliaire } y = x + \frac{k}{x}\right).$$

Exemples :

$$x^4 + 3x^3 + x^2 + 6x + 4 = 0,$$
$$x^4 + x^3 - 5x^2 - 3x + 9 = 0.$$

17. Résoudre les inégalités

$$x^4 - 5x^3 + 5x - 1 < 0,$$
$$(x^3 + 1)(x^3 - 2x^2 + 2x - 1) > 0,$$

18. Démontrer que le polynome réciproque

$$ax^4 + bx^3 + cx^2 + bx + a$$

ne change de signe qu'en passant par une racine.

1° S'il a quatre racines, on le décompose en un produit de facteurs du premier degré.

2° S'il a deux racines correspondant à une racine y' de la résolvante, on le mettra sous la forme

$$ax^2(y - y')(y - y'') = a(x^2 - xy' + 1)(x^2 - xy'' + 1),$$

et on montrera que le dernier facteur a un signe constant.

3° S'il n'a pas de racine, on effectuera la même décomposition, si la résolvante existe ; si elle n'existe pas, on montrera que le trinome en $x + \dfrac{1}{x}$ a un signe constant.

19. Appliquer les résultats précédents à la résolution des inégalités

$$x^4 + x^3 - 4x^2 + x + 1 > 0,$$
$$2x^4 - 5x^3 + 7x^2 - 5x + 2 < 0.$$

20. Résoudre et discuter les équations

$$x^2 - 2x + 2\sqrt{x^2 - 2x + 5} - \lambda = 0,$$
$$x^2 - x - 4\sqrt{x^2 - x + 2} + \lambda - 2 = 0.$$

21. Résoudre et discuter les équations

$$x + \lambda = 2\sqrt{x - 4},$$
$$\lambda - 3x^2 - x\sqrt{\lambda^2 - x^2} = 0,$$
$$\sqrt{x^4 + 2x^2 + 2} = \sqrt{2x^4 - 5x^2 + \lambda},$$
$$\sqrt{x + \lambda} - \sqrt{2x + 3} = 1,$$
$$\sqrt{x(2R - x)} + \sqrt{x(4R - x)} = l,$$
$$\sqrt{2Rx} - \sqrt{2R(2R - x)} = k\sqrt{x(2R - x)},$$
$$\sqrt[3]{x} + \sqrt[3]{2x + 1} = 1,$$
$$\sqrt[4]{1 + x} + \sqrt[4]{1 - x} = \lambda.$$

22. Résoudre les inégalités

$$\frac{\sqrt{x-1}}{x+1} < \frac{\sqrt{x+1}}{x-1},$$

$$\sqrt{x^4+x^2-3} > 2x^2-8,$$

$$\frac{x+2}{\sqrt{x^2+4}} < \frac{x+1}{\sqrt{x^2+1}}.$$

23. Résoudre et discuter, suivant les valeurs du paramètre a, l'équation

$$\sqrt{x+a} - \sqrt{x-1} = \sqrt{2x-1}.$$

(Saint-Cyr.)

CHAPITRE IV

SYSTÈMES D'ÉQUATIONS SIMULTANÉES

Résultant de deux équations.

275. Système de deux équations du second degré à une inconnue. — Considérons le système

$$(\text{I}) \qquad \begin{cases} ax^2 + bx + c = 0, \\ a'x^2 + b'x + c' = 0, \end{cases}$$

et cherchons dans quels cas ce système a une solution.

I. $a \neq 0$. — On peut remplacer la seconde équation par l'équation obtenue en multipliant les deux membres de la première par a', les deux membres de la seconde par a et en retranchant membres à membres; on forme le nouveau système équivalent au premier

$$(\text{II}) \qquad \begin{cases} ax^2 + bx + c = 0, \\ (ab' - ba')x + ac' - ca' = 0. \end{cases}$$

$1°$ $ab' - ba' \neq 0$. La seconde équation a la solution unique

$$x = - \frac{ac' - ca'}{ab' - ba'} \cdot$$

Pour que le système (II), et, par suite, le système (I) ait une solution, il faut et il suffit que cette valeur soit racine de la première équation

$$a \left(\frac{ac' - ca'}{ab' - ba'} \right)^2 - b \, \frac{ac' - ca'}{ab' - ba'} + c = 0,$$

ou, en chassant le dénominateur, qui n'est pas nul,

$$a(ac' - ca')^2 - b(ac' - ca')(ab' - ba') + c(ab' - ba')^2 = 0.$$

Si l'on groupe les deux derniers termes, en y mettant $ab' - ba'$ en facteur, on peut écrire cette relation sous une autre forme :

$$a(ac' - ca')^2 - a(ab' - ba')(bc' - cb') = 0$$

ou, en divisant par a qui n'est pas nul,

$$\Delta = (ac' - ca')^2 - (ab' - ba')(bc' - cb') = 0.$$

La quantité Δ est appelée le *résultant* des deux équations du second degré.

On vérifie par un simple calcul que l'on peut donner à cette relation la forme suivante, souvent utile :

$$4\Delta = (2ac' + 2ca' - bb')^2 - (b^2 - 4ac)(b'^2 - 4a'c') = 0.$$

2° $ab' - ba' = 0$. La seconde équation du système (II) n'a pas de solution si $ac' - ca' \neq 0$; elle se réduit à une identité si $ac' - ca' = 0$ et le système (II) est vérifié par les racines de la première équation, *si elle en a* ; le système (I) est alors constitué par deux équations, qui ont les mêmes racines ; d'ailleurs, que ces équations aient ou non des racines, leurs coefficients sont proportionnels, puisque les relations

$$ab' - ba' = 0, \qquad ac' - ca' = 0,$$

équivalent à

$$\frac{a'}{a} = \frac{b'}{b} = \frac{c'}{c} .$$

II. $a = 0$. — La première équation est du premier degré et a pour racine $-\dfrac{c}{b}$; si cette racine vérifie la seconde équation, on a

$$a'\frac{c^2}{b^2} - b'\frac{c}{b} + c' = 0,$$

ou, b étant différent de zéro,

$$a'c^2 - b'bc + c'b^2 = 0.$$

REMARQUE. — La relation $\Delta = 0$ n'a été établie que dans le premier cas ; mais nous voyons que, si l'on y suppose

$$ab' - ba' = 0,$$

elle se réduit à $ac' - ca' = 0$, qui correspond au second cas ; si l'on y suppose $a = 0$, elle se réduit à

$$c^2a'^2 + b^2a'c' - bb'a'c = 0,$$

ou

$$a'(a'c^2 - bb'c + c'b^2) = 0,$$

qui est la relation trouvée directement en supposant $a' \neq 0$. Le cas de $a = a' = 0$ est celui de deux équations du premier degré qui a été traité précédemment.

En résumé, *une condition nécessaire et suffisante pour que deux équations, qui ont des racines et dont l'une au moins est du second degré, aient une racine commune est que leur résultant soit nul; si les coefficients sont proportionnels, les équations ont les deux mêmes racines, ou ont une même racine double, ou n'ont pas de racine.*

276. Élimination par les fonctions symétriques. — *Éliminer* x entre deux équations, c'est trouver une condition nécessaire et suffisante que doivent remplir les coefficients pour que ces équations aient une racine commune; nous venons de voir que cette condition est $\Delta = 0$ dans le cas des équations du second degré; il est intéressant d'obtenir ce résultat par un autre procédé, qui conduit à des conséquences importantes.

Supposons que les équations données $ax^2 + bx + c = 0$, $a'x^2 + b'x + c' = 0$ aient des racines distinctes; soient x_1, x_2 celles de la première et x'_1, x'_2 celles de la seconde; calculons la quantité

$$f(x'_1).f(x'_2) \equiv (ax_1'^2 + bx'_1 + c)(ax_2'^2 + bx'_2 + c)$$
$$\equiv a^2 x_1'^2 x_2'^2 + ab(x'_1 + x'_2)x'_1 x'_2 + ac(x_1'^2 + x_2'^2) + b^2 x'_1 x'_2$$
$$+ bc(x'_1 + x'_2) + c^2.$$

Si l'on y remplace $x'_1 x'_2$ par $\dfrac{c'}{a'}$, $x'_1 + x'_2$ par $-\dfrac{b'}{a'}$ et $x_1'^2 + x_2'^2$ par $\dfrac{b'^2 - 2a'c'}{a'^2}$, on trouve

$$f(x'_1).f(x'_2) = \frac{\Delta}{a'^2}.$$

On a d'ailleurs de même

$$\varphi(x_1).\varphi(x_2) \equiv (a'x_1^2 + b'x_1 + c')(a'x_2^2 + b'x_2 + c') = \frac{\Delta}{a^2},$$

c'est-à-dire que

$$\Delta = a'^2 f(x'_1).f(x'_2) = a^2 \varphi(x_1).\varphi(x_2).$$

Si les deux équations ont une racine commune, cette racine

annule à la fois les polynomes f et φ et on a $\Delta = 0$; réciproquement, si $\Delta = 0$ et que a et a' ne soient pas nuls en même temps $(a' \neq 0)$, l'une des quantités $f(x_1')$, $f(x_2')$ est nulle, c'est-à-dire qu'une racine de la seconde équation est racine de la première; les deux équations ont donc au moins une racine commune, conformément aux résultats trouvés par la première méthode.

277. Problème. — *Ranger par ordre de grandeur croissante les racines de deux équations du second degré.*

1° $\Delta = 0$. Les équations ont une racine commune fournie par une équation du premier degré; on en déduit les autres racines et leur classement est immédiat.

2° $\Delta < 0$. Nous démontrerons d'abord que les deux équations ont des racines distinctes qui alternent.

On a
$$\Delta = (ac' - ca')^2 - (ab' - ba')(bc' - cb') < 0.$$

Cette inégalité montre que $ab' - ba'$ ne peut être nul et que a et a' ne sont pas nuls en même temps. Supposons $a \neq 0$, et remarquons que, dans le calcul effectué précédemment (275), on a obtenu la valeur de Δ en substituant
$$- \frac{ac' - ca'}{ab' - ba'}$$
dans le premier membre de la première équation et en multipliant par
$$\frac{(ab' - ba')^2}{a} \; ;$$
on peut donc écrire
$$\Delta = \frac{(ab' - ba')^2}{a} \left[a \left(\frac{ac' - ca'}{ab' - ba'} \right)^2 - b \, \frac{ac' - ca'}{ab' - ba'} + c \right] < 0,$$

Cette inégalité montre que si l'on substitue à x la quantité $- \frac{ac' - ca'}{ab' - ba'}$ dans le premier membre de l'équation
$$ax^2 + bx + c = 0,$$
le résultat de substitution a un signe contraire à celui de a; cette équation a donc des racines distinctes x_1, x_2 et on a $b^2 - 4ac > 0$; si l'on substitue ces racines x_1, x_2 dans le pre-

mier membre de la seconde équation, on a

$$\Delta = a^2\varphi(x_1).\varphi(x_2) < 0,$$

ce qui prouve que l'équation

$$a'x^2 + b'x + c' = 0$$

a des racines distinctes et qu'entre ces racines se trouve un des nombres x_1, x_2 ; soient x'_1 et x'_2 ces racines ; on peut avoir les deux dispositions suivantes

$$x_1 \qquad x'_1 \qquad x_2 \qquad x'_2,$$
$$x'_1 \qquad x_1 \qquad x'_2 \qquad x_2,$$

en supposant $x_1 < x_2$ et $x'_1 < x'_2$.

On aura manifestement la première disposition ou la seconde suivant que la somme $x_1 + x_2$ sera inférieure ou supérieure à la somme $x'_1 + x'_2$, c'est-à-dire, suivant que l'on aura

$$-\frac{b}{a} < -\frac{b'}{a'} \qquad \text{ou} \qquad -\frac{b}{a} > -\frac{b'}{a'}.$$

$3°$ $\Delta > 0$. Les équations peuvent ne pas avoir de racines, ou tout au moins l'une d'elles peut ne pas avoir de racines ; il n'y a pas lieu de résoudre la question ; une équation ou les deux peuvent avoir une racine double, le problème est alors immédiatement résolu en comparant cette racine à celles de l'autre équation. Il reste donc à examiner l'hypothèse $b^2 - 4ac > 0$ et $b'^2 - 4a'c' > 0$.

Les dispositions possibles sont

(1)	x_1	x_2	x'_1	$x'_2,$
(2)	x'_1	x'_2	x_1	$x_2,$
(3)	x_1	x'_1	x'_2	$x_2,$
(4)	x'_1	x_1	x_2	$x'_2,$

puisque les deux racines d'une équation doivent être simultanément intérieures ou extérieures à l'intervalle formé par celles de l'autre équation, en vertu de la relation

$$\Delta = a^2\varphi(x_1).\varphi(x_2) > 0$$

qui signifie que $\varphi(x_1)$ et $\varphi(x_2)$ ont même signe. Remarquons que ce signe est celui de la somme $\varphi(x_1) + \varphi(x_2)$; on sait calculer cette somme sans résoudre les équations ; si elle a le signe contraire à celui de a', x_1 et x_2 sont entre x'_1 et x'_2 et on a la disposition (4) ; de même, si $f(x'_1) + f(x'_2)$ n'a pas le signe de a, on a la disposition (3) ; enfin, si ces deux sommes ont respectivement les signes de a' et a, on a une des dispositions (1) ou (2) ; on aura la première ou la seconde suivant que l'on aura

$$- \frac{b}{a} < - \frac{b'}{a'} \qquad \text{ou} \qquad - \frac{b}{a} > - \frac{b'}{a'}.$$

EXEMPLE. — Considérons les équations

$$f(x) \equiv 3x^2 + 2x - 2 = 0,$$
$$\varphi(x) \equiv x^2 + 2x - 2 = 0.$$

Formons Δ :

$$\Delta = (- 6 + 2)^2 - (6 - 2)(- 4 + 4) = 16.$$

Δ étant positif et les équations ayant des racines, puisque leurs termes extrêmes ont des signes différents, formons

$$\varphi(x_1) + \varphi(x_2) = (x_1^2 + 2x_1 - 2) + (x_2^2 + 2x_2 - 2)$$
$$= x_1^2 + x_2^2 + 2(x_1 + x_2) - 4 = \frac{16}{9} - \frac{4}{3} - 4 < 0.$$

x_1 et x_2 sont donc entre les racines de la seconde équation et on a

$$x'_1 \quad x_1 \quad x_2 \quad x'_2.$$

Systèmes de deux équations à deux inconnues.

278. PREMIER CAS. — Une des équations est du premier degré par rapport à une inconnue. — On appliquera la méthode générale de substitution en tirant la valeur de l'inconnue qui figure au premier degré et en la substituant dans l'autre équation ; on formera ainsi une équation à une seule inconnue et, si on sait résoudre cette dernière, le système sera résolu.

Il n'y a donc aucune difficulté nouvelle et nous n'y insisterons pas ; remarquons seulement que les équations données peuvent offrir une certaine symétrie par rapport aux inconnues et il importe de conserver cette symétrie ; on y parvient souvent en prenant comme inconnues auxiliaires la somme $x + y$ et le produit xy des inconnues du problème ; si on sait résoudre le système relatif à $x + y$ et xy, on en déduira les valeurs de x et y. Ce procédé sera surtout commode si l'équation finale en x

que l'on déduit du système donné est de degré supérieur à 2 ; il peut se faire que le système relatif à $x + y$ et xy conduise à une équation finale du second degré.

EXEMPLE I. — *Résoudre le système*

$$\begin{cases} x + y = a, \\ xy = b. \end{cases}$$

Nous avons vu que x et y sont racines de l'équation

$$X^2 - aX + b = 0.$$

EXEMPLE II. — *Résoudre le système*

$$\begin{cases} x + y = a, \\ x^2 + y^2 = b^2. \end{cases}$$

On peut écrire ce système sous la forme équivalente

$$\begin{cases} x + y = a, \\ (x + y)^2 = b^2 + 2xy, \end{cases}$$

ou

$$\begin{cases} x + y = a, \\ xy = \dfrac{a^2 - b^2}{2} ; \end{cases}$$

x et y sont donc les racines de l'équation

$$X^2 - aX + \frac{a^2 - b^2}{2} = 0.$$

EXEMPLE III. — *Résoudre le système*

$$\begin{cases} x - y = a, \\ xy = b. \end{cases}$$

Si l'on prend comme inconnues x et $y' = -y$, on peut écrire

$$\begin{cases} x + y' = a, \\ x(-y') = -b, \end{cases}$$

et x et y' sont racines de l'équation du second degré

$$X^2 - aX - b = 0.$$

On prendra pour x une des racines de cette équation et pour y l'autre racine changée de signe ; il y a ainsi deux solutions, pourvu que l'équation du second degré ait des racines.

Exemple IV. — *Résoudre le système*

$$\begin{cases} x - y = a, \\ x^2 + y^2 = b^2. \end{cases}$$

Prenons comme inconnues x et $y' = - y$; le système devient

$$\begin{cases} x + y' = a, \\ x^2 + y'^2 = b^2, \end{cases}$$

système déjà étudié ; x et y' sont les racines de l'équation

$$X^2 - aX + \frac{a^2 - b^2}{2} = 0.$$

On prendra pour x une des racines de cette équation et pour y l'autre racine changée de signe ; il y aura deux solutions si l'équation du second degré a des racines.

279. Les systèmes considérés précédemment ne renfermaient pas d'équation de degré supérieur au second ; nous allons montrer par quelques exemples comment la même méthode permet de résoudre des systèmes formés d'une équation du premier degré et d'une équation de degré supérieur au second, quand ces équations renferment symétriquement les inconnues.

Exemple I. — *Résoudre le système*

$$\begin{cases} x + y = a, \\ x^3 + y^3 = b^3. \end{cases}$$

On peut écrire ce système sous la forme suivante

$$\begin{cases} x + y = a, \\ (x + y)^3 - 3xy(x + y) = b^3, \end{cases}$$

ou

$$\begin{cases} x + y = a, \\ xy = \dfrac{a^3 - b^3}{3a} ; \end{cases}$$

x et y sont alors les racines de l'équation du second degré

$$X^2 - aX + \frac{a^3 - b^3}{3a} = 0.$$

Remarquons ici qu'il n'y a qu'une solution, puisque rien ne distingue les quantités x et y.

EXEMPLE II. — *Résoudre le système*

$$\begin{cases} x + y = a, \\ x^4 + y^4 = b^4. \end{cases}$$

On peut écrire ce système sous la forme

$$\begin{cases} x + y = a, \\ (x+y)^4 - 4xy(x^2 + y^2) - 6x^2y^2 = b^4, \end{cases}$$

ou

$$\begin{cases} x + y = a, \\ a^4 - 4xy[(x+y)^2 - 2xy] - 6x^2y^2 = b^4, \end{cases}$$

ou

$$\begin{cases} x + y = a, \\ 2x^2y^2 - 4a^2xy + a^4 - b^4 = 0. \end{cases}$$

La dernière équation permet de calculer le produit $z = xy$; la première donne $x + y$; on pourra donc en déduire x et y, en résolvant l'équation

$$X^2 - aX + z = 0.$$

Discussion. — Pour que cette équation ait des racines, il faut et il suffit que z existe et vérifie l'inégalité

$$a^2 - 4z \geqslant 0 \qquad \text{ou} \qquad z \leqslant \frac{a^2}{4}.$$

Formons $f\left(\dfrac{a^2}{4}\right)$ relativement à l'équation qui donne z :

$$2z^2 - 4a^2z + a^4 - b^4 = 0$$
$$f\left(\frac{a^2}{4}\right) = \frac{a^4}{8} - a^4 + a^4 - b^4 = \frac{a^4 - 8b^4}{8}.$$

Si a^4 est inférieur à $8b^4$, l'équation en z a des racines; l'une d'elles est inférieure à $\dfrac{a^2}{4}$; et à cette racine correspondent une valeur de x et une valeur de y.

Nous pouvons remarquer, d'autre part, que si l'équation en z a des racines, leur somme est $2a^2$; elles ne peuvent donc être toutes les deux inférieures à $\dfrac{a^2}{4}$; il en résulte que si $f\left(\dfrac{a^2}{4}\right)$ est positif, ou bien l'équation en z n'a pas de racine, ou ses deux racines sont supérieures à $\dfrac{a^2}{4}$; dans aucun cas, on ne peut trouver de valeurs pour x et y.

En résumé, le système a une solution si a^4 est inférieur à $8b^4$ et n'en a pas si a^4 est supérieur à $8b^4$; dans le cas particulier $a^4 = 8b^4$, les deux valeurs de x et y sont égales à $\dfrac{a}{2}$.

280. Deuxième cas. — Systèmes de deux équations dont aucune n'est du premier degré. — Si l'une des équations est du premier degré par rapport à une inconnue, il suffit d'appliquer le procédé général indiqué (278) ; sinon, on essayera de combiner les équations de façon à faire apparaître une inconnue au premier degré, ou on dirigera les calculs de façon à calculer des fonctions simples de x et y, d'où on déduira ensuite x et y.

EXEMPLE I. — *Résoudre le système*

$$\begin{cases} x^2 + y^2 = a^2, \\ \qquad xy = b. \end{cases}$$

Si l'on ajoute ces équations membres à membres, après avoir multiplié les deux membres de la seconde par 2, on forme le système suivant équivalent au premier :

$$\begin{cases} (x + y)^2 = a^2 + 2b, \\ \qquad xy = b; \end{cases}$$

ce système se décompose en deux autres

$$\begin{cases} x + y = \sqrt{a^2 + 2b}, \\ \quad xy = b, \end{cases} \qquad \begin{cases} x + y = -\sqrt{a^2 + 2b}, \\ \quad xy = b. \end{cases}$$

Le premier de ces systèmes donne pour x et y des valeurs racines de l'équation

$$X^2 - \sqrt{a^2 + 2b}\,X + b = 0,$$

et le second donne pour x et y des valeurs racines de l'équation

$$X^2 + \sqrt{a^2 + 2b}\,X + b = 0.$$

Ces équations ont des racines si l'on a

$$a^2 + 2b > 0 \quad \text{et} \quad \left(\sqrt{a^2 + 2b}\right)^2 - 4b > 0 \quad \text{ou} \quad a^2 - 2b > 0,$$

c'est-à-dire, si $2b$ est compris entre a^2 et $-a^2$.

REMARQUE. — On peut encore tirer y de la seconde équation et remplacer dans la première ; on est conduit à la résolution d'une équation bicarrée.

EXEMPLE II. — *Résoudre le système*

$$\begin{cases} x^2 + y^2 = 4, \\ xy + x + y = b. \end{cases}$$

Ce système peut s'écrire

$$\begin{cases} (x + y)^2 - 2xy = 4, \\ (x + y) + xy = b. \end{cases}$$

Prenons comme inconnues auxiliaires $x + y = z$, $xy = t$,

$$\begin{cases} z^2 - 2t = 4, \\ z + t = b. \end{cases}$$
$$\begin{cases} z^2 + 2z - 2b - 4 = 0, \\ t = b - z. \end{cases}$$

La première équation donne z, la seconde t et x et y sont alors racines de l'équation

$$X^2 - zX + t = 0,$$

ou

$$X^2 - zX + b - z = 0.$$

Discussion. — Il y a au plus deux systèmes de valeurs pour z et t; à chaque système correspond au plus un système pour x et y, rien ne distinguant ces nombres ; il y aura donc au plus deux solutions.

L'équation en X a des solutions si z existe et est tel que

$$z^2 - 4(b - z) \geqslant 0,$$

ou

$$z^2 + 4z - 4b \geqslant 0.$$

Cette inégalité peut s'écrire, en tenant compte de l'équation qui donne z,

$$(2b + 4 - 2z) + 4z - 4b \geqslant 0 \qquad \text{ou} \qquad z \geqslant b - 2.$$

Formons $f(b - 2)$ relativement à l'équation en z :

$$f(b - 2) = (b - 2)^2 - 8;$$

c'est un trinome en b dont les racines sont $2 \pm 2\sqrt{2}$; nous pouvons dresser le tableau des signes de $f(b - 2)$:

b	$-\infty$	$-\frac{5}{2}$	$2(1 - \sqrt{2})$	$2(1 + \sqrt{2})$	$+\infty$
$f(b - 2)$	$+$		$+$	$-$	$+$
	0 solution		2 solutions	1 solution	0 solu tion

b étant compris dans l'intervalle $2(1 - \sqrt{2})$ à $2(1 + \sqrt{2})$, l'équation en z a des racines, l'une d'elles est supérieure à $b - 2$ et il lui correspond un système de valeurs pour x et y.

Dans les deux intervalles $-\infty$ à $2(1 - \sqrt{2})$ et $(1 + 2\sqrt{2})$ à $+\infty$, on ne sait pas si l'équation en z a des racines; on doit avoir

$$1 + 2b + 4 \geq 0 \qquad \text{ou} \qquad b > -\frac{5}{2};$$

b étant compris entre $-\infty$ et $-\frac{5}{2}$, il n'y a pas de solution;

b étant compris entre $-\frac{5}{2}$ et $2(1 - \sqrt{2})$ ou entre $2(1 + \sqrt{2})$ et $+\infty$, il y a deux racines pour z et elles sont toutes les deux inférieures ou toutes les deux supérieures à $b - 2$; pour décider entre ces deux cas, comparons la demi-somme -1 de ces racines à $b - 2$; pour que les valeurs de x conviennent, il faut que b vérifie l'inégalité

$$b - 2 < -1 \qquad \text{ou} \qquad b < +1,$$

c'est-à-dire, que si b varie entre $-\frac{5}{2}$ et $2(1 - \sqrt{2})$, les deux racines conviennent et fournissent deux systèmes de solutions pour x et y; si b varie de $2(1 + \sqrt{2})$ à $+\infty$, il n'y a pas de solution.

Dans le cas particulier où $b = -\frac{5}{2}$, il y a une seule solution en z et un seul système de valeurs pour x et y; pour $b = 2(1 \pm \sqrt{2})$, il y a un seul système de valeurs pour x et y et ces valeurs sont égales.

Interprétation géométrique.

281. Si l'on sait construire les courbes représentées par deux équations, les points communs à ces courbes auront des coordonnées qui vérifient ces équations, et, réciproquement, tout point dont les coordonnées vérifient les deux équations appartient aux deux courbes; le problème algébrique de la résolution d'un système de deux équations équivaut donc au problème géométrique de la recherche des points communs à deux courbes.

EXEMPLE. — *Résoudre le système*

$$\begin{cases} x^2 + y^2 - R^2 = 0, \\ y = mx + p. \end{cases}$$

Si l'on remplace y par sa valeur dans la première équation, on forme le système

$$\begin{cases} x^2(1 + m^2) + 2mpx + p^2 - R^2 = 0, \\ y = mx + p. \end{cases}$$

A chaque valeur de x tirée de la première équation, correspond une valeur de y fournie par la seconde équation.

Discussion. — Une condition nécessaire et suffisante pour que le système ait des solutions est

$$m^2p^2 - (1 + m^2)(p^2 - R^2) \geqslant 0,$$

ou
$$p^2 \leqslant R^2(1 + m^2).$$

Si l'on a $p^2 = R^2(1 + m^2)$ ou $p = \pm R\sqrt{1 + m^2}$, les deux valeurs de x et, par suite, les deux valeurs de y sont confondues ; nous dirons que le système a une solution double

$$x = -\frac{mp}{1 + m^2}, \qquad y = \frac{p}{1 + m^2}.$$

Interprétation géométrique. — La première équation représente un cercle de rayon R et ayant l'origine pour centre ; la seconde équation représente une droite ; l'interprétation des résultats précédents est immédiate.

La condition pour que la droite coupe le cercle est

$$p^2 < R^2(1 + m^2).$$

La condition de contact est

$$p^2 = R^2(1 + m^2).$$

Il en résulte que si l'on considère les droites de coefficient angulaire m, il y en a deux qui sont tangentes au cercle, et leurs équations sont

$$y = mx + R\sqrt{1 + m^2},$$

et
$$y = mx - R\sqrt{1 + m^2}.$$

Les coordonnées des points de contact sont

$$x = -\frac{mR}{\sqrt{1+m^2}}, \qquad \text{et} \qquad x = +\frac{mR}{\sqrt{1+m^2}},$$

$$y = +\frac{R}{\sqrt{1+m^2}}, \qquad\qquad y = -\frac{R}{\sqrt{1+m^2}}.$$

On voit que les coordonnées du second point sont opposées à celle du premier ; ces points sont donc symétriques par rapport au centre.

282. Résolution d'inégalités simultanées. — Si l'on considère le cercle dont l'équation est

$$x^2 + y^2 - R^2 = 0,$$

et si l'on remplace dans le premier membre de l'équation x et y par les coordonnées α, β d'un point intérieur, la quantité $\alpha^2 + \beta^2$ est inférieure à R^2 et le premier membre est négatif ; si, au contraire, α et β sont les coordonnées d'un point extérieur au cercle, $\alpha^2 + \beta^2$ est supérieure à R^2 et le premier membre est positif. Le cercle sépare donc le plan en deux régions : les coordonnées d'un point de l'une de ces régions rendent positif le premier membre de l'équation du cercle ; les coordonnées d'un point de l'autre région le rendent négatif.

De même, si l'on considère la parabole dont l'équation est

$$y = ax^2 + bx + c,$$

et si on la coupe, par exemple, par des parallèles à $y'Oy$, on verra que cette courbe sépare le plan en deux régions analogues aux précédentes ; il suffit de répéter ici ce qui a été dit sur la droite.

On conçoit alors que l'on puisse résoudre géométriquement un système d'inégalités de degré supérieur au premier comme nous l'avons fait pour les inégalités du premier degré, ou encore des inégalités à deux inconnues.

Exemple. I. — *Résoudre le système*

$$\begin{cases} x^2 + y^2 - 1 > 0, \\ x + y < 0, \\ -y + 2x - \sqrt{5} < 0. \end{cases}$$

Contruisons le cercle représenté par l'équation

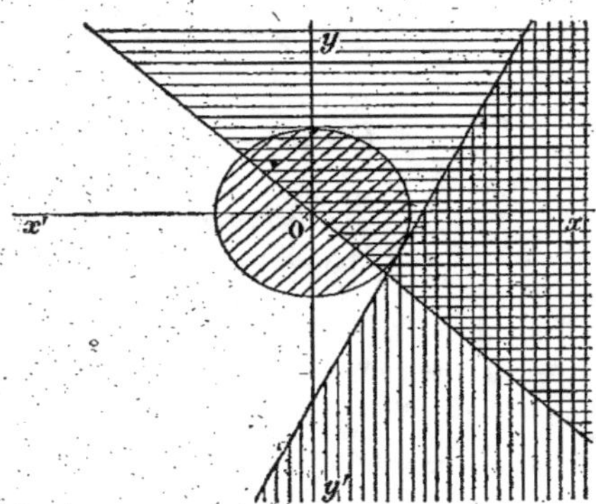

$$x^2 + y^2 - 1 = 0 ;$$

il a pour centre l'origine et pour rayon l'unité.

La droite dont l'équation est

$$y + x = 0$$

est la seconde bissectrice.

La droite dont l'équation est

$$y = 2x - \sqrt{5},$$

est une tangente au cercle, de coefficient angulaire 2; il est facile de la construire.

Nous avons tracé des hachures sur la région négative du cercle et sur les régions positives des deux droites ; tout point situé dans la portion du plan non couverte de hachures a des coordonnées qui vérifient à la fois les trois inégalités.

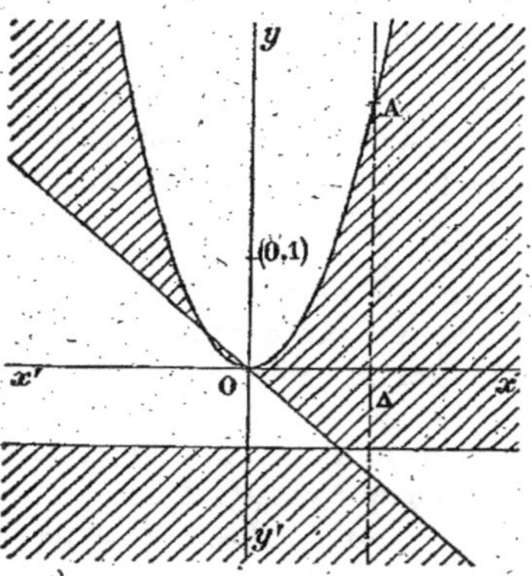

EXEMPLE II. — *Résoudre l'inégalité*

$$(y - x^2)(x + y)(y + 2) > 0.$$

Construisons la parabole dont l'équation est

$$y - x^2 = 0$$

et les droites dont les équations sont

$$x + y = 0 \quad \text{et} \quad y + 2 = 0.$$

Remarquons que si l'on mène une parallèle Δ à $y'Oy$ et si l'on se déplace sur cette parallèle, la valeur de x reste constante, celle de y croît constamment quand le point s'élève sur Δ ; la quantité $y - x^2$ croît donc également, elle est nulle au point A situé sur la parabole, positive au-dessus de A, négative au-dessous de A ; il y a donc, pour la parabole une région positive, qui est l'intérieur et une région négative, qui est l'extérieur.

Ceci posé, si l'on traverse la parabole ou une des droites, le facteur correspondant change de signe ; il suffit donc de connaître le signe du produit pour un point pour en déduire son signe dans les différentes régions du plan ; prenons, par exemple, le point de coordonnées 0, 1 ; il donne un résultat positif et ses coordonnées vérifient l'inégalité, ainsi que celles de tous les points de la région qui le contient ; nous avons passé dans une autre région en traversant la parabole, sans traverser de droite ; les points de cette région ne conviennent pas, et ainsi de suite. Les régions du plan qui ne conviennent pas sont couvertes de hachures.

Il faut remarquer que si l'on passe d'une région dans une autre en traversant plusieurs courbes en leur point d'intersection, plusieurs facteurs changent de signe, et le produit peut changer ou ne pas changer de signe ; on évite toute difficulté en ne passant jamais par des points communs à plusieurs courbes.

EXERCICES

1. Déterminer λ de façon que les systèmes de deux équations

$$x^2 - 2(1 + \lambda)x + \lambda = 0 \quad \text{et} \quad x^2 - 2\lambda x - 3 = 0,$$
$$(\lambda - 1)x^2 - 2x - \lambda = 0 \quad \text{et} \quad x^2 - \lambda x - 2 = 0,$$
$$x^2 - 2(\lambda + 3)x + 1 = 0 \quad \text{et} \quad x^2 - (3\lambda - 1)x + 1 = 0,$$

aient une racine commune et calculer cette racine.

2. Classer, suivant les valeurs données à λ, les racines des équations.

$$x^2 + 2\lambda x - \lambda = 0 \quad \text{et} \quad x^2 - 2x - \lambda = 0.$$

3. Résoudre les systèmes

$$\begin{cases} x + y + z = a, \\ 2x + y - z = b, \\ x^2 + y^2 - z^2 = c^2 ; \end{cases}$$

$$\begin{cases} x^2 + y^2 = a^2, \\ x^4 + y^4 = b^4 ; \end{cases} \qquad \begin{cases} x + y = a, \\ x^5 + y^5 = b^5. \end{cases}$$

4. Résoudre et discuter les systèmes

$$\begin{cases} x^2 + y^2 - 2\lambda x + 1 = 0, \\ y^2 - 2x = 0 ; \end{cases} \qquad \begin{cases} x^2 + y^2 + 3xy - x - y = 1, \\ xy - 3(x + y) = \lambda ; \end{cases}$$

$$\begin{cases} x^2 + y^2 + z^2 = 14, \\ xy + yz + zx = 11, \\ (x + y)^2 + z^2 = 18 ; \end{cases} \qquad \begin{cases} y^2 + z^2 - x(y + z) = a^2, \\ z^2 + x^2 - y(z + x) = b^2, \\ x^2 + y^2 - z(x + y) = c^2. \end{cases}$$

$$\begin{cases} x^2 + y^2 - 3x - 4y = 0, \\ x + y = m. \end{cases}$$

Discuter la réalité et le signe de x et de y.

(Baccalauréat.)

$$x + y = \sqrt{2a^2 - x^2} + \sqrt{2a^2 - y^2} = a\sqrt{3}.$$

(Baccalauréat.)

5. Trouver les équations d'une tangente de coefficient angulaire m aux courbes représentées par les équations suivantes et calculer les coordonnées des points de contact :

$$y = x^2, \qquad y = ax^2 + bx + c, \qquad y = x + \frac{1}{x},$$

$$y = \frac{ax + b}{a'x + b'}, \qquad y^2 - x^2 = 1.$$

6. Écrire qu'une tangente aux courbes précédentes passe par un point donné de coordonnées α, β et en déduire les coefficients angulaires des tangentes issues de ce point. Discuter.

7. Résoudre géométriquement les inégalités isolées suivantes :

$$(x + y - 1)(x^2 + y^2 - 1) < 0, \qquad (x^2 + y^2 - 1)(y^2 - x) > 0,$$

$$(x + 1)(y - 2)(y - 2x^2)(x^2 + y^2 - 1) < 0.$$

8. Résoudre graphiquement les systèmes suivants :

$$\begin{cases} x + y - 3 < 0, \\ x^2 + y^2 - 4 > 0 ; \end{cases} \qquad \begin{cases} x + 3y - 5 < 0, \\ y^2 - 4x^2 > 0 ; \end{cases}$$

$$\begin{cases} x + 2y - 1 < 0, \\ x^2 + y^2 - 1 > 0, \\ y - x^2 > 0 ; \end{cases} \qquad \begin{cases} x^2 + y^2 - 1 < 0, \\ y + x > 0, \\ y - x^2 - x < 0. \end{cases}$$

9. Résoudre le système

$$x^2 + y^2 = a^2, \qquad x^3 - x^2y + xy^2 - y^3 = b^3.$$

Calculer à $\dfrac{1}{100}$ près, les valeurs de x et y, si $a = 3$, $b = 2$.

(École de Physique et Chimie industrielles.)

10. 1° Résoudre le système

$$(E) \qquad x^2 + y^2 + z^2 = 1, \qquad 4xy = z^2, \qquad x + y = mz,$$

où m est un nombre positif donné. Discussion.

2° Trouver entre quelles limites doit être m pour qu'il existe un triangle T dont les côtés aient pour mesure trois nombres positifs x, y, z satisfaisant aux équations (E).

3° Le triangle peut-il être rectangle ou isocèle ?

4° A quelles conditions doit satisfaire m pour que le triangle T ait un angle obtus ?

5° Déterminer m de façon que T ait une aire donnée k^2. Pour quelle valeur de m cette aire est-elle la plus grande possible ?

(École de Saint-Cloud.)

11. 1° Calculer deux nombres positifs x, y vérifiant les équations

$$\frac{x^2}{a} + \frac{y^2}{b} = k, \qquad x + y = s,$$

où a, b, k, s sont des nombres positifs donnés. Discuter en faisant varier s.

2° x, y, z sont des nombres positifs vérifiant la relation

$$(1) \quad \frac{x^2}{a} + \frac{y^2}{b} + \frac{z^2}{c} = k,$$

où a, b, c, k sont des nombres positifs donnés.

L'un de ces nombres étant fixe, déterminer les deux autres de façon que leur somme ait la plus grande ou la plus petite valeur possible.

3° a, b, c étant les côtés d'un triangle et k une longueur quelconque, déterminer, parmi tous les triangles dont les trois côtés sont assujettis à vérifier la relation (1), celui dont le périmètre est maximum ou minimum.

(École de Saint-Cloud.)

CHAPITRE V

PROBLÈMES DU SECOND DEGRÉ

283. — Les problèmes dont la solution dépend d'équations de degré supérieur au premier ne diffèrent des problèmes du premier degré que par la résolution des équations et la discussion.

On résout les équations comme nous l'avons montré dans les chapitres précédents et on parvient toujours à une équation finale à une seule inconnue ; la connaissance des racines de cette équation entraîne celle des inconnues du problème et les conditions qui tiennent aux transformations des équations ou à l'énoncé même, peuvent toujours se ramener finalement à des conditions relatives à l'équation finale.

Nous avons vu que l'on sait résoudre les équations bicarrées, réciproques, à l'aide d'équations du second degré, de telle sorte que pour tous les problèmes que nous saurons résoudre à l'aide des équations étudiées ici, on sera toujours conduit à une équation du second degré ; il suffit de s'occuper de cette équation.

Si l'inconnue de cette équation est assujettie à des conditions qui ne se traduisent ni par des égalités, ni par des inégalités, il ne peut être donné de règle générale ; chaque cas particulier devra être traité d'une façon particulière. Supposons donc que l'inconnue finale x soit assujettie à vérifier certaines inégalités ; si elles sont du premier degré, elles sont de la forme $x < \alpha$ ou $x > \alpha$; si elles sont de degré supérieur au premier, on peut les ramener à être du premier degré, en tenant compte de l'équation.

Soit, par exemple, l'inégalité

$$ax^3 + bx^2 + cx + d > 0,$$

que doit vérifier une racine de l'équation

$$x^2 + px + q = 0.$$

Nous pouvons remplacer x^2 par sa valeur $-px-q$, et transformer l'inégalité en la suivante

$$- ax(px + q) - b(px + q) + cx + d > 0,$$

ou

$$- apx^2 - (aq + bp - c)x - bq + d > 0.$$

Remplaçant encore x^2 par sa valeur, on obtient l'inégalité du premier degré

$$(ap^2 - aq - bp + c)x + apq - bq + d > 0.$$

Enfin, si une inégalité est irrationnelle, on peut la ramener à être rationnelle et entière en utilisant les transformations d'inégalités; on la ramènera ensuite à être du premier degré.

Finalement, l'inconnue x sera assujettie à être inférieure à des nombres α, α', ..., et supérieure à des nombres β, β', ...; certaines de ces conditions pourront être vérifiées d'elles-mêmes, comme nous l'avons vu dans l'étude des équations irrationnelles; nous n'avons pas à nous en occuper; x devra alors être inférieur au plus petit des nombres α (soit α_0) et supérieur au plus grand des nombres β (soit β_0); les autres conditions seront remplies d'elles-mêmes.

Si $\beta_0 \geqslant \alpha_0$, le problème est impossible.

Si $\beta_0 < \alpha_0$, il suffira de classer α_0 et β_0 par rapport aux racines d'une équation du second degré, question que nous avons traitée.

Nous allons appliquer ces remarques à quelques exemples.

284 Problème I. — *Étant donné un triangle dont les côtés sont a, b, c, quelle longueur x faut-il ajouter à chaque côté pour que le triangle dont les côtés sont $a+x$, $b+x$, $c+x$ soit rectangle?*

Soit a le plus grand côté; $a+x$ sera l'hypoténuse du nouveau triangle et l'équation du problème sera

$$(a + x)^2 = (b + x)^2 + (c + x)^2,$$
$$x^2 + 2(b + c - a)x + b^2 + c^2 - a^2 = 0.$$

Discussion. — La seule condition que doit remplir x est d'être positif; car, si cela a lieu, le côté $a+x$ est certainement compris entre la somme et la différence des deux autres, d'après la forme même de l'équation.

Nous remarquons que si l'équation du second degré a des racines, leur somme $2(a - b - c)$ est négative; une, au plus, est positive; le problème n'est donc possible que si le produit est négatif :

$$a^2 > b^2 + c^2.$$

Il y a alors une solution unique.

Si
$$a^2 = b^2 + c^2,$$

cette solution est zéro, le triangle donné est rectangle.

285. Problème II. — *On considère une demi-circonférence de diamètre AB, et la tangente BT; trouver sur la courbe un point M tel que si l'on abaisse la perpendiculaire MP sur la tangente et si l'on joint A à M, la somme AM + 2MP soit égale à une longueur donnée l.*

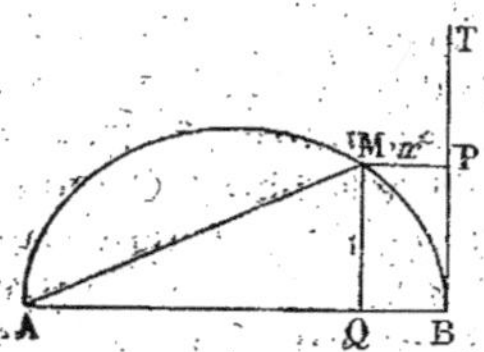

Soient r le rayon du cercle et x la longueur MP; si l'on projette M en Q sur le diamètre, on a

$$\overline{AM}^2 = AB \times AQ = 2r(2r - x).$$

L'équation du problème est donc

$$\sqrt{2r(2r - x)} + 2x = l$$

ou
$$\sqrt{2r(2r - x)} = l - 2x.$$

Élevant au carré et réduisant, on a l'équation du second degré

$$2r(2r - x) = (l - 2x)^2,$$

ou
$$4x^2 - 2(2l - r)x + l^2 - 4r^2 = 0.$$

Discussion. 1° *Conditions géométriques.* — x est positif et inférieur à $2r$.

2° *Conditions algébriques.* — L'équation primitive n'a de solution que si l'équation finale en a, et si de plus ces solutions rendent $2r(2r - x)$ et $l - 2x$ positifs.

En résumé, x est assujetti à être positif, inférieur à $2r$ et à $\dfrac{l}{2}$.

Mais nous pouvons remarquer qu'une solution de la dernière

équation fait acquérir à $2r(2r - x)$ une valeur positive, puisque cette expression est égale à $(l - 2x)^2$; on est donc assuré que x est inférieur à $2r$; il reste à exprimer que l'équation du second degré a au moins une racine comprise entre 0 et $\dfrac{l}{2}$.

Formons $f(0)$ et $f\left(\dfrac{l}{2}\right)$:

$$f(0) = l^2 - 4r^2,$$
$$f\left(\dfrac{l}{2}\right) = r(l - 4r).$$

Ces expressions changent de signe pour $l = 2r$ et $l = 4r$, l et r étant essentiéllement des nombres positifs; le tableau suivant donne les signes de $f(0)$ et $f\left(\dfrac{l}{2}\right)$:

l	0	$2r$	$4r$	$\dfrac{17r}{4}$
$f(0)$	$-$	$+$	$+$	
$f\left(\dfrac{l}{2}\right)$	$-$	$-$	$+$	
	0 solution	1 solution	2 solutions	0 racine
	1 sol.	2 sol.	1 sol.	

Dans le premier intervalle, $f(0)$ et $f\left(\dfrac{l}{2}\right)$ ont un signe différent de celui du coefficient de x^2; l'équation a des racines, qui comprennent entre elles 0 et $\dfrac{l}{2}$; aucune ne convient.

Dans le second intervalle, $f(0)$ et $f\left(\dfrac{l}{2}\right)$ ont des signes différents; l'équation a une racine comprise entre 0 et $\dfrac{l}{2}$; cette racine seule convient et on voit que c'est la plus petite.

Si l est supérieur à $4r$, on ne sait pas si l'équation a des racines; pour que les racines existent, il faut que l'on ait

$$(2l - r)^2 - 4(l^2 - 4r^2) \geqslant 0,$$

ou

$$l \leqslant \dfrac{17r}{4}.$$

l étant alors compris entre $4r$ et $\dfrac{17r}{4}$, les deux racines con-

viendront si leur demi-somme $\dfrac{2l - r}{4}$ est comprise entre 0 et

$\dfrac{l}{2}$, ce qui a lieu ici; il y a deux solutions.

Pour les valeurs limites, on a immédiatement :

$l = 2r$, une racine nulle qui convient;

$l = 4r$, les deux racines $2r$ et $\dfrac{3r}{2}$ conviennent;

$l = \dfrac{17r}{4}$, la racine unique $\dfrac{15r}{8}$ convient.

286. Problème III. — *On considère deux demi-circonférences tangentes intérieurement en un point* A *de leur diamètre
commun; mener une perpendiculaire à ce diamètre, de façon
que la longueur limitée aux points de rencontre de cette perpendiculaire avec les demi-circonférences soit égale à* l.

Première solution. — Soient R et r les rayons de ces circonférences, x la distance de la perpendiculaire cherchée au point
A; on a

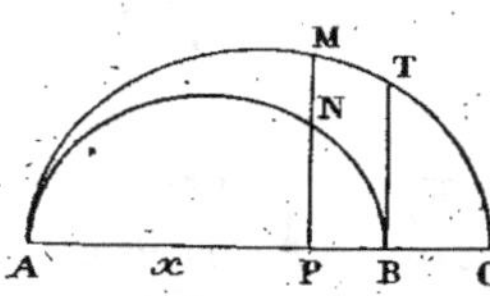

$$MP = \sqrt{x(2R - x)}, \quad NP = \sqrt{x(2r - x)},$$

et l'équation du problème est

$$\sqrt{x(2R - x)} - \sqrt{x(2r - x)} = l,$$

ou

$$(1) \quad \sqrt{x(2R - x)} = l + \sqrt{x(2r - x)}.$$

Élevons au carré les deux membres de cette équation et
isolons le radical :

$$(2) \quad 2(R - r)x - l^2 = 2l\sqrt{x(2r - x)}.$$

Élevons de nouveau au carré :

$$(3) \quad 4[(R - r)^2 + l^2]x^2 - 4l^2(R + r)x + l^4 = 0.$$

Discussion. 1° *Conditions géométriques.* — x doit être positif et inférieur à $2r$.

2° *Conditions algébriques.* — Les quantités placées sous les
radicaux sont positives si x est positif et inférieur à $2r$; l'élé-

vation au carré des deux membres de l'équation (1) n'a pas introduit de solutions étrangères, puisque ces deux membres sont positifs; la seconde élévation au carré a pu seule introduire des solutions étrangères; pour qu'une solution de l'équation (3) convienne, il faut et il suffit que

$$2(R - r)x - l^2 > 0,$$

ou

$$x > \frac{l^2}{2(R - r)} \cdot$$

Remarquons d'ailleurs que l'équation (3) provient de la relation

$$[2(R - r)x - l^2]^2 = 4l^2 x(2r - x),$$

qui montre que le produit $x(2r - x)$ est positif; par suite, x étant supérieur à zéro, s'il est supérieur à $\frac{l^2}{2(R - r)}$, on est assuré qu'il est inférieur à $2r$; il reste donc la seule condition

$$x > \frac{l^2}{2(R - r)},$$

les conditions géométriques étant certainement remplies.

Formons $f\left(\frac{l^2}{2(R - r)}\right)$:

$$f\left(\frac{l^2}{2(R - r)}\right) = \frac{l^4}{(R - r)^2}[l^2 - 4r(R - r)];$$

le changement de signe de cette quantité a lieu pour $l^2 = 4r(R - r)$; le tableau suivant résume les résultats de la discussion :

l^2	0		$4r(R - r)$		$4Rr$
$f\left(\dfrac{l^2}{2(R - r)}\right)$		—		+	
		1 solution		0 solution	

Dans le premier intervalle, $f\left(\frac{l^2}{2(R - r)}\right)$ est négatif et le coefficient de x^2 positif; l'équation a des racines et une seule convient, la plus grande; si l^2 est supérieur à $4r(R - r)$, on ne sait pas si l'équation (3) a des racines; pour qu'elle ait des racines, il faut que l'on ait

$$4l^4(R + r)^2 - 4l^4[(R - r)^2 + l^2] \geqslant 0,$$
$$l^2 \leqslant 4Rr.$$

Plaçant la valeur $4Rr$ dans le tableau, nous voyons que si l^2 est compris entre $4r(R - r)$ et $4Rr$, $\dfrac{l^2}{2(R - r)}$ est supérieur aux deux racines ou inférieur aux deux racines; pour que ces racines conviennent, il faut que leur demi-somme soit supérieure à $\dfrac{l^2}{2(R - r)}$:

$$\frac{l^2(R + r)}{2[(R - r)^2 + l^2]} > \frac{l^2}{2(R - r)},$$

ou
$$(R^2 - r^2) > (R - r)^2 + l^2,$$
$$l^2 < 2r(R - r);$$

cette condition n'étant pas réalisée, le problème n'a pas de solution. En résumé, le problème a une solution uniquement quand l^2 est inférieur à $4r(R - r)$.

DEUXIÈME SOLUTION. — Nous allons donner une autre solution, afin de montrer qu'il n'est pas indifférent de faire disparaître les radicaux par n'importe quel procédé; la discussion sera beaucoup plus difficile que dans la première méthode, mais nous permettra de montrer comment certaines remarques permettent de discuter un problème, même lorsqu'il semble conduire à des expressions de degré élevé.

Reprenons l'équation sous la forme

(1)
$$\sqrt{x(2R - x)} - \sqrt{x(2r - x)} = l.$$

Deux élévations successives au carré donnent

(2) $$2\sqrt{x^2(2R - x)(2r - x)} = -2x^2 + 2(R + r)x - l^2.$$

(3) $$4[(R - r)^2 + l^2]x^2 - 4l^2(R + r)x + l^4 = 0.$$

Discussion. 1° *Conditions géométriques.* — x doit être compris entre 0 et $2r$.

2° *Conditions algébriques.* — Nous savons déjà, d'après ce que l'on a vu pour les équations irrationnelles, que les quanlités placées sous les radicaux sont positives ; donc, si x est positif, il est inférieur à $2r$, ce qui exclut une condition géométrique ; la première élévation au carré n'a pas introduit de solutions étrangères ; pour qu'il en soit de même de la seconde, il faut que l'on ait

$$2x^2 - 2(R + r)x + l^2 < 0.$$

En résumé, x doit être positif et vérifier l'inégalité

$$2x^2 - 2(R + r)x + l^2 < 0.$$

Tenant compte de l'équation (3), on peut remplacer dans cette inégalité x^2 par

$$\frac{4l^2(R + r)x - l^4}{4[(R - r)^2 + l^2]},$$

et on trouve ainsi, en chassant le dénominateur, qui est positif,

$$4l^2(R+r)x - l^4 - 4(R+r)[(R-r)^2+l^2]x + 2l^2[(R-r)^2+l^2] < 0,$$

ou

$$x > l^2\, \frac{l^2 + 2(R - r)^2}{4(R + r)(R - r)^2}.$$

Si cette condition est remplie, x est positif ; nous avons donc une seule condition à exprimer ; formons $f\left[l^2\dfrac{l^2+2(R-r)^2}{4(R+r)(R-r)^2}\right]$:

$$f\left[l^2\,\frac{l^2 + 2(R - r)^2}{4(R + r)(R - r)^2}\right]$$

$$= l^4[(R - r)^2 + l^2]\,\frac{[l^2 + 2(R - r)^2]^2}{4(R + r)^2(R - r)^4} - l^4(R + r)\,\frac{l^2 + 2(R - r)^2}{(R + r)(R - r)^2} + l^4$$

$$= \frac{l^4}{4(R^2 - r^2)^2(R - r)^2}\left\{\begin{array}{l} l^6 + 5(R - r)^2 l^4 + 4(R - r)^2[2(R - r)^2 \\ \quad - (R + r)^2]l^2 - 16(R - r)^4 Rr. \end{array}\right\}$$

Le signe de cette expression est le signe de la quantité entre crochets ; c'est un polynome du troisième degré en l^2, dont nous ne savons pas trouver les racines. Dans ce cas, certaines remarques sur la nature du problème peuvent aider à la discussion, sans toutefois qu'il y ait à cet égard rien de précis.

Ici, il est naturel de penser que la valeur $x = 2r$ correspond à une particularité dans la discussion : l est alors la longueur $BT = \sqrt{AB.BC} = \sqrt{2r(2R - 2r)}$; nous sommes ainsi conduits à essayer si $l^2 = 4r(R - r)$ n'est pas racine du polynome du troisième degré ; on vérifie aisément que cela a lieu et ce polynome est égal à

$$[l^2 - 4r(R - r)][l^4 + (R - r)(5R - r)l^2 + 4R(R - r)^3].$$

Le trinome bicarré placé entre crochets n'a pas de racine;
$f\left[l^2 \dfrac{l^2 + 2(R - r)^2}{4(R + r)(R - r)^2} \right]$ est donc positif ou négatif suivant
que l^2 est supérieur ou inférieur à $4r(R - r)$, nous pouvons
dresser le tableau suivant, où, pour simplifier, nous désignons
$l^2 \dfrac{l^2 + 2(R - r)^2}{4(R + r)(R - r)^2}$ par α :

l^2	0	$4r(R - r)$	$4Rr$
$f(\alpha)$	$-$	$+$	
	1 solution	0 solution	0 racine

Dans le premier intervalle l'équation (3) a des racines et une
seule convient, la plus grande.

Si l^2 est supérieur à $4r(R - r)$, on ne sait pas si l'équation (3) a des racines; pour que les racines existent, il faut que
l'inégalité
$$4l^4(R + r)^2 - 4l^4[(R - r)^2 + l^2] \geqslant 0$$
soit vérifiée; on en déduit
$$l^2 \leqslant 4Rr.$$

Les racines conviennent toutes les deux, si leur demi-somme
est supérieure à α :
$$\frac{l^2(R + r)}{2[(R - r)^2 + l^2]} > l^2 \frac{l^2 + 2(R - r)^2}{4(R + r)(R - r)^2},$$
ou $\qquad 2(R^2 - r^2)^2 > [l^2 + 2(R - r)^2][l^2 + (R - r)^2],$
ou $\qquad l^4 + 3(R - r)^2 l^2 - 8(R - r)^2 Rr < 0.$

Ce trinome bicarré a une seule racine positive, qui correspond
à la racine positive de la résolvante et l'inégalité sera vérifiée
si l^2 est inférieur à la racine positive de la résolvante, puisque
l^2 sera alors compris entre les racines de cette résolvante ; nous
avons donc à comparer $4r(R - r)$ et $4Rr$ aux racines de la
résolvante :
$$f[4r(R - r)] = 16r^2(R - r)^2 + 12r(R - r)^3 - 8(R - r)^2 Rr$$
$$= 4r(R - r)^2(R + r).$$

Cette quantité étant positive, $4r(R - r)$ n'est pas compris
entre les racines de la résolvante; comme cette résolvante a

une racine négative, $4r(\mathrm{R} - r)$ est supérieur aux deux racines, et l^2, étant supérieur à $4r(\mathrm{R} - r)$, est supérieur à la racine positive de la résolvante; le problème n'a pas de solution. Remarquons qu'il était inutile d'écrire que l'équation (3) a des racines; la discussion sur la demi-somme suffit. Pour terminer, notons que, si $l^2 = 4r(\mathrm{R} - r)$, la valeur de x est $2r$.

287. Problème IV (Problème de Pappus). — *Étant donné un angle droit et un point A situé sur la bissectrice de l'angle, mener par ce point une droite telle que le segment déterminé par les côtés de l'angle droit sur cette droite ait une longueur donnée l.*

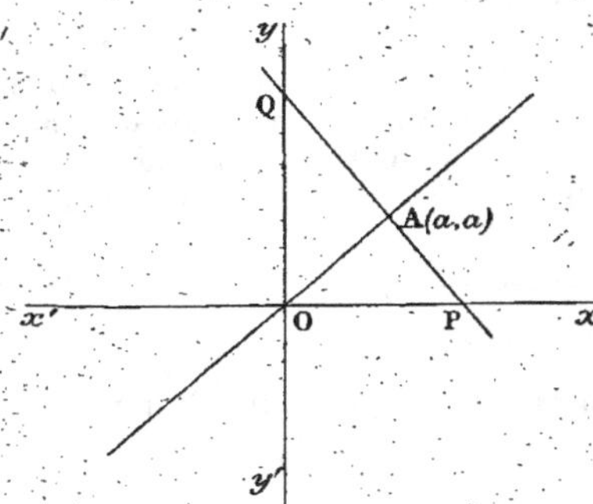

Pour éviter d'examiner les différents cas qui peuvent se présenter, nous utiliserons les formules de la géométrie analytique, qui ont été établies d'une façon générale. Soient a, a les coordonnées du point A, pris sur la bissectrice du premier angle. Une droite menée par ce point a pour équation

$$y - a = m(x - a),$$

dans laquelle le coefficient angulaire m est inconnu. Cette droite coupe les axes en des points P et Q dont les coordonnées sont

$$(\mathrm{P}) \left| \begin{array}{l} x = a\,\dfrac{m - 1}{m}, \\ y = 0; \end{array} \right. \qquad (\mathrm{Q}) \left| \begin{array}{l} x = 0, \\ y = a(1 - m). \end{array} \right.$$

Écrivons que la distance de ces points est égale à l :

$$a^2\,\frac{(m - 1)^2}{m^2} + a^2(1 - m)^2 = l^2,$$

ou

$$a^2 m^4 - 2a^2 m^3 + (2a^2 - l^2)\,m^2 - 2a^2 m + a^2 = 0,$$

équation réciproque du quatrième degré.

Pour la résoudre, groupons les termes équidistants des extrêmes et divisons par m^2 :

$$a^2\left(m^2 + \frac{1}{m^2}\right) - 2a^2\left(m + \frac{1}{m}\right) + 2a^2 - l^2 = 0.$$

Si l'on pose

$$\mu = m + \frac{1}{m},$$

la résolvante est

$$a^2\mu^2 - 2a^2\mu - l^2 = 0.$$

Discussion. — Il n'y a pas d'autre condition que l'existence des racines ; nous savons qu'à toute racine de la résolvante non comprise entre -2 et $+2$ correspondent deux racines de l'équation réciproque ; formons $f(-2)$ et $f(2)$ relativement à la résolvante :

$$f(-2) = 8a^2 - l^2,$$
$$f(2) = -l^2,$$

l étant un nombre positif, la première expression changera de signe pour $l = 2a\sqrt{2}$, nous avons ainsi le tableau suivant :

l	0		$2a\sqrt{2}$		$+\infty$
$f(-2)$		$+$		$-$	
$f(2)$		$-$		$-$	
		2 solutions.		4 solutions.	

Dans le premier intervalle la résolvante a une racine supérieure à 2, l'autre comprise entre -2 et 2 ; la première donne deux solutions. Dans le second intervalle, -2 et 2 sont compris entre les racines de la résolvante, qui sont, l'une inférieure à -2 et l'autre supérieure à 2 ; il y a quatre solutions.

Pour $l = 2a\sqrt{2}$, deux solutions sont confondues et égales à -1 ; les deux autres sont $2 \pm \sqrt{3}$.

Remarque I. — Il peut être intéressant, au point de vue géométrique, de savoir dans quel angle le segment intercepté est compris. Nous voyons d'abord qu'il ne peut jamais être compris dans le troisième angle, qu'il sera compris dans le premier si m est négatif, dans le second si m est positif et inférieur à 1, et dans le quatrième si m est positif et supérieur à 1 ; il suffit donc de comparer 0 et 1 aux racines de l'équation réciproque ou aux racines de l'équation

$$m^2 - \mu m + 1 = 0,$$

dans laquelle μ est une racine de la résolvante :

$$f(0) = 1,$$
$$f(1) = 2 - \mu,$$

ce qui revient à comparer 2 aux racines de la résolvante.

1° $l < 2a\sqrt{2}$; la seule racine μ qui convienne est supérieure à 2 ; $f(0)$ et $f(1)$ sont de signes différents, une racine m est comprise entre 0 et 1, l'autre est supérieure à 1. Un des segments est dans le second angle, l'autre dans le quatrième.

2° $l = 2a\sqrt{2}$; la racine $\mu = -2$ donne $m = -1$ et il lui correspond un segment compris dans le premier angle, perpendiculaire à la bissectrice donnée ; l'autre racine $\mu = 4$ donne deux segments compris, l'un dans le second angle, l'autre dans le quatrième.

3° $l > 2a\sqrt{2}$; une racine μ est supérieure à 2 et donne deux segments compris l'un dans le second angle, l'autre dans le quatrième ; l'autre racine μ est inférieure à -2 ; les racines de l'équation

$$m^2 - \mu m + 1 = 0$$

sont négatives et les segments correspondants sont dans le premier angle.

REMARQUE. — Les coefficients angulaires qui correspondent à une même valeur de μ ont pour produit 1 ; si l'on appelle α et α' les angles des droites correspondantes avec Ox, on a

$$\operatorname{tg} \alpha . \operatorname{tg} \alpha' = 1,$$

$$\alpha + \alpha' = \frac{\pi}{2} \qquad \text{ou} \qquad \alpha - \frac{\pi}{4} = \frac{\pi}{4} - \alpha',$$

ce qui exprime que les deux droites correspondantes sont symétriques par rapport à la bissectrice ; ce résultat était d'ailleurs évident.

EXERCICES

1. Trouver trois nombres entiers consécutifs dont le produit soit égal à la somme multipliée par un nombre donné a.

2. Deux capitaux dont la somme est 100 000 francs sont placés à des taux dont la différence est 1 franc ; l'intérêt produit est de 3 400 francs ; si on place le premier au taux du second et inversement, l'intérêt produit est de 3 600 francs ; quels sont ces capitaux et les taux auxquels ils sont placés ?

3. Trouver les côtés d'un triangle rectangle, connaissant :
1° L'hypoténuse a et le périmètre $2p$.
2° L'hypoténuse a et la hauteur h.
3° Le rayon r du cercle inscrit et la surface $\dfrac{1}{2}\, m^2$.
4° L'hypoténuse a et la bissectrice l de l'angle droit.
5° Le périmètre $2p$ et la surface $\dfrac{1}{2}\, m^2$.

4. Calculer les côtés d'un triangle isocèle connaissant la hauteur h et le rayon r du cercle inscrit.

5. Trouver sur une demi-circonférence de diamètre AB un point M tel que, en abaissant de ce point la perpendiculaire MP sur AB, la somme AP + MP soit égale à une longueur donnée l.

6. On considère une circonférence tangente à deux droites rectangulaires, mener à cette circonférence une tangente qui détermine avec les droites données un triangle dont l'aire soit égale à $\dfrac{1}{2}\, m^2$.

7. Couper une sphère de rayon R par un plan tel que l'aire latérale du cône de révolution inscrit ayant pour base la section plane soit dans un rapport donné m avec l'aire d'une des zones déterminées par le plan.

8. Couper une sphère par un plan tel que la somme de l'aire de la plus petite zone et de l'aire de la section soit dans un rapport donné m avec la somme de l'aire de l'autre zone et de l'aire de la section.

9. On considère une sphère de rayon R tangente à un plan P ; sur ce plan repose par sa base un cône de révolution de hauteur h et de rayon r ; couper ces deux corps par un plan parallèle au plan P de façon que le rapport des aires des sections soit égal à k.

10. Même problème en supposant que la somme des aires soit égale à πm^2 ; on supposera $R = r$.

11. Soit $V(x)$ le volume compris entre deux sphères concentriques dont les rayons sont x et $x + a$, a étant une longueur donnée.

1° Déterminer x de façon que V ait une valeur donnée $\dfrac{4}{3} \pi k a^3$.

2° Construire la courbe représentée par l'équation $y = V(x)$ et en déduire une solution et une discussion de la première question.

(Baccalauréat.)

12. Inscrire dans un cercle de rayon R une corde telle que sa longueur augmentée du produit par k de sa distance au centre donne une somme égale à l.

13. Un tronc de cône de révolution a pour hauteur h ; trouver la somme x et la différence y des rayons des bases, connaissant le volume $\pi h a^2$ et la surface totale $4\pi a^2$. Discuter.

(Baccalauréat.)

14. Calculer les bases d'un trapèze isocèle connaissant le côté oblique l, le rayon R du cercle circonscrit et la somme $2p$ des bases. Distinguer le cas où le centre du cercle circonscrit est intérieur au trapèze de ceux où il est extérieur.

(Saint-Cyr.)

15. On donne les côtés $b = AC$, $c = AB$ d'un triangle $(b > c)$. Trouver le côté BC sachant que le volume engendré par ce triangle tournant autour de la parallèle à BC menée par A est dans un rapport donné m avec le volume de la sphère ayant BC pour diamètre. Discuter.

Achever la résolution dans l'hypothèse $m = \dfrac{4c^2}{b^2 - c^2}$.

(Baccalauréat.)

16. Inscrire dans un triangle ABC de base b et de hauteur h un rectangle $DEFG$, dont un côté FG soit situé sur la base BC et tel qu'en augmentant la surface de ce rectangle de celle du triangle équilatéral construit sur FG comme côté, on ait une somme égale à un carré donné k^2.

17. Calculer les côtés b et c d'un triangle ABC, connaissant le côté a, la somme k^2 des carrés des bissectrices intérieures des angles B et C et la somme $4a$ des côtés b et c.

18. On donne deux axes rectangulaires OX, OY et, sur OX, un point A d'abscisse a ; un triangle rectangle ABC est tel que le sommet B de l'angle droit soit sur OY et que le sommet C soit dans l'angle XOY ; calculer les côtés du triangle sachant :

1° Que l'aire du triangle est égale à celle du carré construit sur OA ;

2° Que le volume engendré par la rotation du triangle autour de OY est dans un rapport m avec celui d'une sphère de rayon OA.

(Agrégation de l'enseignement secondaire des jeunes filles.)

19. On donne la base $BC = a$ d'un triangle isocèle ABC, et on demande de calculer les autres côtés, sachant que le rapport de l'aire du triangle à l'aire du triangle obtenu en joignant les pieds des hauteurs du premier est égal à un nombre donné m.

Dans le cas où le problème admet deux solutions, ont fait tourner les deux triangles ainsi obtenus autour de la hauteur commune et on engendre deux cônes dont les aires latérales sont S et S' ; trouver la somme S + S' sans résoudre l'équation qui a donné les deux solutions ; quelle valeur faut-il donner à m pour que le rapport de S + S' à l'aire du cercle de diamètre a soit égal à p ?

(Certificat d'aptitude à l'enseignement spécial.)

20. Trouver la hauteur AB et les bases AD et BC d'un trapèze rectangle, connaissant la longueur l du côté oblique CD, l'aire a^2 du trapèze et le volume $\frac{4}{3}\pi b^3$ engendré par la rotation du trapèze autour de CD.

Cas particuliers : $l = a$, $l = 3a$.

(Concours d'agrégation.)

21. Trouver les bases et la hauteur d'un trapèze rectangle, connaissant le côté oblique l, l'aire a^2 et la somme k^2 des carrés des diagonales.

22. On donne un tétraèdre régulier ABCD de côté a ; sur DA et CA, on porte $DF = CE = x$; sur DB et sur CB, on porte $DH = CG = y$. Déterminer x et y de façon que le trapèze isocèle EFGH soit circonscriptible et que la différence $x - y$ soit égale à une longueur donnée l.

23. On considère un cercle de diamètre AB et on demande de trouver sur ce cercle un point M tel que l'aire du triangle de sommet A ayant pour base la corde menée de M perpendiculairement à AB et la moitié de l'aire du carré construit sur AM aient une somme ou une différence donnée k^2.

24. On considère une circonférence de rayon R tangente à deux droites rectangulaires Ox, Oy ; trouver sur cette circonférence un point M tel que si on abaisse de ce point les perpendiculaires MP, MQ sur Ox, Oy, le rectangle OPMQ ait une aire donnée k^2.

25. Trouver sur une demi-circonférence limitée par le diamètre AB un point D, tel que, si l'on mène la corde DE parallèle à AB et qu'on joigne D à A, la somme des cordes AD et DE soit égale à une longueur donnée l.

On distinguera deux cas suivant que l'arc AD est inférieur ou supérieur au quart de la circonférence.

(Baccalauréat.)

26. Étant données une sphère S et une droite D tangente à la sphère en un point A, on considère le cône circonscrit C à la sphère et dont le sommet T ($AT = x$) se trouve sur la droite D, ce cône étant limité à son sommet et à sa circonférence Γ de contact avec la sphère.

1° Calculer en fonction du rayon R de la sphère et de x, l'aire latérale et le volume du cône C, ainsi que les aires des calottes déterminées par la circonférence Γ sur la sphère.

2° Déterminer x de telle façon que l'aire latérale du cône et l'aire de la calotte intérieure au cône aient une somme donnée $\pi m R^2$.

(Baccalauréat.)

27. Par un point M pris sur le diamètre AB d'un cercle de rayon R, on mène la corde CMC' perpendiculaire au diamètre et on pose $\dfrac{\overline{AM}}{\overline{MB}} = x$; on demande de calculer en fonction de R et de x :

1° Les longueurs AM, MB, MC, AC et BC ;

2° Les volumes des deux cônes engendrés par la rotation autour de AB des triangles AMC, BMC.

Déterminer x de façon que la somme de ces volumes soit $\dfrac{2k\pi R^3}{3}$.

(Baccalauréat.)

28. On considère une ellipse dont le grand axe AA' a pour longueur $2a$ et dont l'excentricité est $\dfrac{1}{2}$. Dans une moitié de cette ellipse, limitée par AA' on demande d'inscrire un trapèze isocèle convexe AMM'A', de périmètre donné $2p$.

On pourra prendre pour inconnue la distance x des points M, M' au petit axe.

Discuter. Calculer avec deux chiffres décimaux exacts la valeur du maximum du rapport $\dfrac{p}{a}$ et celle du rapport $\dfrac{a-x}{x}$ correspondant.

(Baccalauréat.)

29. On considère une pyramide SABCD à base carrée, dont l'arête SA est perpendiculaire au plan de base ABCD. On trace dans le plan de base une parallèle MN à la diagonale BD, rencontrant AC en un point I situé entre A et le centre O du carré; par MN, on mène un plan parallèle à SA.

Soient BD $= 2b$, SA $= 3d$, AI $= x$.

1° Calculer x de façon que l'aire de la section MNPQR faite par le plan ait une valeur donnée k^2. Discuter.

2° Le plan mené par BD parallèlement à SA qui donne une section, d'aire minima, divise la pyramide en trois parties; calculer le volume de chacune d'elles.

(Baccalauréat.)

30. Sur les côtés Ox, Oy d'un angle droit, on prend les points A, B, tels que OA $= 8l$, OB $= 6l$, en désignant par l une longueur donnée. Soit M un point intérieur au triangle OAB et dont les coordonnées par rapport aux axes Ox, Oy sont a, b.

Déterminer une droite PQ passant par M, coupant Ox en P, entre O et A, Oy en Q entre O et B, de façon que l'aire du triangle OPQ soit la moitié de celle de OAB. Indiquer le nombre des solutions suivant la position de M. On prendra pour inconnue $\overline{OP} = x$.

(Institut agronomique.)

31. On donne une parabole dont le sommet est O et le paramètre p. Déterminer sur cette parabole un point M tel que l'on ait la relation

$$OM = m\,OP + n\,PM,$$

P désignant le pied de la perpendiculaire abaissée de M sur l'axe, m et n étant deux coefficients positifs donnés. Discuter.

On représentera graphiquement les résultats de la discussion en regardant m et n comme coordonnées d'un point d'un plan et on déterminera les régions du plan où doit se trouver le point pour que le problème soit possible.

Dans le cas où le problème a deux solutions, est-il possible que le rapport $\dfrac{\overline{OM}^2}{\overline{OP}\,.\,\overline{PM}}$ ait la même valeur pour les deux solutions?

(École de Physique et de Chimie industrielles.)

32. Étant donnée une circonférence de rayon R, déterminer sur cette courbe trois points A, B, C tels que la longueur de la corde BC soit moyenne arithmétique des longueurs des cordes AB, AC et que la somme des carrés des trois cordes ait pour valeur mR^2, m étant un nombre donné. Discuter; chercher si l'angle B du triangle ABC est aigu ou obtus.

Le triangle ABC peut-il être base d'un tétraèdre SABC dont l'angle S soit trirectangle? Donner les expressions des arêtes SA, SB, SC de ce tétraèdre.

(École de Saint-Cloud.)

LIVRE V
PROGRESSIONS, LOGARITHMES, INTÉRÊTS ET ANNUITÉS

CHAPITRE I
PROGRESSIONS ARITHMÉTIQUES

---

288. Définition. — *On appelle* PROGRESSION ARITHMÉTIQUE *une suite de nombres telle que l'excès d'un terme de la suite sur le précédent soit un nombre constant appelé* RAISON *de la progression.*

La progression est dite *croissante* si la raison est positive, *décroissante* si la raison est négative.

EXEMPLES : La suite

$$1, 2, 3, \ldots,$$

des nombres entiers est une progression arithmétique croissante de raison 1.

La suite des nombres impairs

$$1, 3, 5, \ldots,$$

est une progression arithmétique croissante de raison 2.

Les mêmes suites sont des progressions arithmétiques décroissantes si on considère les termes dans l'ordre inverse,

$$10, 9, 8, 7, 6, 5, 4, 3, 2, 1,$$
$$11, 9, 7, 5, 3, 1 ;$$

les raisons sont alors -1 et -2.

289. Problème. — *Calculer le terme de rang n d'une progression arithmétique, connaissant le premier terme et la raison.*

Soient a le premier terme, r la raison; le second terme est égal au premier augmenté de r; le troisième terme est égal au second augmenté de r, c'est-à-dire au premier augmenté de $2r$. D'une façon générale, le terme de rang n se déduit du premier par l'addition de $n-1$ fois la raison; si u_n désigne ce terme, on a

$$u_n = a + (n-1)r.$$

Ainsi, le n^e nombre impair est

$$1 + (n-1)2 = 2n - 1.$$

Corollaire. — *Dans une progression arithmétique illimitée, le terme de rang n augmente indéfiniment avec n.*

290. Insertion de moyens arithmétiques. — *Insérer n moyens arithmétiques entre deux nombres a et b, c'est former une progression arithmétique de $n+2$ termes, le premier étant a et le dernier b.*

Cherchons la raison r de cette progression; b occupe le $(n+2)^e$ rang; on a donc

$$b = a + (n+1)r,$$

d'où

$$r = \frac{b-a}{n+1},$$

et les termes de la progression sont

$$a, \quad a + \frac{b-a}{n+1}, \quad a + 2\frac{b-a}{n+1}, \quad \ldots, \quad a + n\frac{b-a}{n+1}, \quad b.$$

EXEMPLE. — Insérer 4 moyens arithmétiques entre 1 et 2.

La raison est $\frac{1}{5}$ et la progression,

$$1, \frac{6}{5}, \frac{7}{5}, \frac{8}{5}, \frac{9}{5}, 2.$$

291. Définition. — Si entre deux nombres a et b on insère un seul moyen arithmétique, on obtient le nombre

$$a + \frac{b-a}{2} = \frac{a+b}{2},$$

que l'on appelle *moyenne arithmétique* des nombres a et b.

292. Remarque. — Si entre deux termes consécutifs quelconques d'une progression arithmétique, on insère constamment un même nombre de moyens, ces moyens et les nombres de la progression forment une nouvelle progression arithmétique.

Soit la progression

$$a, b, c, \ldots, k, l,$$

de raison r.

Insérons entre a et b, b et c, ..., n moyens; on forme des progressions partielles de raison

$$\frac{b-a}{n+1}, \qquad \frac{c-b}{n+1}, \qquad \ldots, \qquad \frac{l-k}{n+1}.$$

Toutes ces raisons sont égales, car les différences $b-a$, $c-b$, ... sont égales à r; on a ainsi formé une progression de raison $\dfrac{r}{n+1}$.

Exemple : Si l'on insère 4 moyens entre les termes de la progression

$$1, 2, 3,$$

on forme la nouvelle progression

$$1, \frac{6}{5}, \frac{7}{5}, \frac{8}{5}, \frac{9}{5}, 2, \frac{11}{5}, \frac{12}{5}, \frac{13}{5}, \frac{14}{5}, 3.$$

293. Théorème. — *Dans une progression arithmétique limitée, la somme de deux termes équidistants des extrêmes est constante.*

Soit une progression arithmétique de raison r

$$a, b, \ldots, k, l.$$

Le terme de rang p à partir de a est

$$a + (p-1)r.$$

Si l'on considère la progression commençant par l, la raison est $-r$, et le terme de rang p à partir de l est

$$l + (p-1)(-r) \qquad \text{ou} \qquad l - (p-1)r.$$

La somme de ces termes est

$$a + l;$$

elle ne dépend pas du rang des termes considérés.

294. Problème I. — *Trouver la somme des termes d'une progression arithmétique limitée.*

Soit S cette somme ; on peut écrire la progression dans l'ordre où elle est donnée ou dans l'ordre inverse :

$$S = a + b + \cdots + k + l,$$
$$S = l + k + \cdots + b + a.$$

Ajoutant, on trouve

$$2S = (a + l) + (b + k) + \cdots + (k + b) + (l + a).$$

Chaque somme placée entre parenthèses est la somme de deux termes équidistants des extrêmes, elle est égale à $a + l$; le nombre de ces sommes est d'ailleurs égal au nombre n des termes, de sorte que l'on a

$$2S = (a + l)n,$$
$$S = \frac{(a + l)n}{2} = \frac{[2a + (n - 1)r]n}{2}.$$

EXEMPLE I. — La somme des n premiers nombres entiers est

$$\frac{(1 + n)n}{2}.$$

EXEMPLE II. — Cherchons la somme des n premiers nombres impairs ; la raison est 2, le premier terme 1 et le n^e terme $2n - 1$; la somme est

$$\frac{(1 + 2n - 1)n}{2} = n^2.$$

295. Problème II. — *Trouver la somme des carrés des termes d'une progression arithmétique.*

Si a est le premier terme de la progression et r la raison, les termes successifs sont

$$a, \quad b = a + r, \quad c = b + r, \quad \ldots, \quad l = k + r.$$

Pour calculer la somme de leurs carrés, nous partirons de l'identité

$$(i + r)^3 = i^3 + 3 \cdot i^2 r + 3 \cdot i r^2 + r^3,$$

dans laquelle nous remplacerons i successivement par a, b, ..., k, l.

$$(a+r)^3 = a^3 + 3a^2.r + 3a.r^2 + r^3$$
$$(b+r)^3 = b^3 + 3b^2.r + 3b.r^2 + r^3$$
$$\cdots \cdots \cdots \cdots \cdots$$
$$(k+r)^3 = k^3 + 3k^2.r + 3k.r^2 + r^3$$
$$(l+r)^3 = l^3 + 3l^2.r + 3l.r^2 + r^3$$

$$(l+r)^3 = a^3 + 3(a^2 + b^2 + \cdots + l^2)r + 3(a + b + \cdots + l)r^2 + nr^3.$$

Ajoutons membres à membres ces identités ; si l'on remarque que $(a+r)^3 = b^3$, ..., $(k+r)^3 = l^3$, on voit que les termes élevés au cube disparaissent, sauf a^3 et $(l+r)^3$: le coefficient de r est trois fois la somme des carrés et le coefficient de r^2 est trois fois la somme des termes de la progression ; enfin, si n est le nombre de ces termes, le coefficient de r^3 est n ; on a donc, en désignant par S_1 et S_2 la somme des termes de la progression et la somme de leurs carrés :

$$(l + r)^3 = a^3 + 3S_2.r + 3S_1.r^2 + nr^3.$$

Comme, d'autre part, on connaît S_1, en tire S_2 de cette relation.

Exemple. — Cherchons la somme des carrés des n premiers nombres entiers : $l = n$; $a = r = 1$; $S_1 = \dfrac{n(n+1)}{2}$.

On a
$$(n+1)^3 = 1 + 3S_2 + 3\frac{n(n+1)}{2} + n,$$

ou
$$3S_2 = \frac{n+1}{2}[2(n+1)^2 - 3n - 2] = \frac{n+1}{2}(2n^2 + n),$$

ou
$$S_2 = \frac{n(n+1)(2n+1)}{6}.$$

296. Problème III. — *Trouver la somme des cubes des termes d'une progression arithmétique.*

Le procédé est analogue au précédent ; on part de l'identité suivante que l'on établit immédiatement :

$$(i + r)^4 = i^4 + 4i^3.r + 6i^2.r^2 + 4i.r^3 + r^4 ;$$

nous ferons successivement $i = a, b, \ldots, k, l$ et nous ajouterons membres à membres les résultats obtenus.

$$
\begin{aligned}
(a + r)^4 &= a^4 + 4a^3.r + 6a^2.r^2 + 4a.r^3 + r^4 \\
(b + r)^4 &= b^4 + 4b^3.r + 6b^2.r^2 + 4b.r^3 + r^4 \\
&\cdots\cdots\cdots\cdots\cdots\cdots\cdots \\
(k + r)^4 &= k^4 + 4k^3.r + 6k^2.r^2 + 4k.r^3 + r^4 \\
(l + r)^4 &= l^4 + 4l^3.r + 6l^2.r^2 + 4l.r^3 + r^4 \\
\hline
(l + r)^4 &= a^4 + 4S_3.r + 6S_2.r^2 + 4S_1 r^3 + nr^4.
\end{aligned}
$$

La relation ainsi obtenue, dans laquelle S_3 désigne la somme des cubes des termes de la progression, donne S_3, quand on a calculé S_1 et S_2.

On peut remarquer que le calcul des sommes S_4 et S_5, $\ldots$ se fait de la même façon en utilisant les développements de $(i + r)^5$, $(i + r)^6$, $\ldots$

Exemple. — Cherchons la somme des cubes des n premiers nombres entiers : $l = n$; $a = r = 1$; $S_1 = \dfrac{n(n + 1)}{2}$,

$$S_2 = \frac{n(n + 1)(2n + 1)}{6}.$$

On a $(n + 1)^4 = 1 + 4S_3 + n(n + 1)(2n + 1) + 2n(n + 1) + n$,

ou.

$$
\begin{aligned}
4S_3 &= (n + 1)[(n + 1)^3 - n(2n + 1) - 2n - 1], \\
4S_3 &= (n + 1)[(n + 1)^3 - (2n + 1)(n + 1)] = (n + 1)^2 n^2, \\
S_3 &= \left[\frac{n(n + 1)}{2}\right]^2 = S_1^2.
\end{aligned}
$$

EXERCICES

1. Trouver les progressions arithmétiques dont la raison est un nombre entier et qui comprennent les nombres 7, 67 et 97.

2. Trouver la somme des nombres entiers de 195 à 327.

3. Trouver la somme des nombres impairs de 195 à 327.

4. Trouver la somme des dix premiers nombres qui sont des multiples de 5 augmentés de 2.

5. Trouver la somme des n premiers nombres pairs ; en déduire la somme des n premiers nombres impairs.

6. Calculer le nombre des termes d'une progression arithmétique dont le premier terme est 5, la raison 3 et la somme S.

7. Trouver la valeur des groupes formés : 1° du premier nombre impair ; 2° des deux suivants ; 3° des trois suivants, etc. ; quelle est la valeur du $p^{ième}$ groupe ?

8. Trouver les progressions arithmétiques pour lesquelles la somme des n premiers termes est $\dfrac{n(an + b)}{2}$, quel que soit n.

9. Trouver une progression arithmétique telle que la somme des n premiers termes et la somme des n suivants soient dans un rapport indépendant de n.

10. Une progression arithmétique a pour premier terme a et pour raison r ; combien faut-il insérer de moyens entre ses termes consécutifs pour que le rapport de la somme des termes des deux progressions soit un nombre donné p ? Discuter.

11. Reconnaître si les nombres $\sqrt{2}$, $\sqrt{3}$, 2 peuvent faire partie d'une même progression arithmétique.

12. Calculer les sommes suivantes :
$$1.2 + 2.3 + \ldots + n(n + 1),$$
$$1.2.3 + 2.3.4 + \ldots + n(n + 1)(n + 2),$$
$$1.3 + 3.5 + \ldots + (2n - 1)(2n + 1),$$
$$1.3.5 + 3.5.7 + \ldots + (2n - 1)(2n + 1)(2n + 3),$$
$$2.4 + 4.6 + \ldots + 2n(2n + 2),$$
$$2.4.6 + 4.6.8 + \ldots + 2n(2n + 2)(2n + 4).$$

13. Trouver des nombres impairs consécutifs dont la somme soit un nombre donné a ; applications à $a = 39$, $a = 49$, $a = 1\,260$.

14. Trouver le premier terme et la raison d'une progression arithmétique telle que la somme des dix premiers termes soit un nombre α et la somme de leurs carrés un nombre β.

15. Trouver des nombres entiers consécutifs dont la somme des cubes soit égale à $2\,800$.

16. Résoudre le système de n équations à n inconnues :
$$x_1(x_2 + x_3 + \ldots + x_n) + 1.2(x_1 + x_2 + \ldots + x_n)^2 = 9a^2,$$
$$x_2(x_1 + x_3 + \ldots + x_n) + 2.3(x_1 + x_2 + \ldots + x_n)^2 = 25a^2,$$
$$x_n(x_1 + x_2 + \ldots + x_{n-1}) + n(n + 1)(x_1 + x_2 + \ldots + x_n)^2 = (2n + 1)^2a^2.$$

(Concours général, 1880.)

17. Trouver quatre nombres en progression arithmétique, connaissant leur somme p et la somme q de leurs carrés. Quand le problème est possible, combien a-t-il de solutions ?

(École de Sèvres.)

18. On suppose que, dans une progression arithmétique illimitée, dont le premier terme est a et la raison r, la somme des p termes qui suivent le $q^{\text{ième}}$ et la somme des q termes qui suivent le $p^{\text{ième}}$ sont toutes deux égales à s, les nombres p et q étant différents.

1° On donne p, q, s ; calculer a et r.

En déduire $\dfrac{a}{r}$ et écrire, en fonction de r, dans les deux cas qui se présentent, les termes de la progression les plus petits en valeur absolue.

2° On donne a, r, s ; former l'équation du second degré dont les racines sont p et q. Comment doit-on choisir a et s pour que le problème soit possible, en supposant $r = 2$?

(École de Fontenay-aux-Roses.)

CHAPITRE II

PROGRESSIONS GÉOMÉTRIQUES

297. Définition. — *On appelle* PROGRESSION GÉOMÉTRIQUE *une suite de nombres telle que le rapport d'un terme au précédent soit un nombre constant, appelé* RAISON *de la progression.*

Nous supposerons essentiellement que le premier terme et la raison sont des nombres positifs; tous les termes sont alors positifs; la progression est dite *croissante* si la raison est plus grande que l'unité, et *décroissante* si la raison est plus petite que l'unité.

EXEMPLES : La suite

$$1, 2, 2^2, 2^3, \ldots$$

forme une progression géométrique croissante de raison 2.

La suite

$$1, \frac{1}{2}, \frac{1}{2^2}, \ldots$$

est une progression géométrique décroissante de raison $\frac{1}{2}$.

298. Problème. — *Calculer le terme de rang n d'une progression géométrique, connaissant le premier terme et la raison.*

Soient a le premier terme et q la raison; le second terme est égal au premier multiplié par q; le troisième terme est égal au second multiplié par q, c'est-à-dire, au premier multiplié par q^2. D'une façon générale le terme de rang n se déduit du premier par la multiplication de $n-1$ facteurs q; si u_n désigne ce terme, on a

$$u_n = aq^{n-1}.$$

299. Insertion de moyens géométriques. — *Insérer n moyens géométriques entre deux nombres a et b, c'est former une progression géométrique de $n+2$ termes, le premier étant a et le dernier b.*

Cherchons la raison q de cette progression; b occupe le $(n+2)^e$ rang; on a donc

$$b = aq^{n+1},$$

$$q = \sqrt[n+1]{\frac{b}{a}},$$

et les termes de la progression sont

$$a, \quad a\sqrt[n+]{\frac{b}{a}}, \quad a\left(\sqrt[n+1]{\frac{b}{a}}\right)^2, \quad ..., \quad a\left(\sqrt[n+1]{\frac{b}{a}}\right)^n, \quad b.$$

Exemple. — Insérer 4 moyens géométriques entre 1 et 32. La raison est $\sqrt[5]{32}$ ou 2, et la progression

$$1, \quad 2, \quad 4, \quad 8, \quad 16, \quad 32.$$

300. Définition. — Si entre les nombres a et b, on insère un seul moyen géométrique, on obtient le nombre $a\sqrt{\frac{b}{a}} = \sqrt{ab}$, que l'on appelle *moyenne géométrique* des nombres a et b.

301. Remarque. — Si entre deux termes consécutifs d'une progression géométrique, on insère constamment un même nombre de moyens, ces moyens et les nombres de la progression forment une nouvelle progression géométrique.

Soit la progression

$$a, b, ..., k, l$$

de raison c.

Insérons entre a et b, b et c, ... n moyens; on forme des progressions partielles de raisons

$$\sqrt[n+1]{\frac{b}{a}}, \quad \sqrt[n+1]{\frac{c}{b}}, \quad ..., \quad \sqrt[n+1]{\frac{l}{k}}.$$

Toutes ces raisons sont égales, car les rapports $\dfrac{b}{a}$, $\dfrac{c}{b}$, ...

sont égaux à q; on a donc formé une progression de raison $\sqrt[n+1]{q}$.

EXEMPLE : Si l'on insère deux moyens entre les termes de la progression

$$1, \quad 8, \quad 64, \quad 512,$$

on forme la nouvelle progression

$$1, \quad 2, \quad 4, \quad 8, \quad 16, \quad 32, \quad 64, \quad 128, \quad 216, \quad 512.$$

302. Problème. — *Trouver la somme des termes d'une progression géométrique limitée.*

Soit S cette somme

$$S = a + b + c + \cdots + k + l.$$

Si q est la raison, on sait que $aq = b$, $bq = c$, ...; de sorte que multipliant la somme précédente par q, on peut écrire

$$Sq = aq + bq + \cdots + kq + lq = b + c + \cdots + l + lq.$$

Il en résulte, en retranchant S de Sq, la relation

$$S(q - 1) = lq - a,$$
$$S = \frac{lq - a}{q - 1} = a \cdot \frac{q^n - 1}{q - 1},$$

en supposant $q \neq 1$; si la raison q est égale à 1, tous les termes sont égaux et leur somme est égale à n fois le premier terme, si n est le nombre des termes.

Remarquons que si la progression est croissante, lq est plus grand que a, et q plus grand que 1; si la progression est décroissante, lq est plus petit que a et q plus petit que 1. Dans les deux cas

$$\frac{lq - a}{q - 1}$$

est positif, ce qui était évident; pour éviter les nombres négatifs, on écrira

$$S = \frac{lq - a}{q - 1} \qquad \text{ou} \qquad S = \frac{a - lq}{1 - q},$$

suivant que la progression est croissante ou décroissante.

EXEMPLES : La somme

$$1 + 2 + 2^2 + \cdots + 2^n$$

est égale à

$$\frac{2^{n+1}-1}{2-1} = 2^{n+1}-1.$$

La somme

$$1 + \frac{1}{2} + \frac{1}{2^2} + \cdots + \frac{1}{2^n}$$

est égale à

$$\frac{1 - \dfrac{1}{2^{n+1}}}{1 - \dfrac{1}{2}} = \frac{2^{n+1}-1}{2^n}.$$

303. Théorème. — *Dans une progression géométrique limitée, le produit de deux termes équidistants des extrêmes est constant.*

Soit une progression géométrique de raison q

$$a, \quad b, \quad \ldots, \quad k, \quad l.$$

Le terme de rang p à partir de a est

$$aq^{p-1}.$$

Si l'on considère la progression commençant par l, sa raison est $\dfrac{1}{q}$, et le terme de rang p à partir de l est

$$l\left(\frac{1}{q}\right)^{p-1}.$$

Le produit de ces deux termes est

$$al\,;$$

il ne dépend pas du rang des termes considérés.

304. Problème. — *Trouver le produit des termes d'une progression géométrique limitée.*

Soit P ce produit; on peut écrire la progression dans l'ordre où elle est donnée ou dans l'ordre inverse :

$$P = a.b \ldots k.l,$$
$$P = l.k \ldots b.a.$$

Multipliant membres à membres, on a

$$P^2 = (al)(bk) \dots (kb)(la) = (al)^n.$$

EXEMPLE : Le produit des termes de la progression

$$1, 2, 2^2, \dots, 2^9$$

est donné par

$$P^2 = (2^9)^{10}, \qquad P = 2^{45}.$$

Progressions géométriques illimitées.

305. Les progressions que nous avons considérées jusqu'ici ont un nombre limité de termes; nous allons étudier actuellement des progressions dont le nombre des termes peut augmenter indéfiniment; un terme sera de la forme $a.q^n$, et n pourra prendre des valeurs de plus en plus grandes; l'étude de ces progressions repose sur les théorèmes suivants.

Lemme. — *Si a est un nombre positif quelconque, et n un entier positif, on a toujours*

$$(1 + \alpha)^n > 1 + n\alpha.$$

Cette inégalité est vérifiée immédiatement pour $n = 2$, car on a

$$(1 + \alpha)^2 = 1 + 2\alpha + \alpha^2 > 1 + 2\alpha.$$

Pour établir qu'elle a lieu pour une valeur entière quelconque de n, il suffit de démontrer que si elle est vérifiée pour la valeur p, elle est encore vérifiée pour la valeur $p + 1$.

Admettons donc que l'on ait

$$(1 + \alpha)^p > 1 + p\alpha,$$

et multiplions les deux membres de cette inégalité par le nombre positif $1 + \alpha$:

$$(1 + \alpha)^{p+1} > (1 + p\alpha)(1 + \alpha) \quad \text{ou} \quad 1 + (p+1)\alpha + p\alpha^2 ;$$

on a, *a fortiori*, en supprimant le terme positif $p\alpha^2$,

$$(1 + \alpha)^{p+1} > 1 + (p+1)\alpha.$$

L'inégalité étant vérifiée pour $n = 2$, l'est pour $n = 3$, etc.

306. Théorème I. — *Les puissances d'exposant entier et positif d'un nombre a plus grand que l'unité croissent avec l'exposant; elles augmentent indéfiniment en même temps que l'exposant.*

La première partie du théorème est immédiate : augmenter l'exposant revient à multiplier la puissance par un nombre supérieur à l'unité ; la nouvelle puissance est donc supérieure à l'ancienne.

Pour établir la seconde partie, il faut montrer que l'on peut choisir l'exposant de façon que pour toute valeur égale ou supérieure, la puissance du nombre dépasse un nombre positif A, aussi grand qu'on le veut ; autrement dit, il faut déterminer un nombre p tel que l'on ait

$$a^p > A;$$

a étant plus grand que l'unité, on peut écrire $a = 1 + \alpha$, α étant un nombre positif ; l'inégalité précédente devient

$$(1 + \alpha)^p > A;$$

elle sera vérifiée si l'on a

$$1 + p\alpha > A,$$

ou

$$p > \frac{A-1}{\alpha},$$

puisque $(1 + \alpha)^p$ est supérieur à $1 + p\alpha$.

p étant supérieur au nombre $\dfrac{A-1}{\alpha}$, a^p sera constamment supérieur à A, ce qui établit le théorème.

307. Théorème II. — *Les puissances d'exposant entier et positif d'un nombre a' plus petit que l'unité diminuent quand l'exposant augmente ; elles tendent vers zéro, si l'exposant augmente indéfiniment.*

L'inverse a du nombre a' est plus grand que l'unité ; or, on a vu que si p est supérieur à q, on a

$$a^p > a^q,$$

on en déduit

$$\frac{1}{a^p} < \frac{1}{a^q} \quad \text{ou} \quad a'^p < a'^q;$$

la première partie est démontrée.

Pour établir la seconde partie, il faut montrer que si l'exposant est assez grand, a'^p est aussi petit qu'on le veut, c'est-à-dire, que l'on peut trouver p de façon que l'on ait

$$a'^p < \varepsilon,$$

ε étant un nombre donné, aussi petit qu'on le veut.

Or, on peut toujours trouver p de façon que

$$a^p > \frac{1}{\varepsilon} \qquad \text{ou} \qquad a'^p < \varepsilon,$$

d'après le théorème précédent; on voit qu'il suffit de prendre p supérieur à $\dfrac{\dfrac{1}{\varepsilon} - 1}{\alpha}$, α étant la différence $\dfrac{1}{a'} - 1$.

308. Corollaire. — *Les termes d'une progression géométrique croissante illimitée augmentent indéfiniment et les termes d'une progression géométrique décroissante illimitée tendent vers zéro, quand leurs rangs augmentent indéfiniment.*

Si a est le premier terme et q la raison, le terme de rang $n+1$ est $a.q^n$; la progression étant d'abord supposée croissante, on peut trouver un exposant n assez grand pour que, à partir du rang $n+1$, on ait

$$a.q^n > A,$$

ou

$$q^n > \frac{A}{a}.$$

Le terme aq^n peut donc être pris aussi grand qu'on le veut.

En second lieu, si la progression est décroissante, on peut trouver n assez grand pour que

$$aq^n < \varepsilon,$$

ou

$$q^n < \frac{\varepsilon}{a};$$

le terme aq^n peut alors être pris aussi petit qu'on le veut.

309. Problème. — *Trouver la somme des termes d'une progression géométrique décroissante illimitée.*

La somme, telle qu'elle est définie en arithmétique, ne comporte qu'un nombre limité de termes; il est donc nécessaire de définir ici ce qu'il faut entendre par somme d'un nombre illimité de termes.

Supposons que l'on fasse la somme des n premiers termes, puis des $n + 1$ premiers termes et ainsi de suite, et que l'on trouve que ces différentes sommes se rapprochent d'un certain nombre A, dont elles finissent par différer d'aussi peu qu'on le veut; A sera appelé la somme des termes pris en nombre illimité.

Appliquons cette définition aux termes d'une progression géométrique décroissante illimitée; la somme des n premiers termes est

$$S_n = \frac{a - aq^n}{1 - q} = \frac{a}{1 - q} - \frac{aq^n}{1 - q};$$

si le nombre des termes augmente, la somme S_n augmente et reste constamment inférieure à $\dfrac{a}{1 - q}$; elle en diffère du nombre $a\,\dfrac{q^n}{1 - q}$; nous allons montrer que ce nombre peut être pris inférieur à tout nombre ε donné; il suffit d'établir que l'on peut trouver n de façon que l'on ait

$$a\,\frac{q^n}{1 - q} < \varepsilon,$$

ou

$$q^n < \frac{\varepsilon(1 - q)}{a};$$

ceci est toujours possible, puisque la raison q est inférieure à l'unité et que q^n tend vers zéro.

La somme des termes de la progression illimitée est donc

$$\frac{a}{1 - q}.$$

Exemple. — La somme des n premiers termes de la progression

$$\frac{1}{2} + \frac{1}{2^3} + \cdots + \frac{1}{2^n} + \cdots$$

est

$$\frac{\frac{1}{2}}{1 - \frac{1}{2}} - \frac{\frac{1}{2^{n+1}}}{1 - \frac{1}{2}} = 1 - \frac{1}{2^n};$$

elle tend vers l'unité, si n augmente indéfiniment.

310. Nous terminerons en établissant un théorème dont nous aurons à faire usage plus loin.

Théorème. — *Les racines d'un nombre arithmétique plus grand que l'unité décroissent, si l'indice croît; elles tendent vers l'unité, si l'indice augmente indéfiniment.*

Les racines d'un nombre arithmétique plus petit que l'unité croissent avec l'indice; elles tendent vers l'unité, si l'indice augmente indéfiniment.

1° Soit a un nombre supérieur à l'unité, n et n' deux entiers positifs $(n > n')$; pour montrer que

$$\sqrt[n]{a} < \sqrt[n']{a},$$

il suffit de faire voir que les deux puissances d'exposant nn' de ces nombres sont dans le même ordre de grandeur, c'est-à-dire que l'on a

$$a^{n'} < a^{n};$$

cette inégalité résulte d'un théorème précédent (306); $\sqrt[n]{a}$ est toujours supérieur à l'unité, si a est supérieur à l'unité; supposer, en effet,

$$\sqrt[n]{a} < 1$$

revient à supposer

$$a < 1^n \qquad \text{ou} \qquad 1.$$

Établissons maintenant que $\sqrt[n]{a}$ tend vers l'unité, si n augmente indéfiniment, c'est-à-dire, que l'on peut prendre n assez grand pour satisfaire à l'inégalité

$$\sqrt[n]{a} - 1 < \varepsilon,$$

ε étant un nombre aussi petit que l'on veut; cette inégalité peut s'écrire

$$\sqrt[n]{a} < 1 + \varepsilon,$$

ou, en élevant à la puissance n les deux membres qui sont positifs,

$$a < (1 + \varepsilon)^n.$$

D'autre part, $(1 + \varepsilon)^n$ étant supérieur à $1 + n\varepsilon$, il suffit, pour que l'inégalité précédente ait lieu, que l'on ait

$$a < 1 + n\varepsilon,$$
$$n > \frac{a - 1}{\varepsilon}$$

2° Si a' est inférieur à l'unité, son inverse a est supérieur à l'unité; les racines de a décroissent, si l'exposant croît; il en résulte que leurs inverses, qui sont les racines de a', croissent, tout en restant inférieures à l'unité.

En second lieu, $\sqrt[n]{a'}$, qui est égal à $\dfrac{1}{\sqrt[n]{a}}$, se présente sous la forme d'un rapport dont le numérateur est l'unité et dont le dénominateur diffère de l'unité aussi peu qu'on le veut; $\sqrt[n]{a'}$ tend donc vers l'unité, si n augmente indéfiniment.

EXERCICES

1. Trouver les progressions géométriques dont la raison est un nombre entier et qui contiennent les nombres 2 et 128.

2. Trouver la somme et le produit des termes des progressions

$$1,\ 3,\ 3^2,\ \dots,\ 3^{15},$$

$$1,\ \frac{1}{5},\ \frac{1}{5^2},\ \dots,\ \frac{1}{5^{11}}.$$

3. Dans un carré de côté a, on inscrit un carré ayant pour sommets les milieux des côtés du premier; on opère de même sur le second carré et ainsi de suite; trouver le périmètre et l'aire du n^e carré ainsi formé, ainsi que la somme des périmètres et des aires de tous ces carrés; vers quelles limites tendent ces sommes, si l'on répète indéfiniment l'opération?

4. Montrer que si, dans une progression géométrique, on prend les termes de 2 en 2, on forme une nouvelle progression géométrique. Généraliser.

5. Étant données deux progressions géométriques, on forme les produits des termes de même rang; montrer que ces produits forment une nouvelle progression géométrique.

6. Trouver la somme et le produit des carrés, des cubes des termes d'une progression géométrique.

7. Calculer la somme

$$1 + 2x + 3x^2 + \dots + nx^{n-1}$$

et trouver sa limite si n augmente indéfiniment, x étant compris entre 0 et 1.

On calculera les sommes

$$1 + x + x^2 + \ldots + x^{n-1}, \qquad x + x^2 + \ldots + x^{n-1}, \ldots$$

et on ajoutera.

8. Calculer la somme

$$1 + 3x + \ldots + \frac{n(n+1)}{2} x^{n-1}$$

et trouver sa limite si n augmente indéfiniment, x étant compris entre 0 et 1.

On remarquera que $\dfrac{n(n+1)}{2} = 1 + 2 + \ldots + n$ et on décomposera l'expression donnée comme dans l'exercice précédent.

9. Entre les termes consécutifs d'une progression géométrique, on insère leur moyenne géométrique ; calculer la raison de cette progression, connaissant les termes extrêmes a et l et le rapport k de la somme des termes de la progression donnée et de la somme de la progression formée par l'insertion des moyennes géométriques.

10. Étant donnée une progression géométrique dont les termes extrêmes sont a et l, trouver la raison, sachant que la somme des carrés des termes est moyenne géométrique de la somme des termes et de la somme des cubes des termes.

11. P étant le produit des n termes d'une progression géométrique, on insère entre deux termes consécutifs n moyens géométriques ; trouver le produit des termes de la nouvelle progression.

12. Dans une progression géométrique de $2n$ termes, on donne la somme S des n premiers termes et la somme S' des $2n$ premiers termes ; calculer le premier terme et la raison.

13. Reconnaître si les nombres $2\sqrt{3}$, 6 et 18 font partie d'une même progression géométrique.

14. Dans un triangle équilatéral de côté donné a_1, on inscrit un cercle et on désigne son rayon par r_1. Dans ce cercle, on inscrit un triangle équilatéral et on désigne son côté par a_2, puis par r_2 le rayon du cercle inscrit, et ainsi de suite. Calculer la limite vers laquelle tend :

1° La somme $r_1 + r_2 + \ldots$;
2° La somme $a_1 + a_2 + \ldots$;
3° La somme des surfaces des cercles ;
4° La somme des surfaces des triangles ;
5° La somme des volumes engendrés par les triangles tournant autour d'une hauteur.

(École de Physique et de Chimie industrielles.)

15. D'un point O, on mène quatre segments de droite OA, OB, OC, OD situés dans un même plan, formant trois angles adjacents AOB, BOC, COD égaux à 60° ; les aires des triangles AOB, BOC, COD se succèdent en progression géométrique.

On demande de calculer la raison q de cette progression et les longueurs OA, OB, OC, OD, connaissant : 1° la somme a de ces longueurs ; 2° la somme $\dfrac{1}{b}$ de leurs inverses ; 3° la somme k^2 des aires des triangles.

Combien le problème peut-il admettre de solutions formant des figures géométriques distinctes ?

a et b étant donnés, entre quelles limites doit varier k^2 pour qu'il y ait des solutions ? Le problème est-il toujours possible ?

a et b étant donnés, pour quelles valeurs de k^2 deux des longueurs OA, OB, OC, OD sont-elles égales ? Trois de ces longueurs peuvent-elles être égales ?

(École de Saint-Cloud.)

CHAPITRE III

LOGARITHMES

---

311. Définition. — Considérons deux progressions, l'une géométrique et commençant par l'unité, l'autre arithmétique et commençant par zéro :

$$1, \quad q, \quad q^2, \quad ..., \quad q^n, \quad ...,$$
$$0, \quad r, \quad 2r, \quad ..., \quad nr, \quad ...;$$

les termes de la seconde progression sont appelés les *logarithmes* des termes de la première qui ont même rang ; r est le logarithme de q, $2r$ est le logarithme de q^2 ; on écrit

$$r = \log q, \quad 2r = \log q^2.$$

Remarque. — Le logarithme d'un nombre dépend, d'après la définition même, du choix des progressions ; ainsi dans le système

$$1, \quad 2, \quad 4, \quad 8, \quad ...,$$
$$0, \quad 1, \quad 2, \quad 3, \quad ...,$$

8 a pour logarithme 3 ; dans le système

$$1, \quad 2, \quad 4, \quad 8, \quad ...,$$
$$0, \quad 2, \quad 4, \quad 6, \quad ...,$$

8 a pour logarithme 6.

Il est donc indispensable, quand on parle des logarithmes, de donner les deux progressions ou, comme on dit d'ordinaire, de définir le *système de logarithmes*.

Remarquons que dans tous les systèmes le logarithme de 1 est zéro.

312. Logarithmes vulgaires. — Nous nous occuperons uniquement du système dans lequel le logarithme de 10 est l'unité; on l'appelle système décimal ou système des *logarithmes vulgaires;* d'une façon générale, on peut définir un système de logarithmes en se donnant le nombre a dont le logarithme est l'unité; a est appelé la *base* du système; tout ce que nous établirons dans la suite relativement au système de base 10 s'étend sans difficulté à tout autre système.

Les logarithmes vulgaires sont définis par les deux progressions

$$1, \quad 10, \quad 10^2, \quad \ldots$$
$$0, \quad 1, \quad 2, \quad \ldots$$

Si l'on insère entre les termes de chaque progression le même nombre p de moyens, on forme de nouvelles progressions

$$1, \quad \sqrt[p+1]{10}, \quad \sqrt[p+1]{10^2}, \quad \ldots, 10, \quad 10\sqrt[p+1]{10}, \quad \ldots,$$
$$0, \quad \frac{1}{p+1}, \quad \frac{2}{p+1}, \quad \ldots, 1, 1+\frac{1}{p+1}, \quad \ldots$$

et chaque terme de la progression arithmétique est appelé le logarithme du terme de même rang de la progression géométrique; on peut ainsi définir les logarithmes de tous les nombres de la forme $\sqrt[p+1]{10^{k'}}$; mais il peut arriver qu'un tel nombre figure dans deux progressions géométriques différentes et pour que son logarithme soit défini, il faut montrer que ce logarithme ne dépend pas de ces progressions.

Supposons qu'en insérant $k-1$ moyens, d'une part, et $l-1$ moyens, d'autre part, on ait trouvé un même nombre exprimé par $\sqrt[k]{10^{k'}}$ et $\sqrt[l]{10^{l'}}$; on aura pour logarithmes $\dfrac{k'}{k}$ dans le premier cas et $\dfrac{l'}{l}$ dans le second cas; nous devons établir l'égalité

$$\frac{k'}{k} = \frac{l'}{l}.$$

On a, par hypothèse,

$$\sqrt[k]{10^{k'}} = \sqrt[l]{10^{l'}},$$

ou, en élevant les deux membres à la puissance kl,

$$10^{k'l} = 10^{kl'},$$

ce qui entraîne l'égalité

$$k'l = kl',$$

ou

$$\frac{k'}{k} = \frac{l'}{l}.$$

313. Logarithmes des nombres qui ne peuvent figurer dans la progression géométrique. — Tous les nombres ne peuvent figurer ainsi dans la progression géométrique; si nous considérons d'abord les nombres plus grands que l'unité, on voit que jamais un nombre rationnel autre que les puissances de 10 ne figurera dans cette progression; supposons, en effet, qu'une fraction $\dfrac{p}{q}$ puisse faire partie de cette progression, on pourrait trouver deux entiers k et k' tels que

$$\frac{p}{q} = \sqrt[k]{10^{k'}}.$$

ou

$$\left(\frac{p}{q}\right)^k = 10^{k'}.$$

Nous pouvons toujours supposer $\dfrac{p}{q}$ irréductible; la fraction $\dfrac{p^k}{q^k}$, devant être égale à un nombre entier, il en est de même de $\dfrac{p}{q}$, et q est l'unité; on a alors

$$p^k = 10^{k'};$$

p contient donc les seuls facteurs premiers 2 et 5 et avec le même exposant; p est donc une puissance de 10.

Ceci posé, soit a un nombre plus grand que 1 et ne faisant pas partie de la progression géométrique; il est compris entre deux puissances consécutives de 10: insérons $p-1$ moyens; a sera compris entre deux moyens consécutifs; insérons de nouveaux moyens; a sera compris entre deux nouveaux moyens consécutifs, et ainsi de suite; nous allons démontrer que l'on peut insérer un nombre de moyens assez grand pour que les deux moyens consécutifs entre lesquels a est compris diffèrent aussi peu que l'on voudra.

Soit $n-1$ le nombre total de moyens insérés entre les

deux puissances consécutives de 10 qui comprennent le nombre a : ces moyens sont de la forme

$$\sqrt[n]{10^k} \qquad \text{et} \qquad \sqrt[n]{10^{k+1}} ;$$

leur différence

$$\sqrt[n]{10^{k+1}} - \sqrt[n]{10^k} = \sqrt[n]{10^k} \left[\sqrt[n]{10} - 1 \right]$$

est un produit de deux facteurs, le premier $\sqrt[n]{10^k}$ est inférieur à la puissance de 10 immédiatement supérieure à a, le second tend vers zéro, si n augmente indéfiniment (310), et on peut alors choisir n assez grand pour que la différence soit aussi petite que l'on voudra.

Les logarithmes des nombres $\sqrt[n]{10^k}$ et $\sqrt[n]{10^{k+1}}$ sont appelés des valeurs approchées du logarithme de a et ces valeurs qui diffèrent de $\dfrac{1}{n}$, sont, la première croissante, la seconde décroissante, si n augmente; elles permettent de définir le logarithme de a.

314. Logarithmes des nombres positifs inférieurs à l'unité. — Si l'on considère deux progressions, l'une géométrique commençant par 1 et de raison $\dfrac{1}{10}$, l'autre arithmétique commençant par zéro et de raison -1, on peut répéter sur ces progressions ce qui a été dit sur les progressions croissantes considérées précédemment, et on définit ainsi les logarithmes des nombres positifs inférieurs à l'unité; on voit immédiatement que les nombres de la progression géométrique décroissante sont respectivement les inverses des nombres de même rang de la progression géométrique croissante et que des nombres de la progression arithmétique décroissante sont opposés aux nombres de mêmes rangs de la progression arithmétique croissante.

On déduit de ce qui précède :

1° *Tout nombre plus grand que l'unité a un logarithme positif.*

2° *Tout nombre positif plus petit que l'unité a un logarithme négatif.*

3° *Les logarithmes de deux nombres inverses l'un de l'autre sont opposés.*

4° Les logarithmes varient dans le même sens que les nombres.

Propriétés des logarithmes.

315. Pratiquement, il n'est d'aucune utilité de connaître le logarithme exact d'un nombre : ce qui importe, c'est de le connaître avec une approximation déterminée; aussi, est-il permis de ne considérer que les nombres qui font partie de la progression géométrique, pourvu que ces nombres soient assez rapprochés; ainsi les tables que l'on utilise ne permettent pas de distinguer deux nombres qui diffèrent l'un de l'autre d'une fraction qui est la $\dfrac{1}{10\,000}$ partie de l'un d'eux ; par suite, tout nombre qui aura avec une racine de 10 ou une puissance de cette racine les cinq premiers chiffres communs devra être confondu avec elle; nous pouvons donc nous borner à établir les propriétés des logarithmes de nombres figurant dans la progression géométrique; une théorie plus complète montre d'ailleurs que ces propriétés s'appliquent à tous les nombres.

Pour plus de simplicité, nous admettons que l'on a inséré suffisamment de moyens pour que les nombres successifs de la progression géométrique se succèdent à intervalles inférieurs à l'approximation nécessaire dans les calculs; si $q = \sqrt[k]{10}$ est la raison de la progression géométrique et $r = \dfrac{1}{k}$ celle de la progression arithmétique, les logarithmes seront définis par

$$q^{-n}, \quad ..., \quad q^{-2}, \quad q^{-1}, \quad 1, \quad q, \quad q^{2}, \quad ..., \quad q^{n}, \quad ...$$
$$-\,nr, \quad ..., \quad -2r, \quad -r, \quad 0, \quad r, \quad 2r, \quad ..., \quad nr, \quad ...$$

316. **Théorème I**. — *Le logarithme d'un produit de plusieurs facteurs est égal à la somme des logarithmes des facteurs du produit.*

Soient $q^{\alpha}, q^{\beta}, q^{\gamma}$ des nombres donnés; leurs logarithmes sont du signe des exposants et égaux respectivement à $\alpha r, \beta r, \gamma r$. Le produit $q^{\alpha} . q^{\beta} . q^{\gamma} = q^{\alpha+\beta+\gamma}$ a pour logarithme

$$(\alpha + \beta + \gamma)r = \alpha r + \beta r + \gamma r,$$

c'est-à-dire la somme des logarithmes des nombres donnés.

317. Théorème II. — *Le logarithme d'une puissance d'un nombre est égal au produit du logarithme de ce nombre par l'exposant de la puissance.*

Le nombre a^m est le produit de m facteurs égaux à a; son logarithme est donc la somme de m fois le logarithme de a :

$$\log a^m = m \log a.$$

318. Théorème III. — *Le logarithme d'un quotient de deux nombres est égal à la différence entre le logarithme du dividende et le logarithme du diviseur.*

Soit $y = \dfrac{a}{b}$ le quotient des nombres a et b; a est alors le produit des nombres b et y et on peut écrire

$$\log a = \log b + \log y;$$

on en déduit

$$\log y = \log a - \log b,$$

ou

$$\log \frac{a}{b} = \log a - \log b.$$

. 319. Théorème IV. — *Le logarithme d'une racine d'un nombre est égal au quotient du logarithme du nombre par l'indice de la racine.*

Soit $y = \sqrt[m]{a}$ la racine m^e de a; a est la puissance d'exposant m de y et les logarithmes de ces nombres sont liés par la relation

$$\log a = m \log y,$$

ou

$$\log y = \frac{1}{m} \log a,$$

et

$$\log \sqrt[m]{a} = \frac{1}{m} \log a.$$

Tables de logarithmes.

REMARQUE. — Les théorèmes qui précèdent permettent de remplacer une *multiplication* par une *addition*, une *division* par une *soustraction*, une *élévation à une puissance* par une *multiplication* et une *extraction de racine* par une *division*.

Ainsi, pour extraire la racine cubique de 34785, on cherchera le logarithme de ce nombre, 4,5414; on en prendra le tiers, 1,5138; le logarithme 1,5138 correspond au nombre 32,644 qui est la racine cubique cherchée.

Pour que les opérations qui viennent d'être indiquées soient possibles, il faut que l'on puisse trouver les logarithmes des nombres qui y figurent; on a construit des tables qui renferment ces logarithmes, ou plutôt leurs parties décimales; les parties entières se calculent aisément comme nous allons l'indiquer.

320. Caractéristique positive. — Un nombre plus grand que l'unité a un logarithme positif; on appelle *caractéristique* la partie entière du logarithme, *mantisse* sa partie décimale.

Les nombres compris entre 1 et 10 ont un seul chiffre à la partie entière; leurs logarithmes, compris entre 0 et 1, n'ont pas de partie entière; les nombres compris entre 10 et 100 ont deux chiffres à la partie entière; leurs logarithmes, compris entre 1 et 2, ont 1 à la partie entière; d'une façon générale, les nombres compris entre 10^{n-1} et 10^n ont n chiffres à la partie entière; leurs logarithmes, compris entre $n-1$ et n, en ont $n-1$ à la partie entière; leur caractéristique est $n-1$.

La caractéristique positive du logarithme d'un nombre supérieur à l'unité contient autant d'unités qu'il y a de chiffres à la partie entière du nombre, moins un.

321. Caractéristique négative. — Un nombre plus petit que l'unité a un logarithme négatif; il est commode pour la pratique du calcul de mettre ce logarithme sous la forme d'une somme algébrique, le premier terme de cette somme étant un entier négatif, le second terme étant positif et inférieur à l'unité; ainsi, au lieu d'écrire

$$-3,45,$$

on écrit

$$-4 + (1 - 0,45) \text{ ou } -4 + 0,55.$$

On simplifie un peu l'écriture en écrivant sous la forme suivante

$$\overline{4},55,$$

qui représente la somme des nombres -4 et $0,55$.

Le nombre $\overline{4}$ est appelé la *caractéristique négative*; la partie décimale est la *mantisse*.

Un nombre compris entre 1 et $\dfrac{1}{10}$ a un chiffre significatif décimal du premier ordre; son logarithme est compris entre -1 et 0; il est donc la somme de la caractéristique négative $\overline{1}$ et d'une mantisse, inférieure à l'unité; un nombre compris entre $\dfrac{1}{10}$ et $\dfrac{1}{100}$ a un chiffre décimal du second ordre comme premier chiffre décimal significatif; son logarithme est compris entre -2 et -1; il est donc la somme de la caractéristique négative $\overline{2}$ et d'une mantisse; d'une façon générale, un nombre compris entre $\dfrac{1}{10^{n-1}}$ et $\dfrac{1}{10^n}$ a pour premier chiffre décimal significatif un chiffre d'ordre décimal n; son logarithme, compris entre $-n$ et $-(n-1)$, est la somme de la caractéristique négative $\overline{n}$ et d'une mantisse.

La caractéristique négative du logarithme d'un nombre inférieur à l'unité contient autant d'unités que le rang qu'occupe, à partir de la virgule, le premier chiffre significatif du nombre.

322. Théorème. — *Le logarithme d'un nombre quelconque positif est égal à sa caractéristique augmentée de la mantisse, qui est le logarithme du nombre compris entre 1 et 10 et déduit du premier par un déplacement de la virgule.*

Supposons d'abord qu'il s'agisse d'un nombre plus grand que 10; soit 456,34; on a

$$456,34 = 4,5634 \times 10^2,$$
$$\log 456,34 = \log 4,5634 + 2.$$

2 est la caractéristique et log 4,5634, qui est un nombre plus petit que l'unité, est la mantisse.

Soit, en second lieu, un nombre inférieur à l'unité 0,043; on peut écrire

$$0{,}043 = \frac{4{,}3}{10^2},$$

$$\log 0{,}043 = \log 4{,}3 - 2.$$

$-\,\overline{2}$ est la caractéristique négative, puisque 4 occupe le second rang après la virgule, et log 4,3 est la mantisse.

323. Disposition des tables. — On a dressé des tables donnant les mantisses des logarithmes avec 4,5 ou 7 décimales; dans toutes ces tables, la disposition générale est la même; si elles diffèrent par quelques détails, une notice qui accompagne la table indique les modifications qui en résultent; nous décrirons ici les tables à 5 décimales de Dupuis, dont nous reproduisons ci-après la page 11 (*).

La première page fournit les mantisses des logarithmes des nombres inférieurs à 100; elle comprend cinq séries de deux colonnes : la première colonne de chaque série contient les nombres; la seconde colonne contient les mantisses correspondantes; en tête de la première colonne, on a inscrit la lettre N et en tête de la seconde colonne, le mot *log*.

Les pages suivantes sont constituées par onze colonnes, la première portant en tête la lettre N, les autres, les chiffres 0, 1, 2, ..., 9; la colonne N contient de dix en dix lignes les nombres successifs de trois chiffres terminés par zéro; les lignes intermédiaires comprennent les chiffres 1, 2, ..., 9. Pour lire un nombre donné de 4 chiffres, on cherche d'abord le nombre de trois chiffres formé par ses deux premiers chiffres suivis de zéro, on descend dans la colonne N jusqu'à ce qu'on trouve le troisième chiffre et on lit le quatrième chiffre en tête d'une des dix colonnes qui suivent la première; ainsi pour lire 3748, on prend page 11, dans la colonne N le nombre 370, on descend jusqu'au chiffre 4 et on lit dans la dixième colonne le chiffre 8 qui est placé en tête de cette colonne.

Les dix dernières colonnes fournissent les mantisses; leur

(*) Hachette et Cⁱᵉ, éditeurs.

disposition est la suivante : la première colonne contient des nombres de 5 ou de 3 chiffres, les autres contiennent des nom-

II. Logarithmes des nombres de 1 à 10 000.   11

N	0	1	2	3	4	5	6	7	*8	9
370	56 820	832	844	855	867	879	891	902	914	926
1	937	949	961	972	984	996	*008	*019	*031	*043
2	57 054	066	078	089	101	113	124	136	148	159
3	171	183	194	206	217	229	241	252	264	276
4	287	299	310	322	334	345	357	368	380	392
5	403	415	426	438	449	461	473	484	496	507
6	519	530	542	553	565	576	588	600	611	623
7	634	646	657	669	680	692	703	715	726	738
8	749	761	772	784	795	807	818	830	841	852
9	864	875	887	898	910	921	933	944	955	967
380	978	990	*001	*013	*024	*035	*047	*058	*070	*081
1	58 092	104	115	127	138	149	161	172	184	195
2	206	218	229	240	252	263	274	286	297	309
3	320	331	343	354	365	377	388	399	410	422
4	433	444	456	467	478	490	501	512	524	535
5	546	557	569	580	591	602	614	625	636	647
6	659	670	681	692	704	715	726	737	749	760
7	771	782	794	805	816	827	838	850	861	872
8	883	894	906	917	928	939	950	961	973	984
9	995	*006	*017	*028	*040	*051	*062	*073	*084	*095
390	59 106	118	129	140	151	162	173	184	195	207
1	218	229	240	251	262	273	284	295	306	318
2	329	340	351	362	373	384	395	406	417	428
3	439	450	461	472	483	494	506	517	528	539
4	550	561	572	583	594	605	616	627	638	649
5	660	671	682	693	704	715	726	737	748	759
6	770	780	791	802	813	824	835	846	857	868
7	879	890	901	912	923	934	945	956	966	977
8	988	999	*010	*021	*032	*043	*054	*065	*076	*086
9	60 097	108	119	130	141	152	163	173	184	195
N	0	1	2	3	4	5	6	7	8	9

Parties proportionnelles :

12		11	
1	1,2	1	1,1
2	2,4	2	2,2
3	3,6	3	3,3
4	4,8	4	4,4
5	6,0	5	5,5
6	7,2	6	6,6
7	8,4	7	7,7
8	9,6	8	8,8
9	10,8	9	9,9

```
3700" = 1° 1' 40"    S = 6,685 55 T.62
3800  = 1  3  20                55    62
3900  = 1  5   0                55    63
```

bres de 3 chiffres. Pour lire une mantisse inscrite dans une colonne, on cherche le nombre qui figure dans la colonne 0 sur la même ligne ; s'il a 5 chiffres, on prend les deux premiers, que l'on fait suivre des 3 chiffres inscrits dans la colonne considérée ; si le nombre de la colonne 0 a 3 chiffres, on cherche en remontant cette colonne le premier nombre de 5 chiffres que l'on rencontre; on en prend les deux premiers chiffres, que l'on fait suivre des chiffres inscrits dans la colonne considérée, si ces chiffres ne sont pas précédés d'un astérisque; s'ils sont précédés d'un astérisque, les deux premiers chiffres sont ceux du premier nombre rencontré en descendant dans la colonne 0; ceci s'applique également au cas où le nombre de la colonne 0 aurait 5 chiffres.

Ainsi, page 11, on lit dans la troisième ligne de la colonne 4 le nombre 101, non marqué d'un astérisque; le nombre de la colonne 0 de cette ligne est 57054; la mantisse lue sera 57101.

Dans la sixième ligne de la colonne 3, on lit 438; le nombre de la colonne 0 de cette ligne n'a que trois chiffres; 438 n'étant pas marqué d'un astérisque, remontons jusqu'au premier nombre de cinq chiffres que l'on rencontre, c'est 57054; la mantisse lue sera 57438.

Prenons enfin dans la deuxième ligne de la colonne 7 le nombre *019 marqué d'un astérisque; le nombre de la colonne 0 de cette ligne a trois chiffres; en descendant, le premier nombre de cinq chiffres que l'on rencontre est 57054; la mantisse lue sera 57019.

324. Problème. — Trouver le logarithme d'un nombre.

Nous distinguerons trois cas, suivant que le nombre, abstraction faite de la virgule et des zéros placés au commencement ou à la fin, a moins de quatre chiffres, a quatre chiffres ou a plus de quatre chiffres.

Dans tous les cas, on commence par calculer la caractéristique, puis on cherche la mantisse dans la table.

1er Cas. — *Le nombre a un, deux ou trois chiffres.*

Si le nombre a un ou deux chiffres, la première page de la table donne immédiatement la mantisse.

Si le nombre a trois chiffres, on cherche ce nombre dans la colonne N, comme nous l'avons indiqué, et on lit la mantisse qui se trouve dans la colonne 0 de la même ligne que le nombre lu.

Exemple I. — *Trouver le logarithme de* 3,95.

La caractéristique est 0.

Page 11, dans la colonne N, nous trouvons 395 et sur la

même ligne, dans la colonne 0, le nombre de trois chiffres 660 sans astérisque; en remontant, on trouve 59 pour les deux premiers chiffres : la mantisse est 59.660 et le logarithme 0,59.660.

EXEMPLE II. — *Trouver le logarithme de* 0,0381.

La caractéristique est $\overline{2}$.

Page 11, dans la colonne N, nous trouvons 381 et, sur la même ligne dans la colonne 0, le nombre de cinq chiffres 58.092; c'est la mantisse et le logarithme cherché est $\overline{2}$,58092.

2º Cas. — *Le nombre a quatre chiffres.*

On lit ce nombre dans la table, comme il a été indiqué plus haut; le nombre formé par les trois premiers chiffres étant dans la colonne N, on suit dans la ligne correspondante, jusqu'au nombre inscrit dans la colonne qui porte en tête le quatrième chiffre; lisant alors la mantisse, que l'on rencontre, on a la mantisse du nombre.

EXEMPLE I. — *Trouver le logarithme de* 0,3756.

La caractéristique est $\overline{1}$.

Dans la colonne N, nous trouvons 375; suivant la ligne correspondante jusqu'à la colonne 6, nous lisons 473 non marqué d'un astérisque; remontant alors dans la colonne 0, le premier nombre de cinq chiffres que l'on rencontre est 57054; la mantisse est donc 57 473 et le logarithme est $\overline{1}$,57473.

EXEMPLE II. — *Trouver le logarithme de* 380,8.

La caractéristique est 2.

Dans la colonne N, nous trouvons 380; suivant la ligne correspondante jusqu'à la colonne 8, nous lisons '070, marqué d'un astérisque; descendant alors dans la colonne 0, le premier nombre de cinq chiffres que l'on rencontre est 58092; la mantisse est donc 58 070 et le logarithme est 2,58070.

3º Cas. — *Le nombre a plus de quatre chiffres.*

Remarquons d'abord que si le nombre a plus de six chiffres, il est inutile de tenir compte des chiffres qui suivent le sixième; nous nous bornerons donc ici à des nombres ayant cinq ou six chiffres.

Si l'on considère le nombre *a* formé par les quatre premiers chiffres, sa mantisse sera inférieure (*) ou égale à celle du nombre donné ; la mantisse du nombre $a + 1$ qui figure dans la table est supérieure (**) ou égale à celle du nombre donné ; on aurait donc un premier aperçu de la mantisse cherchée en cherchant les mantisses de ces deux nombres consécutifs de la table ; leur différence est appelée *différence tabulaire*. Mais on peut aller plus loin, en admettant, ce qui est sensiblement exact lorsqu'on se borne aux cinq premiers chiffres décimaux, que la variation de la mantisse est proportionnelle à la variation du nombre.

EXEMPLE I. — *Trouver le logarithme de* 38,146.

La caractéristique est 1.

La mantisse de 3814 est 58 138 ; celle de 3815 est 58 449 ; la différence de ces mantisses est 11 ; elle correspond à une différence d'une unité entre les nombres ; la différence des nombres 3814,6 et 3814 est $\dfrac{6}{10}$; la différence des mantisses sera donc $11 \times \dfrac{6}{10} = 6,6$.

On obtiendra la mantisse cherchée en ajoutant 6,6 à 58 138 ; on dispose les calculs comme ci-dessous :

$$\begin{array}{lll} \log 38,14 & = 1,58\,138 & \delta = 11 \\ \text{pour} \quad 6 & \qquad 6,6 & \\ \hline \log 38,146 & = 1,58\,145. & \end{array}$$

Nous ne conservons que cinq chiffres décimaux et nous supprimons les suivants, en ayant soin de forcer le cinquième chiffre si le suivant est au moins égal à 5.

EXEMPLE II. — *Trouver le logarithme de* 0,390 576.

La caractéristique est $\overline{1}$.

La mantisse de 3905 est 59 162 ; celle de 3906 est 59 173 ; la différence de ces mantisses est 11 ; elle correspond à une différence de une unité entre les nombres ; la différence des nombres

---

(*) Elle sera toujours inférieure, mais si on se borne aux cinq premiers chiffres, ces chiffres peuvent être les mêmes pour les deux mantisses, qui ne différeraient alors que par les chiffres suivants.

(**) Même remarque.

3 905,76 et 3 905 est 0,76; la différence des mantisses sera donc
11 × 0,76 = 8,36; on pourra écrire

$$\begin{array}{lll} \log 0,3905 & = \overline{1},59\,162 & \delta = 11 \\ \text{pour} \quad 76 & \quad\ \ 8,36 \\ \hline \log 0,3905\,76 = \overline{1},59\,170. \end{array}$$

REMARQUE. — On trouve quelquefois dans les tables des tables
auxiliaires placées en marge et qui donnent les produits des dif-
férences tabulaires par $\dfrac{1}{10}$, $\dfrac{2}{10}$, ..., $\dfrac{9}{10}$; il est alors facile
de calculer immédiatement les mantisses sans avoir à faire
de multiplication; ces tables auxiliaires sont dites *tables des
parties proportionnelles*.

EXEMPLE. — *Trouver le logarithme de* 3 801,57.
La caractéristique est 3.
La mantisse de 3 801 est 57 990; celle de 3 802 est 58 004; la
différence tabulaire est 11; dans la table des parties proportionnelles relative à 11, on trouve pour 0,5 un accroissement de
5,5; pour 0,7, un accroissement de 7,7; l'accroissement relatif
à 0,07 est alors 0,77 et l'accroissement total relatif à 0,57 est la
somme 5,5 + 0,77 = 6,27; on dispose le calcul comme ci-
dessous :

$$\begin{array}{lll} \log 3\,801 & = 3,57\,990 & \delta = 11 \\ \text{pour} \quad 5 & \quad\ \ 5,5 \\ \text{pour} \quad 7 & \quad\ \ 0,77 \\ \hline \log 3\,801,57 = 3,57\,996. \end{array}$$

325. Problème inverse. — **Trouver un nombre connaissant son logarithme.**
On calcule le nombre à l'aide des tables en ne tenant d'abord
pas compte de la caractéristique; puis, on place dans le nombre
trouvé la virgule au rang indiqué par la caractéristique; si elle
est positive ou nulle et égale à n, on place la virgule après
le $(n+1)^e$ chiffre, en ajoutant des zéros s'il le faut pour que le
nombre ait $n+1$ chiffres à la partie entière; si elle est négative, on place la virgule de façon que le premier chiffre significatif ait après la virgule le rang marqué par la valeur absolue
de cette caractéristique.

Pour trouver le nombre à l'aide de la mantisse, nous distinguerons deux cas :

1er Cas. — *La mantisse est dans la table.*

Dans ce cas, les trois premiers chiffres du nombre sont lus dans la colonne N et la ligne où se trouve la mantisse; le quatrième chiffre est celui qui figure en tête de la colonne qui contient cette mantisse.

EXEMPLE I. — *Trouver le nombre dont le logarithme est* 2,58456.

456 figure dans la quatrième ligne relative aux chiffres 58 et est dans la colonne 2; le nombre cherché est 3842; tenant compte de la caractéristique, il faut placer la virgule après le troisième chiffre; on trouve ainsi 384,2.

EXEMPLE II. — *Trouver le nombre dont le logarithme est* $\overline{1}$,60076.

A partir des deux premiers chiffres 60, on trouve des nombres de trois chiffres supérieurs à 076; mais, dans la ligne précédente et dans la colonne 8 figure *076 marqué d'un astérisque; le nombre correspondant a pour premiers chiffres 398 placés en avant de la ligne et pour quatrième chiffre 8 placé en tête de la colonne; si l'on tient compte de la caractéristique, on trouve pour le nombre cherché 0,3988.

2e Cas. — *La mantisse n'est pas dans la table.*

On cherche dans la table deux mantisses consécutives qui comprennent entre elles la mantisse donnée; le nombre est compris entre les deux nombres consécutifs correspondants; il suffit alors d'appliquer la règle de proportionnalité pour en déduire le nombre cherché.

EXEMPLE I. — *Trouver le nombre dont le logarithme est* 2,58843.

Dans la table, nous trouvons les mantisses consécutives 58838 et 58850 entre lesquelles est comprise la mantisse donnée; le plus petit des nombres correspondants est 3876 et la différence tabulaire 12; la différence 58843 — 58838 est 5.

Pour une variation de mantisse égale à 12, la variation du nombre est 1; pour une variation de mantisse égale à 1, la variation du nombre serait $\dfrac{1}{12}$ et pour une variation de mantisse égale à 5, la variation du nombre sera $\frac{5}{12}$ ou 0,41; le nombre est donc, sans tenir compte de la virgule, 387641.

La caractéristique étant 2, le nombre est 387,641.

EXEMPLE II. — *Trouver le nombre dont le logarithme est* $\overline{1},58052$.

Dans la table, nous trouvons les mantisses consécutives 58047 et 58058, dont la différence tabulaire est 11; la première correspond au nombre 3806; la différence entre 58052 et 58047 est 5.

Pour calculer la différence correspondante des nombres nous pouvons nous servir de la table des parties proportionnelles; dans cette table relative à 11, nous trouvons 4,4 qui correspond à une augmentation de nombre égale à 0,4; il reste une augmentation 0,6 de mantisse; la table donne 5,5 qui correspond à un accroissement de nombre égal à 0,5; l'accroissement 0,55 correspond donc à l'accroissement 0,05 du nombre; de sorte que si on augmente le nombre de 0,45, la mantisse est augmentée de 4,95 ou sensiblement 5; le nombre cherché est 3806,45 et si on tient compte de la caractéristique, 0,380645.

On dispose les calculs comme ci-dessous :

$$
\begin{array}{llll}
\log 0,3806 & = \overline{1},58\,047 & & \delta = 11 \\
\text{pour} \quad 4 & \quad 4,4 \\
\text{pour} \quad 5 & \quad 0,55 \\
\hline
\log 0,380645 & = \overline{1},58\,052.
\end{array}
$$

326. Antilogarithmes. — On appelle *antilogarithme* d'un logarithme donné, le nombre qui correspond à ce logarithme; la recherche d'un antilogarithme a été faite précédemment; nous signalerons néanmoins certaines tables, celles de Bourget (*), par exemple, qui ont une disposition particulière, permettant de trouver un antilogarithme exactement comme un logarithme : nous en donnons une page spécimen ci-contre.

Après les explications détaillées données plus haut, il suffira d'indiquer en quelques mots l'usage de ces tables.

Une colonne A contient les nombres de 1 à 10000; c'est la

______

(*) Belin frères, éditeurs.

colonne des *arguments*; une colonne placée avant celle-ci est la

4500 — 4560

D	Antilog.	A	Log.	D	D	Antilog.	A	Log.	D
	28.184-	4500	65.321			28.379	4530	65.610-	
6	190	4501	331-	10	7	386-	4531	619	9
7	197-	4502	341-		6	392	4532	629-	10
6	28.203	4503	65.350	9	7	28.399-	4533	65.639-	10
7	210-	4504	360-	10	6	405	4534	648	9
6	216	4505	369	9	7	412-	4535	658-	10
7	28.223-	4506	65.379	10	6	28.418	4536	65.667	9
6	229	4507	389-		7	425-	4537	677-	10
7	236-	4508	398	9		432-	4538	686	9
6	28.242	4509	65.408	10	6	28.438	4539	65.696	10
7	249-	4510	418-		7	445-	4540	706-	
6	255	4511	427	9	6	451	4541	715	9
7	28.262-	4512	65.437-	10	7	28.458-	4542	65.725-	10
6	268	4513	447-		6	464	4543	734	9
7	275-	4514	456	9	7	471-	4544	744-	10
6	28.281	4515	65.466-	10	6	28.477	4545	65.753	9
7	288-	4516	475	9	7	484-	4546	763-	10
6	294	4517	485	10	6	490	4547	772	9
7	28.301-	4518	65.495-	10	7	28.497-	4548	65.782	10
6	307	4519	504	9		504-	4549	792-	
7	314-	4520	514-	10	6	510-	4550	801	9
6	28.320	4521	65.523	9	7	28.517-	4551	65.811-	10
7	327-	4522	533	10	6	523	4552	820	9
6	333	4523	543-		7	530-	4553	830-	10
7	28.340	4524	65.552	9	6	28.536	4554	65.839	9
	347-	4525	562-	10	7	543	4555	840-	10
6	353	4526	571	9		550-	4556	858	9
7	28.360-	4527	65.581	10	6	28.556	4557	65.868-	10
6	366	4528	591-		7	563-	4558	877	9
7	373-	4529	600	9	6	569	4559	887-	10
6	379	4530	610-	10	7	576-	4560	896	9
D	Antilog.	A	Log.	D	D	Antilog.	A	Log.	D

colonne des *antilogarithmes*; une troisième colonne placée
après celle des arguments est la colonne des *logarithmes*.
Si on lit un argument, le nombre placé dans la troisième

colonne est la mantisse de l'argument; le nombre, placé dans
la première colonne sur la même ligne, a pour mantisse l'argument.

Enfin des colonnes D indiquent les différences tabulaires
entre les nombres successifs de la première ou de la troisième
colonne; notons, de plus, que les logarithmes et antilogarithmes sont calculés tantôt par défaut, tantôt par excès; dans
ce dernier cas, ils sont suivis du signe —.

Problème I. — *Trouver le logarithme de 45,143.*

La caractéristique est 1.

Dans la table, nous trouvons l'argument 4514 dont la mantisse est 65,456, avec une différence tabulaire 9.

Nous pourrons écrire :

$$\log 45,14 = 1,65\,456 \qquad\qquad \delta = 9$$
$$\text{pour}\qquad 3 \qquad\qquad 2,7$$
$$\log 45,143 = 1,65\,459.$$

Problème II. — *Trouver l'antilogarithme de 2,45 285.*

Le nombre cherché aura 3 chiffres à la partie entière. Nous
trouvons dans la table l'argument 4 528 qui correspond à l'antilogarithme 28 366, c'est-à-dire au nombre 283,66.

La différence tabulaire est 7; la différence relative à 0,5
sera $7 \times 0,5 = 3,5$; nous écrirons :

$$\text{antilog } 2,4528 = 283,66 \qquad\qquad \delta = 7$$
$$\text{pour}\qquad 5 \qquad\qquad 3,5$$
$$\text{antilog } 2,45285 = 283,69.$$

Ici, on pouvait forcer le chiffre 9 à cause du 5 qui suit; mais,
comme la différence tabulaire a été forcée, le chiffre 5 inséré
est trop fort; il n'y a donc pas lieu de forcer le 9.

Opérations sur les logarithmes.

327. Les opérations que l'on effectue sur les logarithmes à
caractéristique positive sont des opérations relatives à des
nombres décimaux; il n'y a donc aucune difficulté nouvelle; il
n'en est pas de même lorsqu'il s'agit de logarithmes à caractéristique négative, qui sont écrits à l'aide d'une notation nou-

velle; nous allons passer en revue les différents cas que l'on rencontre dans la pratique.

328. Addition. — 1° Soit d'abord à ajouter les logarithmes $2,57834$ et $\overline{1},67943$.

Ce dernier logarithme est le binome

$$- 1 + 0,67943.$$

Pour l'ajouter à $2,57834$, nous ajouterons d'abord $0,67943$, ce qui donne $3,25777$, puis nous retrancherons 1; on a finalement $2,25777$.

Avec un peu d'habitude, on fait immédiatement l'addition comme dans le cas ordinaire

$$\begin{array}{r} 2,57834 \\ \overline{1},67943 \\ \hline 2,25777, \end{array}$$

en disant, lorsque l'on est arrivé aux entiers, 2 et 1 de retenue 3 et —1, 2.

2° Soit à ajouter $\overline{3},56789$ et $\overline{2},67432$.

Cela revient à faire la somme des binomes

$$- 3 + 0,56789 \qquad \text{et} \qquad - 2 + 0,67432.$$

Ajoutant les parties décimales, on trouve $1,24221$; la somme cherchée est alors

$$- 3 - 2 + 1,24221 ;$$

elle peut s'écrire

$$- 5 + 1 + 0,24221 = - 4 + 0,24221,$$

ou, avec la notation abrégée,

$$\overline{4},24221.$$

Nous disposerons l'opération comme d'ordinaire :

$$\begin{array}{r} \overline{3},56789 \\ \overline{2},67432 \\ \hline \overline{4},24221, \end{array}$$

en disant, lorsqu'on est arrivé à la partie entière, — 3 et 1 font —2, — 2 et — 2 font — 4.

329. Multiplication par un nombre entier. — Soit à multiplier $\overline{2},67893$ par 3.

Cela revient à faire le produit

$$(-2 + 0,67893).3 = -2 \times 3 + 0,67893 \times 3$$
$$= -6 + 2,03679.$$

Ce nombre peut s'écrire

$$-4 + 0,03679 \qquad \text{ou} \qquad \overline{4},03679.$$

Disposant l'opération comme dans le cas ordinaire,

$$\begin{array}{r} \overline{2},67893 \\ 3 \\ \hline \overline{4},03679, \end{array}$$

nous dirons, en arrivant à la partie entière, -2 multiplié par 3 donne -6 et 2 de retenue -4.

330. Division par un nombre entier. — 1° Supposons d'abord que la valeur absolue de la caractéristique soit divisible par l'entier.

Soit à diviser $\overline{6},78534$ par 3.

Cela revient à diviser la somme

$$-6 + 0,78534$$

par 3; la première partie est divisible par 3 et donne -2 comme quotient; il suffit d'y ajouter le quotient de la mantisse par 3; on trouve ainsi

$$-2 + 0,26178 \qquad \text{ou} \qquad \overline{2},26178.$$

2° Supposons que la valeur absolue de la caractéristique ne soit pas divisible par l'entier.

Soit à diviser $\overline{4},67832$ par 3.

On peut écrire le logarithme sous la forme

$$-4 + 0,67832$$

ou, en ajoutant et retranchant 2,

$$-6 + 2,67832.$$

La première partie est alors divisible par 3 et donne -2 comme quotient; il suffira d'ajouter le quotient par 3 de la seconde partie $2,67832$; on a ainsi $\overline{2},89277$.

Règle. — *Si la valeur absolue de la caractéristique n'est pas divisible par l'entier, on en fait le quotient par excès et on prend ce quotient avec le signe —; c'est la caractéristique négative du quotient cherché ; on ajoute l'excès à la mantisse et le quotient du nombre ainsi formé est la mantisse du quotient cherché.*

331. Cologarithmes. — Nous n'avons pas parlé de la soustraction parce que, dans les calculs de logarithmes, on ne fait jamais de soustraction; nous allons montrer que l'on peut, au lieu de retrancher un logarithme, en ajouter un autre que l'on appelle *cologarithme* (*); à vrai dire, pour obtenir le cologarithme, il faut calculer une différence, mais elle s'obtient très aisément et il y a avantage à la calculer plutôt que de retrancher le logarithme.

Un logarithme est toujours la somme de deux nombres, l'un entier, positif, négatif ou nul, qui est sa caractéristique, l'autre inférieur à l'unité et qui est positif : c'est la mantisse ; soit a la caractéristique et m la mantisse; le logarithme est $a + m$; pour retrancher ce nombre, on doit retrancher successivement a et m; mais on peut écrire

$$a + m = (a + 1) + (-1 + m).$$

Il revient donc au même de retrancher $a+1$ et $-1+m$ ou de retrancher $a+1$ et d'ajouter $1-m$; $a+1$ est la caractéristique augmentée de 1; $1-m$ est la différence entre l'unité et la mantisse; finalement, on pourra retrancher la caractéristique augmentée de 1 et ajouter le complément à 1 de la mantisse ou encore ajouter le logarithme obtenu en ajoutant 1 à la caractéristique et en changeant son signe, et en faisant suivre du complément à 1 de la mantisse. Ainsi, pour retrancher 4,308, on pourra ajouter -5 et $1-0,308$ ou -5 et 0,692; pour retrancher $\overline{3},745$, on pourra ajouter $+2$ et $1-0,745$ ou $+2$ et 0,255.

Les deux sommes que l'on a à ajouter peuvent s'écrire sous forme de logarithmes :

$$\overline{5},692, \qquad 2,255.$$

(*) Ce mot signifie « complément du logarithme »; on appelle en arithmétique complément d'un nombre A à un autre B la différence B — A.

Ces logarithmes sont les *cologarithmes* des nombres qui ont pour logarithmes 4,308 et $\overline{3}$,745.

Ce qui précède suffit pour montrer que l'on obtient le cologarithme de la manière suivante : *on ajoute 1 à la caractéristique et on change le signe de la somme obtenue; c'est la caractéristique nouvelle; on retranche de 10 le dernier chiffre significatif de la mantisse et tous les autres de 9; le résultat obtenu est la mantisse nouvelle.*

Pour retrancher un logarithme, on ajoute son cologarithme.

EXEMPLES. — Le cologarithme correspondant au logarithme 14,78536 est $\overline{15}$,21464.

Le cologarithme correspondant au logarithme $\overline{1}$,45072 est 0,54928.

Le cologarithme correspondant au logarithme $\overline{4}$,30789 est 3,69211.

Applications.

332. Problème I. — *Trouver le côté d'un cube de fer pesant* 10^{kg},552, *sachant que la densité du fer est* 7,78.

x étant le côté du cube, son volume est mesuré par x^3 et son poids par $x^3 \times 7,78$; on a donc

$$10,552 = x^3 \times 7,78.$$

L'unité de poids étant ici le kilogramme, l'unité de volume sera le litre ou décimètre cube et l'unité de longueur le décimètre; le nombre x représente des décimètres; il est donné par la formule

$$x = \sqrt[3]{\frac{10,552}{7,78}},$$

$$\log x = \frac{1}{3} \log \frac{10,552}{7,78} = \frac{1}{3} \log 10,552 - \frac{1}{3} \log 7,78,$$

$$\log x = \frac{1}{3} \log 10,552 + \frac{1}{3} \operatorname{colog} 7,78.$$

CALCUL DE log 10,552.

log 10,55	= 1,02 325	$\delta = 41$
pour 2	8,2	
log 10,552	= 1,02 333	

CALCUL DE colog 7,78.

$$\log\ \ 7,78 = 0,89\,098$$
$$\text{colog}\ 7,78 = \overline{1},10\,902.$$

CALCUL DE log x.

$$3\log x = \log 10,552 + \text{colog}\ 7,78$$
$$\log 10,552 = 1,02\,333$$
$$\text{colog}\ \ 7,78\ = \overline{1},10\,902$$
$$\overline{}$$
$$3\ \log x\ \ \ \ = 0,13\,235$$
$$\log x\ \ \ \ \ = 0,04\,412$$

en forçant le dernier chiffre.

CALCUL DE x.

$$\log\ \ 4,106\ \ = 0,04376 \qquad \delta = 39$$
$$\text{pour}\ \ \ \ \ \ 9 \qquad\qquad 35,1$$
$$\text{pour}\ \ \ \ \ \ 2 \qquad\qquad\ 78$$
$$\overline{}$$
$$\log\ \ 1,10692 = 0,04412.$$

Le côté cherché est $1^{\text{dm}},107$ à un dixième de millimètre près.

333. Problème II. — *Trouver la durée de l'oscillation du pendule de longueur* $0^{\text{m}},20$.

t étant cette durée exprimée en secondes, π le rapport de la circonférence au diamètre, l la longueur du pendule et g l'accélération due à la pesanteur, on a, suivant la formule connue,

$$t = \pi\sqrt{\dfrac{l}{g}},$$

avec $\pi = 3,1416$, $l = 0^{\text{m}},2$, $g = 9,8089$.

Le calcul de t à l'aide des logarithmes résulte de la relation

$$\log t = \log \pi + \frac{1}{2}\log l + \frac{1}{2}\,\text{colog}\ g.$$

CALCUL DE log π.

$$\log 3,141\ = 0,49\,707 \qquad \delta = 14.$$
$$\text{pour}\ \ \ \ \ 6 \qquad\qquad 8,4$$
$$\overline{}$$
$$\log \pi\ \ \ \ \ = 0,49\,715.$$

Calcul de $\frac{1}{2} \log 0,2$.

$$\log 0,2 = \overline{1},30\,103$$
$$\frac{1}{2} \log 0,2 = \overline{1},65\,0515.$$

Calcul de $\frac{1}{2} \operatorname{colog} 9,8089$.

$$\log 9,808 = 0,99\,158 \qquad\qquad \delta = 4$$
$$\underline{\text{pour} \quad 9 \qquad\qquad 36}$$
$$\log g = 0,99\,1616$$
$$\operatorname{colog} g = \overline{1},00\,8384$$
$$\frac{1}{2} \operatorname{colog} g = \overline{1},50\,4192.$$

Calcul de $\log t$.

$$\log \pi = 0,49\,715$$
$$\frac{1}{2} \log l = \overline{1},65\,0515$$
$$\frac{1}{2} \operatorname{colog} g = \overline{1},50\,4192$$
$$\overline{\log t = \overline{1},65\,186.}$$

Calcul de t.

$$\log 0,4486 = \overline{1},65\,186$$
$$t = 0^s,4486.$$

EXERCICES

1. Trouver le rayon et l'aire d'une sphère dont le volume est $4^{m3},354$.

2. Trouver la longueur d'un pendule dont la durée de l'oscillation est à Paris 1^s.

3. Calculer l'expression

$$x = \frac{\sqrt[5]{(32785)^3}}{\sqrt[4]{(24538)^5}}.$$

4. Quels sont les nombres rationnels qui ont des logarithmes rationnels dans le système de base 36 ?

5. Quels sont les systèmes de logarithmes dans lesquels 49 a un logarithme rationnel ?

6. Résoudre le système —

$$x + y = a, \qquad \log x + \log y = b.$$

7. Résoudre l'équation

$$3^{2x} - 2.\,3^x - 675 = 0.$$

8. Résoudre l'équation

$$\log \sqrt{7x + 5} + \log \sqrt{2x + 3} = 54,5.$$

9. Résoudre le système

$$\sqrt{x^2 + y^2} + \sqrt{xy} = a, \qquad \frac{\log (y^2 - xy)}{\log \sqrt{x^2 + y^2}} = 2.$$

10. On considère les sommes

$$S = 1 + \frac{1}{r} + \frac{1}{r^2} + \dots + \frac{1}{r^{n-1}}, \qquad T = \frac{1}{r} + \frac{2}{r^2} + \dots + \frac{n}{r^n}$$

où r est supérieur à 1.

1° Évaluer ces sommes et montrer que l'on a

$$S - (r - 1)\, T = \frac{n}{r^n}.$$

2° On fera $r = 3$ et successivement $n = 100$, $n = 1000$. Dans chacun de ces cas quelle sera la valeur de $\log \dfrac{n}{r^n}$ et quelle erreur commettra-t-on en donnant à T la valeur $\dfrac{S}{r - 1}$?

(Baccalauréat.)

CHAPITRE IV

INTÉRÊTS COMPOSÉS ET ANNUITÉS

Intérêts composés.

334. Définition. — *On dit qu'un capital est placé à intérêts composés si, considéré pendant chaque année comme portant des intérêts simples, on lui ajoute à la fin de l'année les intérêts ainsi produits, ces intérêts devant porter intérêt pendant les années suivantes comme le capital.*

Soit A un capital placé à intérêts composés pendant n années, le taux par franc étant r.

A la fin de la première année, l'intérêt produit est Ar et le capital qui rapportera intérêt l'année suivante est $A + Ar$ ou $A(1 + r)$; c'est-à-dire, que connaissant la somme dont on dispose au commencement d'une année, on obtient la somme que l'on possède à la fin de cette même année en multipliant la première par $(1 + r)$; les sommes possédées à la fin de chaque année sont donc les termes d'une progression géométrique de raison $1 + r$, de sorte qu'au bout de n années, on dispose d'une somme

$$A(1 + r)^n.$$

REMARQUE. — Dans l'expression que nous venons de trouver, n représente un nombre entier d'années et r l'intérêt de 1 franc par an; il peut arriver que, par suite de conventions spéciales, on capitalise les intérêts pendant une période autre que l'année; ainsi, on peut convenir d'ajouter au capital les intérêts produits pendant six mois et de leur faire rapporter intérêt pendant les périodes suivantes, il est manifeste que tout ce qui précède est encore applicable et que, si r' désigne l'intérêt de 1 franc pendant la période choisie et n' le nombre de périodes, la somme possédée au bout de ce temps sera

$$A(1 + r')^{n'}.$$

335. Nous avons supposé que le capital A restait placé pendant un nombre entier de périodes ; supposons, pour fixer les idées, que ce soient des années ; il reste à examiner ce que devient la formule quand A est placé pendant un nombre entier n d'années et une fraction $\frac{p}{q}$ d'année.

Si l'on adopte la convention qui a servi de définition à l'intérêt composé, le capital

$$A(1 + r)^n$$

possédé après n années rapportera pendant la fraction $\frac{p}{q}$ d'année un intérêt

$$A(1 + r)^n \frac{p}{q} r,$$

et, à la fin du placement, on aura un capital

$$A(1 + r)^n \left(1 + \frac{p}{q} r\right).$$

Dans la pratique, on adopte une autre formule identique à celle qui correspond au placement pendant un nombre entier d'années

$$A(1 + r)^{n + \frac{p}{q}}.$$

Nous allons montrer que cela revient à faire la convention suivante : *la période de capitalisation est $\frac{1}{q}$ d'année et le taux par franc relatif à cette période est tel que, en une année, l'intérêt composé rapporté par 1 franc soit r.*

Désignons par x le taux relatif à $\frac{1}{q}$ d'année ; le nombre de périodes est ici $nq + p$ et la somme possédée à l'expiration de ces périodes est

$$A(1 + x)^{nq + p}.$$

D'autre part, 1 franc placé pendant une année est placé pendant q périodes et fournit un capital

$$(1 + x)^q = 1 + r.$$

On en déduit

$$1 + x = (1 + r)^{\frac{11}{q}}$$

et

$$A(1 + x)^{nq+p} = A(1 + r)^{n+\frac{p}{q}}.$$

336. Si l'on désigne par C la somme totale possédée au bout du temps t, par A le capital primitif et par r le taux par franc relatif à une période, on a entre ces nombres la relation

$$C = A(1 + r)^t ;$$

de sorte que la connaissance de trois des nombres A, C, r, t permet de calculer le quatrième; nous allons passer rapidement en revue les problèmes que résout cette formule.

Problème I. — *Quel capital possède-t-on au bout du temps t, en plaçant un capital* A *au taux r par franc ?*

La formule précédente donne

$$C = A(1 + r)^t,$$

et en prenant les logarithmes,

$$\log C = \log A + t \log (1 + r).$$

On peut aussi faire le calcul en utilisant des tables à double entrée qui donnent les valeurs de $(1 + r)^n$ pour les valeurs de r le plus fréquemment adoptées et pour une série de valeurs entières de n (*).

EXEMPLE. — A = 18 000, $r = 0,03$, $t = 15$.

1° CALCUL PAR LES LOGARITHMES.

$$\log C = \log 18\,000 + 15 \log 1,03.$$
$$\log 18\,000 = 4,25527$$
$$\log 1,03 = 0,01284$$
$$15 \log 1,03 = 0,19260.$$

(*) Indépendamment de tables étendues utilisées par les banquiers, nous signalerons comme suffisant à l'usage courant, les « *Petites tables pour les calculs d'intérêts composés, annuités et amortissements* », par P. LAMAIRE.

Calcul de log C.

$$\log 18\,000 = 4,25\,527$$
$$15 \log 1,03 = 0,19\,260$$
$$\log C = 4,44\,787.$$

Calcul de C.

$$\log 28\,040 = 4,44\,778 \qquad \delta = 15$$
$$\text{pour} \qquad 6 \qquad\qquad 9$$
$$\log 28\,046 = 4,44\,787.$$
$$C = 28\,046^{\text{fr}}.$$

2° Les tables relatives aux intérêts composés donnent

$$1,03^{15} = 1,557\,967,$$

dont le produit par 18 000 est 28 043 ; la légère différence trouvée s'explique par ce fait que la moindre erreur commise sur le logarithme de 1,03 connu avec 5 décimales, étant multipliée par 15, peut altérer le résultat de façon sensible.

Problème II. — *Quel capital faut-il placer au taux r pendant le temps t pour retirer un capital C?*

La formule précédente donne

$$\log A = \log C - t \log (1 + r),$$

et le calcul est tout semblable au précédent.

Problème III. — *Pendant combien de temps faut-il placer un capital A pour retirer au bout de ce temps un capital C, le taux étant r par franc?*

La relation

$$\log C = \log A + t \log(1 + r)$$

donne

$$t = \frac{\log C - \log A}{\log (1 + r)} = \frac{\log C + \text{colog } A}{\log (1 + r)}.$$

On peut encore se servir des tables qui donnent $(1 + r)^n$; on a, en effet,

$$C = A(1 + r)^t,$$
$$(1 + r)^t = \frac{C}{A}.$$

On calculera $\dfrac{C}{A}$ et on cherchera dans la colonne relative à r

le nombre $\dfrac{C}{A}$; s'il figure dans cette colonne, on lira au commencement de la ligne correspondante le nombre n d'années.

Si $\dfrac{C}{A}$ ne figure pas dans la colonne, on trouvera deux termes consécutifs entre lesquels est compris $\dfrac{C}{A}$; ces termes fourniront deux valeurs approchées du temps n et $n + 1$, l'une par défaut, l'autre par excès.

Exemple. — $A = 10\,000$, $C = 15\,000$, $r = 0,05$.

$$\log C = 4,17\,609$$
$$\log A = 4$$
$$\log C - \log A = 0,17\,609.$$
$$\log (1 + r) = 0,02\,119.$$

Nous aurons ensuite :

$$\log t = \log 0,17\,609 + \text{colog } 0,02\,119$$
$$\log 0,17\,609 = \overline{1},24573$$
$$\text{colog } 0,02\,119 = 1,67\,387$$
$$\log t = 0,91\,960,$$
$$t = 8^{\text{a}},31.$$
$$t = 8^{\text{a}}3^{\text{m}}21^{\text{j}}.$$

Dans les tables, on trouve pour $n = 8$, $\dfrac{C}{A} = 1,477\,455$ et pour $n = 9$, $\dfrac{C}{A} = 1,551\,328$; ici $\dfrac{C}{A} = 1,5$; on en conclut que le temps est compris entre 8 et 9 années.

Remarque. — A titre d'exercice, proposons-nous de calculer le temps en faisant usage de la formule

$$C = A(1 + r)^n \left(1 + \frac{p}{q}\, r\right).$$

Si l'on prend les logarithmes des deux membres, on a

$$\log C = \log A + n \log (1 + r) + \log \left(1 + \frac{p}{q}\, r\right).$$

$$n = \frac{\log C + \text{colog } A}{\log (1 + r)} - \frac{\log \left(1 + \dfrac{p}{q}\, r\right)}{\log (1 + r)}.$$

Calculons la première fraction à une unité près par défaut et soit n' le nombre trouvé; on aura

$$n' \leqslant \frac{\log C + \operatorname{colog} A}{\log (1 + r)} < n' + 1,$$

ou

$$n' \leqslant n + \frac{\log \left(1 + \dfrac{p}{q} r\right)}{\log (1 + r)} < n' + 1.$$

$\dfrac{p}{q}$ est inférieur à l'unité et la fraction $\dfrac{\log \left(1 + \dfrac{p}{q} r\right)}{\log (1 + r)}$ est inférieure à l'unité; il en résulte que l'entier n est égal à n'; connaissant n, on calculera $\dfrac{p}{q}$ par la formule

$$\log \left(1 + \frac{p}{q} r\right) = \log C + \operatorname{colog} A + n \operatorname{colog} (1 + r).$$

Problème IV. — *A quel taux faut-il placer un capital* A *à intérêts composés pour retirer au bout du temps* t *un capital* C ?

La formule générale donne

$$\log (1 + r) = \frac{\log C + \operatorname{colog} A}{t}.$$

On calculera le second membre par logarithmes et on en déduira $1 + r$.

On peut encore utiliser les tables qui donnent $(1 + r)^n$; si t est un nombre entier n, on a

$$(1 + r)^n = \frac{C}{A}.$$

On calcule $\dfrac{C}{A}$ et dans la ligne qui commence par n, on cherche le nombre $\dfrac{C}{A}$; s'il y figure, on a le taux r en haut de la colonne correspondante; s'il n'y figure pas, on trouve dans la ligne n deux termes consécutifs qui comprennent entre eux $\dfrac{C}{A}$, on en déduit deux valeurs approchées du taux.

Annuités.

337. Définition. — *On appelle* ANNUITÉ *une somme fixe que l'on verse chaque année soit pour constituer un capital, soit pour éteindre une dette* ; cette annuité est supposée placée à intérêts composés jusqu'à la constitution du capital ou jusqu'à l'extinction de la dette.

Nous supposerons d'abord que l'on veuille constituer un capital ; soit a l'annuité, r le taux par franc, n le nombre d'années et A le capital à constituer. A se composera des différentes annuités augmentées de leurs intérêts composés : la première annuité versée au commencement de la première année est placée pendant n années et fournit une somme égale à

$$a(1 + r)^n ;$$

la seconde annuité est placée pendant $n - 1$ années et fournit une somme égale à

$$a(1 + r)^{n-1} ;$$

et ainsi de suite, jusqu'à la dernière annuité qui, versée au commencement de la dernière année, est placée pendant une année et fournit une somme égale à

$$a(1 + r).$$

Le capital A est donc égal à

$$a(1 + r) + a(1 + r)^2 + \cdots + a(1 + r)^{n-1} + a(1 + r)^n,$$

somme des termes d'une progression géométrique de raison $(1 + r)$; on a ainsi la relation

$$A = \frac{a(1 + r)^{n+1} - a(1 + r)}{r} = a(1 + r)\frac{(1 + r)^n - 1}{r} .$$

338. Cette formule permet de calculer l'un des nombres A, a, r, n connaissant les trois autres ; on pourrait effectuer ces calculs à l'aide des logarithmes en se servant de la relation

$$\log A = \log a + \log(1 + r) + \log[(1 + r)^n - 1] + \operatorname{colog} r ;$$

mais il faudrait d'abord calculer $(1 + r)^n - 1$ et en chercher ensuite le logarithme ; dans la pratique, on se sert de tables analogues à celles de l'intérêt composé et qui donnent les valeurs de

$$\frac{(1+r)^n - 1}{r} \cdot (1+r)$$

pour les valeurs usuelles de r et de n.

Problème I. — *Quel capital constitue-t-on en versant pendant 25 années une annuité de 1 000 francs, au taux 4 °/₀ ?*

Nous avons ici

$$a = 1\,000, \qquad r = 0,04, \qquad n = 25.$$

On trouve dans les tables

$$\frac{1,04^{25} - 1}{0,04} = 41,645\,908.$$

Le capital cherché est donc

$$A = 1\,000 \times 41,645\,908 \times 1,04 = 43\,311^{fr},744.$$

Problème II. — *Quelle est l'annuité nécessaire pour constituer en 30 années un capital de 40 000 francs au taux 3 1/2 °/₀ ?*

Nous avons

$$A = 40\,000, \qquad r = 0,035, \qquad n = 30.$$

La table (*) donne $\dfrac{1,035^{30} - 1}{0,035} = 51,622\,677.$

L'annuité est donc

$$a = \frac{40\,000}{51,622\,677 \times 1,035}.$$

Pour la calculer, prenons les logarithmes en remplaçant le dénominateur par $51,6227 \times 1,035$, puisqu'il s'agit de tables à 5 décimales ; l'annuité sera un peu trop forte et donnera un capital un peu supérieur à $40\,000^{fr}$.

$$
\begin{aligned}
\log \quad 40\,000 &= 4,60\,206 \\
\text{colog } 51,6227 &= \overline{2},28\,716 \\
\text{colog } \quad 1,035 &= \overline{1},98\,506 \\
\hline
\log \quad a &= 2,87\,428 \\
a &= 748^{fr},65
\end{aligned}
$$

(*) La table III de Lemaire, relative aux annuités, ne comporte pas le taux $3\frac{1}{2}$; on utilisera la table I qui donne $1,035^{30}$ et on calculera la valeur de la fraction.

Problème III. — *Pendant combien de temps faut-il verser une annuité de 1 000 francs pour constituer un capital de 20 000 francs au taux 4 %ₒ ?*

Nous avons $A = 20\,000$, $a = 1\,000$, $r = 0,04$.

Le rapport $\dfrac{A}{a}$ est égal à 20 et $\dfrac{A}{a(1 + r)} = 19,230\,769$.

Dans la table, la colonne 4 % contient les deux termes consécutifs 18,291 911 et 20,023 588, qui correspondent à $n = 14$ et $n = 15$; on en conclut qu'en versant 14 annuités, on possédera un capital de $18\,291^{fr},911$, et en versant 15 annuités, on aura un capital de $20\,023^{fr},588$; pour constituer le capital de $20\,000^{fr}$ on pourra payer 14 annuités et ajouter à la fin de la quatorzième année une somme de $20\,000 - 18\,291,90 = 1\,708^{fr},10$.

Problème IV. — *A quel taux faut-il placer des annuités a pour obtenir au bout de n années un capital A ?*

Ce problème ne se présente pas dans la pratique, le taux étant toujours fixé ; il pourrait d'ailleurs se résoudre à l'aide des tables comme les précédents ; nous le signalons ici uniquement pour donner un exemple de calcul approché des racines d'une équation.

Le taux r est donné par l'équation

$$A = a(1 + r) + a(1 + r)^2 + \cdots + a(1 + r)^n ;$$

r étant assujetti à être un nombre positif, le second membre est une somme de termes positifs qui croissent avec r ; si $r = 0$, le second membre est égal à na, quantité que l'on doit supposer inférieure à A, puisque A est formé de na et des intérêts des annuités a ; si r augmente indéfiniment, il en est de même du second membre ; et r variant par degrés insensibles, nous admettrons que le second membre varie aussi peu qu'on le veut. Il y aura donc une seule valeur de r pour laquelle l'équation sera satisfaite.

Pour calculer des valeurs approchées de r, on substituera à r les nombres 0, 1, 2,... ; supposons que pour $r = 3$, le second membre soit inférieur à A et que pour $r = 4$, il lui soit supérieur ; r sera manifestement compris entre 3 et 4 ; on substituera alors 3,5 et si le résultat obtenu est supérieur à A, r sera compris entre 3 et 3,5 ; substituant alors 3,1 ; 3,2 ; 3,3 ;

3,4, on trouvera les valeurs de r à $\dfrac{1}{10}$ près par excès et par défaut ; on pourra continuer ainsi jusqu'à ce que l'on ait r avec l'approximation demandée.

D'ailleurs, on abrégera les calculs en remplaçant le second membre par

$$a \frac{(1 + r)^n - 1}{r} (1 + r).$$

339. Valeur actuelle. — On appelle *valeur actuelle* d'un placement a le capital qu'il faudrait placer au commencement de la première année pour avoir à l'époque considérée la même somme que celle qui résulte des annuités successives.

D'après cette définition, la valeur actuelle V au bout de n années est telle que l'on ait

$$V(1 + r)^n = a \frac{(1 + r)^n - 1}{r} (1 + r),$$

$$V = a \frac{1 + r}{r} \left[1 - \frac{1}{(1 + r)^n} \right].$$

La table IV des « *Petites tables* » de P. Lamaire fournit les valeurs actuelles pour une annuité de 1^{fr}, relativement aux taux 4, 4 1/2, 5, 5 1/2 et 6 pour n prenant les valeurs 1, 2, ..., 60.

Amortissements.

340. Un État, une Société financière ou industrielle, ayant à faire face à des dépenses exceptionnelles, font un emprunt qui met à leur disposition la somme dont ils ont besoin momentanément ; ils s'engagent à payer l'intérêt de la somme empruntée et à rembourser cette somme par parties, de sorte qu'à l'expiration d'un délai fixé, la dette soit éteinte. La garantie du créancier est un *Titre de rente amortissable*, si l'emprunteur est un État, une *Obligation*, si l'emprunteur est une Ville ou une Société.

Chaque année, ou quelquefois chaque semestre, on rembourse un certain nombre de titres ou d'obligations et on continue à payer les intérêts des valeurs non remboursées ; la somme consacrée au remboursement est appelée *l'amortissement de la dette;* les titres remboursés sont désignés par voie de tirage au sort et le remboursement se fait *au pair,* c'est-à-dire que, en échange du titre, on reçoit la somme inscrite sur le titre, qui est sa *valeur nominale.*

En général, la somme consacrée à la fois à l'amortissement et au service des intérêts est une annuité fixe, mais on peut effectuer aussi l'amortissement d'une autre manière; chaque année, une annuité fixe est divisée en deux parts : l'une, qui est affectée au service de l'intérêt de la dette, l'autre, qui est placée dans une maison de banque et porte intérêt composé de façon à constituer à une époque déterminée un capital égal à la dette, que l'on rembourse alors intégralement. Les deux systèmes sont identiques, si le taux de l'intérêt de la dette est égal au taux payé par le banquier; ils ne diffèrent que si les deux taux sont eux-mêmes différents; le premier système est généralement adopté en Europe et le second, en Amérique.

Enfin, notons que dans certains cas, quelques titres sont remboursés à un prix supérieur à la valeur nominale; ce sont les *emprunts à lots;* l'annuité se compose alors de l'intérêt, du remboursement au pair et des lots; les titres bénéficiaires de lots sont désignés par voie de tirage au sort.

Quant aux conditions de l'emprunt, elles diffèrent suivant les circonstances; mais, en général, les titres sont émis à un prix un peu inférieur au pair; cette bonification et la valeur du taux dépendent de la confiance qu'inspire l'emprunteur; il convient de faire observer que le taux des valeurs à lots est, le plus souvent, inférieur au taux des autres valeurs, la perte d'intérêt étant compensée par la chance qu'on a de gagner un lot.

341. Système européen. — *On a emprunté une somme* A *au taux* r *par franc; cette somme est remboursable en* n *années à l'aide d'annuités fixes* a; *trouver la relation entre* A, a, n *et* r.

A la fin de la première année, on paie une somme a; une partie de cette annuité est consacrée au service de l'intérêt simple Ar de la dette; l'amortissement est donc

$$a - \mathrm{A}r,$$

et le montant de la dette est à cette époque

$$\mathrm{A} - (a - \mathrm{A}r).$$

A la fin de la seconde année, le service de l'intérêt de la dette est

$$Ar - (a - Ar)r ;$$

l'amortissement est

$$a - Ar + (a - Ar)r = (a - Ar)(1 + r),$$

et la dette est à cette époque

$$A - (a - Ar) - (a - Ar)(1 + r) = A - (a - Ar)(2 + r).$$

Nous allons montrer que, d'une façon générale, l'amortissement relatif à la p^e année est

$$(a - Ar)(1 + r)^{p-1}.$$

Ceci a été vérifié pour les deux premières années; il suffit donc de montrer que la formule est exacte pour la p^e année, si on la suppose exacte pour les années précédentes.

D'après l'hypothèse faite, les amortissements relatifs aux $p - 1$ premières années sont

$$a - Ar, \quad (a - Ar)(1 + r), \quad \ldots, \quad (a - Ar)(1 + r)^{p-2},$$

et au commencement de la p^e année, la dette est

$$A - [(a - Ar) + (a - Ar)(1 + r) + \cdots + (a - Ar)(1 + r)^{p-2}],$$

ou

$$A - (a - Ar) \frac{(1 + r)^{p-1} - 1}{r}.$$

La partie de la p^e annuité a consacrée au service de l'intérêt sera

$$Ar - (a - Ar)[(1 + r)^{p-1} - 1],$$

et l'amortissement sera

$$a - Ar + (a - Ar)[(1 + r)^{p-1} - 1] = (a - Ar)(1 + r)^{p-1},$$

ce qui démontre que la formule est générale.

Remarquons que les amortissements successifs sont les termes d'une progression géométrique croissante de raison $1 + r$; aussi ce système est-il appelé *système de l'amortissement progressif*.

Ceci établi, la dette devant être remboursée en n années, la somme A sera liée aux nombres a, r, n, par la relation

$$A = (a - Ar) + (a - Ar)(1 + r) + \cdots + (a - Ar)(1 + r)^{n-1},$$

$$A = (a - Ar) \frac{(1 + r)^n - 1}{r}.$$

342. Applications. — Cette formule permet de calculer une des quantités A, a, r, n, connaissant les trois autres; mais, ici encore les calculs par logarithmes seraient trop compliqués, et dans la pratique on se sert de tables qui donnent la valeur de l'expression

$$t = \frac{r}{(1+r)^n - 1}$$

appelée *taux de l'amortissement*. On peut aussi employer des tables qui donnent l'annuité $a' = \dfrac{r(1+r)^n}{(1+r)^n - 1}$ relative à 1^{fr}.

Problème I. — *Calculer l'annuité nécessaire pour amortir une dette de 100 000 francs en 25 années, le taux de l'intérêt étant 4%.*

On a

$$a = A(1+r)^n \cdot \frac{r}{(1+r)^n - 1} = Aa'$$

et

$$\log a = \log A + \log a'.$$

On trouve pour a' la valeur 0,064 012, et on a A = 100 000; la formule devient

$$\log a = \log 100\,000 + \log 0,064\,012.$$
$$\log \quad 100\,000 = 5$$
$$\log 0,064\,012 = \overline{2},80\,625$$
$$\overline{\log a = 3,80\,625}$$
$$a = 6\,401^{fr},20.$$

REMARQUE. — Dans ce cas particulier, la valeur de a donnée par la formule

$$a = Aa'$$

s'obtient directement sans calcul :

$$a = 100\,000 \times 0,064\,012 = 6\,401^{fr},20.$$

Problème II. — *En combien d'années aura-t-on remboursé un capital de 500 000^{fr} par annuités égales à 32 000^{fr}, le taux de l'intérêt étant 4%?*

La formule générale donne

$$(1+r)^n = \frac{a}{a - Ar}.$$

Faisons le calcul par logarithmes; on a

$$n \log (1 + r) = \log a + \operatorname{colog} (a - Ar),$$

$$n = \frac{\log 32\,000 + \operatorname{colog} 12\,000}{\log 1{,}04} = \frac{\alpha}{\beta}.$$

$$\log n = \log \alpha + \operatorname{colog} \beta.$$

$$\log 32\,000 = 4{,}50\,515$$
$$\operatorname{colog} 12\,000 = \overline{5}{,}92\,082$$

$$\alpha = 0{,}42\,597$$
$$\log \alpha = \overline{1}{,}62\,938$$
$$\operatorname{colog} \beta = 1{,}76\,879$$

$$\log n = 1{,}39\,817$$
$$n = 25{,}013.$$

Le nombre n'est pas entier; on versera à la fin de chacune des vingt-quatre premières années l'annuité de 32 000^{fr} et à la fin de la vingt-cinquième année, on versera une annuité un peu supérieure, égale à la valeur de la dette, qu'on sait calculer, à cette époque.

Pour montrer l'utilité des tables, nous allons refaire ce calcul en nous en servant; la formule

$$(1 + r)^n = \frac{a}{a - Ar}$$

donne

$$(1 + r)^n = \frac{32\,000}{12\,000} = 2{,}666 \ldots$$

Dans la table qui fournit les valeurs de $1{,}04^n$, on trouve pour $n = 25$, $(1 + r)^n = 2{,}665\,836$, et pour $n = 26$, $(1 + r)^n = 2{,}772\,470$; on devra donc payer vingt-quatre annuités de 32 000^{fr} et une dernière annuité supérieure à 32 000^{fr}.

343. Valeurs à lots. — *Une émission de 10 000 obligations de 500 francs remboursables en 30 années a été faite avec la condition que chaque année un certain nombre d'obligations seront remboursées et que le montant des lots soit de 15 000 francs; combien remboursera-t-on d'obligations à la fin de chaque année et quelle sera l'annuité nécessaire, le taux étant 3%?*

GRÉVY. — Traité d'algèbre.   23

Calculons d'abord l'annuité nécessaire pour amortir la dette, en supposant qu'il n'y ait pas de lots ; on a

$$A = 5\,000\,000, \qquad r = 0,03, \qquad n = 30.$$

L'annuité pour 1^{fr} est $a' = 0,051\,019.$

$$\log A = 6,69\,897$$
$$\log a' = \overline{2},70\,773$$
$$\overline{\log a = 5,40\,670}$$
$$a = 255\,090^{\mathrm{fr}}.$$

L'annuité totale sera égale à $255\,090 + 15\,000 = 270\,090^{\mathrm{fr}}$.

Cherchons maintenant combien on remboursera d'obligations à la fin de chaque année, à l'aide de l'annuité de $255\,090^{\mathrm{fr}}$ qui sert seule à l'amortissement.

L'amortissement de la première année est

$$a - Ar = 255\,090 - 150\,000 = 105\,090^{\mathrm{fr}} ;$$

on pourra donc rembourser 210 obligations et il y aura un reliquat de 90^{fr} que l'on ajoutera à l'annuité suivante.

Le second amortissement est

$$(a - Ar)(1 + r) = 105\,090 \times 1,03 = 108\,242^{\mathrm{fr}},70$$

auquel il faut ajouter le reliquat de l'année précédente ; on disposera d'une somme de $108\,332^{\mathrm{fr}},70$ qui permettra de rembourser 216 obligations et de reporter $332^{\mathrm{fr}},70$ à l'année suivante.

On continuera ainsi et la dernière année, on remboursera toutes les obligations qui n'ont pas été remboursées.

REMARQUE. — Quand une obligation est remboursée avec lot, la valeur de l'obligation est comprise dans le lot, c'est-à-dire que, sur un lot de $10\,000^{\mathrm{fr}}$, 500^{fr} sont consacrés au remboursement de l'obligation : le lot n'est donc que de $9\,500^{\mathrm{fr}}$; dans ce qui précède c'est l'ensemble des sommes telles que $9\,500^{\mathrm{fr}}$ que nous avons appelé la valeur des lots.

344. Système américain. — On a emprunté une somme A au taux r par franc ; cette somme doit être remboursée intégralement dans n années ; à la fin de chaque année, on paie les intérêts de la somme totale et on verse à une maison de banque une annuité fixe a, afin de produire au bout de n années le capitel A, le taux de l'intérêt étant r'; trouver la relation entre A, a, n, r, r'.

L'annuité se composera ici de deux parties : la première Ar sera nécessaire pour le service de l'intérêt : la seconde a est la somme versée chaque année au banquier ; cette seconde partie devant servir à constituer un capital A au taux r'', on a

$$A = a\,\frac{(1 + r')^n - 1}{r'},$$

$$a = \frac{Ar'}{(1 + r')^n - 1},$$

la somme a étant versée à la fin de l'année, et non au début.

L'annuité totale est donc

$$Ar + \frac{Ar'}{(1 + r')^n - 1}$$

Dans le cas particulier où $r = r''$, l'annuité est

$$Ar + \frac{Ar}{(1 + r)^n - 1} = \frac{Ar(1 + r)^n}{(1 + r)^n - 1},$$

elle est la même que dans le système européen.

345. Rentes perpétuelles. — La formule générale

$$a = \frac{Ar(1 + r)^n}{(1 + r)^n - 1}$$

peut être écrite de la manière suivante

$$a = \frac{Ar}{1 - \dfrac{1}{(1 + r)^n}};$$

sous cette forme, on voit que le numérateur est indépendant du nombre n d'années et que le dénominateur augmente avec n, tout en restant inférieur à l'unité ; l'annuité est toujours supérieure à l'intérêt simple Ar et en diffère d'autant moins que n est plus grand ; de sorte que si n augmente indéfiniment, c'est-à-dire, si le remboursement devait être effectué en un nombre infini d'années, l'annuité serait Ar ; il est évident que ceci ne saurait correspondre à une réalité.

Lorsqu'un État émet un emprunt, il peut le faire en spécifiant qu'il amortira sa dette en n années, et le problème relatif au calcul de l'annuité a été traité plus haut; il peut, au contraire spécifier que chaque année, il paiera l'intérêt simple et effectuera le remboursement à sa convenance, ou même ne l'effectuera pas; ce sont là des conventions spéciales, qui n'ont nul besoin de justification et les remarques présentées plus haut n'ont qu'un intérêt algébrique et ne sauraient rattacher le problème actuel à celui des annuités; ces deux questions, reposant sur des conventions différentes, sont indépendantes l'une de l'autre.

EXERCICES

1. Quels sont les intérêts composés rapportés par un capital de 50 000 francs placé à 4 p. 100 pendant 12 ans?

2. Un capital A est placé à 3 p. 100 l'an à intérêts composés; la période de capitalisation est 6 mois; quelle est la différence entre les intérêts que l'on retire et ceux que l'on aurait si la période de capitalisation était l'année?

3. Deux capitaux A et B sont placés à intérêts composés, le premier à 3 p. 100, le second à 4 p. 100; au bout de combien de temps, ces capitaux augmentés de leurs intérêts donnent-ils la même somme? Application : $A = 10\,000$ francs, $B = 8\,000$ francs.

4. Même problème en supposant que pour le premier capital la période de capitalisation soit 6 mois, et que pour le second, cette période soit l'année.

5. A quel taux faut-il placer un capital pour qu'il soit triplé en 25 années?

6. On place chaque année 5 000 francs à intérêts composés au taux 4 p. 100; quel capital possédera-t-on au bout de 20 ans?

7. Pour constituer un capital A, on verse des annuités $a, 2a, \ldots, na$, au taux r par franc et par année; trouver la relation entre a, n, r, A.
Applications :

1° $a = 1\,000,$ $r = 0,03,$ $n = 10;$ calculer A.
2° $A = 100\,000,$ $r = 0,03,$ $n = 8;$ calculer a.

8. Une ville emprunte 2 000 000 francs à 4 p. 100 qu'elle doit rembourser en 50 années; quelle sera l'annuité nécessaire? Les obligations

étant de 500 francs, combien en remboursera-t-elle la cinquième
année ?

9. Une ville emprunte 30 000 000 francs sous forme d'obligations de
500 francs, remboursables en 75 années ; chaque année, on rembourse
2 obligations à 15 000 francs, 2 obligations à 10 000 francs, 4 obligations à 3 000 francs, 60 obligations à 1 000 francs ; quelle sera l'annuité nécessaire et combien remboursera-t-on d'obligations au bout
de la première année, de la seconde année, etc., le taux de l'intérêt
étant 3 p. 100 ?

LIVRE VI

DÉRIVÉES. — VARIATION DES FONCTIONS

CHAPITRE I

LIMITES

Définitions.

346. Nous avons vu que la somme des termes d'une progression géométrique décroissante, de raison q et dont le premier terme est a, diffère de moins en moins de $\dfrac{a}{1-q}$, quand le nombre des termes devient de plus en plus grand ; nous avons exprimé une notion familière en disant que cette somme tend vers la *limite* $\dfrac{a}{1-q}$; nous allons revenir sur cette notion pour la préciser.

La locution *tendre vers une limite* exprime que la grandeur considérée s'en rapproche de plus en plus ; mais, ainsi présentée une telle notion serait peu précise et ne saurait avoir d'utilité en mathématiques ; reprenons l'exemple de la progression

$$\frac{1}{2} + \frac{1}{2^2} + \cdots + \frac{1}{2^n} + \cdots ;$$

la somme des n premiers termes est

$$1 - \frac{1}{2^n} ;$$

cette somme se rapproche de plus en plus de 2, si n augmente ;

néanmoins, il ne viendra à l'idée de personne de dire qu'elle a pour limite 2.

Prenons de même la suite de nombres

$$\frac{1}{3}, \quad \frac{2}{3}, \quad \frac{2}{3^2}, \quad \frac{2^2}{3^2}, \quad \dots,$$

formés en multipliant alternativement le précédent par 2 et $\frac{1}{3}$; ces nombres sont alternativement croissants et décroissants; si l'on prend le terme $\frac{2^n}{3^n}$, on sait qu'il peut être pris inférieur à tout nombre positif donné; il en est manifestement de même du terme $\frac{2^{n-1}}{3^n}$, de sorte que l'on dira que ces nombres ont pour limite zéro, et néanmoins il serait inexact de dire qu'ils se rapprochent de plus en plus de zéro, puisqu'ils ne décroissent pas constamment.

Ces exemples suffisent à montrer que le mot limite au sens ordinaire n'est nullement défini par ce fait que des nombres se rapprochent de plus en plus d'un nombre a; on pressent alors qu'il soit nécessaire d'analyser la notion de limite et d'en donner une définition précise.

Sans entrer dans des détails inutiles, nous ferons remarquer que lorsqu'on parle de nombres tendant vers une limite a, on imagine que ces nombres finissent par différer très peu de a, de $\frac{1}{100}$, $\frac{1}{1000}$, ... par exemple; c'est ainsi que dans les calculs on cherche la valeur d'une fraction à $\frac{1}{100}$, $\frac{1}{1000}$, etc. près par défaut; mais, si on se bornait à calculer des nombres qui diffèrent seulement de moins de $\frac{1}{100}$ de la fraction $\frac{1}{3}$ par exemple, il serait tout aussi exact de considérer ces nombres comme ayant pour limite $\frac{1}{3} - \frac{1}{100} = \frac{97}{300}$ que de les considérer comme ayant pour limite $\frac{1}{3}$; aussi, devrons-nous dans la définition de la limite laisser arbitraire la différence entre le nombre et sa limite. Comme, d'autre part, une quantité variable y, prise isolément, peut avoir toutes les valeurs que l'on veut et dans n'importe quel ordre, la question actuelle ne présente d'intérêt que si l'on connaît la loi suivant laquelle ce nombre y varie ; cette loi peut être donnée de différentes manières ; nous ne considérerons ici que le cas dont nous aurons besoin dans la suite, celui où y est une fonction d'une variable indépendante x, qui varie toujours dans le même sens.

Nous dirons alors que y a pour limite b quand x tend vers a, si on peut choisir x assez voisin de a pour que la différence entre y et b soit constamment inférieure en valeur absolue à un nombre, aussi petit qu'on le veut.

Considérons, par exemple, la fonction $y = x^2 + 1$, qui admet la valeur 1 pour $x = 0$; montrons qu'elle a pour limite 1 si x tend vers zéro, c'est-à-dire que l'on peut donner à x des valeurs assez voisines de zéro pour que la différence

$$y - 1 = x^2$$

soit inférieure en valeur absolue à un nombre aussi petit qu'on le veut $\dfrac{1}{100}$, $\dfrac{1}{1\,000}$, ... par exemple ; or x^2 sera inférieur à $\dfrac{1}{100}$ si x est, en valeur absolue, inférieur à $\dfrac{1}{10}$, x^2 sera inférieur à $\dfrac{1}{10\,000}$ ou à $\dfrac{1}{1\,000}$, si x est en valeur absolue inférieur à $\dfrac{1}{100}$, etc.

Dans cet exemple, nous voyons que la démonstration est indépendante du nombre donné arbitrairement $\dfrac{1}{100}$, $\dfrac{1}{1\,000}$, ... ; aussi, y a-t-il intérêt à le représenter par une lettre, qui laisse sa valeur indéterminée ; d'autre part, dire que l'on prend x assez voisin de sa limite a signifie que x est assujetti à demeurer compris entre deux certains nombres peu différents de a, que nous désignerons par $a - h$ et $a + h$, pour rappeler que x peut être à volonté supérieur ou inférieur à a.

De ce qui précède, il résulte que l'on peut définir la limite d'une façon précise comme il suit :

On dit qu'une fonction y de x tend vers la limite b lorsque x tend vers a, si, étant donné un nombre positif arbitraire ε, on peut trouver un nombre positif h tel que x prenant des valeurs comprises entre $a - h$ et $a + h$, y demeure constamment compris entre $b - \varepsilon$ et $b + \varepsilon$.

C'est à cette définition que nous nous reporterons constamment; elle a été suffisamment expliquée dans les exemples précédents et ne donne lieu à aucune ambiguïté.

347. Un autre cas peut se présenter quand on étudie les valeurs d'une fonction; nous avons déjà vu que, si x prend des valeurs de plus en plus voisines de zéro, $\dfrac{1}{x}$ prend des valeurs dont la valeur absolue est de plus en plus grande et peut dépasser tout nombre arithmétique donné; nous dirons alors que $\dfrac{1}{x}$ augmente indéfiniment; d'une façon précise :

On dit qu'une fonction y de x augmente indéfiniment en valeur absolue, lorsque x tend vers a, si, étant donné un nombre positif arbitraire A, on peut trouver un nombre positif h tel que, x prenant les valeurs comprises entre $a - h$ et $a + h$, y soit constamment supérieur en valeur absolue à A.

Ainsi, lorsque x tend vers 1, la fraction $\dfrac{1}{x-1}$ augmente indéfiniment en valeur absolue.

Soit A un nombre positif arbitraire, aussi grand que l'on voudra; cherchons s'il existe un nombre positif h tel que pour toutes les valeurs de x comprises entre $1 - h$ et $1 + h$, la fonction soit supérieure en valeur absolue à A; si x varie de $1 - h$ à $1 + h$, y varie de

$$\frac{1}{-h} \qquad \text{à} \qquad \frac{1}{h}.$$

Sa valeur absolue est supérieure à $\dfrac{1}{h}$, et pour que l'on ait

$$\frac{1}{h} > A,$$

il suffit que h soit inférieur à $\dfrac{1}{A}$.

Remarquons d'ailleurs que si x est compris entre $1 - h$ et 1, y est négatif et si x varie de 1 à $1 + h$, y est positif.

Par exemple, si A $= 1\,000$, il suffira de donner à x des valeurs comprises entre $1 - \dfrac{1}{1\,000}$ et $1 + \dfrac{1}{1\,000}$; si

A = 1 000 000, il suffira de donner à x des valeurs comprises

entre $1 - \dfrac{1}{1\,000\,000}$ et $1 + \dfrac{1}{1\,000\,000}$.

348. Nous n'avons considéré jusqu'ici que les valeurs de la variable x qui tendaient vers un nombre a; l'étude des variations des fonctions élémentaires nous a montré l'intérêt qu'il y avait à donner à la variable des valeurs de plus en plus grandes en valeur absolue; la fonction peut alors tendre vers une limite.

On dit qu'une fonction y de x tend vers la limite b lorsque x croît indéfiniment en valeur absolue, si, étant donné un nombre positif arbitraire ε, on peut trouver un nombre positif A, tel que x restant supérieur en valeur absolue à A, y soit constamment compris entre $b - \varepsilon$ et $b + \varepsilon$.

Considérons, par exemple, la fonction

$$y = 1 + \frac{1}{x};$$

nous allons montrer que si x augmente indéfiniment en valeur absolue, y tend vers la limite 1 ; si y doit rester compris entre $1 - \varepsilon$ et $1 + \varepsilon$, $y - 1$ restera compris entre $- \varepsilon$ et $+ \varepsilon$; il suffit donc de choisir x de façon que la valeur absolue de $y - 1$ soit inférieure à ε :

$$|y - 1| = \left|\frac{1}{x}\right| < \varepsilon,$$

ou

$$|x| > \frac{1}{\varepsilon}.$$

Si donc la valeur absolue de x est supérieure à $\dfrac{1}{\varepsilon}$, y restera compris entre $1 - \varepsilon$ et $1 + \varepsilon$; A est donc déterminé et égal à $\dfrac{1}{\varepsilon}$. Remarquons que si x est positif et supérieur à A, la fonction y tend vers 1 par valeurs supérieures à 1 et décroissantes ; si x est négatif et inférieur à $- $A, y tend vers 1 par valeurs inférieures à 1 et croissantes.

Ainsi, ε étant $\dfrac{1}{1\,000}$, A sera 1 000 et quand on donnera à x

des valeurs supérieures à 1 000, y différera de 1 de moins de $\dfrac{1}{1\,000}$ et sera constamment supérieur à 1.

349. Un dernier cas reste à examiner, celui ou x et y prennent simultanément des valeurs de plus en plus grandes en valeur absolue.

On dit qu'une fonction y de x augmente indéfiniment en valeur absolue avec x si, étant donné un nombre positif arbitraire A, on peut trouver un nombre positif B, tel que x prenant des valeurs absolues supérieures à B, y soit constamment supérieur en valeur absolue à A.

Soit la fonction

$$y = x^2 + 2x - 3.$$

Remarquons d'abord que si x a des valeurs non comprises entre les racines de ce trinome, y est positif ; il suffit donc de démontrer que l'on peut déterminer B tel que l'inégalité

$$|\,x\,| > B$$

entraîne l'inégalité

$$x^2 + 2x - 3 > A$$

ou

$$x^2 + 2x - 3 - A > 0.$$

Le premier membre est un trinome qui a des racines x', x'', l'une positive, l'autre négative ; si x n'est pas compris entre ces racines, l'inégalité est vérifiée ; or, cela aura lieu si x est supérieur en valeur absolue à la plus grande des valeurs absolues $|\,x'\,|$ ou $|\,x''\,|$; nous prendrons pour B cette valeur et x étant supérieur à B ou inférieur à $-$ B, y sera supérieur à A en valeur absolue.

Théorèmes sur les limites.

350. Théorème I. — Addition. — *Si plusieurs fonctions y, z, t d'une variable x tendent respectivement vers des limites b, c, d, quand x tend vers la limite a ou augmente indéfiniment en valeur absolue, la somme $y + z + t$ tend vers la limite $b + c + d$, somme des limites b, c, d.*

I. Donnons-nous arbitrairement un nombre positif ε, il faut démontrer que l'on peut déterminer un nombre positif h tel que l'inégalité

$$| x - a | < h$$

entraîne l'inégalité

$$| y + z + t - b - c - d | < \varepsilon.$$

Cette dernière peut s'écrire

$$(1) \qquad | (y - b) + (z - c) + (t - d) | < \varepsilon.$$

La valeur absolue de la somme

$$(y - b) + (z - c) + (t - d)$$

étant inférieure ou égale à la somme des valeurs absolues de ses termes, il suffira que cette dernière somme soit inférieure à ε pour que l'inégalité (1) soit vérifiée ; pour cela, il suffit de poser, si c'est possible,

$$| y - b | < \frac{\varepsilon}{3}, \quad | z - c | < \frac{\varepsilon}{3}, \quad | t - d | < \frac{\varepsilon}{3} \cdot$$

Or, y a, par hypothèse, pour limite b ; on peut donc trouver un nombre positif h' tel que x étant compris entre $a - h'$ et $a + h'$, la valeur absolue de $y - b$ soit inférieure à $\frac{\varepsilon}{3}$; de même, on peut trouver des nombres h'', h''' tels que x variant de $a - h''$ à $a + h''$ ou de $a - h'''$ à $a + h'''$, les différences $z - c$ et $t - d$ soient en valeur absolue inférieures à $\frac{\varepsilon}{3} \cdot$

Si maintenant nous prenons pour h le plus petit des nombres h', h'', h''', il est manifeste que x variant de $a - h$ à $a + h$, on aura simultanément

$$| y - b | < \frac{\varepsilon}{3},$$

$$| z - c | < \frac{\varepsilon}{3},$$

$$| t - d | < \frac{\varepsilon}{3},$$

et a fortiori

$$| y + z + t - b - c - d | < \varepsilon.$$

II. Donnons-nous arbitrairement un nombre positif ε ; il faut démontrer que l'on peut déterminer un nombre positif A tel que l'inégalité

$$| x | > A$$

entraîne l'inégalité

$$| y + z + t - b - c - d | < \varepsilon.$$

Nous avons vu que pour vérifier cette inégalité, il suffisait de déterminer les valeurs de x telles que

$$| y - b | < \frac{\varepsilon}{3}, \quad | z - c | < \frac{\varepsilon}{3}, \quad | t - d | < \frac{\varepsilon}{3}.$$

Considérons la première inégalité ; par hypothèse, y tend vers b, si x augmente indéfiniment en valeur absolue ; on peut donc trouver un nombre A′ positif tel que la valeur absolue de x étant supérieure à A″, on ait

$$| y - b | < \frac{\varepsilon}{3} ;$$

de même on peut trouver des nombres positifs A″ et A‴ tels que la valeur absolue de x étant supérieure à A″ ou A‴, on ait

$$| z - c | < \frac{\varepsilon}{3} \quad \text{ou} \quad | t - d | < \frac{\varepsilon}{3}.$$

Si on prend alors pour A le plus grand des nombres A′, A″, A‴, on aura

$$| y + z + t - b - c - d | < \varepsilon$$

sous la seule condition

$$| x | > A.$$

Remarque I. — Dans la seconde partie de la démonstration, nous avons supposé uniquement que la valeur absolue de x était supérieure à A sans rien supposer sur le signe de x ; cette démonstration serait en défaut si y, z, t tendaient vers leurs limites b, c, d uniquement lorsque x a des valeurs d'un signe déterminé ; par exemple, si y atteint sa limite pour des valeurs positives de x et si z atteint sa limite pour des valeurs négatives de x ; dans ce cas, la différence $| y - b |$ sera inférieure à $\frac{\varepsilon}{3}$ pour $x > A$, mais la différence $| z - c |$ pourra alors ne pas être inférieure à $\frac{\varepsilon}{3}$.

REMARQUE II. — Si au lieu de considérer une somme de fonctions, on considère une somme formée d'une fonction et d'une constante, le théorème subsiste; si, par exemple, z est constant, la différence $| z - c |$ est nulle, et par suite, est toujours inférieure à $\frac{\varepsilon}{3}$, seule hypothèse qui intervienne dans la démonstration; dans ce cas, z ne servira pas à déterminer le nombre h ou le nombre A, qui ne dépendent que de y et t.

351. Théorème II. — Multiplication. — *Si deux fonctions y et z d'une variable x tendent respectivement vers des limites b et c, quand x tend vers la limite a ou augmente indéfiniment en valeur absolue, le produit yz tend vers la limite bc, produit des limites b et c.*

Le cas où x augmente indéfiniment se traitant comme celui où x tend vers une limite a avec les mêmes modifications que dans le théorème précédent et donnant lieu à la même remarque, nous nous bornerons à examiner l'hypothèse d'une limite a pour x; nous établirons d'abord le théorème dans le cas particulier où l'un des facteurs tend vers zéro; supposons $b = 0$.

Par hypothèse, la différence $| z - c |$ peut être prise aussi petite qu'on le veut; il en résulte que, pour des valeurs x suffisamment voisines de a, z est compris entre deux nombres peu différents de c; z est donc inférieur en valeur absolue à un certain nombre C; pour que le produit $| y z |$ soit inférieur à un nombre donné ε, c'est-à-dire, tende vers zéro, il suffit que l'on puisse déterminer h tel que x variant de $a - h$ à $a + h$, on ait

$$| yz | < \varepsilon,$$

ou

$$| yC | < \varepsilon,$$

ou

$$| y | < \frac{\varepsilon}{C} \cdot$$

Ceci est possible, puisque, par hypothèse, y a pour limite zéro.

Plaçons-nous maintenant dans le cas général; étant donné un nombre positif ε, il faut déterminer un nombre positif h tel que l'inégalité

$$| x - a | < h$$

entraîne l'inégalité

$$| yz - bc | < \varepsilon,$$

c'est-à-dire que la différence $yz - bc$ doit avoir pour limite zéro. Cette différence peut s'écrire

$$y(z - c) + c(y - b).$$

Le premier terme est un produit dont un facteur y finit par rester inférieur en valeur absolue à un certain nombre peu différent de b, l'autre facteur tendant vers zéro; le second terme est un produit dont un facteur c est fixe et l'autre tend vers zéro; ces deux produits ont donc pour limite zéro et il en est de même de leur somme.

Remarque. — La démonstration subsiste si l'un des facteurs est une constante.

Corollaire I. — Ce théorème s'étend au cas de plusieurs facteurs; prenons, par exemple, un produit de quatre facteurs y, z, t, u, dont les limites respectives sont b, c, d, e. La limite du produit yz est bc; la limite du produit yzt ou $(yz).t$ est $(bc).d$ ou bcd; la limite du produit $yztu$ ou $(yzt).u$ est $(bcd).e$ ou $bcde$.

Corollaire II. — La puissance d'exposant entier, positif, m d'une fonction y, étant un produit de facteurs égaux à y, a pour limite b^m, si y a pour limite b.

Plus généralement, si l'on considère des fonctions y, z, t qui ont respectivement pour limites b, c, d, quand la variable x tend vers a, l'expression

$$A y^{\alpha} z^{\beta} t^{\gamma} + A' y^{\alpha'} z^{\beta'} t^{\gamma'} + \cdots$$

a pour limite la somme des limites des différents termes, c'est-à-dire,

$$A b^{\alpha} c^{\beta} d^{\gamma} + A' b^{\alpha'} c^{\beta'} d^{\gamma'} + \cdots;$$

autrement dit, la limite d'un polynome par rapport aux fonctions y, z, t, s'obtient en remplaçant dans le polynome ces fonctions par leurs limites respectives.

En particulier, la limite d'un polynome en x, quand x tend vers a, est la valeur de ce polynome pour $x = a$; nous reviendrons plus loin sur ce sujet.

352. Théorème III. — Division. — *Si deux fonctions y et z d'une variable x tendent respectivement vers des limites b et c, quand x tend vers une limite a ou augmente indéfiniment en valeur absolue, le quotient $\dfrac{y}{z}$ a une limite qui est le quotient $\dfrac{b}{c}$ des limites b et c, en supposant c différent de zéro.*

Nous supposerons d'abord $b = 0$; le dénominateur z ayant une limite différente de zéro, reste pour des valeurs x assez voisines de a supérieur en valeur absolue à un certain nombre α; la fraction est donc inférieure, en valeur absolue, à

$$\left| \frac{y}{\alpha} \right|,$$

et si l'on prend y tel que

$$\left| \frac{y}{\alpha} \right| < \varepsilon,$$
$$| y | < \varepsilon | \alpha |,$$

la fraction sera, en valeur absolue, inférieure à un nombre ε donné; elle a donc pour limite zéro, si l'on peut prendre $| y | < \varepsilon | \alpha |$; or, ceci est toujours possible puisque, par hypothèse, y tend vers zéro, quand x tend vers a (*).

Supposons maintenant que b ne soit pas nul; la différence

$$\frac{y}{z} - \frac{b}{c} = \frac{cy - bz}{cz} = \frac{c(y - b) - b(z - c)}{cz}$$

est une fraction dont le dénominateur a une limite c^2 qui n'est pas nulle et, en tous cas, ne tend pas vers zéro; le numérateur est une différence de deux termes dont chacun est un produit formé d'un nombre fixe et d'un facteur qui a pour limite zéro; ce numérateur a donc pour limite zéro et $\dfrac{y}{z}$ a alors pour limite $\dfrac{b}{c}$.

353. Théorème IV. — Racine carrée. — *Si une fonction y d'une variable x tend vers une limite b positive ou nulle,*

(*) La démonstration ne suppose nullement que le dénominateur ait une limite, mais simplement qu'il reste supérieur en valeur absolue à α.

quand x tend vers une limite a ou augmente indéfiniment en valeur absolue, la racine carrée de cette fonction a pour limite $\sqrt{b}$.

Nous supposerons d'abord b positif; on peut alors donner à x des valeurs suffisamment rapprochées de a pour que les valeurs correspondantes de y soient positives; il suffit, en effet, qu'elles diffèrent de b d'une quantité inférieure à b; la racine carrée de y a alors une valeur numérique.

Pour établir la proposition, il suffit de montrer que l'on peut déterminer un nombre positif h tel que, ε étant donné arbitrairement, l'inégalité

$$| x - a | < h$$

entraîne l'inégalité

$$| \sqrt{y} - \sqrt{b} | < \varepsilon,$$

ou, en multipliant et divisant par la quantité conjuguée $\sqrt{y} + \sqrt{b}$,

$$\frac{| y - b |}{\sqrt{y} + \sqrt{b}} < \varepsilon.$$

La fraction a un numérateur qui tend vers zéro et son dénominateur reste supérieur à $\sqrt{b}$, cette fraction a donc pour limite zéro, c'est-à-dire, que l'on peut choisir h de façon que la différence considérée soit inférieure à ε.

Si $b = 0$, la démonstration est en défaut; mais dire dans ce cas que

$$\sqrt{y} < \varepsilon,$$

c'est dire que

$$y < \varepsilon^2,$$

ce qui est toujours possible, puisque y a pour limite zéro; remarquons simplement que y est alors assujetti à ne prendre que des valeurs positives.

EXERCICES

1. Démontrer que l'on peut trouver un nombre positif h tel que x variant de $2 - h$ à $2 + h$, les fonctions

$$3x + 4, \qquad - 6x + 22, \qquad x^2 + 5x - 4, \qquad - 7x^2 + x + 36$$

diffèrent de 10 de moins de $\dfrac{1}{1\,000}$; reconnaître, suivant les valeurs de x, si les valeurs de ces fonctions sont approchées de 10 par défaut ou par excès.

2. Même question pour les fonctions

$$\frac{17x-4}{x+1}, \qquad \frac{x^2+6x-6}{3x-5}, \qquad \frac{5x^2-x+12}{x^2+x-3}.$$

3. Trouver un nombre positif h tel que x étant compris entre $1-h$ et $1+h$, les fonctions suivantes diffèrent de 4 de moins de $\dfrac{1}{100}$; reconnaître si les valeurs de ces fonctions sont approchées de 4 par défaut ou par excès :

$$\sqrt{15x+1}, \qquad \sqrt{3x^2+4x+9}, \qquad \sqrt{-x^2+15x+2},$$
$$\sqrt{7x^2+18-x}, \quad \sqrt{6x^3+15x+15}-3x^2+1, \quad \sqrt{-x^2+2}+x^2-2x+4,$$
$$\sqrt{18x^2-17}+\sqrt{x^2+8}, \qquad \sqrt{x^2+21x+3}-\sqrt{x^2-5x+5}.$$

4. Trouver un nombre positif h tel que x étant compris entre $1-h$ et 1 ou 1 et $1+h$, les fonctions suivantes diffèrent de 3 de moins de $\dfrac{1}{10}$; reconnaître si les valeurs de ces fonctions sont approchées de 3 par défaut ou par excès :

$$\sqrt{x^2-1}+x+2, \quad 2\sqrt{1-x}-x^2+3x+1, \quad \sqrt{1-x}-2\sqrt{x^2-x+1}+4x+1.$$

5. Trouver un nombre positif A, tel que la valeur absolue de x étant supérieure à A, les fonctions

$$\frac{x+4}{3x-1}, \qquad \frac{5x^2-2x+1}{15x^2+x-2}, \qquad \frac{2x-5}{4x+1}-\frac{1}{6}$$

prennent des valeurs qui diffèrent de $\dfrac{1}{3}$ de moins de $\dfrac{1}{100}$; ces valeurs sont-elles approchées de $\dfrac{1}{3}$ par défaut ou par excès ?

6. Trouver un nombre positif A tel que la valeur absolue de x étant supérieure à A et x étant positif ou étant négatif, suivant les cas, les fonctions

$$\frac{x+2}{\sqrt{x^2-x+1}}, \qquad \frac{3x-1}{\sqrt{9x^2+2}}, \qquad \frac{-x-4}{\sqrt{x^2+2}}$$

prennent des valeurs qui diffèrent de 1 ou de -1 de moins de $\dfrac{1}{10}$.

CHAPITRE II

CONTINUITÉ. — VRAIES VALEURS

Continuité.

354. Définition. — Nous avons eu l'occasion d'étudier quelques fonctions simples, $ax + b$, $ax^2 + bx + c$, etc. et nous avons donné la représentation graphique de leurs variations à l'aide d'un trait continu ne comportant aucune interruption ; nous justifierons plus loin ce tracé ; pour l'instant, il suffira de noter que l'on pourrait imaginer que ce tracé fût formé d'une série d'arcs de courbes non reliés les uns aux autres ; les fonctions qui correspondraient à de telles représentations graphiques se présentent rarement et nous n'avons pas à les étudier ici : nous nous bornerons à l'étude des fonctions dont la variation est figurée par un trait continu et nous allons essayer de caractériser de telles fonctions.

Si sur une courbe, on prend un point A, de coordonnées a, b, et si cette courbe se prolonge de part et d'autre de A, une parallèle à $x'Ox$ très voisine de celle qui passe par A coupera toujours cette courbe en un certain point B voisin de A ; c'est-à-dire que, quelle que soit la distance ε de ces parallèles, ou la différence des ordonnées de A et B, on pourra toujours trouver un nombre positif h tel que en faisant varier l'abscisse x d'un point de $a - h$ à $a + h$, la différence entre l'ordonnée de ce point et celle de A reste inférieure en valeur absolue à ε.

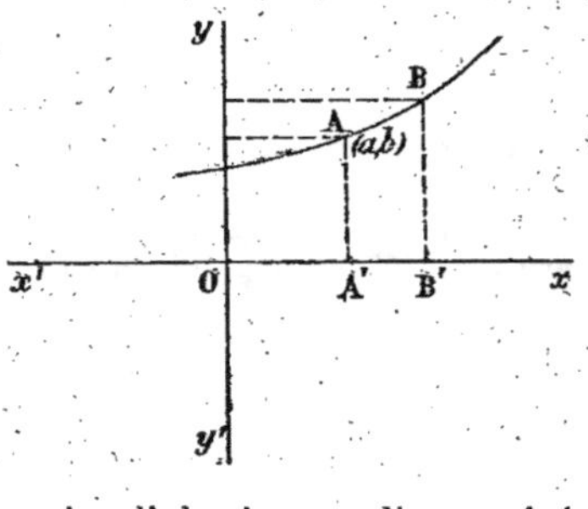

Au contraire, si la courbe était limitée en A ou si ce point était isolé, il y aurait certainement des parallèles à $x'Ox$ voisines de la parallèle menée par A qui ne couperaient pas la courbe dans le voisinage de A et le nombre h n'existerait pas.

Nous sommes ainsi conduits à la définition suivante :

Une fonction $f(x)$ est dite continue pour la valeur x_0 de la variable :

1° si elle prend une valeur bien déterminée $f(x_0)$ pour $x = x_0$;

2° si l'on peut déterminer un nombre positif h tel que x_1 étant compris entre $x_0 - h$ et $x_0 + h$, la fonction a des valeurs bien déterminées et telles que la différence

$$| f(x_1) - f(x_0) |$$

reste constamment inférieure à un nombre donné ε.

Cette définition peut être énoncée sous une autre forme qui est plus commode dans la pratique; dire que la différence $f(x_1) - f(x_0)$ reste en valeur absolue inférieure à ε, c'est dire que $f(x)$ a pour limite $f(x_0)$ quand x tend vers x_0, et, réciproquement, supposer que $f(x)$ a pour limite $f(x_0)$, c'est admettre que l'on peut trouver le nombre positif h tel que la valeur absolue de la différence $f(x_1) - f(x_0)$ reste inférieure à un nombre donné ε; en effet, dire que la fonction n'est pas continue, cela revient à dire que cette différence est, quel que soit le nombre h, supérieure à un certain nombre positif α et, par suite, ne peut être inférieure à un nombre quelconque positif ε, que l'on peut toujours choisir plus petit que α.

Nous avons donc cette nouvelle définition :

Une fonction $f(x)$ est continue pour $x = x_0$:

1° si elle prend une valeur bien déterminée $f(x_0)$ pour $x = x_0$;

2° si elle a pour limite $f(x_0)$, quand x tend vers x_0.

Remarque. — Il peut sembler que ces conditions soient toujours remplies; cela tient à ce que l'on est familiarisé avec des fonctions très simples qui sont toujours continues; toutefois on conçoit évidemment que l'on puisse faire correspondre à des valeurs de x des valeurs quelconques de y et les choisir de façon à n'avoir pas pour y une fonction continue, mais un tel arbitraire n'offre aucun intérêt pratique; aussi ne sera-t-il pas inutile de donner dans les fonctions connues dans les éléments un exemple de fonction discontinue.

On sait que si l'on se donne un nombre quelconque a, on peut le considérer comme étant la tangente trigonométrique d'un arc α et même d'une infinité d'arcs compris dans la formule $k\pi + \alpha$; si x est la tangente et y l'arc, on ne peut ainsi définir la fonction y de x; au contraire, si on choisit l'arc compris entre 0 et π, à toute valeur de x correspond pour y une seule valeur bien déterminée et y est une fonction de x que l'on appelle *arc tang x*. Donnons alors à x les valeurs de $-\infty$ à $+\infty$; si x varie de $-\infty$ à 0, y varie de $\frac{\pi}{2}$ à π; si x varie de 0 à $+\infty$, y varie de 0 à $\frac{\pi}{2}$; de sorte que si x passe par la valeur zéro, la fonction y passe brusquement de π à zéro; elle n'est donc pas continue; la courbe figurative montre nettement cette discontinuité.

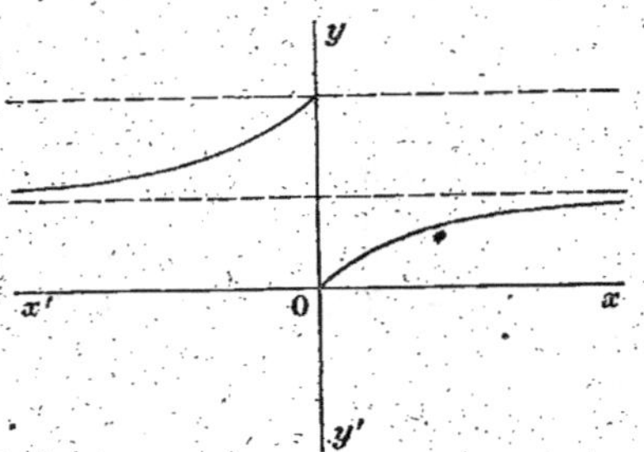

355. La notion de continuité étant ramenée à celle de limite, les théorèmes établis sur les limites donnent lieu à des théorèmes correspondants sur les fonctions continues.

Théorème I. — *La somme algébrique de plusieurs fonctions continues est une fonction continue.*

Soient y, z, t des fonctions continues de x pour la valeur $x = x_0$ et y_0, z_0, t_0 les valeurs de ces fonctions qui correspondent à x_0.

1° La somme $y + z + t$ a une valeur bien déterminée $y_0 + z_0 + t_0$ pour $x = x_0$.

2° Les fonctions y, z, t étant continues pour x_0 ont pour limites respectives y_0, z_0, t_0 quand x tend vers x_0; il en résulte que la somme $y + z + t$ a pour limite $y_0 + z_0 + t_0$ quand x tend vers x_0 (350).

La somme $y + z + t$ est donc continue pour x_0.

REMARQUE. — *La somme d'une fonction continue et d'une constante est une fonction continue.*

On établit de la même manière les théorèmes suivants :

Théorème II. — *Le produit de plusieurs fonctions continues est une fonction continue.*

REMARQUE. — *Le produit d'une fonction continue par une constante est une fonction continue.*

Corollaire. — *La puissance d'exposant entier et positif d'une fonction continue est une fonction continue.*

En particulier, toute puissance de la variable x et son produit par une constante sont des fonctions continues; on en déduit qu'une somme de termes de la forme Ax^a, c'est-à-dire, *un polynome est une fonction continue de la variable.*

Théorème III. — *Le quotient de deux fonctions continues de x est une fonction continue, sauf peut-être pour les valeurs qui annulent le dénominateur, le quotient n'étant pas alors défini.*

En particulier, *une fraction rationnelle est une fonction continue de la variable pour toute valeur qui n'annule pas son dénominateur.*

En effet, une fraction rationnelle est le quotient de deux polynomes, qui sont des fonctions continues de la variable.

Théorème IV. — *La racine carrée d'une fonction continue est une fonction continue.*

356. REMARQUE. — On conçoit en considérant la représentation graphique des variations d'une fonction continue que, si elle varie de A à B, quand la variable varie de a à b, elle *passe par toutes les valeurs* intermédiaires entre A et B; nous admettrons cette proposition, que l'on peut démontrer en partant de la définition des fonctions continues, sans avoir recours à la courbe, qui la rend intuitive; il résulte de cette proposition que si une fonction continue change de signe, elle s'annule; en effet, si la fonction a une valeur positive A pour $x = a$ et une valeur négative B pour $x = b$, elle doit passer par zéro, valeur comprise entre A et B.

Vraies valeurs.

357. Nous avons défini (141, 142) la valeur numérique d'une fraction rationnelle pour toute valeur de x qui n'annule pas son dénominateur, l'expression n'ayant aucun sens dans le cas contraire; nous pouvons maintenant compléter cette définition. Considérons une fraction rationnelle

$$y = \frac{f(x)}{\varphi(x)},$$

elle définit une fonction y de x pour toute valeur de x qui n'annule pas $\varphi(x)$; il n'y aurait rien de contradictoire à faire correspondre aux valeurs de x qui annulent $\varphi(x)$ des valeurs choisies arbitrairement pour y; ainsi, on définirait bien une fonction y de x en disant que y a pour toute valeur de x autre que 1 la valeur numérique de la fraction $\dfrac{x}{x-1}$ et que, pour la valeur 1, y est égal à 35. L'arbitraire d'une telle définition lui enlève tout intérêt; pour définir les valeurs d'une fraction rationnelle, nous remarquerons que cette fraction est continue pour toutes les valeurs de x qui n'annulent pas son dénominateur; l'importance des fonctions continues nous conduit alors à choisir les valeurs arbitraires que l'on fera correspondre aux nombres qui annulent le dénominateur de façon que pour ces valeurs la continuité soit conservée, ce qui revient à dire que l'on appellera valeur d'une fraction pour $x = a$, a annulant son dénominateur, la limite, si elle existe, de la fraction quand x tend vers a; une telle valeur est appelée quelquefois *vraie valeur* de la fraction. Il importe de remarquer que, *a priori*, rien n'oblige à prendre cette valeur pour la fonction, mais elle est plus conforme que toute autre à l'idée que l'on se fait de la fraction rationnelle et seule elle présente un intérêt dans les applications.

Ce que nous venons de dire des fractions rationnelles peut s'appliquer à d'autres expressions; considérons, par exemple, la différence

$$y = \frac{1}{\sqrt{x}} - \frac{x+1}{\sqrt{x}},$$

elle n'est pas définie pour $x = 0$; mais, tant que x n'est pas nul, on peut écrire

$$y = \frac{1 - x - 1}{\sqrt{x}} = -\frac{x}{\sqrt{x}} = -\sqrt{x},$$

elle tend vers zéro en même temps que x; nous dirons que pour $x = 0$, elle est nulle.

Nous allons passer en revue les cas les plus simples où la fonction n'est pas définie et chercher sa *vraie valeur*, c'est-à-dire, la limite de cette fonction pour la valeur de x considérée; nous démontrerons d'abord différents théorèmes qui nous seront utiles dans la suite.

358. Théorème I. — *Si un facteur d'un produit augmente indéfiniment en valeur absolue, sans que les autres facteurs tendent vers zéro, la valeur absolue du produit augmente indéfiniment.*

Considérons le produit yz, dont le premier facteur augmente indéfiniment, le second ne tendant pas vers zéro, quand la variable x tend vers a ou augmente indéfiniment. Si l'on se donne un nombre positif A, il faut montrer que l'on peut trouver un nombre positif h tel que x variant de $a - h$ à $a + h$,

$$|\, yz \,| > A;$$

z n'ayant pas pour limite zéro, sa valeur absolue sera supérieure à un nombre α quand x sera voisin de a et pour vérifier l'inégalité précédente, il suffira que l'on ait

$$|\, y\alpha \,| > A,$$
$$|\, y \,| > \frac{A}{\alpha};$$

or, y augmentant indéfiniment en valeur absolue quand x tend vers a, on peut trouver le nombre positif h tel que x variant de $a - h$ à $a + h$, on ait

$$|\, y \,| > \frac{A}{\alpha}.$$

359. Théorème II. — *Si le numérateur d'une fraction augmente indéfiniment en valeur absolue, sans que son dénomi-*

*nateur augmente indéfiniment, la fraction augmente indéfi-
niment.*

Soit la fraction $\dfrac{y}{z}$; le dénominateur n'augmentant pas indéfiniment, le facteur $\dfrac{1}{z}$ n'a pas pour limite zéro, ce facteur est
toujours supérieur en valeur absolue à $\dfrac{1}{\alpha}$, en appelant α la
plus grande valeur absolue de z; il en résulte (358) que le produit $y.\dfrac{1}{z}$ ou $\dfrac{y}{z}$ augmente indéfiniment en valeur absolue.

360. Théorème III. — *Si le numérateur d'une fraction ne
tend pas vers zéro et si son dénominateur tend vers zéro, la
fraction augmente indéfiniment en valeur absolue.*

Soit la fraction $\dfrac{y}{z}$, dont le dénominateur z a pour limite
zéro, si x tend vers a ; il faut montrer que l'on peut trouver un
nombre positif h tel que x variant de $a - h$ à $a + h$, la
valeur absolue de $\dfrac{y}{z}$ soit supérieure à un nombre positif donné A.

Par hypothèse, y ne tend pas vers zéro, sa valeur absolue est
donc, dans le voisinage de a, supérieure à un certain nombre
positif α et la valeur absolue de $\dfrac{y}{z}$ est supérieure à

$$\frac{\alpha}{|z|}.$$

Pour que l'on ait

$$\left|\frac{y}{z}\right| > A,$$

il suffit que l'on ait

$$\frac{\alpha}{|z|} > A \quad \text{ou} \quad |z| < \frac{\alpha}{A}.$$

Or, z ayant pour limite zéro, on peut trouver le nombre h tel
que pour x compris entre $a - h$ et $a + h$, l'inégalité précédente soit vérifiée.

361. Polynomes. — Nous allons appliquer ces théorèmes

et les théorèmes relatifs aux limites à la recherche des vraies valeurs.

Considérons d'abord un polynome

$$y = a_0 x^m + a_1 x^{m-1} + \cdots + a_m$$

et cherchons sa valeur quand x augmente indéfiniment ; on peut écrire

$$y = x^m \left(a_0 + a_1 \frac{1}{x} + \cdots + a_m \frac{1}{x^m} \right).$$

Les termes $\dfrac{1}{x}$, ..., $\dfrac{1}{x^m}$ sont des fractions de numérateur 1 et dont les dénominateurs augmentent indéfiniment en valeur absolue; ces termes tendent vers zéro et le second facteur a pour limite a_0; le premier facteur x^m augmente indéfiniment avec x, il en est de même du produit y. Remarquons que le signe du polynome est alors celui de $a_0 x^m$; autrement dit, pour des valeurs absolues de x suffisamment grandes, *un polynome se comporte comme le terme de plus haut degré.*

362. Fractions rationnelles. — I. Considérons une fraction rationnelle dont le dénominateur s'annule pour $x = a$; le polynome qui figure en dénominateur est alors divisible par $x - a$; supposons qu'il renferme $(x - a)^\alpha$ en facteur et que le numérateur renferme $(x - a)^\beta$ en facteur ; la fraction est alors

$$\frac{(x - a)^\beta f_1(x)}{(x - a)^\alpha \varphi_1(x)},$$

$f_1(x)$ et $\varphi_1(x)$ étant des polynomes qui ne s'annulent pas pour $x = a$.

1° Si β est inférieur à α, la fraction est égale pour $x \neq a$ à

$$\frac{f_1(x)}{(x - a)^{\alpha - \beta} \varphi_1(x)};$$

c'est une fraction dont le dénominateur tend vers zéro, le numérateur ayant une limite non nulle; elle augmente indéfiniment en valeur absolue si x tend vers a.

2° $\alpha = \beta$; la fraction est pour $x \neq a$ égale à

$$\frac{f_1(x)}{\varphi_1(x)};$$

sa limite, pour $x = a$, est égale à

$$\frac{f_1(a)}{\varphi_1(a)};$$

c'est la vraie valeur de la fraction.

3° $\alpha < \beta$; la fraction est pour $x \neq a$, égale à

$$\frac{(x - a)^{\beta - \alpha} f_1(x)}{\varphi_1(x)}.$$

C'est un produit dont un facteur $(x - a)^{\beta - \alpha}$ tend vers zéro, l'autre facteur $\dfrac{f_1(x)}{\varphi_1(x)}$ ayant une limite; ce produit tend vers zéro, qui est la vraie valeur de la fraction.

En résumé, *si le facteur $x - a$ figure au dénominateur à un degré supérieur à celui avec lequel il figure au numérateur, la fraction augmente indéfiniment en valeur absolue; si ce facteur entre au même degré dans les deux termes, la fraction a une valeur finie non nulle; si le degré de ce facteur est plus élevé au numérateur qu'au dénominateur, la fraction est nulle pour $x = a$.*

Exemples : La fraction

$$\frac{x^2 - 5x + 6}{x^2 - 5x + 4} = \frac{(x - 2)(x - 3)}{(x - 1)(x - 4)}.$$

est infinie pour $x = 1$ et $x = 4$.

Si x tend vers 1 par valeurs inférieures à 1, la fraction est positive et tend vers $+\infty$; si x tend vers 1 par valeurs supérieures à 1, la fraction est négative et tend vers $-\infty$; 1 est donc une valeur de discontinuité; il en est de même pour 4.

Soit, en second lieu, la fraction

$$\frac{(x - 1)^2}{(x - 1)(x + 3)},$$

elle est égale pour $x \neq 1$ à

$$\frac{x - 1}{x + 3},$$

sa limite si x tend vers 1, par valeurs inférieures ou supérieures à 1, est zéro; la fonction est continue pour $x = 1$; au contraire, elle devient infinie si x tend vers -3, qui est une valeur de discontinuité.

Enfin, la fraction

$$\frac{(x-1)(x+2)}{(x-1)}$$

tend vers 3 et x tend vers 1 ; elle est toujours continue.

363. II. Examinons maintenant ce qui arrive si x augmente indéfiniment ; considérons la fraction

$$y = \frac{a_0 x^m + a_1 x^{m-1} + \cdots + a_m}{b_0 x^p + b_1 x^{p-1} + \cdots + b_p},$$

on peut mettre en facteurs, au numérateur $a_0 x^m$ et au dénominateur $b_0 x^p$ et écrire

$$y = \frac{a_0 x^m}{b_0 x^p} \cdot \frac{1 + \dfrac{a_1}{a_0}\dfrac{1}{x} + \cdots + \dfrac{a_m}{a_0}\dfrac{1}{x^m}}{1 + \dfrac{b_1}{b_0}\dfrac{1}{x} + \cdots + \dfrac{b_p}{b_0}\dfrac{1}{x^p}}.$$

1° $m > p$; quand x augmente indéfiniment en valeur absolue, le second facteur tend vers 1, le premier augmente indéfiniment en valeur absolue ; il en est de même du produit.

2° $m = p$; le premier facteur est égal à $\dfrac{a_0}{b_0}$, le second tend vers 1 ; la fraction a donc pour limite $\dfrac{a_0}{b_0}$.

3° $m < p$; le premier facteur est une fraction $\dfrac{a_0}{b_0 x^{p-m}}$, dont le numérateur est fixe et le dénominateur augmente indéfiniment en valeur absolue avec x ; ce facteur a pour limite zéro.

Le second facteur tend vers l'unité et la fraction donnée a pour limite zéro, comme le premier facteur.

En résumé, *la fraction augmente indéfiniment en valeur absolue avec x, si le degré du numérateur est supérieur à celui du dénominateur, tend vers zéro, si le degré du numérateur est inférieur à celui du dénominateur, et a pour limite le rapport des coefficients des termes de plus haut degré, si les degrés du numérateur et du dénominateur sont égaux.*

On peut énoncer ces résultats sous une forme plus condensée en disant que la *fraction peut être remplacée, pour $x = \infty$, par le rapport des termes de plus haut degré.*

364. Expressions irrationnelles. — Si une expression irrationnelle est une différence de deux termes qui augmentent indéfiniment avec le même signe, on peut trouver dans certains cas la limite de cette expression en faisant apparaître la différence des quantités placées sous les radicaux.

Exemple I. — Considérons, par exemple, la différence

$$y = \sqrt{x^2 + x - 1} - \sqrt{x^2 + x + 5}$$

et cherchons sa limite si x augmente indéfiniment en valeur absolue ; les deux termes sont infinis positifs ; on ne peut donc connaître directement cette limite ; multiplions et divisons par la quantité $\sqrt{x^2 + x - 1} + \sqrt{x^2 + x + 5}$ *conjuguée* de y :

$$y = \frac{(x^2 + x - 1) - (x^2 + x + 5)}{\sqrt{x^2 + x - 1} + \sqrt{x^2 + x + 5}} = \frac{-6}{\sqrt{x^2 + x - 1} + \sqrt{x^2 + x + 5}}.$$

Si x augmente indéfiniment, le numérateur est constant et le dénominateur augmente indéfiniment ; la fraction tend donc vers zéro.

Exemple II. — Considérons la différence

$$y = \sqrt{x^2 + 2x + 5} - x$$

et cherchons sa valeur si x augmente indéfiniment.

Si x a des valeurs négatives, les deux termes augmentent indéfiniment en valeur absolue, le premier par valeurs positives, le second par valeurs négatives ; la différence augmente indéfiniment par valeurs positives.

Supposons, en second lieu, que x augmente indéfiniment par valeurs positives ; on ne peut calculer directement la valeur de y ; multiplions et divisons par la quantité conjuguée de y :

$$y = \frac{x^2 + 2x + 5 - x^2}{\sqrt{x^2 + 2x + 5} + x} = \frac{2x + 5}{\sqrt{x^2 + 2x + 5} + x}.$$

Nous avons une fraction dont les termes augmentent indéfiniment en valeur absolue ; pour trouver la limite, divisons les deux termes par x qui est positif :

$$y = \frac{2 + \dfrac{5}{x}}{\sqrt{1 + \dfrac{2}{x} + \dfrac{5}{x^2}} + 1},$$

la limite est alors

$$\frac{2}{2} = 1,$$

puisque les termes $\frac{5}{x}$, $\frac{2}{x}$, $\frac{5}{x^2}$ tendent vers zéro.

EXEMPLE III. — Considérons l'expression

$$y = \sqrt{x^2 + 4x + 1} - \sqrt{x^2 + x - 1}.$$

Si x augmente indéfiniment par valeurs positives ou par valeurs négatives, les deux radicaux sont infinis, positifs, et on ne peut calculer leur différence directement; multiplions et divisons par la quantité conjuguée de y :

$$y = \frac{3x + 2}{\sqrt{x^2 + 4x + 1} + \sqrt{x^2 + x - 1}}.$$

Divisons les deux termes de cette fraction par x en le supposant d'abord positif :

$$y = \frac{3 + \dfrac{2}{x}}{\sqrt{1 + \dfrac{4}{x} + \dfrac{1}{x^2}} + \sqrt{1 + \dfrac{1}{x} - \dfrac{1}{x^2}}}.$$

La limite est alors, quand x augmente indéfiniment,

$$\frac{3}{\sqrt{1} + \sqrt{1}} = \frac{3}{2}.$$

Si, en second lieu, x est négatif, on a

$$y = \frac{3 + \dfrac{2}{x}}{-\sqrt{1 + \dfrac{4}{x} + \dfrac{1}{x^2}} - \sqrt{1 + \dfrac{1}{x} - \dfrac{1}{a^2}}},$$

et la limite est

$$\frac{3}{-\sqrt{1} - \sqrt{1}} = -\frac{3}{2}.$$

REMARQUE. — En supposant x positif, nous avons écrit $\sqrt{1 + \dfrac{4}{x} + \dfrac{1}{x^2}}$ pour le quotient de $\sqrt{x^2 + 4x + 1}$ par x; et, au contraire, nous avons écrit $-\sqrt{1 + \dfrac{4}{x} + \dfrac{1}{x^2}}$ pour ce quotient, en supposant x négatif; ceci est une conséquence immédiate des notations employées (32); toutefois, nous croyons devoir y insister ici, à cause de la grande importance de cette remarque.

Diviser $\sqrt{x^2+4x+1}$ par x, c'est écrire

$$\frac{1}{x}\sqrt{x^2+4x+1},$$

ce nombre est positif si x est positif et sa valeur absolue est, d'après le calcul des radicaux arithmétiques,

$$\sqrt{\frac{1}{x^2}(x^2+4x+1)}=\sqrt{1+\frac{4}{x}+\frac{1}{x^2}};$$

si x est négatif, la valeur absolue de ce nombre est toujours

$$\sqrt{\frac{1}{x^2}(x^2+4x+1)}=\sqrt{1+\frac{4}{x}+\frac{1}{x^2}},$$

mais le nombre est négatif et est égal à

$$-\sqrt{1+\frac{4}{x}+\frac{1}{x^2}}.$$

Applications.

365. Équation du premier degré. — Nous avons vu que l'équation numérique

$$ax+b=0$$

n'existe que si le nombre a n'est pas nul; nous pouvons actuellement supposer que a et b sont, non pas des nombres, mais des fonctions continues d'une variable t; tant que l'on donne à t une valeur qui n'annule pas a, l'équation a une valeur numérique bien déterminée $-\dfrac{b}{a}$; si l'on cherche la limite de cette fraction, en supposant qu'elle existe, nous pourrons considérer cette limite comme solution de l'équation correspondant à $a=0$.

Ainsi l'équation

$$(3t+1)x=3t^2-2t-1$$

a pour solution

$$x = \frac{3t^2 - 2t - 1}{3t + 1} = \frac{(3t + 1)(t - 1)}{3t + 1}.$$

Pour toute valeur de t autre que $-\frac{1}{3}$, la racine est égale à $t - 1$; pour $t = -\frac{1}{3}$, la racine sera la limite de la fraction et nous avons vu que la limite est la valeur $-\frac{4}{3}$ de $t - 1$ pour $t = -\frac{1}{3}$.

Soit encore l'équation

$$tx = t + 1 ;$$

elle a pour racine, si t n'est pas nul,

$$x = \frac{t + 1}{t} ;$$

si t tend vers zéro, cette valeur augmente indéfiniment en valeur absolue; il n'y a pas de solution finie.

REMARQUE. — Une équation du premier degré correspond en général à un problème; sa racine peut avoir une limite ou augmenter indéfiniment quand le dénominateur tend vers zéro, mais il ne serait pas exact d'en conclure que le problème a une seule solution ou est impossible; nous avons vu, en effet, que le fait pour une équation, d'avoir le coefficient de x et le terme indépendant nuls pouvait correspondre à une indétermination et exprimer une propriété de la figure considérée (233); d'autre part, si on détermine le point d'intersection de deux droites par son abscisse prise sur l'une d'elles, si cette abscisse augmente indéfiniment, les droites deviennent parallèles et la solution du problème qui consisterait à trouver l'intersection de ces droites serait donnée par leur parallélisme. Il y aura donc lieu, quand le coefficient de x tendra vers zéro, non seulement d'étudier ce que devient la racine de l'équation mais de voir à quelle modification de l'énoncé correspond ce cas particulier.

366. Équation du second degré. — Considérons une équation du second degré dont le coefficient de x^2 tend vers zéro et cherchons ce que deviennent alors les racines, en supposant que c n'augmente pas indéfiniment.

Ces racines sont

$$x' = \frac{-b + \sqrt{b^2 - 4ac}}{2a}, \qquad x'' = \frac{-b - \sqrt{b^2 - 4ac}}{2a}.$$

1° $b > 0$, a tendant vers zéro et c ayant toujours une valeur finie, $4ac$ tend vers zéro et la quantité placée sous le radical tend vers b^2; b étant positif, on a $b = \sqrt{b^2}$ et le numérateur de la seconde racine a pour limite $-2b$, que nous supposerons d'abord différent de zéro; cette racine augmente indéfiniment en valeur absolue.

Pour trouver la limite de x', dont les deux termes tendent vers zéro, multiplions ces deux termes par $-b - \sqrt{b^2 - 4ac}$:

$$x' = \frac{b^2 - (b^2 - 4ac)}{2a[-b - \sqrt{b^2 - 4ac}]} = \frac{4ac}{2a[-b - \sqrt{b^2 - 4ac}]};$$

a étant supposé différent de zéro, on a

$$x' = \frac{2c}{-b - \sqrt{b^2 - 4ac}},$$

et si a tend vers zéro, cette quantité a pour limite $-\dfrac{c}{b}$.

Si b tend vers zéro, sans que c tende vers zéro, cette racine augmente indéfiniment; si c tend vers zéro, on cherchera directement la limite de $-\dfrac{c}{b}$.

2° $b < 0$. On a alors $b = -\sqrt{b^2}$ et la racine x' augmente indéfiniment, puisque son numérateur tend vers $-2b$ tandis que son dénominateur tend vers zéro. Pour trouver la limite de x'', multiplions ses deux termes par $-b + \sqrt{b^2 - 4ac}$:

$$x'' = \frac{4ac}{2a[-b + \sqrt{b^2 - 4ac}]} = \frac{2c}{-b + \sqrt{b^2 - 4ac}};$$

cette expression, quand a tend vers zéro, a pour limite $-\dfrac{c}{b}$.

Exemple. — Considérons l'équation

$$t(t - 1)\, x^2 - 2t^2 x + 1 = 0,$$

et supposons que l'on fasse successivement tendre t vers 1 et vers zéro.

Une racine devient infinie et l'autre a pour limite $-\dfrac{c}{b}$, ou ici $\dfrac{1}{2t^2}$.

Si t tend vers 1, elle a pour limite $\dfrac{1}{2}$; si t tend vers zéro, elle augmente indéfiniment.

367. Calcul des racines quand a est très petit. — Si a a, par rapport aux coefficients b et c une valeur très petite, une des racines a une très grande valeur absolue, l'autre diffère peu de $-\dfrac{c}{b}$; l'application des formules ne permet pas en général d'obtenir aisément des valeurs approchées de ces racines ; aussi, est-il préférable de calculer ces racines par une série d'approximations successives ; nous allons indiquer rapidement le procédé.

Remarquons d'abord que si l'on connaît la racine voisine de $-\dfrac{c}{b}$, on en déduit immédiatement l'autre racine, puisque la somme de ces racines est $-\dfrac{b}{a}$; il suffira de calculer la racine voisine de $-\dfrac{c}{b}$.

L'équation peut s'écrire

$$(1) \qquad x = -\frac{c}{b} - \frac{ax^2}{b} \; ;$$

nous prendrons pour première valeur approchée

$$x_1 = -\frac{c}{b},$$

que nous calculerons, par exemple, à 1 unité près par défaut. Soit x'_1 le nombre trouvé ; en substituant x'_1, $x'_1 + 1$, ... on trouvera deux entiers consécutifs qui donneront des résultats de signes différents ; l'un d'eux sera entre les racines, l'autre ne sera pas entre les racines ; comme la deuxième racine est très grande en valeur absolue, on aura ainsi deux nombres entiers consécutifs qui seront les valeurs à une unité près par défaut et par excès de la racine voisine de $-\dfrac{c}{b}$.

Essayant les nombres de dixièmes compris entre les précédents, on obtiendra les valeurs à $\dfrac{1}{10}$ près et ainsi de suite.

Tous ces calculs se font très rapidement en cherchant le reste de la division du trinome par $x - \alpha$, α étant le nombre que l'on essaie.

Cherchons, par exemple, les racines de l'équation

$$x^2 - 2142x + 7508 = 0 ;$$

$-\dfrac{c}{b}$ a pour valeur par défaut à une unité près le nombre 3.

Calculons $f(3)$, il est positif, et $f(4)$ est négatif, ce qu'on voit immédiatement.

Calculons $f(3,5)$ en divisant le trinome par $x - 3,5$; le quotient et le reste sont

$$x - 2138,5 \qquad \text{et} \qquad 7508 - 7484,75 ;$$

$f(3,5)$ est positif; la racine est comprise entre 3,5 et 4.

Calculons $f(3,6)$, en divisant par $x - 3,6$; le quotient et le reste sont

$$x - 2138,4 \qquad \text{et} \qquad 7508 - 7698,24 ;$$

$f(3,6)$ est négatif; la racine est comprise entre 3,5 et 3,6.

On aurait de même la valeur à $\dfrac{1}{100}$ près.....

On peut remarquer que la valeur de $-\dfrac{c}{b}$ à $\dfrac{1}{10}$ près par défaut est 3,5 et, en général, pour a assez petit, on pourra partir de la valeur à $\dfrac{1}{10}$ près au lieu de prendre la valeur à 1 unité près.

EXERCICES

1. Démontrer directement la continuité des fonctions suivantes :

$$3x + 5, \qquad x^2 + 5x - 2, \qquad \frac{x+2}{x-1}, \qquad \frac{x^2 + 3x - 1}{x^2 + 1},$$

$$x^3 + 2, \qquad x^3 + 4x - 5, \qquad x^4 + x^2 + 2,$$

$$\sqrt{x^2 + 1}, \qquad \sqrt{x^2 - 5x + 6}, \qquad \sqrt{x^3 + 1}.$$

2. Trouver les vraies valeurs des fractions suivantes pour $x = 1$:

$$\frac{x^2 - 3x + 2}{x - 1}, \qquad \frac{x^3 - 4x + 3}{(x - 1)(x + 2)}, \qquad \frac{x^2 - 6x + 5}{x^2 - 3x + 2},$$

$$\frac{x^2 + 4x - 7}{x^3 - 5x + 4}, \qquad \frac{x^2 + 7x - 8}{(x - 1)^2}, \qquad \frac{x^3 - 1}{x^2 - 2x + 1},$$

$$\frac{x^4 - 2x^2 + 1}{x^3 - 8x + 7}, \qquad \frac{x^6 - 3x^4 + 3x^2 - 1}{x^3 - x^2 - x + 1}.$$

3. Trouver, pour x augmentant indéfiniment en valeur absolue, les limites des fractions

$$\frac{x + 1}{x - 1} \qquad \frac{x^2 + 5x - 2}{x^2 - 7x + 3}, \qquad \frac{x^8 + 2x - 5}{x^8 - 7},$$

$$\frac{x^3 + 1}{x^2 - 2}, \qquad \frac{x^4 - 5x + 1}{x^6 + 2}, \qquad \frac{x^5 - 1}{x^7 + 2}.$$

4. Trouver, pour x augmentant indéfiniment en valeur absolue, les limites des expressions suivantes :

$$\sqrt{x^2 + 1} - \sqrt{x^2 - 1}, \qquad \sqrt{x^2 + 2x} - \sqrt{x^2 + 4},$$

$$\sqrt{x^4 + x - 2} - (x^2 - 1), \qquad \sqrt{x^4 + 2x} - x^2,$$

$$\sqrt{x^3 + 1} - \sqrt{x^3 - x}, \qquad \sqrt{x^3 + x} - x,$$

$$\frac{x + \sqrt{x^2 + 1}}{\sqrt{x^2 - 5x + 1}}, \qquad \frac{\sqrt{x^5 + x^3 + 1}}{\sqrt{x^5 + 2x - 1}},$$

$$\frac{x - \sqrt{x^2 + 1}}{x^2 - \sqrt{x^4 + 1}}, \qquad \frac{x - \sqrt{x^2 + x + 1}}{2x - \sqrt{4x^2 + x}}.$$

5. Calculer à $\dfrac{1}{1000}$ près les racines des équations

$$0,01x^2 + 2x - 5 = 0, \qquad 0,03x^2 + x + 1 = 0,$$

$$3x^2 - 2587x - 1657 = 0, \qquad 4x^2 + 4587x + 105 = 0.$$

6. Que deviennent, quand t tend vers zéro ou augmente indéfiniment, les racines des équations

$$tx^4 - 2x^2 + 1 - t^2 = 0, \qquad tx^4 - 2t^2x + t - 1 = 0 ?$$

7. Que deviennent, quand t tend vers zéro ou augmente indéfiniment, les racines des équations

$$tx^4 - 2x^3 + x^2 - 2x + t = 0, \qquad t^2x^4 + 2x^3 - x^2 + 2tx + t^2 = 0 ?$$

8. Calculer à $\dfrac{1}{100}$ près les racines des équations

$$0,01x^4 + 2x^2 - 5 = 0, \qquad 0,03x^4 + x^2 + 1 = 0;$$

$$4x^4 - 672x^2 - 1485 = 0, \qquad x^4 - 758x^2 + 16784 = 0.$$

9. On considère les droites D qui ont pour équation

$$y = tx + \frac{p}{2t},$$

où t est un paramètre variable.

Soient D_1, D_2 les droites qui correspondent aux valeurs t_1, t_2 de t; trouver les coordonnées du point de rencontre des droites D_1, D_2; vers quelle position limite M_1 tend ce point quand t_2 tend vers t_1 ?

Trouver le lieu de M_1 si t_1 varie et montrer que ce lieu sépare le plan en deux régions, que par un point d'une de ces régions passent deux droites D et que par un point de l'autre région ne passe aucune droite D.

10. Même question en remplaçant les droites D par les cercles C dont l'équation est

$$x^2 + y^2 - 2tx + 3t^2 = 0.$$

11. On considère la parabole P dont l'équation est

$$y^2 - 2x = 0$$

et les cercles C qui ont pour équation

$$x^2 + y^2 - 2\lambda x - \mu = 0,$$

où λ et μ sont considérés comme coordonnées d'un point M d'un plan : où doit être M pour que les courbes P et C correspondantes se coupent en deux points où elles admettent même tangente ?

Trouver les coordonnées des points communs à deux cercles C_1, C_2 qui correspondent à deux points M_1, M_2 satisfaisant aux conditions précédentes ; quelle est la limite vers laquelle tendent ces points communs quand M_2 tend vers M_1 et quel est le lieu de ces points limites ?

12. On considère une parabole, dont on désigne par O, F et p le sommet, le foyer et le paramètre.

Trouver sur cette parabole un point M tel que la différence $OM - FM$ soit égale à une longueur donnée a.

Vers quelle limite tend cette différence si M s'éloigne indéfiniment sur la courbe ?

(Baccalauréat.)

13. 1º On demande de trouver le nombre des racines de l'équation

(1) $$x^2 - 2(m + 1)x + 2m + 10 = 0,$$

suivant les valeurs données à m. Que deviennent ces racines, si m augmente indéfiniment ?

2º Déterminer m de façon que la somme des inverses des valeurs absolues des racines de l'équation (1) soit un nombre donné k. Discussion. Entre quelles limites doit varier m pour que l'on puisse construire un triangle dont les côtés soient mesurés par l'unité et les inverses des racines de l'équation (1) ?

3° Quelles sont les valeurs de m telles que le double de chaque racine soit un nombre entier p ; quelles sont les valeurs de m telles que l'une des racines soit un nombre entier p, et que la seconde soit l'inverse $\dfrac{1}{q}$ d'un nombre entier, p et q pouvant être négatifs ?

(*École de Saint-Cloud.*)

CHAPITRE III

DÉRIVÉES

___

368. Définitions. — Soit y une fonction de x définie dans un intervalle (a, b) et x_0 une valeur de cet intervalle ; à x_0 correspond pour la fonction une valeur y_0 ; si l'on fait varier x à partir de x_0 d'une quantité h telle que la valeur nouvelle de x soit comprise entre a et b, y sera encore définie et variera d'une quantité k à partir de y_0 ; le rapport $\dfrac{k}{h}$ peut avoir une limite l, quand h tend vers zéro ; on dit alors que l est la *dérivée* de y par rapport à x pour la valeur x_0.

Il résulte de là que y doit être une fonction continue pour x_0 ; en effet, dire que le rapport $\dfrac{k}{h}$ tend vers la limite l, c'est dire que l'on peut trouver un nombre positif α tel que h variant de $-\alpha$ à $+\alpha$, la valeur absolue du rapport diffère de l d'une quantité inférieure à un nombre positif donné ε ; autrement dit, $\dfrac{k}{h}$ est compris entre

$$l - \varepsilon \qquad \text{et} \qquad l + \varepsilon ;$$

on en conclut que k est compris entre

$$h(l - \varepsilon) \qquad \text{et} \qquad h(l + \varepsilon)$$

k tend donc vers zéro avec h, c'est-à-dire que la fonction est continue.

La réciproque n'est d'ailleurs pas exacte : une fonction peut être continue sans avoir de dérivée ; en effet, k et h peuvent avoir pour limite zéro, sans que leur rapport ait une limite.

Pour simplifier le langage, nous appellerons h l'accroissement de x et k l'accroissement de la fonction y, sans rien préjuger sur les signes de h et k ; le mot *accroissement* est ici synonyme de *variation* et non d'*augmentation*; nous définirons alors la dérivée de la manière suivante :

La dérivée d'une fonction y de x pour la valeur x_0 de la variable, est la limite, si elle existe, du rapport de l'accroissement de la fonction à l'accroissement de la variable, quand ce dernier tend vers zéro.

Considérons la fonction $y = x^2$ et donnons à x la valeur 2 ; y prend la valeur 4 ; à la valeur $2 + h$ de x correspond la valeur $(2 + h)^2$ de y et à l'accroissement h de x correspond pour y l'accroissement $k = (2 + h)^2 - 4$.

La dérivée sera la limite 4 du rapport

$$\frac{k}{h} = \frac{(2 + h)^2 - 4}{h} = \frac{4h + h^2}{h} = 4 + h,$$

quand h tend vers zéro.

Soit encore la fonction $y = \sqrt{x}$; à la valeur 4 de x correspond pour y la valeur 2 et à l'accroissement h de x correspond l'accroissement $k = \sqrt{4 + h} - \sqrt{4}$ de y ; la dérivée sera la limite $\frac{1}{4}$ du rapport

$$\frac{k}{h} = \frac{\sqrt{4 + h} - 2}{h} = \frac{h}{h(\sqrt{4 + h} + 2)} = \frac{1}{\sqrt{4 + h} + 2},$$

quand h tend vers zéro.

Au lieu de mettre en évidence la valeur numérique de la variable x, nous pouvons la désigner par x_0 et on trouve que la dérivée de x^2 est $2x_0$, que celle de $\sqrt{x}$ est $\frac{1}{2\sqrt{x_0}}$; si alors on donne à x toutes les valeurs pour lesquelles y est définie, on obtiendra les dérivées correspondantes en calculant les valeurs des fonctions $2x$ et $\frac{1}{2\sqrt{x}}$.

L'ensemble des valeurs dérivées de la fonction constitue une nouvelle fonction de x que l'on appelle *fonction dérivée* de y.

Si l'on considère la fonction $\frac{1}{2\sqrt{x}}$ dérivée de $\sqrt{x}$, on voit que si x tend vers zéro, cette fonction augmente indéfiniment; nous dirons alors que la dérivée de $\sqrt{x}$ existe toujours, mais devient infinie pour $x = 0$.

De la définition de la dérivée, résultent immédiatement les théorèmes suivants :

369. Théorème I. — *La dérivée de x par rapport à x est l'unité.*

En effet, l'accroissement de la fonction est ici constamment égal à celui de la variable et leur rapport est l'unité ; si donc h tend vers zéro, ce rapport constant peut être considéré comme ayant pour limite l'unité.

370. Théorème II. — *La dérivée d'une constante est nulle.*

En effet, la fonction considérée ayant une valeur constante, quel que soit x, à un accroissement h de x correspond pour la fonction un accroissement nul, de telle sorte que le rapport $\dfrac{k}{h}$ est nul quel que soit h ; il peut donc être considéré comme ayant pour limite zéro.

371. Dérivées successives. — Si l'on cherche la fonction dérivée d'une fonction y de x, cette dérivée peut être continue et admettre elle-même une dérivée, que l'on appelle la *dérivée seconde* de y ; si cette dérivée seconde est continue et admet une dérivée, on donne à cette dernière le nom de *dérivée troisième* de y et ainsi de suite.

On représente la dérivée première par une des notations

$$y', \qquad D_x y, \qquad \frac{dy}{dx},$$

la dérivée seconde par une des notations

$$y'', \qquad D_{x^2}^2 y, \qquad \frac{d^2 y}{dx^2},$$

et, d'une façon générale, la dérivée d'ordre n par l'une des notations

$$y^{(n)}, \qquad D_{x^n}^n y, \qquad \frac{d^n y}{dx^n}.$$

Dans la suite, ce sera toujours la notation $y^{(n)}$ que nous emploierons.

372. Signification géométrique de la dérivée. —

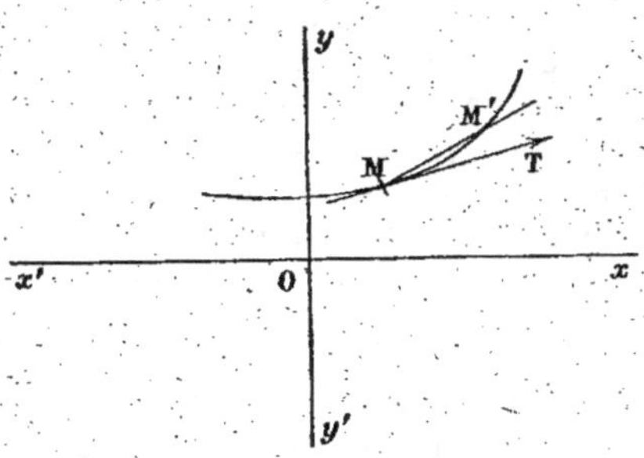

Considérons une fonction y de x bien définie, continue et admettant une dérivée ; on peut représenter la variation de cette fonction par une courbe tracée d'un trait continu, chaque point de cette courbe ayant pour coordonnées un couple de valeurs correspondantes de x et y.

Prenons sur cette courbe un point M de coordonnées x_0 et y_0 et un point voisin M' de coordonnées $x_0 + h$, $y_0 + k$. Le coefficient angulaire de la sécante MM' est

$$\frac{y_0 + k - y_0}{x_0 + h - x_0} = \frac{k}{h} \, .$$

Si l'on fait tendre h vers zéro et si ce rapport a une limite m, on en conclut que la sécante fait avec la droite issue de M et de coefficient angulaire m un angle qui tend vers zéro ; autrement dit, il existe en M une droite MT vers laquelle tend la sécante MM', quand h tend vers zéro, c'est-à-dire, quand M' se rapproche indéfiniment de M ; on dit que la courbe admet pour tangente en M la droite MT : *le coefficient angulaire de la tangente en un point est donc la dérivée de l'ordonnée par rapport à l'abscisse.*

373. Signification cinématique de la dérivée. — Soit

un mobile qui se déplace sur une droite et supposons que sa position soit à chaque instant déterminée par son abscisse prise par rapport à un point fixe O de cette droite.

Si le mobile décrit la droite d'un mouvement uniforme, ce mouvement est caractérisé par sa *vitesse* (*) qui est le rapport

______

(*) La vitesse peut aussi être considérée comme un vecteur ; nous laissons de côté ici cette notion de vitesse géométrique.

du nombre qui mesure le vecteur parcouru dans un temps t, au nombre qui mesure ce temps. Si le mobile ne se meut pas d'un mouvement uniforme, on peut avoir une idée de la rapidité moyenne du mobile en calculant le rapport des nombres qui mesurent le vecteur $\overline{MM'}$ parcouru et le temps employé à le parcourir ; cela revient à imaginer un second mobile qui part de M en même temps que le premier, se déplace d'un mouvement uniforme et arrive en M' en même temps que le premier ; la vitesse de ce second mobile $\dfrac{\overline{MM'}}{t}$ est appelée la *vitesse moyenne* du premier mobile de M en M'.

Il est manifeste que plus l'intervalle de temps t sera court, plus le mouvement du second mobile donnera une idée exacte de celui du premier ; on est ainsi conduit à définir un élément cinématique fondamental, la *vitesse* du mobile en M, comme étant la limite du rapport $\dfrac{\overline{MM'}}{t}$, quand t tend vers zéro.

Le mouvement étant défini si l'on connaît la fonction qui donne l'espace par rapport au temps, nous pouvons au lieu de parler de la vitesse en un point, définir la vitesse à un instant donné : *c'est la limite du rapport de l'espace parcouru de l'instant t_0 à l'instant $t_0 + h$ au temps h employé à le parcourir, si h tend vers zéro.*

Notons qu'ici le mot espace désigne non une longueur, mais un vecteur, et que h peut être positif ou négatif.

Si e_0 est l'espace parcouru à l'instant t_0 et k l'espace parcouru de l'instant t_0 à l'instant $t_0 + h$, la vitesse est la limite du rapport $\dfrac{k}{h}$; c'est donc la *dérivée de l'espace par rapport au temps.*

374. Signe de la dérivée. — Dans un mouvement uniforme, le signe de la vitesse indique si le mobile se déplace dans le sens positif ou dans le sens négatif, c'est-à-dire, si le vecteur espace croît ou décroît ; il en sera de même si l'on considère la vitesse moyenne relative à un mouvement quelconque, puisque le mobile réel et le second mobile fictif se déplacent alors dans le même sens.

Comme on peut toujours imaginer qu'une fonction y de x

représente l'espace parcouru par un mobile à l'instant x, on en conclut que si la dérivée d'une fonction est négative, cette fonction décroît et qu'elle croît si la dérivée est positive.

On peut encore arriver aux mêmes conclusions en utilisant la représentation géométrique de la dérivée.

Si l'on trace une courbe telle que ACB, on voit que sur l'arc

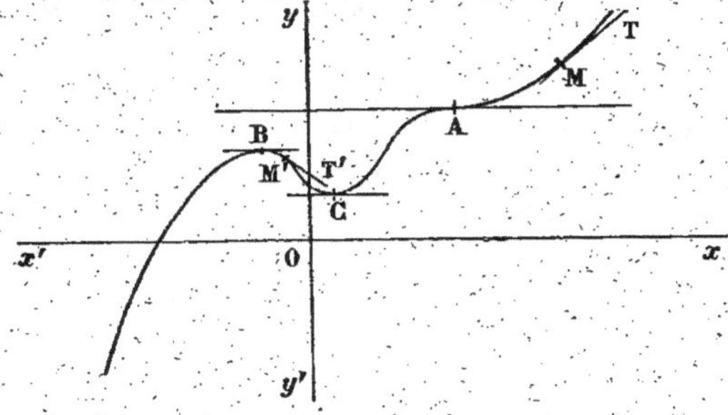

situé à droite de A, la tangente MT a un coefficient angulaire positif et que l'ordonnée croît avec l'abscisse ; sur l'arc BC, la tangente MT' a un coefficient angulaire négatif et l'ordonnée décroît depuis B jusqu'en C, quand l'abscisse croît ; le coefficient angulaire de la tangente étant la dérivée de l'ordonnée par rapport à l'abscisse, on voit que la dérivée est positive ou négative suivant que la fonction croît ou décroît.

Aux points A, B, C, la tangente est parallèle à $x'Ox$ et la dérivée de y est nulle ; toutefois, il y a à faire une distinction entre ces points ; quand on passe par B ou par C, le coefficient angulaire change de signe et, par suite, la dérivée ; la variation de la fonction éprouve un changement de sens ; au contraire, le passage par A ne modifie ni le signe de la dérivée, ni le sens de variation de la fonction.

Nous reviendrons plus loin sur ces considérations pour les préciser.

Calcul des dérivées des fonctions algébriques.

Pour simplifier les notations, nous désignerons dorénavant par Δx, Δy, l'accroissement de la variable x et celui de la variable y ; cette notation n'a évidemment aucun rapport avec le produit des lettres Δ et x ou Δ et y ; elle est analogue aux notations $\sin x$, $\operatorname{tg} x$, …

375. Théorème I. — Dérivée d'une somme. — *Si plusieurs fonctions u, v, w, ont des dérivées par rapport à x, la somme $y = u + v + w$ a une dérivée qui est la somme des dérivées de ces fonctions.*

Soit x_0 une valeur donnée à x et u_0, v_0, w_0 les valeurs correspondantes des fonctions u, v, w ; si l'on donne à x l'accroissement Δx_0, il en résulte pour u, v, w des accroissements que nous désignerons par Δu_0, Δv_0, Δw_0 et pour y l'accroissement

$$\Delta y_0 = (u_0 + \Delta u_0) + (v_0 + \Delta v_0) + (w_0 + \Delta w_0) - (u_0 + v_0 + w_0),$$
$$\Delta y_0 = \Delta u_0 + \Delta v_0 + \Delta w_0.$$

La dérivée de y sera, si elle existe, la limite

$$\frac{\Delta y_0}{\Delta x_0} = \frac{\Delta u_0}{\Delta x_0} + \frac{\Delta v_0}{\Delta x_0} + \frac{\Delta w_0}{\Delta x_0},$$

quand Δx_0 tend vers zéro.

Or, le second membre est une somme de trois termes qui ont pour limites respectives

$$u'_{x_0}, \ v'_{x_0}, \ w'_{x_0} ;$$

le second membre et, par suite, $\dfrac{\Delta y_0}{\Delta x_0}$ a une limite qui est la somme (350)

$$u' + v' + w'.$$

En particulier, si y est une fonction et a une constante, la dérivée de $y + a$ est la dérivée y' de y, puisque la dérivée de a est nulle.

376. Théorème II. — Dérivée d'un produit. — *Si deux fonctions u, v, ont des dérivées par rapport à x, le produit $y = uv$ a une dérivée qui est la somme des produits de chaque facteur par la dérivée de l'autre.*

Soit x_0 la valeur donnée à x et u_0, v_0 les valeurs correspondantes des fonctions u et v ; la fonction y a pour valeur $y_0 = u_0 v_0$.

Si l'on donne à x l'accroissement Δx_0, les fonctions u et v

prennent des accroissements Δu_0, Δv_0 et à la valeur $x_0 + \Delta x_0$ de x correspondent les valeurs $u_0 + \Delta u_0$, $v_0 + \Delta v_0$; y a alors pour valeur, en appelant Δy_0 son accroissement,

$$y_0 + \Delta y_0 = (u_0 + \Delta u_0)(v_0 + \Delta v_0).$$

On en déduit

$$\Delta y_0 = (u_0 + \Delta u_0)(v_0 + \Delta v_0) - u_0 v_0 = u_0.\Delta v_0 + v_0.\Delta u_0 + \Delta u_0.\Delta v_0.$$

La dérivée, si elle existe, sera la limite du rapport

$$\frac{\Delta y_0}{\Delta x_0} = u_0, \frac{\Delta v_0}{\Delta x_0} + v_0. \frac{\Delta u_0}{\Delta x_0} + \Delta u_0. \frac{\Delta v_0}{\Delta x_0} ,$$

quand Δx_0 tend vers zéro.

Le second membre est une somme de trois termes, chacun d'eux étant un produit de facteurs ; le premier a pour limite $u_0. v'_{x_0}$, le second $v_0.u'_{x_0}$; le dernier contient un facteur Δu_0 qui tend vers zéro puisque u est une fonction continue, et un facteur qui tend vers u'_{x_0} ; ce terme tend vers zéro (351) et la dérivée de y existe ; elle a pour valeur

$$uv' + vu'.$$

REMARQUE I. — Le théorème s'étend au produit de n facteurs :
La dérivée d'un produit de n facteurs est la somme des produits formés de $n - 1$ de ces facteurs et de la dérivée de l'autre facteur.

Pour démontrer cette proposition, établie dans le cas de deux facteurs, il suffira de faire voir que, si elle est vraie pour un produit de $n - 1$ facteurs, elle l'est encore pour un produit de n facteurs.

Soit le produit

$$y = u_1 u_2 \ldots u_{n-1} u_n,$$

nous pouvons le considérer comme formé des deux facteurs $z = u_1 u_2 \ldots u_{n-1}$ et u_n ; le théorème précédent donne

$$y' = z.u'_n + z'.u_n ;$$

or, on a, par hypothèse,

$$z' = u_1 u_2 \ldots u'_{n-1} + \ldots + u_2 u_3 \ldots u_{n-1} u'_1,$$

z' renfermant $n - 1$ termes, qui sont les produits de $n - 2$ facteurs $u_1 \ldots u_{n-1}$ par la dérivée de l'autre ; on en conclut

$$y' = u_1 u_2 \ldots u_{n-1} u'_n + u_1 u_2 \ldots u_n u'_{n-1} + \ldots + u_2 u_3 \ldots u_{n-1} u_n u';$$

y' est donc la somme de n termes, qui sont les produits de $n-1$ facteurs $u_1, \ldots, u_n$ par la dérivée de l'autre.

REMARQUE II. — Le produit d'une fonction u par une constante a a pour dérivée le produit par a de la dérivée de la fonction; on a, en effet,

$$y' = u'a + a'u,$$

mais a' est nul et il vient

$$y' = au'.$$

Ce résultat est d'ailleurs immédiat; l'accroissement k' de ay est le produit par a de l'accroissement k de y; le rapport $\dfrac{k'}{h}$ est donc égal à $\dfrac{ak}{h}$ et on a

$$\text{limite } \frac{k'}{h} = a \text{ limite } \frac{k}.$$

377. Corollaire. — Dérivée d'une puissance. — *La dérivée de la puissance $m^{ième}$ (m entier, positif) d'une fonction u de x est le produit de l'exposant m par la puissance $(m-1)^{ième}$ de u et par la dérivée de u.*

La fonction u^m est le produit de m facteurs égaux à u; sa dérivée est la somme de m produits contenant $m-1$ facteurs u et la dérivée de u' de l'autre facteur; ce sera donc

$$mu^{m-1}u'.$$

378. Application. — Dérivée d'un polynome. — La dérivée de x étant l'unité, la dérivée de x^p sera px^{p-1} et la dérivée du monome ax^p, où a est une constante, sera pax^{p-1}.

Un polynome est une somme de monomes; on obtiendra sa dérivée en faisant la somme des dérivées de ces monomes.

EXEMPLES. — I. *Calculer la dérivée de $x^5 + x^3 + x^2 + 1$.*

La dérivée de $\quad x^5 \quad$ est $\quad 5x^4$,
$\quad$ — de $\quad x^3 \quad$ — $\quad 3x^2$,
$\quad$ — de $\quad x^2 \quad$ — $\quad 2x$,
$\quad$ — de $\quad 1 \quad$ — $\quad 0$.

La dérivée du polynome est donc

$$5x^4 + 3x^2 + 2x.$$

II. *Calculer la dérivée de* $5x^4 - 3x^3 + 7x^2 - 4x + 3$.

La dérivée de $\quad 5x^4 \quad$ est $\quad 4 \times 5x^3 \quad$ ou $\quad 20x^3$,

$\qquad\qquad -3x^3 \quad - \quad 3 \times (-3)x^2 \quad$ ou $\quad -9x^2$,

$\qquad\qquad 7x^2 \quad - \quad 2 \times 7x \quad$ ou $\quad 14x$,

$\qquad\qquad -4x \quad - \quad -4$,

$\qquad\qquad 3 \quad - \quad 0$.

La dérivée du polynome sera donc

$$20x^3 - 9x^2 + 14x - 4.$$

379. Théorème III. — Dérivée d'un quotient. — *Si deux fonctions u et v ont des dérivées et si la fonction v n'est pas nulle, le quotient* $\dfrac{u}{v}$ *a une dérivée. Cette dérivée est une fraction dont le dénominateur est le carré de v et le numérateur, la différence entre le produit de la dérivée de u par la fonction v et le produit de la dérivée de v par la fonction u.*

Plus simplement, la dérivée de $\dfrac{u}{v}$ est

$$\frac{u'v - v'u}{v^2}.$$

Donnons à x la valeur x_0 et un accroissement Δx_0, il en résulte pour les fonctions u et v les valeurs u_0 et v_0 et les accroissements Δu_0, Δv_0 ; le quotient y a donc pour valeurs correspondant à x_0 et $x_0 + \Delta x_0$ des valeurs que nous désignerons par y_0 et $y_0 + \Delta y_0$:

$$y_0 = \frac{u_0}{v_0},$$

$$y_0 + \Delta y_0 = \frac{u_0 + \Delta u_0}{v_0 + \Delta v_0}.$$

L'accroissement Δy_0 est

$$\frac{u_0 + \Delta u_0}{v_0 + \Delta v_0} - \frac{u_0}{v_0} = \frac{v_0 \Delta u_0 - u_0 \Delta v_0}{v_0(v_0 + \Delta v_0)},$$

et la dérivée de y, si elle existe, sera la limite de

$$\frac{\Delta y_0}{\Delta x_0} = \frac{v_0 \dfrac{\Delta u_0}{\Delta x_0} - u_0 \dfrac{\Delta v_0}{\Delta x_0}}{v_0(v_0 + \Delta v_0)}.$$

Le numérateur de cette fraction a pour limite

$$v_0 u'_{x_0} - u_0 v'_{x_0} ;$$

son dénominateur a pour limite v_0^2, quand Δx_0 tend vers zéro, puisque Δv_0 tend également vers zéro, la fonction v étant continue; il en résulte que si v_0 n'est pas nul, la fraction a une limite

$$\frac{vu' - uv'}{v^2},$$

qui est la dérivée de y.

380. Corollaire. — *La dérivée de u^m est $mu^{m-1}u'$, si m est un entier négatif.*

m étant un entier négatif, on peut poser $m = - m'$, m' étant un entier positif, et la fonction y est

$$y = u^{-m'} = \frac{1}{u^{m'}}.$$

La dérivée de y a pour dénominateur $u^{2m'}$ et pour numérateur la différence entre le produit de $u^{m'}$ par la dérivée de 1, qui est nulle, et le produit de 1 par la dérivée $m'u^{m'-1}u'$ de $u^{m'}$; on a donc

$$y' = \frac{- m'u^{m'-1}u'}{u^{2m'}} = - m'u^{-m'-1}.u',$$

ou, en remplaçant m' par $- m$,

$$y' = mu^{m-1}.u'.$$

381. Application. — *Dérivée d'une fraction rationnelle.*

L'application du théorème précédent donne immédiatement la dérivée d'une fraction rationnelle, puisque l'on sait calculer les dérivées de ses deux termes qui sont des polynomes.

Exemples. — I. *Calculer la dérivée de* $y = \dfrac{x^3 + 5x - 1}{x^2 + 4x + 3}$.

Appliquons la formule

$$y' = \frac{u'v - v'u}{v^2},$$

en posant

$$u = x^3 + 5x - 1, \qquad v = x^2 + 4x + 3.$$

On a d'abord

$$u' = 3x^2 + 5, \qquad v' = 2x + 4,$$

et

$$y' = \frac{(3x^2 + 5)(x^2 + 4x + 3) - (2x + 4)(x^3 + 5x - 1)}{(x^2 + 4x + 3)^2},$$

$$y' = \frac{x^4 + 8x^3 + 4x^2 + 2x + 19}{(x^2 + 4x + 3)^2}.$$

II. *Calculer la dérivée de* $\dfrac{(x + 1)(x - 2)^2}{(x - 1)^3(x - 3)^2}$.

On pourrait effectuer les produits qui figurent au numérateur et au dénominateur et opérer comme dans l'exemple précédent ; mais il vaut mieux conserver ces produits, de façon à laisser apparaître des facteurs qui ne seraient plus en évidence si l'on effectuait les calculs. On a

$$u = (x + 1)(x - 2)^2, \qquad v = (x - 1)^3(x - 3)^2,$$

$$u' = (x - 2)^2 + 2(x + 1)(x - 2) = (x - 2) \cdot 3x,$$

$$v' = 3(x-1)^2(x-3)^2 + 2(x-1)^3(x-3) = (x-1)^2(x-3)(5x-11),$$

$$y' = \frac{(x-2) \cdot 3x(x-1)^3(x-3)^2 - (x-1)^2(x-3)(5x-11)(x+1)(x-2)^2}{(x-1)^6(x-3)^4},$$

$$y' = \frac{(x-2) \cdot 3x(x-1)(x-3) - (5x-11)(x+1)(x-2)^2}{(x-1)^4(x-3)^3},$$

$$y' = \frac{(x-2)(-2x^3 + 4x^2 + 8x - 22)}{(x-1)^4(x-3)^3}.$$

382. Théorème IV. — Dérivée d'une racine carrée.
— *Si une fonction u admet une dérivée et est positive, sa racine carrée existe et admet une dérivée qui est le quotient de la dérivée de la fonction par le double de sa racine carrée.*

Soit $y = \sqrt{u}$ la racine carrée de la fonction positive u ; si l'on donne à x la valeur x_0, il en résulte pour u la valeur u_0 et pour y la valeur $y_0 = \sqrt{u_0}$; x recevant un accroissement Δx_0, u reçoit l'accroissement Δu_0 et prend la valeur $u_0 + \Delta u_0$; la valeur correspondante de y est alors $\sqrt{u_0 + \Delta u_0}$, qui existe puisque u_0 n'est pas nul et est positif, et que l'on peut prendre Δu_0 assez petit en valeur absolue pour que $u_0 + \Delta u_0$ soit positif.

L'accroissement de y est

$$\Delta y_0 = \sqrt{u_0 + \Delta u_0} - \sqrt{u_0},$$

et la dérivée de y sera la limite, si elle existe, de

$$\frac{\Delta y_0}{\Delta x_0} = \frac{\sqrt{u_0 + \Delta u_0} - \sqrt{u_0}}{\Delta x_0}.$$

Multiplions les deux membres du second rapport par la quantité $\sqrt{u_0 + \Delta u_0} + \sqrt{u_0}$, conjuguée du numérateur,

$$\frac{\Delta y_0}{\Delta x_0} = \frac{\Delta u_0}{\Delta x_0 [\sqrt{u_0 + \Delta u_0} + \sqrt{u_0}]} = \frac{\Delta u_0}{\Delta x_0} \cdot \frac{1}{\sqrt{u_0 + \Delta u_0} + \sqrt{u_0}}.$$

Le premier facteur a pour limite u'_x; le second facteur a pour limite $\dfrac{1}{2\sqrt{u_0}}$, puisque Δu_0 tend vers zéro en même temps que Δx_0, la fonction u étant continue. On a donc

$$y' = \frac{u'}{2\sqrt{u}}.$$

APPLICATIONS. — I. *Trouver la dérivée de* $y = \sqrt{x^2 + x + 1}$.

On a ici

$$u = x^2 + x + 1,$$
$$u' = 2x + 1,$$
$$y' = \frac{2x + 1}{2\sqrt{x^2 + x + 1}}.$$

II. *Trouver la dérivée de* $y = \sqrt{(x - 1)^3 (x + 2)^5}$.

On a

$$u = (x - 1)^3 (x + 2)^5,$$
$$u' = 3(x - 1)^2 (x + 2)^5 + 5(x - 1)^3 (x + 2)^4$$
$$= (x - 1)^2 (x + 2)^4 (8x + 1),$$
$$y' = \frac{(x - 1)^2 (x + 2)^4 (8x + 1)}{2\sqrt{(x - 1)^3 (x + 2)^5}}.$$

Si l'on suppose $x > 1$, on peut faire sortir $(x - 1)$ du radical

$$y' = \frac{(x - 1)(x + 2)^2 (8x + 1)}{2\sqrt{(x - 1)(x + 2)}}.$$

Si l'on suppose $x < -2$, il est alors inférieur à 1 et on pourra de même faire sortir $x - 1$ du radical en changeant le signe, puisque $x - 1$ sera négatif,

$$y' = - \frac{(x - 1)(x + 2)^2(8x + 1)}{2\sqrt{(x - 1)(x + 2)}} .$$

III. *Trouver la dérivée de* $\quad y = \dfrac{x^2 + 2x - 3}{\sqrt{x^2 + x + 2}}$.

Nous avons ici un quotient $\dfrac{u}{v}$ en posant

$$u = x^2 + 2x - 3,$$
$$v = \sqrt{x^2 + x + 2}.$$

On a

$$u' = 2(x + 1), \qquad v' = \frac{2x + 1}{2\sqrt{x^2 + x + 2}} .$$

$$y' = \frac{2(x + 1)\sqrt{x^2 + x + 2} - \dfrac{2x + 1}{2\sqrt{x^2 + x + 2}} (x^2 + 2x - 3)}{x^2 + x + 2}$$

$$y' = \frac{4(x + 1)(x^2 + x + 2) - (2x + 1)(x^2 + 2x - 3)}{2(x^2 + x + 2)\sqrt{x^2 + x + 2}} ,$$

$$y' = \frac{2x^3 + 3x^2 + 16x + 11}{2(x^2 + x + 2)\sqrt{x^2 + x + 2}} .$$

Dérivées des fonctions trigonométriques.

383. Théorème I. — *Si l'on mesure un arc en prenant pour unité le rayon de la circonférence et si cet arc est compris entre* $-\dfrac{\pi}{2}$ *et* $+\dfrac{\pi}{2}$, *il est compris entre son sinus et sa tangente.*

Remarquons d'abord qu'il suffit d'établir le théorème pour un arc positif; supposons, en effet, que x soit négatif et égal à $-x'$; si $-x'$ est compris entre $-\dfrac{\pi}{2}$ et zéro, x' sera compris entre zéro et $+\dfrac{\pi}{2}$ et si l'on a démontré la double inégalité

$$\sin x' < x' < \mathrm{tg}\, x',$$

on en déduit

$$- \sin x' > - x' > - \operatorname{tg} x'$$

ou

$$\sin (- x') > - x' > \operatorname{tg} (- x'),$$
$$\sin x > x > \operatorname{tg} x.$$

Occupons-nous alors du cas de x compris entre zéro et $\frac{\pi}{2}$ soit M l'extrémité de l'arc x; l'aire du secteur OAM est comprise entre les aires des triangles OAM, OAT; si on appelle x la longueur de l'arc AM, l'aire du secteur est $\frac{1}{2}$ OA.x; celles

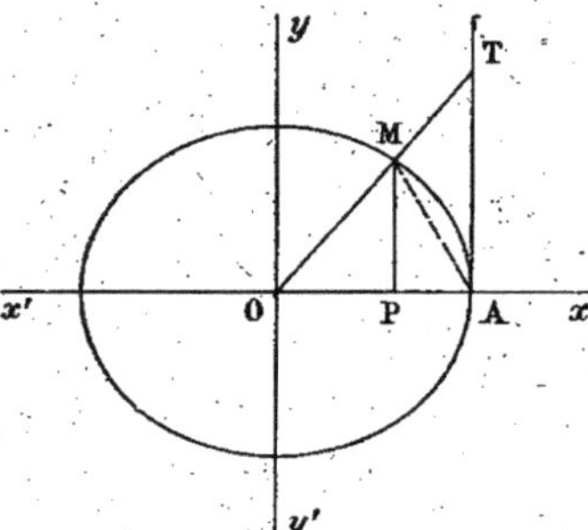

des triangles sont $\frac{1}{2}$ OA.MP et $\frac{1}{2}$ OA.AT; on a donc

$$\frac{1}{2} OA.MP < \frac{1}{2} OA.x$$
$$< \frac{1}{2} OA.AT,$$
$$MP < x < AT,$$
$$\sin x < x < \operatorname{tg} x.$$

384. Corollaire. — *Le rapport* $\dfrac{\sin x}{x}$ *tend vers l'unité si l'arc* x *tend vers zéro.*

Divisons par $\sin x$ les termes de la double inégalité précédente :

$$1 < \frac{x}{\sin x} < \frac{1}{\cos x};$$

$\dfrac{x}{\sin x}$ est alors compris entre deux nombres, l'un fixe qui est l'unité, l'autre variable $\dfrac{1}{\cos x}$ et qui a pour limite l'unité; ce rapport a donc pour limite l'unité quand x tend vers zéro; il en est de même de son inverse $\dfrac{\sin x}{x}$.

Si l'on suppose x négatif, la même démonstration est applicable en se servant des inégalités relatives à $x < 0$; on peut d'ailleurs remarquer que les rapports

$$\frac{\sin x}{x} \quad \text{et} \quad \frac{\sin(-x)}{-x}$$

étant constamment égaux ont même limite, l'unité.

385. Théorème II. — Dérivée de sin x. — *La fonction* sin x *est continue et admet une dérivée qui est* cos x.

Il suffira de démontrer que la fonction sin x a une dérivée; elle sera alors nécessairement continue.

Si l'on donne à x les valeurs x_0 et $x_0 + h$, sin x prend les valeurs sin x_0 et sin $(x_0 + h)$; à l'accroissement h de la variable correspond l'accroissement

$$\sin(x_0 + h) - \sin x_0$$

de la fonction, et la dérivée, si elle existe, est la limite du rapport

$$\frac{\sin(x_0 + h) - \sin x_0}{h},$$

quand h tend vers zéro.

On a

$$\frac{\sin(x_0 + h) - \sin x_0}{h} = \frac{2 \sin \dfrac{h}{2} \cos\left(x_0 + \dfrac{h}{2}\right)}{h}$$

$$= \frac{\sin \dfrac{h}{2}}{\dfrac{h}{2}} \cdot \cos\left(x_0 + \frac{h}{2}\right).$$

Le premier facteur a pour limite l'unité (384) si h tend vers zéro; le second facteur a pour limite cos x_0; le produit a donc une limite et sin x a une dérivée, qui est cos x.

386. Théorème III. — Dérivée de cos x. — *La fonction* cos x *est continue et admet une dérivée qui est* — sin x.

Il suffira encore ici d'établir l'existence de la dérivée.

Si l'on donne à x la valeur x_0 et l'accroissement h, il en résulte pour cos x la valeur cos x_0 et l'accroissement

$$\cos(x_0 + h) - \cos x_0.$$

La dérivée, si elle existe, sera la limite du rapport

$$\frac{\cos(x_0 + h) - \cos x_0}{h},$$

quand h tend vers zéro.

On a

$$\frac{\cos(x_0 + h) - \cos x_0}{h} = \frac{-2\sin\dfrac{h}{2}\sin\left(x_0 + \dfrac{h}{2}\right)}{h}$$

$$= -\frac{\sin\dfrac{h}{2}}{\dfrac{h}{2}} \cdot \sin\left(x_0 + \dfrac{h}{2}\right).$$

Le premier facteur a pour limite — 1 (384); le second facteur a pour limite $\sin x_0$; le produit a donc une limite et $\cos x$ a une dérivée, qui est — $\sin x$.

387. Théorème IV. — Dérivée de tang x. — *La fonction* tang x *est continue, sauf pour* $x = k\pi + \dfrac{\pi}{2}$ *et a une dérivée qui est* $\dfrac{1}{\cos^2 x}$.

La fonction tang x étant le quotient $\dfrac{\sin x}{\cos x}$ de deux fonctions continues est une fonction continue, sauf pour les valeurs $k\pi + \dfrac{\pi}{2}$ de la variable qui annulent son dénominateur.

Sa dérivée est (379)

$$\frac{(\sin x)'\cos x - (\cos x)'\sin x}{\cos^2 x} = \frac{\cos^2 x + \sin^2 x}{\cos^2 x} = \frac{1}{\cos^2 x}.$$

Il est commode dans certains cas de donner à cette dérivée une forme un peu différente :

$$1 + \operatorname{tg}^2 x.$$

388. Théorème V. — Dérivée de cotang x. — *La fonction* cotang x *est continue sauf pour* $x = k\pi$ *et a une dérivée qui est* — $\dfrac{1}{\sin^2 x}$.

La fonction cotang x étant le quotient $\dfrac{\cos x}{\sin x}$ de deux fonclions continues est une fonction continue, sauf pour les valeurs $k\pi$ de la variable qui annulent son dénominateur.

Sa dérivée est (379)

$$\frac{(\cos x)'\sin x - (\sin x)'\cos x}{\sin^2 x} = \frac{-\sin^2 x - \cos^2 x}{\sin^2 x} = -\frac{1}{\sin^2 x}$$

ou, sous une autre forme,

$$-1 - \cot g^2 x.$$

Fonction de fonction.

389. Définition. — Considérons une variable x qui varie dans un intervalle (a, b) et une fonction y définie dans cet intervalle et prenant des valeurs comprises entre A et B; soit, de plus, une fonction z qui dépend de y et qui est supposée définie pour toute valeur de y comprise entre A et B. Si l'on se donne une valeur x_0 de x comprise entre a et b, il lui correspond une valeur y_0 de y comprise entre A et B et à cette valeur y_0 correspond une valeur z_0 de z; on peut donc dire qu'à toute valeur de x comprise entre a et b correspond une valeur de z; autrement dit, z est une fonction définie de x dans l'intervalle (a, b).

Pour rappeler que z est définie à l'aide de la fonction intermédiaire y, on dit que z est une *fonction de fonction de x*.

EXEMPLES. — La fonction $z = (x^2 + 1)^3$ est une fonction de fonction de x; on peut prendre comme fonction intermédiaire $y = x^2 + 1$, et pour calculer la valeur de z qui correspond à $x = 2$, on calcule la valeur $2^2 + 1 = 5$ de y; on calcule ensuite z en prenant le cube 125 de la valeur 5 de y.

Soit encore la fonction $z = \operatorname{tg} \pi x^2$; si l'on prend pour fonction intermédiaire $y = \pi x^2$, z sera une fonction de fonction de x; à la valeur $x = \dfrac{1}{2}$, correspond pour y la valeur $\dfrac{\pi}{4}$ et à cette valeur correspond pour z la valeur 1.

REMARQUE. — Pour qu'une fonction de fonction soit définie, il faut que les valeurs de y qui correspondent à l'intervalle choisi pour x donnent des valeurs correspondantes pour z; s'il n'en est pas ainsi, on ne définit aucune fonction z de x.

Considérons, par exemple, la fonction de x

$$y = \sqrt{1 + x}$$

et la fonction de y

$$z = \sqrt{1 - y}.$$

La fonction y est définie dans l'intervalle $(-1, +\infty)$ et prend des valeurs croissantes de 0 à $+\infty$; la fonction z n'est définie que pour les valeurs de y inférieures à 1; ces valeurs correspondent à l'intervalle $(-1, 0)$ pour x; de sorte que z n'est une fonction de fonction de x que dans cet intervalle.

390. Théorème. — *Si y est une fonction de x définie et continue et admet une dérivée par rapport à x, et si pour les valeurs correspondantes de y, z est une fonction de y définie, continue et admet une dérivée par rapport à y, z est une fonction de fonction de x, qui admet une dérivée par rapport à x; cette dérivée est le produit de la dérivée de z par rapport à y par la dérivée de y par rapport à x.*

Donnons à x la valeur x_0; il lui correspond une valeur y_0 de y et une valeur z_0 de z; à l'accroissement h de x correspond un accroissement k de y et à ce dernier correspond un accroissement l de z : l est donc l'accroissement de z qui résulte de l'accroissement h de x, de sorte que la dérivée de z par rapport à x sera la limite, si elle existe, du rapport

$$\frac{l}{h};$$

on peut écrire

$$\frac{l}{h} = \frac{l}{k} \times \frac{k}{h}.$$

Le rapport $\dfrac{l}{k}$ des accroissements correspondants de z et de y a une limite, qui est la dérivée de z par rapport à y, si k tend vers zéro; le rapport $\dfrac{k}{h}$ des accroissements correspondants de y et x a une limite, qui est la dérivée de y par rapport à x, si h tend vers zéro; or, h tendant vers zéro, il en est de même de k et l à cause de la continuité des fonctions y et z et on a

$$z'_x = z'_y \times y'_x.$$

REMARQUE. — On peut imaginer, au lieu d'une seule fonction intermédiaire, une série de fonctions intermédiaires : y_1 fonction de x, y_2 de y_1, y_3 de y_2, etc., et on a alors

$$(y'_3)_x = (y'_3)_{y_2} \times (y'_2)_{y_1} \times (y'_1)_x.$$

391. APPLICATIONS. — Nous allons montrer par quelques exemples comment ce théorème permet de calculer des dérivées de fonctions formées à l'aide des précédentes :

EXEMPLE I. — *Trouver la dérivée de* $z = \mathrm{tg}^3 x$.

Si l'on pose

$$z = y^3, \qquad y = \mathrm{tg}\, x,$$

on peut appliquer le théorème précédent :

$$z'_y = 3y^2, \qquad y'_x = \frac{1}{\cos^2 x},$$

$$z'_x = 3y^2 \times \frac{1}{\cos^2 x} = 3\,\mathrm{tg}^2 x \times \frac{1}{\cos^2 x} = \frac{3\sin^2 x}{\cos^4 x}.$$

EXEMPLE II. — *Calculer la dérivée de* $z = \cos 7x$.

Posons

$$z = \cos y, \qquad y = 7x.$$

On a

$$z'_y = -\sin y, \qquad y'_x = 7,$$
$$z'_x = -\sin y \times 7 = -7\sin 7x.$$

EXEMPLE III. — *Calculer la dérivée de* $z = \sin \sqrt{x^2 + 1}$.

Posons

$$z = \sin y, \qquad y = \sqrt{x^2 + 1}.$$

On a

$$z'_y = \cos y, \qquad y'_x = \frac{x}{\sqrt{x^2 + 1}}.$$

$$z'_x = \cos y \times \frac{x}{\sqrt{x^2 + 1}} = \frac{x}{\sqrt{x^2 + 1}} \cdot \cos \sqrt{x^2 + 1}.$$

On aurait pu introduire ici deux fonctions intermédiaires, en posant

$$z = \sin y, \qquad y = \sqrt{t}, \qquad t = x^2 + 1.$$

On aurait alors

$$z'_x = \cos y, \qquad y'_t = \frac{1}{2\sqrt{t}}, \qquad t'_x = 2x,$$

$$z'_x = \cos y \times \frac{1}{2\sqrt{t}} \times 2x = \frac{x}{\sqrt{x^2+1}} \times \cos \sqrt{x^2+1}.$$

EXERCICES

1. Calculer directement, en partant de la définition, les dérivées des fonctions suivantes :

$$x^2+1, \qquad x^2+x+3, \qquad x^3+2, \qquad x^3-3x^2+x-2,$$

$$x^4+x^2-1, \qquad 2x^4-5x-3,$$

$$\frac{1}{x}, \quad \frac{1}{x^2+1}, \quad \frac{1}{x^2+x-1}, \quad \frac{x}{x+1}, \quad \frac{x}{x^2+3}, \quad \frac{x^2+1}{x^2-4}, \quad \frac{x^2+3x-1}{x^2-x+3},$$

$$\sqrt{x^3}, \quad \sqrt{x^2+x-1}, \quad \frac{1}{\sqrt{x}}, \quad \frac{1}{\sqrt{x^2+1}}, \quad \frac{1}{\sqrt{x^3-x+2}}, \quad \frac{x+2}{\sqrt{x^3-5x+1}},$$

$$\sin 3x, \qquad \cos 5x, \qquad \operatorname{tg}\frac{x}{4}, \qquad \sin(x^2+1), \qquad \cos\frac{1}{x}, \qquad \operatorname{tg}\frac{x}{x^2+1}.$$

2. Démontrer que la dérivée de $\sqrt[n]{u}$ est

$$\frac{u'}{n\sqrt{u^{n-1}}}.$$

3. Démontrer que, si n est un nombre rationnel, positif ou négatif, la dérivée de u^n est

$$nu^{n-1}.u'.$$

4. Calculer les dérivées des fonctions suivantes :

$$x^4-5x^3+x^2-1, \qquad 6x^7-8x^4+3x-2, \qquad 15x^9-3x^7+2x^4-3x^2+1$$

$$(x+1)^2(x-2)^3, \qquad x^3(x-1)^2(x+2)^4, \qquad x^5(x+2)^3(x-3)^4,$$

$$(x^2+1)^2(x^3+1)^3, \qquad (x^2+x-1)^2(x^3-x^2+1)^3, \qquad (x^4+2x^2+3)^3(x^2-x+1)^5.$$

5. Calculer les dérivées des fonctions suivantes :

$$\frac{x+3}{2x-1}, \qquad \frac{x^2+x+1}{x^2-x+1}, \qquad \frac{x^3+x^2+x+1}{x^3-x^2+x-1}, \qquad \frac{x^5+1}{x^5-1},$$

$$\frac{(x+1)^2(x-1)}{(x+2)^2(x-2)^3}, \qquad \frac{(x^2+x+1)^2}{(x^3-1)^3}, \qquad \frac{(x^2-x+1)^3}{(x^3+1)^2}, \qquad \frac{(x^5+1)^4}{(x^5-1)^4}.$$

6. Calculer les dérivées des fonctions suivantes :

$$\sqrt{x^3 - 3x^2 + 3x - 1}, \quad \sqrt{x^4 + x^2 + 1}, \quad \sqrt{x^4 + 4x^3 + 6x^2 + 4x + 1},$$

$$\frac{x}{\sqrt{x+1}}, \quad \frac{\sqrt{x-1}}{x}, \quad \frac{x^2 + x + 1}{\sqrt{x^3 - 1}}, \quad \frac{x + \sqrt{x^3 - 1}}{x - \sqrt{x^3 - 1}}.$$

7. Calculer les dérivées des fonctions suivantes :

$$\sin 8x, \qquad \cos 5x, \qquad \operatorname{tg} \frac{x}{3}, \qquad \cot g \frac{x}{2},$$

$$\sin \frac{x+1}{x-1}, \qquad \cos \frac{x^2}{x+1}, \qquad \operatorname{tg} \frac{x}{x^3 - 1}, \qquad \cot g \frac{x(x-1)^2}{(x+1)^3},$$

$$\sin^3 \frac{x}{x+1}, \qquad \sqrt{\cos \frac{x}{x+1}}, \qquad \sqrt{\operatorname{tg}^3 \frac{x^2}{x+1}}, \qquad \sqrt{\cot g^5 \frac{x^2}{x^3 + 1}},$$

$$\sin \sqrt{x}, \qquad \cos^2 \sqrt{5x^3}, \qquad \operatorname{tg}^3 \sqrt{\frac{x}{x+1}}, \qquad \sqrt{\operatorname{tg}^3 \sqrt{\frac{x}{x+2}}}.$$

8. Montrer que la dérivée d'ordre p d'un polynome de degré p est une constante et calculer cette constante.

9. Calculer la dérivée d'ordre p des fonctions

$$(x - a)^n, \qquad \frac{1}{(x-a)^n}, \qquad \frac{1}{(x-a)^n} + \frac{1}{(x-b)^n},$$

n étant un entier positif.

10. Démontrer que si un polynome est divisible par $(x - a)^\alpha$, sa dérivée est divisible par $(x - a)^{\alpha - 1}$; que peut-on dire des dérivées suivantes ? Réciproque.

11. Trouver un polynome qui soit identique au produit par un nombre k du carré de sa dérivée.

12. Déterminer λ de façon qu'il existe un polynome $f(x)$ du troisième degré tel que l'on ait identiquement

$$f(x) + \lambda(x - 1)f'(x) + (x^2 - 1)f''(x) = 0.$$

Montrer que ce polynome est divisible par $x - 1$ et calculer ses coefficients, en supposant que ce polynome égale 1 pour $x = \alpha$.

13. Montrer que si un polynome est le produit par une constante de la puissance p de sa dérivée d'ordre $p - 1$, cette dérivée est du premier degré.

14. Trouver un polynome du 3e ou du 4e degré dont le produit par sa dérivée seconde soit égal au carré de sa dérivée première multiplié par une constante.

15. Trouver un polynome du 3° degré, tel que sa dérivée première admette la seule racine — 1 et que sa dérivée seconde soit égale à 1 pour $x = 1$.

CHAPITRE IV

VARIATION DES FONCTIONS

392. Définitions. — Nous rappellerons d'abord quelques définitions déjà données (196).

Fonction croissante. — *Une fonction y de x est dite* CROISSANTE *dans un intervalle (a, b) dans lequel elle est définie, si la différence entre les valeurs y_1 et y_2 de cette fonction qui correspondent à deux valeurs quelconques x_1 et x_2 de l'intervalle a le signe de la différence des valeurs x_1, x_2.*

Fonction décroissante. — *Une fonction y de x est dite* DÉCROISSANTE *dans un intervalle (a, b) dans lequel elle est définie, si la différence entre les valeurs y_1 et y_2 de cette fonction qui correspondent à deux valeurs quelconques x_1, x_2 de l'intervalle a le signe contraire à celui de la différence des valeurs x_1, x_2.*

Fonction constante. — *Une fonction de x est dite* CONSTANTE *dans un intervalle (a, b) dans lequel elle est définie, si elle conserve toujours la même valeur; autrement dit, si la différence entre les valeurs de cette fonction qui correspondent à deux valeurs quelconques x_1, x_2 de l'intervalle est nulle.*

Maximum. — *Une fonction de x définie dans un intervalle (a, b) a un* MAXIMUM *pour la valeur c comprise entre a et b, si elle est croissante dans l'intervalle (a, c) et décroissante dans l'intervalle (c, b).*

Minimum. — *Une fonction de x définie dans un intervalle (a, b) a un* MINIMUM *pour la valeur c comprise entre a et b, si elle est décroissante dans l'intervalle (a, c) et croissante dans l'intervalle (c, b).*

393. Théorème I. — *Si une fonction croissante dans un intervalle (a, b) admet une dérivée pour toutes les valeurs de l'intervalle, cette dérivée n'est jamais négative.*

Nous allons démontrer que si x_1 est une valeur comprise entre a et b, la dérivée de la fonction y est nulle ou positive pour x_1.

Donnons à x deux valeurs x_1, x_2 de l'intervalle et désignons par y_1 et y_2 les valeurs correspondantes de la fonction; l'accroissement de la variable est $x_2 - x_1$ et celui de la fonction $y_2 - y_1$; la fonction étant supposée croissante, ces deux accroissements ont même signe et le rapport

$$\frac{y_2 - y_1}{x_2 - x_1}$$

est positif; sa limite, qui est la dérivée de y pour $x = x_1$, quand x_2 tend vers x_1, ne peut donc être que positive ou nulle; elle n'est pas négative.

394. Théorème II. — *Si une fonction décroissante dans un intervalle (a, b) admet une dérivée pour toutes les valeurs de l'intervalle, cette dérivée n'est jamais positive.*

La démonstration est identique à la précédente; la fonction étant décroissante, le rapport

$$\frac{y_2 - y_1}{x_2 - x_1}$$

est négatif; sa limite, qui est la dérivée de y pour $x = x_1$, quand x_2 tend vers x_1, sera négative ou nulle; elle n'est donc pas positive.

395. Théorème III. — *Si une fonction est constante dans un intervalle (a, b), sa dérivée est constamment nulle dans l'intervalle.*

Ce théorème a déjà été établi (370).

396. Réciproques. — I. *Si une fonction admet une dérivée dans un intervalle (a, b), et si cette dérivée n'est constamment nulle dans aucun intervalle intérieur à (a, b) et n'est jamais négative dans l'intervalle (a, b), la fonction y est croissante.*

II. *Si une fonction admet une dérivée dans un intervalle* (*a, b*) *et si cette dérivée n'est constamment nulle dans aucun intervalle intérieur à* (*a, b*) *et n'est jamais positive dans l'intervalle* (*a, b*), *la fonction y est décroissante.*

III. *Si une fonction admet une dérivée dans un intervalle* (*a, b*) *et si cette dérivée est constamment nulle dans cet intervalle, la fonction y est constante.*

Nous établirons la première réciproque, la démonstration étant applicable aux deux autres.

Si l'on considère un intervalle (*a, b*), cet intervalle peut être subdivisé en intervalles partiels, tels que dans chacun d'eux la fonction soit croissante, ou soit décroissante, ou soit constante (*) ; supposons donc (*a, b*) divisé ainsi en intervalles partiels et soit (α, β) l'un d'eux, tel que la dérivée ne soit ni constamment nulle, ni négative.

La fonction n'y est pas constante, sans quoi sa dérivée serait constamment nulle (395) ; la fonction n'y est pas décroissante, sans quoi sa dérivée ne serait jamais positive (394) et comme elle n'est pas constamment nulle, elle acquerrait des valeurs négatives; la fonction est donc nécessairement croissante.

Si l'on considère maintenant la suite des intervalles partiels qui se succèdent de *a* à *b*, la fonction croît dans chacun d'eux; elle croît donc de *a* à *b*.

397. Étude de la variation d'une fonction. — Pour étudier la variation d'une fonction, on appliquera les réciproques qui viennent d'être établies, en observant que ces réciproques ne s'appliquent qu'à des intervalles dans lesquels la fonction existe et est continue; on procédera alors de la manière suivante :

1° *On cherche dans quels intervalles la fonction est définie;*

2° Étudiant successivement chacun de ces intervalles, *on les*

(*) Ceci semble évident et a lieu effectivement pour les fonctions que l'on rencontre dans les applications ; mais il ne faudrait pas regarder cette proposition comme une conséquence logique de la notion de fonction ; on a pu, en effet, construire certaines fonctions singulières qui sont telles que dans un intervalle, si petit qu'il soit, elles présentent une infinité de maxima et de minima.

subdivise en intervalles partiels dans lesquels la fonction est continue;

3° *On calcule la dérivée et on cherche son signe;* on partagera ainsi les intervalles de continuité en *nouveaux intervalles dans lesquels la dérivée conservera un signe constant;* on connaîtra le sens de la variation de la fonction dans chacun d'eux.

Le passage d'un de ces derniers intervalles au suivant correspond à un maximum ou à un minimum de la fonction.

REMARQUE. — La dérivée ne pourra changer de signe que de deux manières : ou en s'annulant ou en devenant discontinue; toutefois, il ne faudrait pas conclure de là que chaque fois que la dérivée s'annule ou devient discontinue, la fonction passe par un maximum ou un minimum; rien ne prouve, en effet, que la dérivée change de signe.

Représentation graphique. — Ayant étudié le sens de la variation de la fonction dans les intervalles où elle existe et est continue, on pourra en faire la représentation graphique; à cet effet, il sera bon de calculer les valeurs de la fonction pour les limites de ces intervalles ainsi que ses maxima ou minima; on aura ainsi un premier aperçu de la courbe figurative; si l'on veut tracer cette courbe avec plus de soin, on en cherchera quelques points particuliers, par exemple, les points où elle coupe les axes et on calculera le coefficient angulaire de la tangente en chacun des points trouvés : c'est la valeur de la dérivée quand on y remplace x par l'abscisse du point.

Il sera surtout très important de chercher les points pour lesquels la dérivée est nulle ou discontinue sans changer de signe; ces points, qui sont appelés *points d'inflexion,* caractérisent la forme de la courbe.

Enfin, si la courbe présente des points rejetés à l'infini, il sera bon de chercher les asymptotes correspondantes, quand cela sera possible, comme nous l'avons fait dans l'étude de la fonction $y = \dfrac{ax+b}{a'x+b'}$; nous allons préciser ce que l'on entend par asymptote :

On appelle asymptote d'une branche de courbe une droite telle que la distance d'un point de cette branche de courbe à la droite tende vers zéro quand le point s'éloigne indéfiniment sur la branche de courbe.

Si cette asymptote Δ existe et est parallèle à l'axe $x'Ox$, on voit

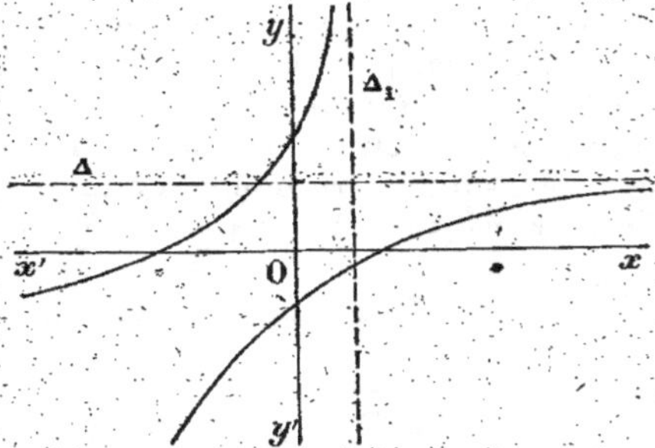

que l'ordonnée du point de la branche de courbe a pour limite l'ordonnée de la droite quand x augmente indéfiniment.

Si cette asymptote Δ_1 est parallèle à $y'Oy$, son abscisse est la limite vers laquelle tend l'abscisse d'un point de la courbe quand l'ordonnée augmente indéfiniment.

Considérons enfin le cas où cette asymptote n'est pas parallèle aux axes; si l'on mène la perpendiculaire MP d'un point de la courbe à l'asymptote et la parallèle MQ à $y'Oy$, on a

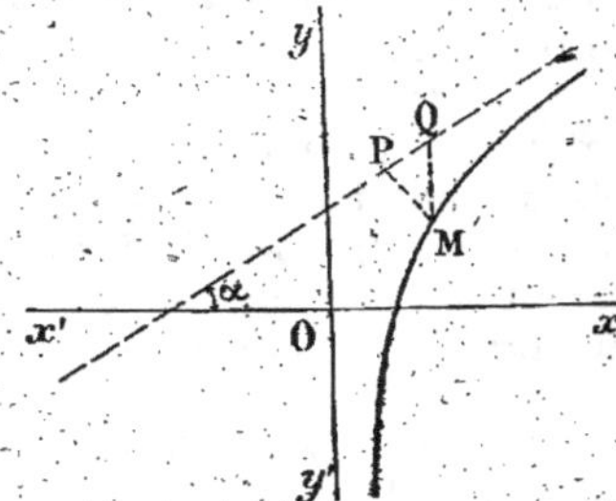

$$MP = MQ \cos \alpha,$$

α étant l'angle de l'asymptote avec $x'Ox$; cette relation montre que MP et MQ tendent vers zéro en même temps; l'asymptote *sera donc une droite telle que la différence entre l'ordonnée d'un point de la courbe et l'ordonnée du point de même abscisse de la droite tend vers zéro, quand le point s'éloigne indéfiniment sur la branche de courbe.*

398. EXEMPLE I. — *Étudier les variations de la fonction*

$$y = x^3 - 3x + 5.$$

1° Cette fonction est définie pour toute valeur de x.
2° Elle est toujours continue.
3° La dérivée

$$y' = 3x^2 - 3 = 3(x^2 - 1)$$

est continue et s'annule en changeant de signe pour $x = -1$ et $x = +1$; nous considérerons donc les intervalles $-\infty$ à -1, -1 à $+1$, $+1$ à $+\infty$.

Dans le premier intervalle, y' est positive, la fonction croît.
Dans le second intervalle, y' est négative, la fonction décroît.
Dans le troisième intervalle, y' est positive, la fonction croît.

-1 correspond donc à un *maximum*, $+1$ correspond à un *minimum*. Pour déterminer la fonction d'une façon plus précise, nous cherchons les valeurs qui correspondent aux limites des intervalles et le tableau suivant résume la discussion ;

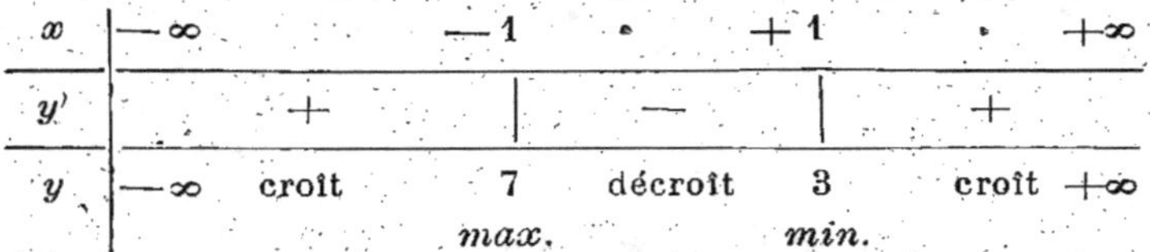

x	$-\infty$		-1		$+1$		$+\infty$
y'		$+$		$-$		$+$	
y	$-\infty$	croît	7	décroît	3	croît	$+\infty$
			max.		min.		

Il est alors facile de construire la courbe représentative; aux

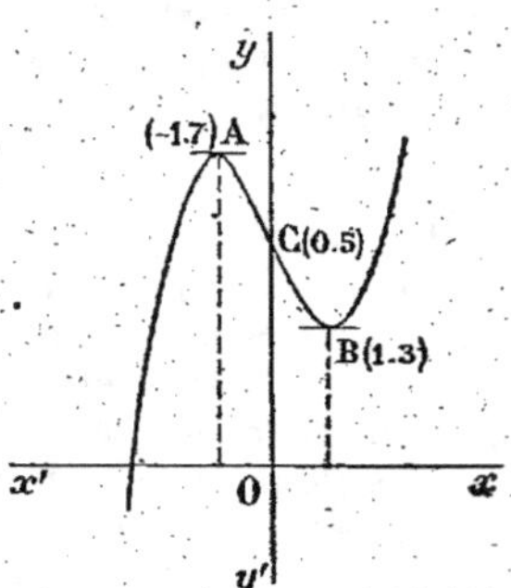

points A$(-1, 7)$ et B$(1, 3)$, la courbe a une tangente parallèle à l'axe $x'Ox$, puisque la dérivée y' est nulle en ces points; on pourra calculer l'ordonnée du point C situé sur $y'Oy$, en faisant $x = 0$; on a ainsi $y = 5$; la tangente en ce point a pour coefficient angulaire $y'_0 = -3$.

399. — EXEMPLE II. — *Étudier les variations de la fonction*

$$y = x^2(x-1)^3.$$

1° La fonction est définie pour toutes les valeurs de x.
2° La fonction est toujours continue.
3° La dérivée

$$y' = 2x(x-1)^3 + 3x^2(x-1)^2 = x(x-1)^2(5x-2)$$

est toujours continue ; elle s'annule pour les valeurs 0, $\dfrac{2}{5}$ et 1; mais seules les valeurs 0 et $\dfrac{2}{5}$ correspondent à un changement de signe, car le facteur $(x-1)^3$, qui s'annule pour $x = 1$, étant un carré, est constamment positif; nous considérerons donc seulement les intervalles $-\infty$ à 0, 0 à $\frac{2}{5}$ et $\frac{2}{5}$ à $+\infty$; le tableau suivant résume les résultats :

x	$-\infty$		0		$\frac{2}{5}$		$+\infty$
y'		$+$		$-$		$+$	
y	$-\infty$	croît	0	décr.	$-\dfrac{108}{3125}$	croît	$+\infty$
			max.		min.		

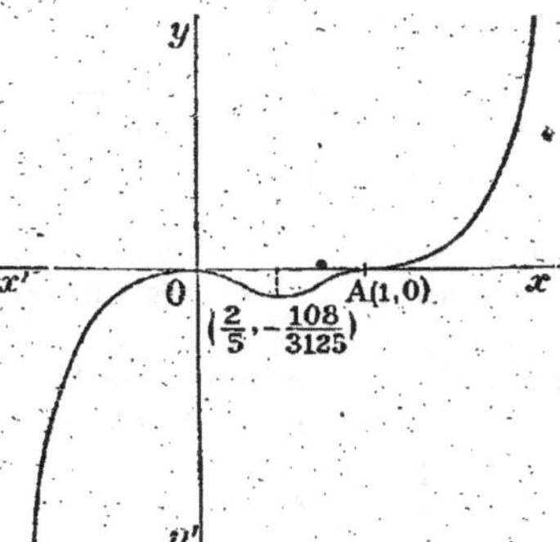

Pour construire la courbe, il est utile de tenir compte de la valeur 1 pour laquelle la dérivée s'annule; la valeur de y correspondante est 0 et on obtient ainsi un point A pour lequel la tangente est parallèle à $x'Ox$, sans que la courbe soit constamment au-dessus ou constamment au-dessous de la tangente dans le voisinage du point.

En A, la courbe traverse sa tangente; c'est un *point d'inflexion*.

Sans insister sur ce sujet, nous ferons remarquer que l'on trouvera un tel point toutes les fois que la dérivée s'annulera sans changer de signe.

400. **Exemple III.** — *Étudier les variations de la fonction*

$$y = \frac{2x^2 + 4x - 1}{x^2 + 1}.$$

1° La fonction existe pour toute valeur de x.

2° La fonction est un quotient de deux fonctions continues; elle est donc continue, sauf pour les valeurs qui annulent son dénominateur; ici, ce dénominateur n'est jamais nul; la fonction est donc toujours continue.

3° La dérivée

$$y' = \frac{(4x+4)(x^2+1) - 2x(2x^2+4x-1)}{(x^2+1)^2} = \frac{-4x^2+6x+4}{(x^2+1)^2}$$

est continue et s'annule pour les valeurs $-\frac{1}{2}$ et 2, racines de son numérateur; le dénominateur est constamment positif; le numérateur est négatif si x n'est pas entre $-\frac{1}{2}$ et $+2$ et est positif dans l'intervalle $-\frac{1}{2}$ à 2; nous pouvons alors dresser le tableau suivant :

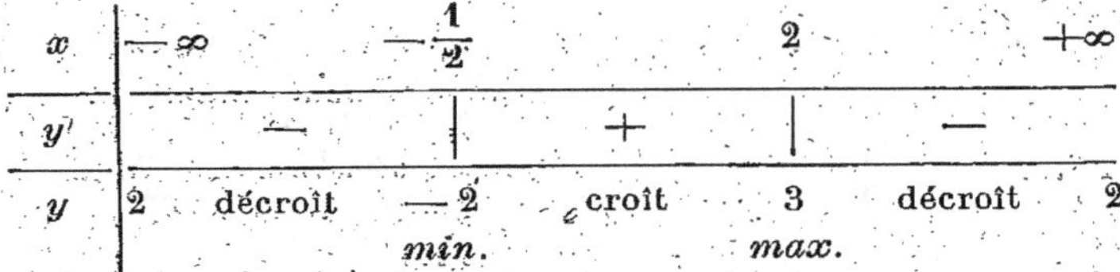

x	$-\infty$		$-\frac{1}{2}$		2		$+\infty$
y'		$-$		$+$		$-$	
y	2	décroît	-2 min.	croît	3 max.	décroît	2

On construira la courbe avec quelque précision en cherchant des valeurs particulières de y; d'abord les valeurs qui correspondent à $-\infty$ ou à $+\infty$ sont égales à 2 (363); les valeurs qui correspondent au minimum et au maximum sont respec-

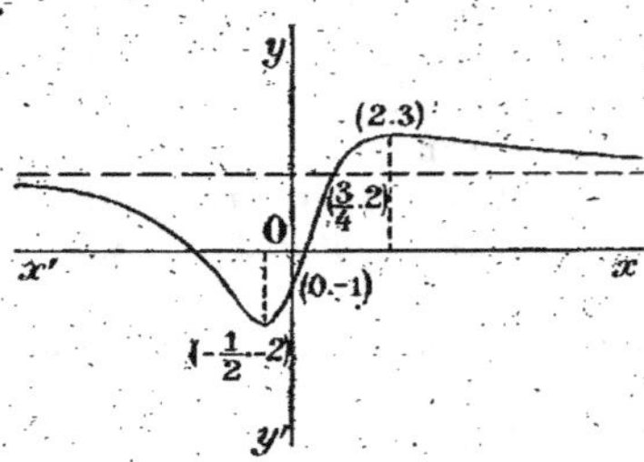

tivement -2 et 3; nous pourrons déterminer le point où la courbe coupe $y'Oy$; si l'on donne à x la valeur 0, on trouve $y = -1$ et la tangente en ce point a pour coefficient angulaire 4; les points de rencontre de la courbe avec $x'Ox$ sont donnés par les racines du numérateur; ces abscisses n'étant pas rationnelles, on les construira avec la règle et le compas, en appliquant la méthode relative à la construction des racines d'une équation du second degré.

La courbe part à gauche au-dessous de la droite d'équation $y = 2$; elle se termine en se rapprochant indéfiniment de cette même droite, en restant située au-dessus; cette droite est une *asymptote* de la courbe; le point où elle coupe la courbe a pour ordonnée 2, son abscisse doit donc vérifier l'équation

$$2 = \frac{2x^2 + 4x - 1}{x^2 + 1} \; ;$$

cette abscisse est $\frac{3}{4}$ et le coefficient angulaire de la tangente en ce point est $\frac{64}{25}$.

401. Exemple IV. — *Étudier les variations de la fonction*

$$y = \frac{x^2 + 8x}{x^2 - 10x + 9} \cdot$$

1° La fonction est définie pour toute valeur de x.

2° Elle est continue sauf pour les valeurs 1 et 9 qui annulent son dénominateur; nous aurons donc à considérer les intervalles $-\infty$ à 1, 1 à 9, 9 à $+\infty$; pour rappeler que l'on donne à x des valeurs très voisines de 1 et 9 et non ces valeurs elles-mêmes, nous noterons les intervalles de la manière suivante :

$$-\infty \quad \text{à} \quad 1-\varepsilon, \quad 1+\varepsilon \quad \text{à} \quad 9-\varepsilon, \quad 9+\varepsilon \quad \text{à} \quad +\infty,$$

ε désignant un nombre positif aussi petit qu'on le veut.

3° La dérivée

$$y' = \frac{(2x + 8)(x^2 - 10x + 9) - (2x - 10)(x^2 + 8x)}{(x^2 - 10x + 9)^2}$$
$$= \frac{-18x^2 + 18x + 72}{(x^2 - 10x + 9)^2}$$

s'annule pour $x = \dfrac{1 - \sqrt{17}}{2}$ et $\dfrac{1 + \sqrt{17}}{2}$ et change de signe pour ces valeurs; son dénominateur est constamment positif; $\dfrac{1 - \sqrt{17}}{2}$ partage le premier intervalle en deux intervalles partiels : dans le premier, y' est négative; dans le second, y' est positive; $\dfrac{1 + \sqrt{17}}{2}$ partage l'intervalle $(1 + \varepsilon, 9 - \varepsilon)$ en deux intervalles partiels : dans le premier, y' est positive et dans le second, y' est négative; enfin, dans le dernier intervalle de continuité, y' est négative; le tableau suivant résume la discussion :

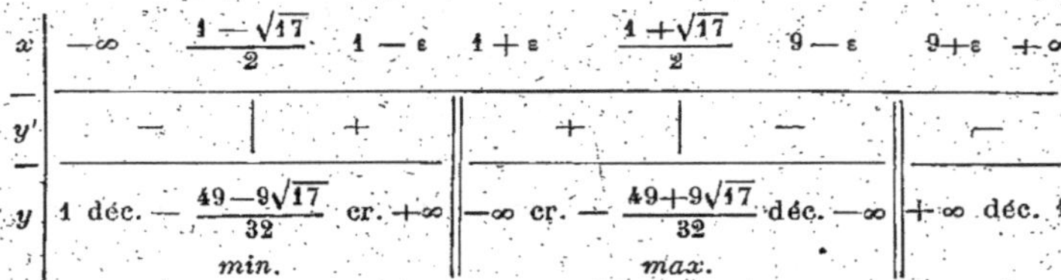

x	$-\infty$	$\dfrac{1-\sqrt{17}}{2}$	$1-\varepsilon$	$1+\varepsilon$	$\dfrac{1+\sqrt{17}}{2}$	$9-\varepsilon$	$9+\varepsilon$	$+\infty$
y'	$-$		$+$		$+$		$-$	$-$
y	1 déc. $-$	$\dfrac{49-9\sqrt{17}}{32}$ cr. $+\infty$		$-\infty$ cr. $-$	$\dfrac{49+9\sqrt{17}}{32}$ déc. $-\infty$		$+\infty$ déc. 1	
		min.			*max.*			

On calcule les valeurs remarquables de y comme précédemment : pour x infini, $y=1$ (363); pour $x=1-\varepsilon$, le numérateur de y a une valeur positive, qui ne tend pas vers zéro avec ε; le dénominateur est positif et tend vers zéro; y augmente indéfiniment par valeurs positives; pour $x=1+\varepsilon$, y est encore très grand en valeur absolue, mais est négatif, son numérateur étant toujours positif et son dénominateur négatif, puisque $1+\varepsilon$ est compris entre les racines 1 et 9; on voit de même que pour $x=9-\varepsilon$, y augmente indéfiniment par valeurs négatives et que pour $x=9+\varepsilon$, y infiniment grand décroît par valeurs positives; les droites dont les équations sont $y=1$, $x=1$, $x=9$ sont des *asymptotes*.

Pour calculer les valeurs de y qui correspondent au maxi-

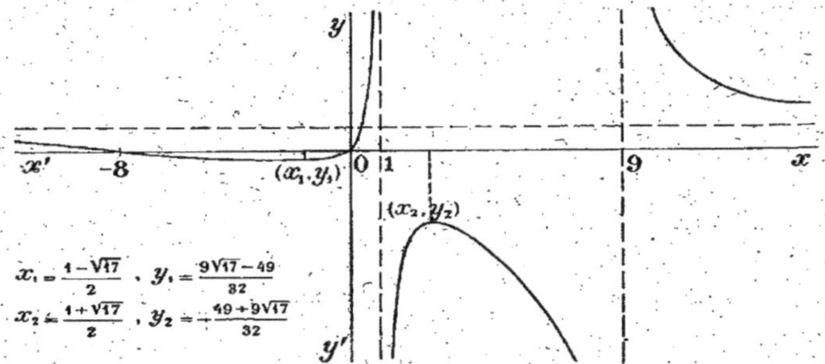

$$x_1 = \frac{1-\sqrt{17}}{2}, \quad y_1 = \frac{9\sqrt{17}-49}{32}$$
$$x_2 = \frac{1+\sqrt{17}}{2}, \quad y_2 = -\frac{49+9\sqrt{17}}{32}$$

mum et au minimum, il suffit de remplacer x par les valeurs $\dfrac{1+\sqrt{17}}{2}$ et $\dfrac{1-\sqrt{17}}{2}$ dans la fonction; on peut simplifier le calcul en utilisant la remarque suivante (*) :

(*) Ceci suppose que P' et Q' ne sont pas nuls; si $P'=0$ et $Q'=0$, la fraction se ramène immédiatement à une constante augmentée de l'inverse d'un trinome du second degré.

Les valeurs maxima ou minima d'une fraction $\dfrac{P}{Q}$ s'obtiennent en remplaçant, dans la fraction $\dfrac{P'}{Q'}$, x par les valeurs qui correspondent à ces maxima ou minima.

En effet, si x_1 est une telle valeur, la dérivée de la fraction a une valeur

$$\frac{P'(x_1).Q(x_1) - Q'(x_1).P(x_1)}{Q^2(x_1)}$$

qui est nulle; on a donc

$$P'(x_1).Q(x_1) = Q'(x_1).P(x_1),$$

et

$$\frac{P(x_1)}{Q(x_1)} = \frac{P'(x_1)}{Q'(x_1)},$$

égalité qui exprime que les fractions $\dfrac{P}{Q}$ et $\dfrac{P'}{Q'}$ ont alors même valeur.

Noüs aurons ici

$$\frac{P'}{Q'} = \frac{2x + 8}{2x - 10}.$$

Pour $x = \dfrac{1 - \sqrt{17}}{2}$, $\quad y = \dfrac{9 - \sqrt{17}}{-9 - \sqrt{17}} = \dfrac{49 - 9\sqrt{17}}{-32}$;

pour $x = \dfrac{1 + \sqrt{17}}{2}$, $\quad y = \dfrac{9 + \sqrt{17}}{\sqrt{17} - 9} = \dfrac{49 + 9\sqrt{17}}{-32}$.

Enfin, la courbe coupe l'axe $x'Ox$ aux points d'abscisses -8 et 0; on peut d'ailleurs construire les tangentes aux points trouvés; quant à la construction des points dont les coordonnées ne sont pas rationnelles, on sait qu'on peut la faire à l'aide de la règle et du compas.

Dans l'exemple actuel, les éléments utiles de la courbe ont des abscisses beaucoup plus grandes que les ordonnées; aussi serait-il difficile de tracer la courbe; ce cas se présente fréquemment et on peut alors obvier à cet inconvénient, en choisissant pour l'axe $x'Ox$ et l'axe $y'Oy$ des unités de longueur différentes; ici nous prendrons l'unité relative aux abscisses 4 fois plus petite que l'unité relative aux ordonnées; quand on mesurera les coordonnées d'un point avec l'unité de l'axe des abscisses, il faudra se rappeler que l'on doit diviser par 4 les nombres trouvés en ordonnées.

402. EXEMPLE V. — *Étudier les variations de la fonction*

$$y = \frac{x^2 - 4x + 3}{x - 2} .$$

1° La fonction est définie pour toute valeur de x.
2° Elle est continue sauf pour $x = 2$.
3° La dérivée

$$y' = \frac{(2x - 4)(x - 2) - (x^2 - 4x + 3)}{(x - 2)^2} = \frac{x^2 - 4x + 5}{(x - 2)^2}$$

est constamment positive, son numérateur étant un trinome du second degré qui n'a pas de racines, et dont le premier terme est positif; la fonction est croissante dans chaque intervalle; le tableau suivant résume cette discussion :

x	$-\infty$		$2 - \varepsilon$	$2 + \varepsilon$		$+\infty$
y'		$+$			$+$	
y	$-\infty$	croît	$+\infty$	$-\infty$	croît	$+\infty$

Pour $x = -\infty$, la fraction est $-\infty$ et pour $x = +\infty$, elle est $+\infty$.

Pour $x = 2 - \varepsilon$, le numérateur est fini et non nul, le dénominateur est égal à $-\varepsilon$; la fraction augmente indéfiniment;

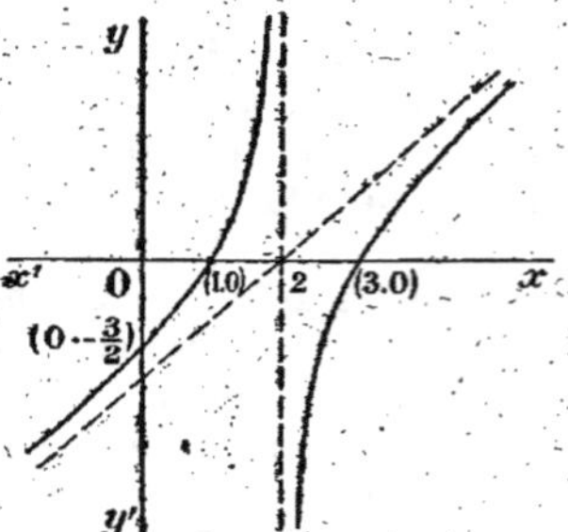

$2 - \varepsilon$ étant compris entre les racines du numérateur, ce numérateur est négatif, comme le dénominateur, la fraction est positive; pour $x = 2 + \varepsilon$, le dénominateur devient positif, la fraction est négative.

La courbe coupe $y'Oy$ au point d'ordonnée $-\frac{3}{2}$; la tangente en ce point a pour coefficient angulaire $\frac{5}{4}$.

La courbe coupe $x'Ox$ aux points d'abscisses 1 et 3, obtenues en annulant le numérateur; les tangentes en ces points ont pour coefficient angulaire 2.

La courbe part en bas et à gauche, s'élève, coupe $x'Ox$ au

point d'abscisse 1, et devient asymptote à la droite d'équation $x = 2$; elle repart asymptote à cette même droite en bas, s'élève de nouveau, coupe $x'Ox$ au point d'abscisse 3 et s'élève indéfiniment en haut et à droite.

Pour mieux tracer la courbe, nous allons montrer qu'elle a une asymptote non parallèle aux axes ; à cet effet, effectuons la division du numérateur par le dénominateur :

$$y = x - 2 - \frac{1}{x - 2} .$$

Si l'on considère la droite dont l'équation est

$$Y = x - 2,$$

la différence des ordonnées de deux points de même abscisse pris sur la courbe et sur la droite est

$$y - Y = - \frac{1}{x - 2} ;$$

elle tend vers zéro, si x augmente indéfiniment ; cette droite est asymptote ; de plus, si x est négatif, la différence $y - Y$ est positive, la courbe est au-dessus de l'asymptote ; si x est positif et très grand en valeur absolue, cette différence est négative, la courbe est au-dessous de l'asymptote.

Si l'on transporte les axes au point $(2, 0)$, son équation est

$$y_1 = x_1 - \frac{1}{x_1} .$$

On voit alors que ce point est un centre.

Remarque. — Le procédé employé ici réussira toujours quand y sera une fraction dont le degré du numérateur surpasse celui du dénominateur d'une unité.

403. Exemple VI. — *Étudier les variations de la fonction*

$$y = \sqrt{\frac{x^2 - x}{x^2 - 4}} .$$

1° Cette fonction n'est définie que pour les valeurs de x qui font acquérir des valeurs positives à la fraction placée sous le radical ; x doit donc vérifier l'inégalité

$$\frac{x^2 - x}{x^2 - 4} > 0$$

ou
$$(x^2 - x)(x^2 - 4) > 0 ;$$

les racines de ce produit sont
$$-2, \quad 0, \quad 1, \quad 2,$$

et aucun facteur n'entre au carré ; ce produit change de signe quand x passe par une de ces racines ; l'inégalité est donc vérifiée dans les intervalles
$$-\infty \quad -2, \qquad 0 \ 1, \qquad 2 \ +\infty .$$

2° La fonction est continue, sauf pour les valeurs -2 et $+2$, qui annulent le dénominateur de la fraction ; nous considérerons les intervalles
$$-\infty \quad -2 - \varepsilon, \qquad 0 \ 1, \qquad 2 + \varepsilon \ +\infty .$$

3° La dérivée
$$y' = \frac{\dfrac{(2x - 1)(x^2 - 4) - 2x(x^2 - x)}{(x^2 - 4)^2}}{2\sqrt{\dfrac{x^2 - x}{x^2 - 4}}} = \frac{x^2 - 8x + 4}{2(x^2 - 4)^2} \times \sqrt{\frac{x^2 - 4}{x^2 - x}}$$

ne change de signe qu'en s'annulant pour les valeurs de x racines de
$$x^2 - 8x + 4 = 0,$$
$$x' = 4 - \sqrt{12}, \qquad x'' = 4 + \sqrt{12} ;$$

la valeur x' est dans l'intervalle $(0, 1)$ et la valeur x'' est dans l'intervalle $(2 + \varepsilon, +\infty)$; on peut alors faire le tableau suivant :

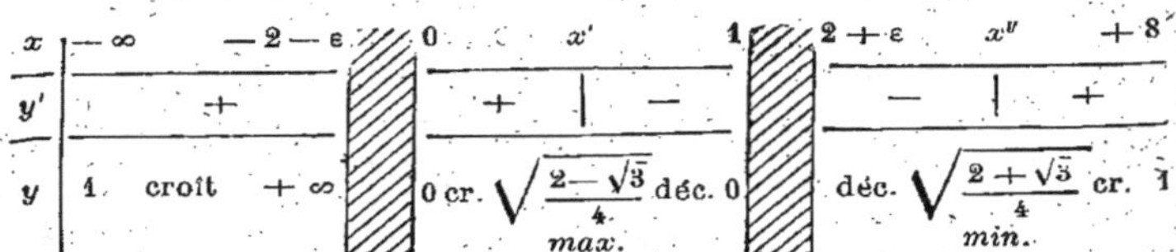

x	$-\infty$	$-2 - \varepsilon$		0	x'	1		$2 + \varepsilon$	x''	$+8$
y'		$+$		$+$	$\|$	$-$		$-$	$\|$	$+$
y	1 croît $+\infty$			0 cr. $\sqrt{\dfrac{2 - \sqrt{3}}{4}}$ déc. 0 max.				déc. $\sqrt{\dfrac{2 + \sqrt{3}}{4}}$ cr. 1 min.		

La courbe part à gauche asymptote à la droite d'équation $y = 1$, s'élève pour devenir asymptote à la droite d'équation $x = -2$; elle repart de l'origine, passe par le point A qui correspond au maximum, revient au point d'abscisse 1 sur $x'Ox$;

enfin, une troisième branche de courbe part asymptotiquement
à la droite d'équation $x = 2$, descend jusqu'au point B, qui cor-

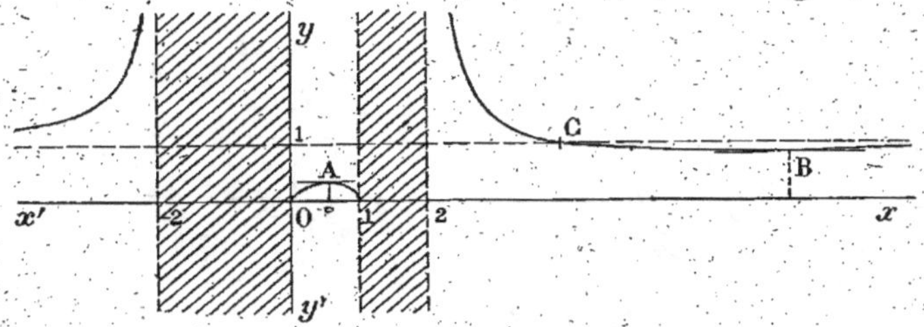

respond au minimum, pour se relever et devenir asymptote à la
droite d'équation $y = 1$, tout en restant au-dessous de cette droite.

Pour tracer complètement cette courbe, cherchons les tangentes aux points extrêmes de la seconde branche ; il suffit de
remplacer x par 0 et 1 dans y' ; y' devient infini, les tangentes
en ces points sont donc parallèles à $y'Oy$.

Le point C où la courbe coupe l'asymptote d'équation $y = 1$,
a pour abscisse la racine de l'équation

$$1 = \sqrt{\frac{x^2 - x}{x^2 - 4}}$$

ou

$$x^2 - 4 = x^2 - x,$$
$$x = 4.$$

La tangente en ce point a pour coefficient angulaire $-\dfrac{1}{24}$.

404. Exemple VII. — *Etudier les variations de la fonction*

$$y = x + \frac{1}{\sqrt{x - 1}} \cdot$$

1° La fonction n'existe que pour les valeurs de x supérieures
à 1, pour lesquelles la quantité placée sous le radical est positive.

2° La fonction est continue pour toute valeur de x supérieure
à 1 ; nous ferons varier x de $1 + \varepsilon$ à $+\infty$.

3° La dérivée

$$y' = 1 + \frac{-\dfrac{1}{2\sqrt{x - 1}}}{(\sqrt{x - 1})^2} = 1 - \frac{1}{2\sqrt{(x - 1)^3}}$$

ne change de signe qu'en s'annulant pour $x = 1 + \sqrt[3]{\dfrac{1}{4}}$.

Le tableau de variations est

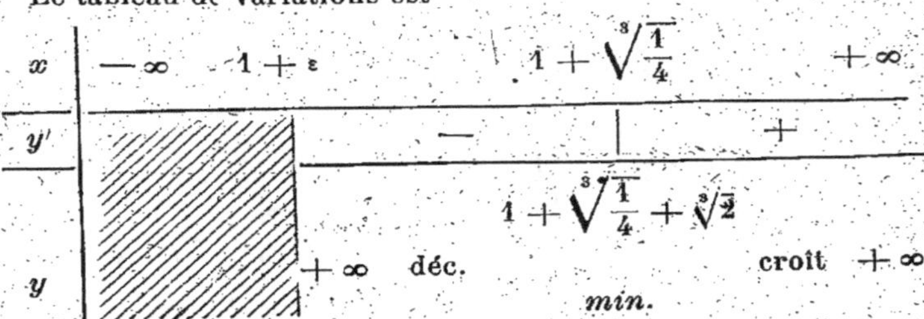

La courbe ne coupe pas l'axe $y'Oy$, puisque x doit être supérieur à 1 ; elle ne coupe pas l'axe $x'Ox$ puisque pour les valeurs de x supérieures à 1, y est positif et ne s'annule pas.

Elle admet pour asymptote la droite d'équation $x = 1$; nous allons montrer qu'elle admet une seconde asymptote qui correspond aux points pour lesquels x augmente indéfiniment ; considérons, en effet, la droite dont l'équation est

$$Y = x,$$

la différence entre les ordonnées d'un point de la courbe et du point de la droite qui a même abscisse est

$$y - Y = \frac{1}{\sqrt{x-1}};$$

elle tend vers zéro si x augmente indéfiniment et est toujours positive, ce qui montre que la courbe est toujours située au-dessus de l'asymptote. La courbe part asymptote à la droite d'équation $x = 1$, descend jusqu'au point A qui correspond au minimum, se relève pour devenir asymptote à la bissectrice de l'angle des axes.

405. Nous avons donné des exemples de fonctions algébriques ;

nous allons étudier des fonctions qui renferment des fonctions trigonométriques ; la méthode à suivre est identique à celle qui a déjà été suivie, mais il faut ici remarquer que les fonctions trigonométriques étant périodiques, il suffit de connaître la marche de la fonction dans un intervalle d'une période.

EXEMPLE. — *Étudier les variations de la fonction*

$$y = \sin x + \cos 2x.$$

1° La fonction existe pour toute valeur de x et admet pour période 2π ; il suffira de faire varier x de 0 à 2π.

2° La fonction est continue.

3° La dérivée

$$y' = \cos x - 2 \sin 2x = \cos x (1 - 4 \sin x)$$

change de signe quand l'un des facteurs $\cos x$, $1 - 4 \sin x$ s'annule ; le premier s'annule pour $x = \dfrac{\pi}{2}$ et $x = \dfrac{3\pi}{2}$; si α est l'arc du premier quadrant dont le sinus est $\dfrac{1}{4}$, le second facteur s'annule pour α et $\pi - \alpha$; nous aurons donc à introduire ces différentes valeurs de x, ce qui donne le tableau suivant :

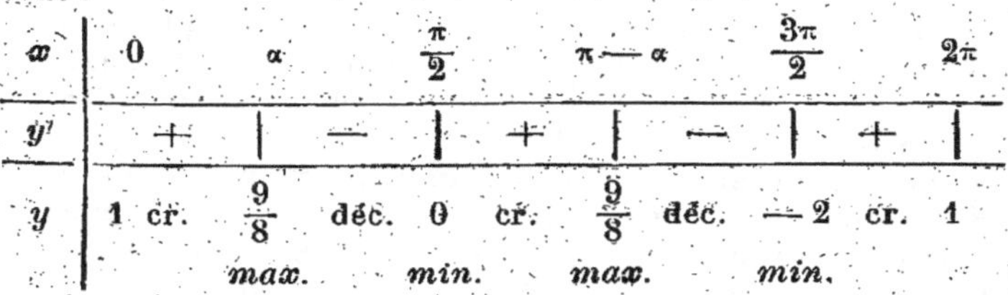

x	0		α		$\dfrac{\pi}{2}$		$\pi - \alpha$		$\dfrac{3\pi}{2}$		2π
y'		$+$		$-$		$+$		$-$		$+$	
y	1 cr.		$\dfrac{9}{8}$ déc.		0 cr.		$\dfrac{9}{8}$ déc.		-2 cr.		1
			max.		min.		max.		min.		

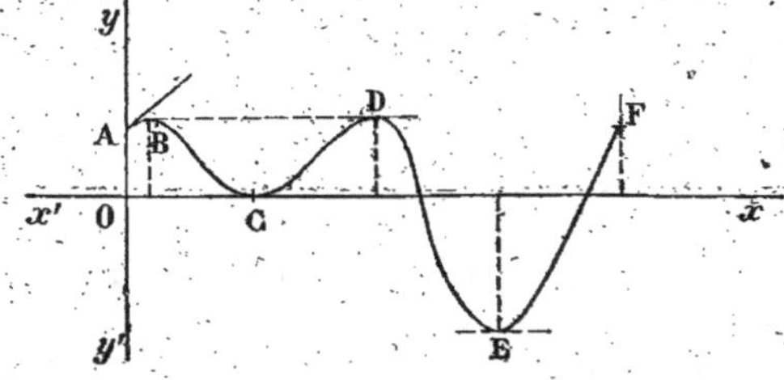

Les valeurs de y relatives aux limites des intervalles se calculent immédiatement ; la courbe part du point A, et en ce point la tangente a pour coefficient angulaire $y'_0 = 1$, elle est inclinée à 45° ; la courbe passe en B, qui correspond au premier maximum, puis en C, où il y a un minimum, remonte en D, second maximum, redescend, coupe l'axe Ox, au point dont l'abscisse vérifie l'équation

$$\sin x + \cos 2x = 0 ;$$

ce point est tel que $2 \sin x = -1$; son abscisse est donc $\pi + \dfrac{\pi}{6}$; enfin, après avoir passé en E, qui correspond au second minimum, la courbe remonte en F et se reproduira périodiquement.

Applications.

406. Nous avons jusqu'ici traité des problèmes purement algébriques ; si l'on a à étudier les variations d'une grandeur concrète, longueur, surface, etc., on exprimera cette grandeur à l'aide d'une autre grandeur variable et on sera ramené à un problème analogue à ceux que nous avons traités.

Nous devons néanmoins faire à ce sujet quelques observations : si l'on se propose de trouver la plus grande valeur ou la plus petite valeur d'une grandeur, on devra étudier la fonction qui la représente dans l'intervalle où on la considère ; la plus grande valeur sera, en général, le maximum qui a la plus grande valeur ; on l'appelle quelquefois *maximum absolu* ; de même, le plus petit minimum est appelé le *minimum absolu*. Toutefois, la plus grande valeur ou la plus petite valeur peuvent ne pas correspondre à un maximum ou à un minimum ; ainsi, dans le dernier exemple, si l'arc x était assujetti à varier seulement de 0 à $\dfrac{5\pi}{4}$, la plus petite valeur de la fonction serait $-\dfrac{\sqrt{2}}{2}$ et ne correspondrait pas à un minimum au sens où ce mot a été défini.

D'autre part, la grandeur concrète que l'on étudie peut être essentiellement positive et la fonction qui la représente peut, par cela même, changer quand la variable parcourt toutes les valeurs qu'elle peut prendre ; il y a lieu, dans ce cas, d'étudier non plus une fonction, mais successivement plusieurs fonctions.

407. EXEMPLE I. — *Étudier les variations du volume d'un cylindre de révolution inscrit dans une sphère de rayon R.*

Désignons par $2x$ la hauteur du cylindre ; si l'on mène une section par l'axe du cylindre, on obtient dans la sphère un grand cercle et dans le cylindre un rectangle, dont un côté AB est le diamètre de base ; le rayon du cylindre est donc

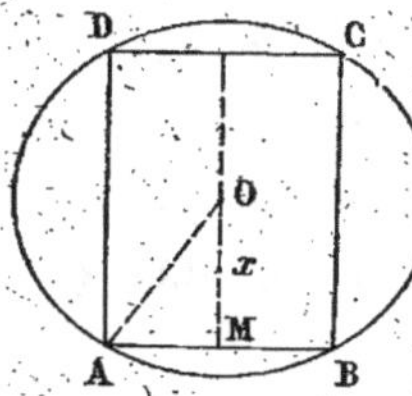

$$AM = \sqrt{R^2 - x^2},$$

et le volume

$$V = \pi(R^2 - x^2).2x.$$

La variable x est assujettie à varier de 0 à R ; la dérivée du volume est

$$V' = 2\pi(R^2 - x^2) - 4\pi x^2 = 2\pi(R^2 - 3x^2).$$

Elle s'annule pour $x = \dfrac{R}{\sqrt{3}}$, est positive quand x varie de 0 à $\dfrac{R}{\sqrt{3}}$ et négative quand x varie de $\dfrac{R}{\sqrt{3}}$ à R ; le volume est donc maximum et a la plus grande valeur quand la hauteur du cylindre est égale à $\dfrac{2R}{\sqrt{3}}$; le rayon de base est alors $\dfrac{R\sqrt{2}}{\sqrt{3}}$ et le volume $\dfrac{4\pi R^3}{3\sqrt{3}}$.

408. EXEMPLE II. — *Trouver la plus grande surface que puisse avoir un triangle rectangle, sachant que la somme de l'hypoténuse et de la hauteur est une longueur donnée $2l$.*

Soient x et y l'hypoténuse et la hauteur ; on a entre ces quantités la relation

$$x + y = 2l,$$

et la surface est

$$S = \frac{1}{2}xy = \frac{1}{2}x(2l - x).$$

Si l'on considère un triangle quelconque, x et y sont assujettis à être des nombres positifs, inférieurs à $2l$; le trinome

$$S = -\frac{x^2}{2} + lx$$

a alors un maximum pour $x = l$; la hauteur est égale à la base.

Mais, dans le cas actuel, la hauteur ne peut être supérieure à la moitié de l'hypoténuse; x est donc assujetti à varier de $\frac{4l}{3}$ à $2l$; la surface est alors constamment décroissante et a sa plus grande valeur pour $x = \frac{4l}{3}$, $y = \frac{2l}{3}$; cette plus grande valeur $\frac{4l^2}{9}$ ne correspond pas à un maximum.

409. Exemple III. — *On considère une demi-circonférence de diamètre AB et une droite AX qui rencontre la demi-circonférence et fait avec AB un angle α; une perpendiculaire à AB coupe la demi-circonférence en D et la droite AX en E; on demande d'étudier les variations de la longueur DE.*

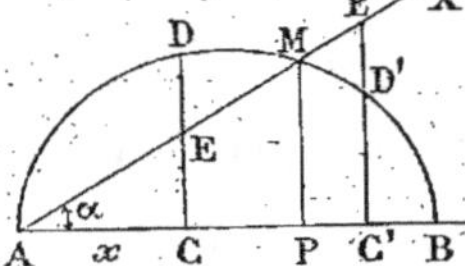

Prenons pour variable la distance $x = $ AC du pied de cette perpendiculaire au point A.

Si l'on choisit comme direction positive des vecteurs perpendiculaires à AB la direction PM, on a, quelle que soit la position du point C,

$$\overline{CE} = x \,\mathrm{tg}\, \alpha, \qquad \overline{CD} = \sqrt{x(2R - x)},$$

$$\overline{ED} = \overline{EC} + \overline{CD} = -x \,\mathrm{tg}\, \alpha + \sqrt{x(2R - x)}.$$

D'autre part, le vecteur $\overline{ED}$ est positif tant que la perpendiculaire menée de C est à gauche de MP, et est négatif quand cette perpendiculaire est à droite de MP; la variation de la longueur DE sera celle du vecteur $\overline{ED}$ dans le premier cas, elle sera en sens inverse dans le second cas; il suffit donc d'étudier la variation de $\overline{ED}$ quand x varie de 0 à 2R; puis, on changera les résultats quand x sera supérieur à AP; on évite ainsi de considérer deux expressions différentes suivant la position du point C.

Variations de $y = \sqrt{x(2R - x)} - x \operatorname{tg} \alpha.$

1° Cette fonction existe quand x varie de 0 à 2R.

2° Elle est continue.

3° La dérivée

$$y' = \frac{R - x}{\sqrt{x(2R - x)}} - \operatorname{tg} \alpha$$

n'est pas discontinue; cherchons son signe.

Si x est inférieur à R, elle sera positive quand on aura

$$\frac{R - x}{\sqrt{x(2R - x)}} > \operatorname{tg} \alpha,$$

ou, en élevant au carré les deux membres, qui sont positifs,

$$\frac{(R - x)^2}{x(2R - x)} > \operatorname{tg}^2 \alpha.$$

On peut chasser le dénominateur qui est positif :

$$(R - x)^2 > x(2R - x) \operatorname{tg}^2 \alpha,$$
$$(1 + \operatorname{tg}^2 \alpha)x^2 - 2R(1 + \operatorname{tg}^2 \alpha)x + R^2 > 0,$$
$$x^2 - 2Rx + R^2 \cos^2 \alpha > 0.$$

Ce trinome a pour racines $R(1 + \sin \alpha)$, $R(1 - \sin \alpha)$; la première est supérieure à R, la seconde est inférieure à R et est positive; il en résulte que si x varie de 0 à $R(1 - \sin \alpha)$, l'inégalité est vérifiée; si x varie de $R(1 - \sin \alpha)$ à R, l'inégalité n'est pas vérifiée.

La dérivée est positive dans l'intervalle $[0, R(1 - \sin \alpha)]$, négative dans l'intervalle $[R(1 - \sin \alpha), R]$; d'ailleurs, si x est supérieur à R, les deux termes de y' sont négatifs, la dérivée est négative.

Nous avons donc le tableau suivant

x	0		$R(1 - \sin \alpha)$		2R
y'		$+$		$-$	
y	0	croît	$\dfrac{R(1 - \sin \alpha)}{\cos \alpha}$ *max.*	décroît	$- 2R \operatorname{tg} \alpha$

Pour $x = 0$, y est nulle.

Pour $x = 2R$, $y = -2R \operatorname{tg} \alpha$.

Pour $x = R(1 - \sin \alpha)$, on a

$$y = \sqrt{R^2(1 - \sin \alpha)(1 + \sin \alpha)} - R(1 - \sin \alpha) \operatorname{tg} \alpha,$$

$$y = \frac{R}{\cos \alpha} - R \operatorname{tg} \alpha = \frac{R}{\cos \alpha}(1 - \sin \alpha).$$

Pour avoir les variations de la longueur DE, introduisons la valeur AP de x, on a

$$AM = 2R \cos \alpha,$$
$$AP = AM \cos \alpha = 2R \cos^2 \alpha.$$

Cette valeur, que l'on peut écrire

$$2R(1 - \sin^2 \alpha) = 2R(1 - \sin \alpha)(1 + \sin \alpha),$$

est supérieure à $R(1 - \sin \alpha)$; elle est comprise entre $R(1 - \sin \alpha)$ et $2R$; nous changerons les résultats trouvés pour y à partir de cette valeur; on a ainsi le tableau suivant

x	0		$R(1 - \sin \alpha)$		$2R \cos^2 \alpha$		$2R$
DE	0	croît	$\dfrac{R(1 - \sin \alpha)}{\cos \alpha}$	décroît	0	croît	$2R \operatorname{tg} \alpha$
			max.		*min.*		

La valeur de DE pour $x = 2R \cos^2 \alpha$ est manifestement nulle; on aurait d'ailleurs pu calculer AP en écrivant que y est nulle.

410. L'étude des variations d'une fonction permet de discuter très simplement un problème d'algèbre; supposons que l'on soit conduit à résoudre une équation quelconque

$$\lambda = f(x),$$

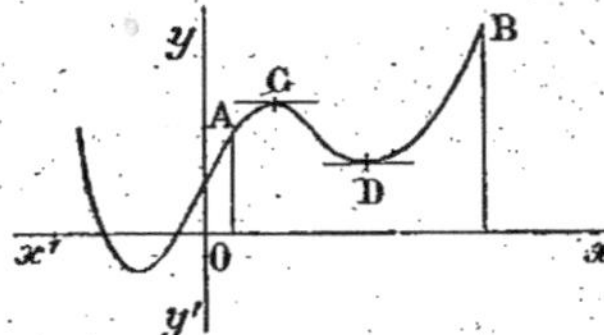

et que x soit assujetti à être compris entre deux limites α, β; construisons la courbe figurative de

$$y = f(x),$$

et marquons les points A et B qui ont pour abscisses α et β.

Pour qu'une valeur de x comprise entre α et β vérifie l'équation

$$\lambda = f(x),$$

il faut et il suffit que la droite dont l'équation est

$$y = \lambda$$

coupe la courbe précédente entre A et B; dans le cas de la figure, si l'on calcule les ordonnées a, b, c, d des points A, B extrêmes et des points C, D qui correspondent au maximum et au minimum, on voit que l'on a les résultats suivants :

1° $\lambda < d$, pas de solution;
2° $d < \lambda < a$, deux solutions;
3° $a < \lambda < c$, trois solutions;
4° $c < \lambda < b$, une solution;
5° $\lambda > b$, pas de solution.

EXEMPLE I. — *On considère une demi-circonférence de diamètre AB et on demande de trouver sur ce diamètre deux points M, N distants de a et tels que si l'on élève de ces points les perpendiculaires MP, NQ au diamètre, la somme $\overline{MP}^2 + \overline{NQ}^2$ soit égale à l^2.*

Soit x la distance AM du point A au point M le plus voisin de A; la distance AN sera $a + x$ et on aura

$$\overline{MP}^2 = x(2R - x),$$

$$\overline{NQ}^2 = (a + x)(2R - a - x);$$

l'équation du problème sera

$$x(2R - x) + (a + x)(2R - a - x) = l^2,$$

ou

$$l^2 = -2x^2 + 2(2R - a)x + a(2R - a).$$

Discussion. — Pour que le problème soit possible, il faut que cette équation ait des racines positives et inférieures à $2R - a$. Considérons alors la fonction

$$y = \sqrt{-2x^2 + 2(2R - a)x + a(2R - a)}.$$

C'est la racine d'un trinome du second degré dont le premier terme est négatif; il passe par un maximum pour $x = \dfrac{2R - a}{2}$

et ce maximum est $\dfrac{4R^2 - a^2}{2}$; a étant inférieur à $2R$ et positif, $\dfrac{2R - a}{2}$ est compris entre 0 et $2R - a$.

Dans l'intervalle $\left(0,\ \dfrac{2R - a}{2}\right)$, y croît, passe par un maximum pour $\dfrac{2R - a}{2}$, puis décroît dans l'intervalle $\left(\dfrac{2R - a}{2},\ 2R - a\right)$; on a ainsi le tableau suivant :

x	0		$\dfrac{2R - a}{2}$		$2R - a$
y	$\sqrt{a(2R - a)}$	croît	$\sqrt{\dfrac{4R^2 - a^2}{2}}$	décroît	$\sqrt{a(2R - a)}$

La courbe représentative est donnée ci-dessous.

Pour que le problème soit possible, il faut et il suffit que la droite d'équation

$$y = l$$

coupe la courbe.

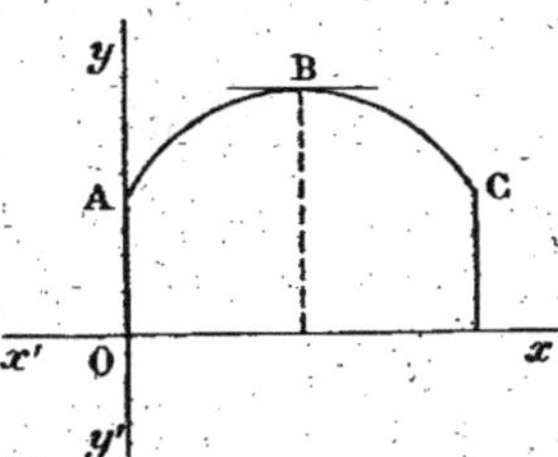

Nous voyons donc que le problème n'a pas de solutions si l est inférieur à $\sqrt{a(2R - a)}$ ou s'il est supérieur à

$$\sqrt{\dfrac{4R^2 - a^2}{2}} ;$$

il a deux solutions si l est compris entre ces limites ; de plus, comme la parallèle à $y'Oy$ menée par le point B, qui correspond au maximum, est un axe de symétrie, les deux solutions sont équidistantes de $\dfrac{2R - a}{2}$.

Exemple II. — Comme second exemple, reprenons le problème traité au n° 285.

L'équation du problème est

$$\sqrt{2r(2r - x)} + 2x = l,$$

et x doit être supérieur à 0 et inférieur à $2r$. Construisons la courbe représentée par

$$y = \sqrt{2r(2r - x)} + 2x.$$

La fonction y est continue et existe, si x varie de 0 à $2r$; la dérivée est

$$y' = \frac{-r}{\sqrt{2r(2r - x)}} + 2.$$

Elle est positive, si l'on a

$$2\sqrt{2r(2r - x)} > r,$$

ou

$$x < \frac{15r}{8}.$$

La fonction croît si x varie de 0 à $\dfrac{15r}{8}$, décroît ensuite :

x	0		$\dfrac{15r}{8}$		$2r$
y'		$+$		$-$	
y	$2r$	croît	$\dfrac{17r}{4}$	décroît	$4r$
			max.		

La courbe figurative a la forme ci-contre; les points A, B, C ont respectivement pour ordonnées $2r$, $\dfrac{17r}{4}$, $4r$.

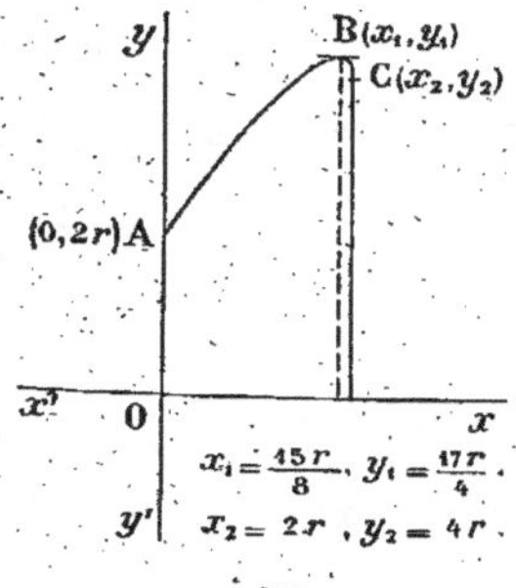

Pour que le problème soit possible, il faut et il suffit que y puisse prendre la valeur l, c'est-à-dire que la droite d'équation $y = l$ coupe la courbe.

1° $l = 2r$, une solution $x = 0$;

2° $2r < l < 4r$, une solution;

3° $l = 4r$, deux solutions dont une égale à $2r$;

4° $4r < l < \dfrac{17r}{4}$, deux solutions;

5° $l = \dfrac{17r}{4}$, une solution égale à $\dfrac{15r}{8}$;

6° $l < 2r$ ou $> \dfrac{17r}{4}$,   pas de solution.

Remarque. — Nous n'avons pas tenu compte ici de la condition $x < \dfrac{l}{2}$, cela tient à ce que la fonction étudiée étant

$$\sqrt{2r(2r - x)} + 2x,$$

on n'a pas à se préoccuper de l'introduction de solutions étrangères par élévation au carré.

411. L'exemple précédent montre que le problème a pu être discuté sans rendre l'équation rationnelle; si on a tracé la courbe avec soin, il sera également possible de calculer les solutions de la même façon; il suffira de mesurer aussi exactement que possible les abscisses des points de rencontre de la courbe avec la droite d'équation $y = l$; ce procédé graphique peut d'ailleurs donner très vite les racines avec une approximation suffisante.

Il est évident que, si l'on traite le problème dans un seul cas, le plus simple est de résoudre l'équation; mais, si un même problème se présente fréquemment, on pourra une fois pour toutes tracer la courbe, et ici par exemple, s'en servir pour les différentes valeurs de l.

Nous allons appliquer ce procédé à un exemple qui conduit à une équation que l'on ne peut résoudre par les méthodes que nous avons déjà indiquées.

Exemple. — *Trouver la hauteur d'un cône de révolution dont on donne l'apothème a et le volume $\dfrac{1}{3}\pi b^3$.*

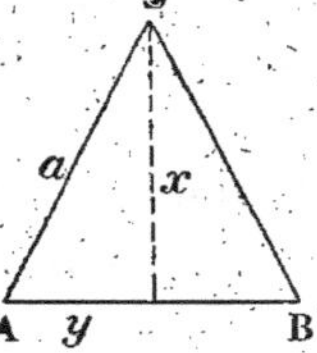

Si l'on désigne par x la hauteur et par y le rayon de base, on a

$$\begin{cases} x^2 + y^2 = a^2, \\ \dfrac{1}{3}\pi y^2 x = \dfrac{1}{3}\pi b^3. \end{cases}$$

Tirons y^2 de la première équation et portons sa valeur dans la seconde :

$$(a^2 - x^2)x = b^3,$$
$$x^3 - a^2x + b^3 = 0.$$

Pour discuter et pour avoir une valeur approchée de x, considérons la fonction

$$z = \sqrt{(a^2 - x^2)x}.$$

Cette fonction existe toujours et est continue ; elle varie dans le même sens que la quantité z^3 placée sous le radical. Dans le cas actuel, x est assujetti à être positif et inférieur à a pour que l'on puisse calculer y et construire le cône ; nous ferons varier x de 0 à a.

La dérivée de z^3 est

$$- 2x^2 + a^2 - x^2 = a^2 - 3x^2.$$

Elle est positive si x varie de 0 à $\dfrac{a}{\sqrt{3}}$, négative si x varie de $\dfrac{a}{\sqrt{3}}$ à a.

x	0		$\dfrac{a}{\sqrt{3}}$		a
$(z^3)'$		$+$		$-$	
z	0	croît	$\dfrac{a}{\sqrt{3}}\sqrt[3]{2}$	décroît	0
			$max.$		

La courbe figurative est la courbe ci-après ; pour avoir les points de cette courbe qui répondent à la question, coupons cette courbe par la droite d'équation.

$$z = b.$$

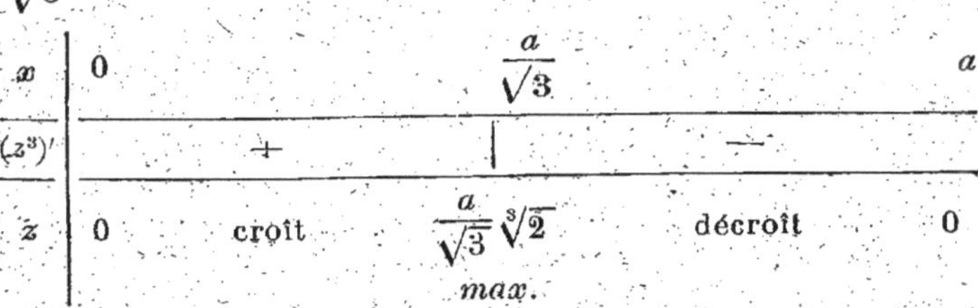

Le problème aura deux solutions si b est inférieur à $\dfrac{a}{\sqrt{3}}\sqrt[3]{2}$,

une solution si $b = \dfrac{a}{\sqrt{3}}\sqrt[3]{2}$.

Dans le cas où le problème est possible, la droite considérée coupe la courbe en M et si l'on mesure la longueur OP, le nombre qui mesure cette longueur à l'échelle du dessin sera une solution.

EXERCICES

1. Montrer que les points d'inflexion, c'est-à-dire les points pour lesquels la tangente traverse la courbe, sont tels qu'en ces points le coefficient angulaire de la tangente est maximum ou minimum.

En déduire que les abscisses des points d'inflexion s'obtiennent en cherchant les changements de signe de y''.

2. Étudier les variations des fonctions suivantes; construire les courbes figuratives, chercher leurs points d'inflexion :

$$y = x^3 + x, \qquad y = x^3 - 3x, \qquad y = x^3 - 3x^2 + 3x - 4,$$
$$y = x^4 + 4x^3 + 1, \qquad y = x^4 - x^2 + 1, \qquad y = x^4 - 4x^3 + 4x^2 + 1,$$
$$y = (x - 1)^3 (x - 2)^4, \qquad y = x^2 (x^2 - a^2)^3.$$

3. Étudier les variations des fonctions suivantes et construire les courbes figuratives :

$$y = \frac{x}{x - 2}, \qquad y = \frac{x - 2}{x + 2}, \qquad y = \frac{3x - 5}{4x + 3},$$
$$y = \frac{x^2 + 2x + 1}{x - 2}, \qquad y = \frac{x^3 + x + 1}{x - 3}, \qquad y = \frac{x^2 - 3x + 2}{x - 4},$$
$$y = \frac{x}{x^2 + 4x + 4}, \qquad y = \frac{3x - 1}{x^2 + 4x + 5}, \qquad y = \frac{-5x + 6}{x^2 - 6x + 5},$$
$$y = \frac{x^2 + 1}{x^2 - 7x + 6}, \qquad y = \frac{x^2 + 4}{x^2 + x + 1}, \qquad y = \frac{(x + 1)^2}{x^2 + 1},$$
$$y = \frac{x^2 + x + 1}{(x - 2)^2}, \qquad y = \frac{x^2 - 5x + 6}{(x - 3)^2}, \qquad y = \frac{x^3 - 3x - 4}{x^2 - x},$$
$$y = \frac{x^3 + 2x}{x^2 + 4x + 3}, \qquad y = \frac{x^2 - 8x + 15}{x^2 - 5x + 6}, \qquad y = \frac{(x - 1)^2}{(x - 2)^4}.$$

4. Étudier les variations des fonctions suivantes et construire les courbes figuratives :

$$y = \sqrt{\frac{x}{x^2 - 1}}, \qquad y = -\sqrt{\frac{x}{x^2 + 1}}, \qquad y = \sqrt{\frac{x^2 - 1}{x^2 + 1}},$$
$$y = \sqrt{\frac{x^3 - 3x + 2}{x^2 - 5x}}, \qquad y = -\sqrt{\frac{x^2 - 5x + 6}{x^2 - 3x}}, \qquad y = \sqrt{\frac{x^2 - 2x}{x^3 - 4x + 3}},$$
$$y = \frac{x}{\sqrt{x - 1}}, \qquad y = \frac{x + 1}{\sqrt{x^2 - 4}}, \qquad y = \frac{\sqrt{x^2 - 3x + 2}}{x - 5},$$

$$y = \frac{x^2}{\sqrt{x^2+1}}, \qquad y = \frac{x^2-5}{\sqrt{x^4-x^2}}, \qquad y = \frac{x^2+1}{\sqrt{x^4-5x^2-6}},$$

$$y = x+\sqrt{x-1}, \qquad y = 3x-\sqrt{x-1}, \qquad y = x^2+7-2\sqrt{x^2-1},$$

5. Étudier les variations des fonctions suivantes et construire les courbes figuratives, x variant de 0 à 2π :

$$y = \sin x + \sqrt{3}\cos x, \qquad y = \operatorname{tg} x + \operatorname{cotg} x, \qquad y = \frac{\cos 2x}{\sin x},$$

$$y = \frac{\sin x + \cos x}{\sin x - \sqrt{3}\cos x}, \qquad y = \cos x + \cos \frac{x}{2}, \qquad y = \operatorname{tg}\frac{x}{2}+\sin x,$$

$$y = 2\sin x + \sqrt{1-\cos x}, \qquad y = x+\sin x, \qquad y = x\sqrt{2}-2\cos x.$$

6. On considère un cercle tangent à deux axes rectangulaires Ox, Oy ; étudier les variations du périmètre et de la surface du triangle déterminé par une tangente à ce cercle. En déduire les conditions pour que le périmètre soit égal à $2p$ ou la surface égale à k^2.

7. Étudier les variations du volume d'un cône de révolution inscrit dans une sphère de rayon R. En déduire les conditions pour que ce volume soit égal à $\frac{1}{3}\pi a^3$.

8. On considère un cône de révolution de sommet S et un point A dans le plan de base ; par ce point, on trace une sécante variable, qui coupe la base en B et C ; étudier les variations de l'aire du triangle SBC ; en déduire les conditions pour que cette aire soit égale à $\frac{1}{2}m^2$.

9. On coupe une sphère par un plan P ; étudier les variations du rapport du volume de la plus petite calotte ainsi déterminée au volume du cône de même base, dont le sommet est au centre de la sphère. En déduire les conditions pour que ce rapport soit un nombre donné m.

10. On considère une demi-circonférence de diamètre AB et une corde CD parallèle à AB ; on mène par C et D deux droites rectangulaires et également inclinées sur CD ; ces droites rencontrent AB en E et F et se coupent en P : étudier les variations de la somme des aires des triangles PCD, PEF ; en déduire les conditions pour que cette somme soit égale à un carré donné a^2.

11. Étudier les variations du volume d'une pyramide régulière dont l'arête a une longueur a et dont la base est un carré de côté x ; étudier de même les variations de la surface latérale et de la surface totale. En déduire les conditions pour que le volume soit $\frac{1}{3}\,m^3$, ou la surface latérale $\frac{1}{2}\,p^2$, ou la surface totale $\frac{1}{2}\,s^2$.

12. On considère une demi-circonférence de diamètre BC et de centre O ; une droite fixe AD est perpendiculaire à ce diamètre et par un point X de ce diamètre, on mène une parallèle à AD, qui coupe le cercle en E ; on joint BE et on projette en H sur XE le point G où BE rencontre AD.

On pose $\overline{OA} = a$, $\overline{OX} = x$.

Étudier les variations du vecteur $\overline{HE}$, si le point X se déplace.

(École navale.)

13. On considère une circonférence de diamètre AB et un point sur ce diamètre ou son prolongement ; par ce point, on mène une sécante variable, qui coupe le cercle en M et N et l'on projette ces points en P et Q sur AB. Étudier les variations de l'aire du trapèze MPQN.

14. On donne un cercle et un diamètre AA' de ce cercle ; une sécante MM' se déplace parallèlement à AA'. Étudier les variations :

1° de l'aire S du trapèze AMM'A' ;

2° du volume V engendré par la rotation du trapèze autour de AA' ;

3° du rapport $\dfrac{V}{S}$.

(Baccalauréat.)

15. On donne deux axes rectangulaires Ox, Oy, deux circonférences, l'une de rayon a, tangente en O à Ox, l'autre de rayon b, tangente à Oy en O et une droite Δ qui tourne autour de O ; cette droite rencontre les circonférences aux points A et B, que l'on projette en A' et B' sur Ox. Étudier les variations de la longueur A'B'.

(Baccalauréat.)

16. On considère l'expression

$$\Delta = [a^2 + \frac{\lambda}{2} - x^2]^2 + [a(1 - \lambda) - x]^2,$$

qui dépend des variables x et λ et où a est une constante positive.

1° En supposant λ fixe, étudier les variations de Δ ; trouver ses maxima et minima ; les distinguer. Discuter en faisant varier λ.

2° Classer par ordre de grandeurs croissantes les valeurs de Δ qui correspondent aux maxima et minima. Discuter.

3° Trouver tous les cas où deux de ces valeurs sont égales.

(École navale.)

17. Étudier les variations de la fonction

$$y = a\,\frac{x^2 + a^2}{\sqrt{(x - a)^4 + 4a^4}}.$$

Construire la courbe représentative et calculer à $0,0001$ près par défaut la valeur de $\dfrac{y}{a}$ pour $x = a\,(1 + \sqrt{2})$.

(École de Physique et de Chimie industrielles.)

18. Un tronc de cône de révolution est tel que les sphères S et S', tangentes à sa surface latérale le long des circonférences des bases, soient tangentes entre elles.

1° Calculer en fonction des rayons r, r' des bases, le volume v du tronc qui est extérieur aux sphères et le volume convexe V limité par la surface latérale du tronc et les calottes sphériques, appartenant aux sphères S et S', qui coiffent ce tronc. Simplifier l'expression de V (on supposera $r > r'$).

2° Étudier les variations du rapport $\dfrac{V}{v}$ en fonction du rapport $\dfrac{r}{r'}$, pris comme variable indépendante.

3° On pose

$$\frac{V}{v} = \frac{5 - 4\sin^4\varphi}{\cos^2 2\varphi}, \quad \varphi \text{ étant donné entre } 0 \text{ et } \frac{\pi}{4}.$$

Calculer $\dfrac{r}{r'} + \dfrac{r'}{r}$; en déduire $\dfrac{r}{r'}$. Appliquer à $\varphi = \dfrac{\pi}{12}$.
r et r' étant donnés, construire l'angle φ.

(Concours général.)

19. Étudier les variations de la fonction $y = \sqrt[3]{x^3 - 3x + 2}$ et construire la courbe représentative ; préciser la nature des points de cette courbe situés sur Ox.

Montrer que la différence entre l'ordonnée d'un point de la droite $Y = x$ et celle y d'un point de la courbe, pour une même valeur de x, tend vers 0 si la valeur absolue de x augmente indéfiniment et fixer le signe de la différence $Y - y$. Déterminer le point où la courbe rencontre l'asymptote $Y = x$ et calculer le coefficient angulaire de la tangente en ce point.

(Certificat aptitude à l'enseignement secondaire des jeunes filles.)

20. On considère un trapèze ABCD, dont on désigne la hauteur par x, la petite base DC par y et les angles à la base, supposés aigus, par $\alpha = \text{DAB}$, $\beta = \text{CBA}$.

1° Calculer en fonction de x, y, α, β la surface S du trapèze et la somme z des côtés AD, DC, CB.

2° On suppose S, α, β constants ; exprimer z en fonction de x et mettre le résultat sous la forme

$$z = \frac{S}{x} + Tx,$$

T étant une constante. Étudier les variations de z en fonction de x et construire la courbe représentative.

3° On suppose toujours S, α, β constants et, dans ce qui suit, on donne à x la valeur qui rend z minimum. Calculer les valeurs zx, $\dfrac{z}{x}$, et $\dfrac{y}{x}$.

On trouve en particulier $\dfrac{y}{x} = \operatorname{tg} \dfrac{\alpha}{2} + \operatorname{tg} \dfrac{\beta}{2}$.

Calculer la distance au côté DC du point O de rencontre des bissectirces des angles D et C du trapèze ; en conclure que trois côtés du trapèze sont tangents à un cercle dont le centre est situé sur la grande base.

(Institut électrotechnique de Nancy.)

21. On donne la fonction de x

$$y = \frac{3x^2 - 2}{x^2 + 2x + a},$$

où a désigne un paramètre qui peut prendre toutes les valeurs possibles.

1° Quelles sont les valeurs de a pour lesquelles y varie toujours dans le même sens ?

2° Quelles sont les valeurs de a pour lesquelles y admet un maximum et un minimum ? Montrer qu'une condition nécessaire et suffisante pour que y passe par un maximum pour $x = x'$ et par un minimum pour $x = x''$ est que, x' étant plus petit que x'', le produit $x'x''$ égale $\dfrac{2}{3}$. Déterminer a pour qu'il en soit ainsi, en supposant $x = \dfrac{1}{3}$, $x'' = 2$; calculer le maximum et le minimum et construire la courbe correspondante.

3° Former l'équation du second degré ayant pour racines (dans le cas général) les valeurs du maximum et du minimum et trouver la relation, indépendante de a, qui existe entre ces valeurs.

(Certificat d'aptitude au professorat des Écoles normales)

22. On considère les trinomes du second degré

$$(\text{T}) \qquad y = mx^2 + (1 - 3m)x + 2m.$$

1° Chercher pour quelle valeur de x la dérivée de y par rapport à x a la valeur 1 ; n'y a-t-il dans tous les cas qu'une valeur de x répondant à la question ?

2° Pour chaque trinome, correspondant à une valeur donnée de m, la dérivée de y ne s'annule que pour une valeur X de x ; soit Y la valeur correspondante de y ; on demande d'exprimer X et Y en fonction de m et de représenter graphiquement les variations de la fonction Y de X.

3° On ne considère plus, parmi les trinomes T, que ceux qui ont des racines ; soit p un nombre entier positif.

On associe les trinomes qui correspondent aux valeurs distinctes m' et m'' de m et on propose de chercher la relation, indépendante de p, qui lie m' et m'' lorsque l'une ou l'autre des conditions suivantes est remplie :

a) La somme des puissances $2p^{\text{ièmes}}$ des deux racines est la même pour les deux trinomes ;

b) Les sommes des puissances $(2p - 1)^{\text{ièmes}}$ des deux racines de chaque trinome sont opposées.

(*École de Sèvres.*)

23. Dans une sphère S de rayon R, on prend un diamètre fixe AB et on coupe la sphère par un plan P perpendiculaire à AB en un point C situé à la distance x de A.

1° Calculer en fonction de x la différence D entre le volume du cône de sommet A et ayant pour base le cercle d'intersection du plan P et de la sphère S et le volume de la sphère décrite sur AC comme diamètre.

2° Étudier les variations du rapport y de cette différence D à l'aire totale de la sphère S ; représenter cette variation par une courbe.

(*Agrégation des jeunes filles.*)

CHAPITRE V

AIRES ET VOLUMES

---

412. Considérons deux axes rectangulaires et une courbe tracée dans le plan de ces axes ; supposons que les ordonnées des

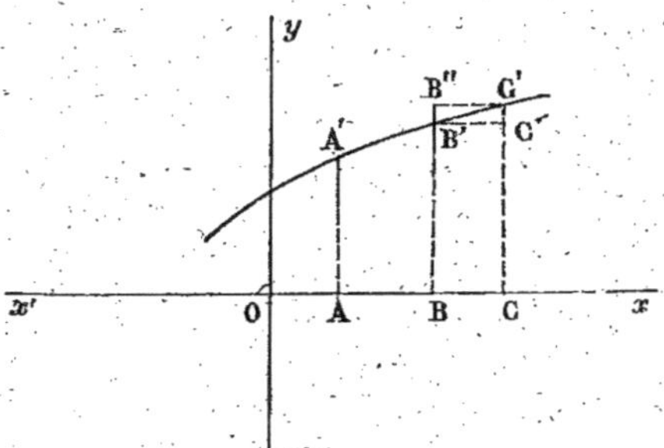

points de cette courbe
soient positives ; l'aire
comprise entre une
ordonnée fixe AA', une
ordonnée variable BB',
l'arc A'B' et l'axe Ox,
varie quand l'abscisse
du point variable B'
varie ; cette aire est
une fonction de l'abscisse du point B' qui
est déterminée en
même temps que B'.

Nous allons montrer que cette aire a une dérivée qui est la
valeur de l'ordonnée du point B'.

Soit x_0 l'abscisse de B', $x_0 + h$ l'abscisse d'un point C' de
la courbe voisin de B' ; quand on passe de B' à C', l'accroissement k de l'aire est en valeur absolue l'aire du trapèze mixtiligne BB'C'C ; d'ailleurs, k et h sont toujours de même signe ;
pour fixer les idées, nous pouvons les supposer positifs.

Le trapèze mixtiligne est compris entre les deux rectangles (*)

(*) Nous supposons ici l'ordonnée croissante ; il est clair que le raisonnement subsisterait si l'ordonnée n'était pas constamment croissante ou
décroissante, à la condition de remplacer BB' et CC' par la plus petite et
par la plus grande ordonnée.

de base BC et de hauteurs respectives BB', CC'; on a donc, h désignant la longueur BC,

$$h \cdot BB' < k < h \cdot CC',$$

ou

$$BB' < \frac{k}{h} < CC'.$$

Si h tend vers zéro, BB' est fixe et CC' a pour limite BB'; il en résulte que le rapport $\frac{k}{h}$ a pour limite l'ordonnée BB'; cette limite est la dérivée de l'aire par rapport à l'abscisse; on énonce brièvement ce résultat en disant que *la dérivée de l'aire est l'ordonnée.*

443. Primitive d'une fonction. — Si l'on désigne par y l'ordonnée et par S l'aire, on a

$$S'_x = y,$$

la fonction S qui a pour dérivée la fonction y est appelée la *primitive* de y.

La recherche des fonctions primitives est un problème très difficile, que nous n'avons pas à examiner; nous nous bornerons à quelques notions très élémentaires et, en quelque sorte, intuitives pour montrer l'usage que l'on peut en faire en vue des applications.

Remarquons d'abord que si à la fonction S, on ajoute une constante, la dérivée de la nouvelle fonction est encore y; il en résulte qu'une fonction y n'a pas qu'une seule primitive; elle en a une infinité que l'on déduit de l'une d'elles en lui ajoutant une constante arbitraire.

Nous allons montrer qu'elle n'en a pas d'autres; soient, en effet, S et S_1 deux fonctions qui ont pour dérivée y; leur différence a pour dérivée $S'_x - S'_{1x} = y - y = 0$; cette différence est donc une constante et S_1 est égale à la somme de S et d'une constante.

Ceci s'explique aisément à l'aide de la représentation graphique; dans le théorème démontré (412), nous n'avons rien supposé sur l'ordonnée AA'; les résultats ne changent pas si on déplace cette ordonnée; or, ce déplacement équivaut à l'augmentation ou à la diminution de l'aire $AA'B'B$ d'une aire constante.

De ceci, il résulte que si l'on connaît une primitive d'une fonction, on les connaît toutes ; il suffit donc d'en chercher une particulière.

En retournant les théorèmes généraux sur les dérivées, on est conduit aux résultats suivants :

414. Théorème I. — *La primitive d'une somme de fonctions est la somme de leurs primitives.*

Soit la somme

$$y = y_1 + y_2 + y_3$$

de trois fonctions qui ont pour primitives S_1, S_2, S_3 ; la somme

$$S = S_1 + S_2 + S_3$$

a pour dérivée

$$S' = S'_1 + S'_2 + S'_3 = y_1 + y_2 + y_3,$$

S est donc une primitive de y.

Théorème II. — *Le produit d'une fonction par une constante a pour primitive le produit par cette constante de la primitive de la fonction.*

Soit le produit

$$y = ay_1$$

de la constante a par la fonction y_1 dont la primitive est S_1 ; le produit

$$S = aS_1$$

a pour dérivée

$$S' = aS'_1 = ay_1,$$

S est donc une primitive de y.

415. Toutes les fonctions élémentaires dont nous avons calculé les dérivées sont primitives de ces dérivées, ce qui nous fait connaître immédiatement un certain nombre de primitives ; nous les donnons dans le tableau suivant :

FONCTIONS	PRIMITIVES
x^n (n entier positif)	$\dfrac{x^{n+1}}{n+1}$
$\dfrac{1}{x^n}$ (n entier plus grand que 1)	$-\dfrac{1}{(n-1)x^{n-1}}$
$\dfrac{1}{\sqrt{x}}$	$2\sqrt{x}$
$\sin x$	$-\cos x$
$\cos x$	$\sin x$
$\dfrac{1}{\cos^2 x}$	$\operatorname{tg} x$
$\dfrac{1}{\sin^2 x}$	$-\operatorname{cotg} x$

416. Applications. — I. **Aire d'un segment parabolique.**
La courbe figurative de la fonction

$$y = \frac{x^2}{2p}$$

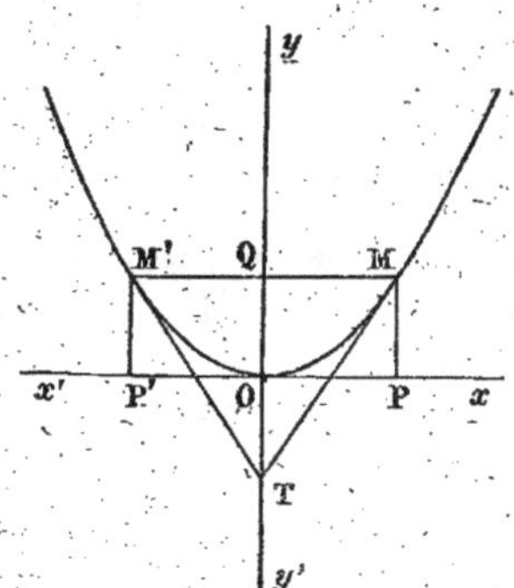

est une parabole, dont le sommet
est l'origine et l'axe Oy ; l'aire limitée par l'axe Ox, l'arc OM variable
et l'ordonnée MP a pour dérivée

$$y = \frac{x^2}{2p}.$$

Inversement, l'aire est une pri-
mitive de $\dfrac{x^2}{2p}$; c'est donc $\dfrac{x^3}{6p} + a$,

a étant une constante qui dépend de l'ordonnée origine; ici,
a doit être telle que si M vient en O, l'aire soit nulle ; $a = 0$,
et on a

$$S = \frac{x^3}{6p} = \frac{\overline{OP}^3}{6p}.$$

Mais, MP étant égal à $\dfrac{\overline{OP}^2}{2p}$, on peut écrire

$$S = \frac{1}{3}\,OP \times PM = \frac{1}{3}\,OPMQ,$$

ou $\qquad\qquad$ segment $OQM = \dfrac{2}{3}\,OPMQ$.

Si l'on prolonge QM jusqu'en M' sur la parabole, les deux aires OQM, OQM' sont égales ainsi que les rectangles OPMQ, OP'M'Q et on peut écrire

$$\text{segment } MOM' = \frac{2}{3}\,MPP'M'.$$

Menons la tangente en M; elle rencontre l'axe en un point T, tel que OT = OQ et l'aire du triangle MTM' est égale à celle du rectangle MPP'M'; on a donc

$$\text{segment } MOM' = \frac{2}{3}\,MTM'.$$

II. **Aire d'un segment de sinusoïde.** — Considérons la courbe figurative de la fonction

$$y = \sin x$$

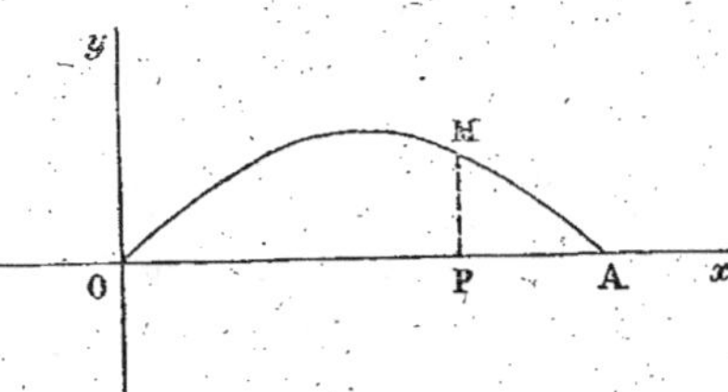

et prenons l'arc qui correspond aux valeurs de x comprises entre 0 et π.

L'aire OPM est une primitive de $\sin x$; c'est donc

$$S = - \cos x + a.$$

Si l'on prend pour point de départ l'origine des coordonnées, l'aire doit être nulle pour $x = 0$, ce qui donne $a = 1$; et l'aire OMP est

$$S = 1 - \cos x$$

La valeur pour $x = \pi$ est

$$S = 1 - \cos \pi = 2.$$

417. Volumes. — Considérons un corps de forme quelconque et coupons-le par un plan qui se déplace parallèlement à un plan fixe P situé au-dessous du corps. La section ainsi obténue aura une aire S, qui sera fonction de la distance x du plan variable au plan P; le volume V du corps situé au-dessous du plan variable sera également fonction de x; nous allons démontrer que S est la dérivée de V.

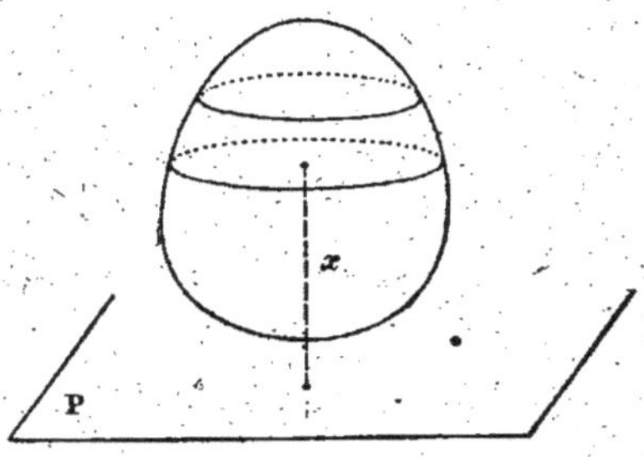

Donnons à x deux valeurs x_0 et $x_0 + h$; S prend deux valeurs S_1 et S_2 et si par tous les points des contours des sections l'on mène des perpendiculaires aux plans de section, on formera en prenant d'une part les perpendiculaires extérieures, d'autre part, les perpendiculaires intérieures, deux cylindres qui comprendront entre eux l'accroissement k du volume, en donnant à ces cylindres la hauteur h, distance des plans de section. Soient S'_1 et S'_2 les bases de ces cylindres; on aura

$$S'_1 h < k < S'_2 h,$$

$$S'_1 < \frac{k}{h} < S'_2.$$

Les aires S'_1 et S'_2 ont pour limite S_1 quand h tend vers zéro; le rapport $\frac{k}{h}$ a donc pour limite S_1; c'est-à-dire que V a une dérivée qui est S_1.

Applications. — I. **Volume du segment sphérique.** — Considérons une sphère coupée par deux plans parallèles, dont les distances au pôle inférieur C des sections sont a et b.

Si l'on mène un plan parallèle aux précédents à la distance x de C, le rayon de la section est $\sqrt{x(2R - x)}$ et on a

$$S = \pi x(2R - x) = 2\pi R x - \pi x^2.$$

Le volume variable limité par ce plan aura pour dérivée S; ce sera une primitive de S,

$$V = \pi R x^2 - \pi \frac{x^3}{3} + k,$$

k étant une constante arbitraire.

Dans le cas actuel, ce volume est nul si $x = a$; on a donc

$$0 = \pi R a^2 - \pi \frac{a^3}{3} + k;$$

$$k = \pi \frac{a^3}{3} - \pi R a^2;$$

et le volume du segment sphérique sera la valeur de V, où l'on remplace x par b et k par sa valeur,

$$V = \pi R b^2 - \pi \frac{b^3}{3} + \pi \frac{a^3}{3} - \pi R a^2,$$

$$V = \pi(b - a)\left[R(b + a) - \frac{a^2 + ab + b^2}{3} \right].$$

Si l'on désigne par r, r', h les rayons de bases et la hauteur, on a

$$b - a = h,$$

$$r^2 = a(2R - a), \qquad r'^2 = b(2R - b),$$

$$r^2 + r'^2 = 2R(a + b) - a^2 - b^2,$$

et

$$V = \frac{1}{2} \pi h \left[r^2 + r'^2 + a^2 + b^2 - \frac{2(a^2 + ab + b^2)}{3} \right],$$

$$V = \frac{1}{2} [\pi r^2 h + \pi r'^2 h] + \frac{1}{6} \pi h^3,$$

formule donnée par la géométrie élémentaire.

II. Considérons plus généralement un corps tel que l'aire de la section par un plan parallèle à un plan fixe P soit une fonction du second degré de la distance x du plan variable au plan fixe; on aura

$$S = ax^2 + bx + c,$$

$$V = \frac{ax^3}{3} + \frac{bx^2}{2} + cx + d,$$

d étant une constante arbitraire.

Supposons maintenant que ce corps soit limité à deux plans parallèles distants de h, le premier de ces plans étant le plan P; pour $x = 0$, le volume sera nul, ce qui entraîne $d = 0$; le volume du corps est donc

$$V = \frac{ah^3}{3} + \frac{bh^2}{2} + ch.$$

On peut en donner une autre expression où n'entrent pas les constantes a, b, c, mais les bases extrêmes B, B' et la section moyenne B''; on a

$$B = c$$
$$B' = ah^2 + bh + c$$
$$B'' = a\,\frac{h^2}{4} + b\,\frac{h}{2} + c$$
$$\overline{B + B' + 4B'' = 2ah^2 + 3bh + 6c}$$

et

$$V = \frac{1}{6}\,h(B + B' + 4B'').$$

EXERCICES

1. Trouver les primitives des fonctions suivantes, sachant que ces primitives sont nulles, les premières pour $x = 2$, les dernières pour $x = \pi$:

$$x^3 - 5x + 2, \qquad 2x^4 - 7x^3 + x, \qquad x + \frac{1}{x^2},$$

$$x^2 - \frac{1}{x^2} + \frac{2}{\sqrt{x}}, \qquad x - \frac{2}{x^4} - \frac{1}{3\sqrt{x-1}}, \qquad \frac{1}{\sqrt{x-1}} - \frac{1}{\sqrt{x+1}},$$

$$\cos x - 2\sin x, \qquad 3\sin x + 4\cos x, \qquad \frac{2}{\cos^2 x} - \sin x.$$

2. Trouver un polynome dont la dérivée soit

$$x^4 + 5x^3 - 2x^2 + 1$$

et qui prenne la valeur 4 pour $x = 1$.

3. Trouver un polynome dont la dérivée soit

$$x^2 - 5x + 6$$

et tel que la valeur de son maximum soit double de la valeur de son minimum.

4. Construire les courbes figuratives des variations des fonctions

$$y = x^3, \qquad y = \frac{1}{x^2}, \qquad y = \frac{1}{(x-1)^2},$$

$$y = \frac{1}{\sqrt{x}}, \qquad y = \frac{1}{x^2} + \frac{1}{x^3}, \qquad y = \frac{1}{x} + \frac{1}{\sqrt{x}},$$

$$y = \sin x + \cos x, \qquad y = \sin x - 2 \cos x, \qquad y = \frac{1}{\cos^3 x},$$

et trouver les aires des segments limités à l'axe Ox, à deux ordonnées et à l'arc correspondant.

5. On fait tourner une parabole autour de son axe, trouver le volume du corps limité à la surface ainsi engendrée et à un plan perpendiculaire à l'axe.

6. On fait tourner un arc de sinusoïde autour de sa base; quel est le volume limité par la surface ainsi engendrée ?

7. Une parabole tourne autour de sa tangente au sommet, trouver le volume limité à la surface ainsi engendrée et à deux plans perpendiculaires à la tangente au sommet.

8. Une courbe tourne autour d'un axe Oz et engendre une surface telle que le volume limité au plan perpendiculaire à l'axe mené par le point O et à un plan perpendiculaire à l'axe distant du premier de x soit donné par

$$v = x^3 + ax^2 + a^2 x + a^3,$$

trouver cette courbe.

9. Construire la courbe représentée par l'équation

$$y = -x^3 + 3x - 2.$$

Calculer la surface interceptée par la courbe dans le troisième quadrant.

(Institut électrotechnique de Nancy.)

NOTE I

SUR QUELQUES MAXIMA ET MINIMA ABSOLUS

418. Théorème I. — *Le produit de plusieurs facteurs positifs est inférieur ou égal au produit obtenu en remplaçant chacun de ces facteurs par leur moyenne arithmétique.*

Rappelons que l'on appelle *moyenne arithmétique* de n nombres a, b,...., l le nombre $\dfrac{a+b+...+l}{n}$; en particulier, la moyenne arithmétique de deux nombres a et b est $\dfrac{a+b}{2}$.

Nous partagerons la démonstration en trois parties.

I. **Cas de deux facteurs.** — Soit le produit $P = xy$; on a identiquement

$$P = xy = \frac{1}{4}\,[(x+y)^2 - (x-y)^2],$$

$$P = \frac{x+y}{2} \cdot \frac{x+y}{2} - \frac{(x-y)^2}{4}.$$

Le produit P est donc égal ou inférieur au produit obtenu en remplaçant chaque facteur par la moyenne arithmétique des deux facteurs ; l'égalité ne peut avoir lieu que si $x = y$.

II. **Cas de 2^n facteurs.** — Le théorème étant démontré dans le cas de deux facteurs, il suffira de démontrer que le théorème est vrai pour 2^n facteurs, si on l'admet pour 2^{n-1} facteurs.

Soit un produit

$$P = xyz \ldots x'y'z' \ldots$$

de 2^n facteurs, les 2^{n-1} premiers n'étant pas affectés d'indices, les 2^{n-1} suivants étant affectés d'indices.

Soient S, S′, S″ les moyennes arithmétiques des 2^{n-1} premiers facteurs, des 2^{n-1} derniers et des 2^n facteurs :

$$S = \frac{x + y + z + \ldots}{p},$$

$$S' = \frac{x' + y' + z' + \ldots}{p},$$

$$S'' = \frac{x + y + z + \ldots + x' + y' + z' + \ldots}{2p} = \frac{S + S'}{2}$$

en posant, pour abréger $p = 2^{n-1}$.

On a par hypothèse

$$xyz \ldots \leqslant S^p,$$
$$x'y'z' \ldots \leqslant S'^p,$$
$$P = xyz \ldots x'y'z' \ldots \leqslant (SS')^p.$$

Or, d'après I, on a

$$SS' \leqslant \left(\frac{S + S'}{2}\right)^2$$

$$(SS')^p \leqslant \left(\frac{S + S'}{2}\right)^{2p} \text{ ou } S''^{2p}$$

et *a fortiori*

$$P \leqslant S''^{2p}.$$

III. **Cas d'un nombre quelconque de facteurs.** — Considérons m facteurs $x, y, z \ldots t$ dont la moyenne arithmétique est S et soit q l'entier qu'il faut ajouter à m pour avoir une puissance de 2; si l'on pose

$$P = xyz \ldots t$$

$$P' = xyz \ldots t.SS \ldots S;$$

ce dernier produit contenant q facteurs égaux à S, la moyenne arithmétique des facteurs de P′ est

$$\frac{x + y + z + \ldots + t + S + S + \ldots + S}{m + q} = \frac{mS + qS}{m + q} = S,$$

tous ces facteurs sont positifs.

On a alors

$$P' \leqslant S^{m+q},$$

$$P = \frac{P'}{S^q} \leqslant S^m.$$

419. Corollaire. — *Le produit de plusieurs facteurs positifs, dont la somme est constante, est le plus grand possible, quand tous ces facteurs sont égaux s'ils peuvent le devenir.*

En effet, les facteurs positifs étant assujettis à avoir une somme constante a, leur moyenne arithmétique sera $\dfrac{a}{m}$, si m est leur nombre; le produit est au plus égal à $\left(\dfrac{a}{m}\right)^m$, ce qui aura lieu si tous les facteurs sont égaux à $\dfrac{a}{m}$.

D'ailleurs si l'un des facteurs n'est pas égal à $\dfrac{a}{m}$, un autre est aussi différent de $\dfrac{a}{m}$, et le produit de ces deux facteurs dont l'un est supérieur à $\dfrac{a}{m}$ et l'autre inférieur à $\dfrac{a}{m}$ peut être remplacé par un produit plus grand en remplaçant chacun d'eux par $\dfrac{a}{m}$, sans que cela change la somme de tous les facteurs.

Il en résulte que la plus grande valeur sera obtenue quand tous les facteurs seront égaux et seulement dans ce cas.

EXEMPLE. — *Parmi tous les parallélépipèdes rectangles dont la somme des arêtes est donnée, quel est celui qui a le plus grand volume?*

Soient x, y, z les longueurs des arêtes, on a

$$x + y + z = a.$$

Le volume xyz sera maximum absolu si l'on a $x = y = z = \dfrac{a}{3}$, c'est-à-dire, si ce parallélépipède est un cube.

420. Théorème II. — *La somme de plusieurs nombres positifs est supérieure ou égale à la somme obtenue en remplaçant chaque nombre par la moyenne géométrique de tous ces nombres.*

Rappelons que l'on appelle *moyenne géométrique* de n nombres a, b, ... l; le nombre $\sqrt[n]{abc \ldots l}$; en particulier, la moyenne géométrique de deux nombres a, b est $\sqrt{ab}$.

Soient alors

$$S = x + y + z + \ldots + t$$

la somme de n nombres positifs, et

$$G = \sqrt[n]{xyz \ldots t}$$

leur moyenne géométrique ; on a, d'après le théorème précédent,

$$G^n = xyz \ldots t \leqslant \left(\frac{S}{n}\right)^n,$$

ou

$$G \leqslant \frac{S}{n},$$
$$S \geqslant nG.$$

421. Corollaire. — *Une somme de n nombres positifs, variables, dont le produit est constant, est la plus petite possible quand ces nombres sont égaux, s'ils peuvent le devenir.*

La démonstration est identique à celle du corollaire précédent.

Exemple. — *Parmi les parallélépipèdes rectangles de même volume, quel est celui dont la surface totale est la plus petite possible ?*

Soient x, y, z les arêtes du parallélépipède ; le produit xyz est constant et on peut écrire

$$(xy)(yz)(zx) = V^2.$$

La surface totale est la somme

$$2(xy + yz + zx).$$

Elle sera la plus petite possible, si l'on peut avoir

$$xy = yz = zx = \sqrt[3]{V^2},$$

ou

$$x = y = z = \sqrt[3]{V}.$$

Le parallélépipède est un cube.

422. Théorème III. — *Le produit de plusieurs puissances à exposants positifs de facteurs positifs variables, dont la somme est constante, est le plus grand possible, lorsque ces facteurs sont proportionnels aux exposants, s'ils peuvent le devenir.*

I. Les exposants sont entiers. — Soit le produit

$$P = x^\alpha y^\beta z^\gamma,$$

les nombres x, y, z ayant une somme constante a.

Le produit P sera le plus grand possible en même temps que le produit

$$P' = \frac{x^\alpha y^\beta z^\gamma}{\alpha^\alpha \beta^\beta \gamma^\gamma} = \left(\frac{x}{\alpha}\right)^\alpha \left(\frac{y}{\beta}\right)^\beta \left(\frac{z}{\beta}\right)^\gamma.$$

Ce dernier produit est un produit de $\alpha + \beta + \gamma$ facteurs positifs dont la somme

$$\alpha\,\frac{x}{\alpha} + \beta\,\frac{y}{\beta} + \gamma\,\frac{z}{\gamma}$$

est constante et égale à a; ce produit aura sa plus grande valeur, si l'on peut avoir tous ses facteurs égaux :

$$\frac{x}{\alpha} = \frac{y}{\beta} = \frac{z}{\gamma}.$$

Ces équations donnent

$$x = \frac{a\alpha}{\alpha + \beta + \gamma}, \qquad y = \frac{a\beta}{\alpha + \beta + \gamma}, \qquad z = \frac{a\gamma}{\alpha + \beta + \gamma};$$

$$P = \left(\frac{a}{\alpha + \beta + \gamma}\right)^{\alpha + \beta + \gamma} \alpha^\alpha \beta^\beta \gamma^\gamma.$$

II. Les exposants sont fractionnaires. — Supposons que les exposants soient fractionnaires et réduits au même dénominateur

$$\alpha = \frac{\alpha'}{D}, \quad \beta = \frac{\beta'}{D}, \quad \gamma = \frac{\gamma'}{D}.$$

Le produit

$$P = x^{\frac{\alpha'}{D}} y^{\frac{\beta'}{D}} z^{\frac{\gamma'}{D}} = \sqrt[D]{x^{\alpha'} y^{\beta'} z^{\gamma'}}$$

est le plus grand possible en même temps que le produit

$$x^{\alpha'} y^{\beta'} z^{\gamma'}$$

et ce dernier est maximum absolu, si l'on a

$$\frac{x}{\alpha'} = \frac{y}{\beta'} = \frac{z}{\gamma'}.$$

on

$$\frac{x}{\alpha D} = \frac{y}{\beta D} = \frac{z}{\gamma D},$$

$$\frac{x}{\alpha} = \frac{y}{\beta} = \frac{z}{\gamma}.$$

423. Théorème IV. — *Une somme de nombres positifs, variables, tels que le produit de certaines puissances à exposants positifs de ces nombres soit constant, a la plus petite valeur possible, lorsque ces nombres sont proportionnels à leurs exposants, s'ils peuvent le devenir.*

Soit la somme

$$S = x + y + z$$

de termes positifs liés par la relation

$$x^\alpha y^\beta z^\gamma = P.$$

Nous pouvons supposer les nombres α, β, γ entiers, sans quoi on élèverait à la puissance dont l'exposant est le dénominateur commun de α, β, γ et on serait ramené au cas des exposants entiers.

On peut écrire

$$S = \alpha \frac{x}{\alpha} + \beta \frac{y}{\beta} + \gamma \frac{z}{\gamma},$$

et S est alors la somme de $\alpha + \beta + \gamma$ termes positifs, dont le produit

$$\frac{x}{\alpha} \cdot \frac{x}{\alpha} \cdots \frac{y}{\beta} \frac{y}{\beta} \cdots \frac{z}{\gamma} \frac{z}{\gamma} \cdots \frac{z}{\gamma} = \left(\frac{x}{\alpha}\right)^\alpha \left(\frac{y}{\beta}\right)^\beta \left(\frac{z}{\gamma}\right)^\gamma$$

est constant et égal à $\dfrac{P}{\alpha^\alpha \beta^\beta \gamma^\gamma}$.

La somme S sera la plus petite possible si l'on peut avoir

$$\frac{x}{\alpha} = \frac{y}{\beta} = \frac{z}{\gamma}.$$

Exemple. — *De tous les cylindres de même volume, quel est celui dont la surface totale est minima?*

Si x est le rayon de base et y la hauteur, on a

$$V = \pi x^2 y,$$
$$S = 2\pi(x^2 + xy).$$

Nous avons à chercher le minimum de la somme

$$x^2 + xy$$

et ces nombres sont liés par la relation

$$(x^2)^{\frac{1}{2}}(xy) = \frac{V}{\pi} \qquad \text{ou} \qquad (x^2)(xy)^2 = \frac{V^2}{\pi^2}.$$

Le minimum aura lieu si x^2 et xy sont proportionnels à 1 et 2,

$$\frac{x^2}{1} = \frac{xy}{2} \qquad \text{ou} \qquad y = 2x.$$

Le cylindre cherché est tel que sa hauteur soit égale au diamètre.

NOTE II

NOTIONS SUR LES NOMBRES IRRATIONNELS

424. Le nombre étant l'équivalent arithmétique de la grandeur qu'il représente, toute combinaison de grandeurs de même espèce équivaut à une opération sur les nombres, à la condition toutefois qu'il soit possible de faire correspondre à la grandeur un nombre qui la mesure; si l'on ne considère que des grandeurs commensurables avec l'unité, on peut toujours leur faire correspondre des nombres entiers ou fractionnaires; il n'en sera plus de même si une grandeur n'est pas commensurable avec l'unité; l'exemple le plus simple d'une telle grandeur est celui de la diagonale du carré quand on prend pour unité le côté du carré.

Considérons un carré ABCD et portons sur la diagonale CA le côté AB en AB'; menons ensuite la perpendiculaire B'C' à AC; le triangle C'B'C est rectangle et isocèle; on a donc

$$B'C = B'C'.$$

D'autre part, les triangles rectangles AB'C', ABC' sont égaux, puisqu'ils ont l'hypoténuse commune AC' et les côtés AB et AB' égaux; on en conclut

$$BC' = B'C' = B'C.$$

Si donc les longueurs AC, AB ont une partie aliquote commune, elle devra être partie aliquote de CC' = BC — BC' et de B'C'; soit α cette partie aliquote contenue p fois dans AB et q fois dans AC; si α est la plus grande partie aliquote commune à AB et AC, les nombres p et q sont premiers entre eux.

D'autre part, la similitude des triangles ABC, C'B'C donne

$$\frac{B'C'}{CC'} = \frac{AB}{AC},$$

les côtés B'C' et CC' ont donc pour rapport $\frac{p}{q}$; autrement dit, il existe une longueur β contenue p fois dans B'C' et q fois dans CC'; et comme p et q sont premiers entre eux, β est la plus grande partie aliquote commune à B'C' et CC'; mais, α partie aliquote commune de AB, AC, l'est également de B'C' et CC'; on en conclurait donc que β est au moins égale à α et que B'C' contient au moins p fois α, c'est-à-dire est supérieure ou égale à AB, ce qui est impossible.

Les longueurs AB et AC sont donc incommensurables entre elles.

425. L'existence de grandeurs incommensurables avec l'unité choisie conduit à imaginer de nouveaux symboles représentatifs de ces longueurs; ce sont les *nombres irrationnels*; ce seront, si l'on veut, des noms donnés aux grandeurs qui leur correspondent; la somme de deux nombres rationnels ou non sera, conformément aux définitions relatives aux nombres entiers ou fractionnaires, un nombre qui représentera la somme des grandeurs représentées par ces nombres; cette somme pourra être un nombre rationnel ou un nombre irrationnel.

On pourrait donc établir la théorie des nombres irrationnels, en la calquant sur la théorie des combinaisons des grandeurs; mais il est manifeste qu'une telle théorie ne serait d'aucune utilité, puisque l'on devrait créer une infinité de mots nouveaux, sans que rien n'indiquât la liaison qui existe entre eux; on ne trouverait ici aucun des avantages que donne le système si simple de la numération des nombres entiers et fractionnaires. Il y a dès lors intérêt à chercher à faire rentrer le calcul des nouveaux symboles dans celui des nombres rationnels. Nous y parviendrons en introduisant les valeurs approchées des nombres irrationnels.

Considérons, par exemple, une longueur CD incommensurable avec l'unité AB; et supposons que CD soit supérieur à AB et inférieur à 2AB; 1 et 2 seront appelées les valeurs à une unité près par défaut et par excès du nombre a qui représente CD. Divisons maintenant AB en dix parties égales, et supposons que CD contienne 18 de ces parties et n'en contienne pas 19 ; les nombres $\frac{18}{10}$ et $\frac{19}{10}$ seront les valeurs par défaut et par excès à $\frac{1}{10}$ près du nombre a. On peut continuer ainsi et définir les valeurs approchées à $\frac{1}{100}$, $\frac{1}{1\,000}$, ... près du nombre a.

Si l'on veut ensuite reconstituer CD, on construira les longueurs commensurables avec AB et mesurées par les valeurs approchées de a, de telle sorte que l'on obtiendra deux séries de longueurs, les unes inférieures à CD, les autres supérieures à CD et aussi peu différentes de CD que l'on voudra.

Se donner la longueur CD, c'est se donner deux suites de nombres rationnels, telles que les termes de la première ne diminuent jamais et restent inférieurs à un certain nombre rationnel, et telles que les termes de la seconde ne croissent jamais et restent supérieurs à un certain nombre rationnel.

Il suffira d'établir ces propriétés pour la première suite ; la démonstration serait la même pour la seconde suite.

Les valeurs approchées par défaut représentent des longueurs plus petites que CD ; elles sont, par suite, inférieures à un nombre rationnel A qui représente une longueur commensurable avec l'unité et supérieure à CD ; tous les termes de cette suite sont donc inférieurs à A.

En second lieu, si l'on considère, par exemple, la valeur $\frac{18}{10}$ à $\frac{1}{10}$ près, elle représente une longueur qui est inférieure à CD et qui contient $\frac{18}{10}$ de l'unité ; CD contient donc au moins $\frac{180}{100}$ de AB et sa valeur approchée par défaut à $\frac{1}{100}$ près est supérieure ou égale à $\frac{180}{100}$ ou $\frac{18}{10}$.

426. Théorème (*). — *Toute suite infinie de nombres*

(*) Le même théorème est vrai s'il s'agit de nombres qui restent supérieurs à un nombre B et qui ne vont pas en augmentant.

rationnels, qui restent inférieurs à un nombre A et qui ne ont pas en diminuant, définit un nombre rationnel ou irrationnel.

Pour établir cette proposition, il suffit de montrer que cette suite définit une longueur, puisqu'à toute longueur, nous avons fait correspondre un nombre, rationnel si la longueur est commensurable avec l'unité, irrationnel dans le cas contraire.

Construisons la longueur OM représentée par le nombre A, et les longueurs OP$_1$, OP$_2$, ..., OP$_n$ représentées par les termes a_1, a_2, ..., a_n de la suite considérée.

Les points P$_1$, P$_2$, ..., P$_n$ se rapprocheront de plus en plus du point M tout en restant compris entre O et M, puisque les nombres a_1, a_2, ..., a_n, inférieurs à A ne diminuent pas ; on conçoit donc que ces points se rapprochent indéfiniment d'un certain point Q et finissent par en être aussi voisins qu'on le veut ; ce point Q sera M ou sera compris entre O et M.

La suite donnée définit donc une longueur OQ ; si elle est commensurable avec l'unité, le nombre q qui la mesure est évidemment la limite de la suite ; si la longueur OQ est incommensurable avec l'unité, à la longueur OQ correspond un nombre irrationnel q, qui peut être considéré comme défini par la suite.

427. Addition. — *On appelle somme de deux nombres le nombre qui représente la somme des longueurs représentées par ces nombres.*

Soient A, B et C les nombres donnés et leur somme ; proposons-nous de définir C par un procédé arithmétique ; les valeurs approchées de A et B par défaut à $\dfrac{1}{10}$, $\dfrac{1}{100}$, ... près étant

$$a_1, \quad a_2, \quad ..., \quad a_n, \quad ...,$$
$$b_1, \quad b_2, \quad ..., \quad b_n, \quad ...,$$

la suite

$$a_1 + b_1, \quad a_2 + b_2, \quad ... \quad a_n + b_n, \quad ...$$

est formée de termes qui ne diminuent pas, puisque les nombres a_n et b_n ne diminuent pas ; de plus, ces termes sont manifestement inférieurs à la somme A' + B', si A' et B' sont respectivement supérieurs à tous les nombres a_n et b_n; il en résulte que la suite

$$a_1 + b_1, \ldots, a_n + b_n, \ldots$$

définit un nombre.

Ce nombre est bien le nombre C; en effet a_n représente une longueur qui diffère de la longueur A de moins de $\frac{1}{10^n}$, b_n représente une longueur qui diffère de la longueur B de moins de $\frac{1}{10^n}$; $a_n + b_n$ représente donc une longueur qui diffère de la longueur C de moins de $\frac{2}{10^n}$ et on peut prendre n assez grand pour que cette différence soit moindre que toute longueur assignable.

428. Soustraction. — *On appelle différence de deux nombres le nombre qui représente la différence des longueurs représentées par ces nombres.*

On voit encore que si les nombres donnés sont définis par les suites

$$a_1, \quad a_2, \ldots, a_n, \ldots,$$
$$b_1, \quad b_2, \ldots, b_n, \ldots,$$

la différence est définie par la suite

$$a_1 - b_1, \quad a_2 - b_2, \ldots, a_n - b_n, \ldots$$

Remarque. — Les propriétés de l'addition et de la soustraction des longueurs étant celles des opérations analogues relatives aux nombres rationnels, on en conclut que ces propriétés s'étendent aux nombres irrationnels.

Définitions. — Un nombre rationnel ou irrationnel A est dit *plus grand* que le nombre B, si la longueur représentée par A est plus grande que la longueur représentée par B ; B est dit *plus petit* que A.

429. Multiplication. — Considérons deux nombres A et B définis par les suites de leurs valeurs approchées par défaut à $\frac{1}{10}$, $\frac{1}{100}$, ... près,

$$a_1, \quad a_2, \ldots, a_n, \ldots,$$
$$b_1, \quad b_2, \ldots, b_n, \ldots,$$

la suite

$$a_1 b_1, \quad a_2 b_2, \quad \ldots, \quad a_n b_n, \quad \ldots$$

est formée de nombres qui ne vont pas en diminuant, puisque les facteurs a_n et b_n du produit $a_n b_n$ ne diminuent pas ; d'autre part, si A' et B' sont supérieurs à A et B et sont rationnels, les produits $a b_n$ restent inférieurs au nombre rationnel A'B' ; ces produits définissent donc un nombre rationnel ou irrationnel ; ce nombre est appelé le *produit* des nombres A, B.

Si l'on remarque que les produits $a_n b_n$ et $b_n a_n$ sont égaux, on voit que la suite

$$b_1 a_1, \quad b_2 a_2, \quad \ldots, \quad b_n a_n, \quad \ldots$$

définit le même nombre que la suite précédemment considérée ; on a donc AB = BA.

On définit aisément le produit de plusieurs facteurs, et sans qu'il soit besoin d'y insister, on voit que les théorèmes relatifs aux produits de nombres entiers s'étendent aux produits de nombres irrationnels.

430. Inverse d'un nombre. — Soit un nombre A non nul défini par la suite

$$a_1, \, a_2, \, \ldots, \, a_n \ldots$$

des valeurs approchées par excès.

La suite

$$\frac{1}{a_1}, \, \frac{1}{a_2}, \, \ldots, \, \frac{1}{a_n}, \, \ldots$$

est formée de nombres qui ne décroissent pas ; si A' est un nombre rationnel inférieur à A, les nombres de la dernière suite restent constamment inférieurs au nombre rationnel $\frac{1}{A'}$; cette suite définit donc un nombre qui est appelé *l'inverse* de A et que l'on représente par $\frac{1}{A}$.

431. Division. — Considérons deux suites

$$a_1, \quad a_2, \quad \ldots, \quad a_n, \quad \ldots$$
$$b_1, \quad b_2, \quad \ldots, \quad b_n, \quad \ldots$$

qui sont formées, la première des valeurs approchées par défaut d'un nombre A, la seconde des valeurs approchées par excès d'un nombre B non nul ; la suite

$$\frac{a_1}{b_1},\quad \frac{a_2}{b_2},\quad \ldots,\quad \frac{a_n}{b_n},\quad \ldots$$

ou

$$a_1 \times \frac{1}{b_1},\quad a_2 \times \frac{1}{b_2},\quad \ldots,\quad a_n \times \frac{1}{b_n},\quad \ldots$$

définit un nombre qui est le produit de A par $\frac{1}{B}$; nous l'appellerons le *quotient* de A par B.

Il est facile de voir que ce quotient est tel que son produit par B soit A ; en effet, le produit de ce quotient par B est défini par la suite

$$\frac{a_1}{b_1} \times b_1,\quad \frac{a_2}{b_2} \times b_2,\quad \ldots,\quad \frac{a_n}{b_n} \times b_n,\quad \ldots$$

ou

$$a_1,\quad a_2,\quad \ldots,\quad a_n,\quad \ldots,$$

c'est donc bien A.

Ainsi se trouve justifiée la définition du quotient qui jouit de la même propriété que le quotient des nombres rationnels.

Remarque. — Pour que la définition donnée de la multiplication soit l'analogue de celle qui correspond aux nombres rationnels, il faudrait montrer que si une longueur CD est représentée par un nombre A, et si une longueur C'D' est représentée par B, la longueur C'D' sera représentée par $\frac{B}{A}$, quand CD sera l'unité ; $\frac{B}{A}$ sera le *rapport* des longueurs C'D' et CD ; nous admettrons cette proposition.

432. Racine carrée. — Nous sommes maintenant en mesure de définir la racine d'un nombre rationnel ou irrationnel ; nous nous bornerons à donner l'exemple simple de $\sqrt{2}$; toute autre racine se définirait de la même façon.

Considérons les racines approchées par défaut à 1, $\frac{1}{10}$, ... près :

$$1 ;\quad 1{,}4 ;\quad 1{,}41 ;\quad 1{,}414 ;\quad \ldots$$

1° Ces nombres ne diminuent pas, comme on le voit par la théorie de la racine à $\frac{1}{10}$, ... près.

2° Ces nombres sont toujours inférieurs à 2, puisque leurs carrés sont inférieurs à 4 ; ils définissent donc un nombre, que nous appelerons la *racine carrée* de 2.

Cette définition sera justifiée si l'on établit que le carré du nombre ainsi défini est égal à 2 ; ce carré est défini par la suite

$$1^2, (1,4)^2, (1,41)^2, \ldots$$

Pour montrer que ce carré est 2, il faut établir que la différence entre 2 et les termes de cette suite peut devenir inférieure à tout nombre donné ; or, la racine à $\frac{1}{10^n}$ près par défaut est telle que

$$\left(\frac{x}{10^n}\right)^2 < 2 < \left(\frac{x+1}{10^n}\right)^2.$$

La différence entre 2 et le carré de cette racine est inférieure à

$$\frac{(x+1)^2 - x^2}{10^{2n}} = \frac{\frac{2x+1}{10^n}}{10^n}.$$

le numérateur de cette fraction est inférieur à 5 ; le dénominateur augmente indéfiniment ; cette fraction peut donc être prise aussi petite qu'on voudra.

Application aux logarithmes.

433. Nous allons appliquer les notions qui précèdent à l'étude des logarithmes, que nous compléterons sur quelques points.

Définition d'un logarithme. — Si le nombre est la puissance d'une racine de 10, il figure dans la progression géométrique, et son logarithme est le nombre rationnel correspondant de la progression arithmétique.

Supposons que le nombre A ne figure pas dans la progression géométrique, insérons 2 moyens géométriques, le nombre sera compris entre deux termes consécutifs

$$\sqrt[3]{10^p} \quad \text{et} \quad \sqrt[3]{10^{p+1}}$$

de la progression géométrique ; si l'on insère de nouveau 2 moyens géométriques, le nombre sera compris entre deux termes

$$\sqrt[9]{10^{p'}}, \quad \sqrt[9]{10^{p''+1}},$$

et ces termes seront tels que $\sqrt[9]{10^{p'}}$ soit égal ou supérieur à $\sqrt[3]{10^{p}}$ et $\sqrt[9]{10^{p'+1}}$ égal ou inférieur à $\sqrt[3]{10^{p+1}}$; continuons ainsi indéfiniment ; les logarithmes de ces termes formeront deux suites et se succéderont dans le même ordre de grandeur que les termes eux-mêmes

$$\frac{p}{3}, \quad \frac{p'}{9}, \quad \ldots$$
$$\frac{p+1}{3}, \quad \frac{p'+1}{9}, \quad \ldots ;$$

les termes de la première suite définissent un nombre a, puisqu'ils ne diminuent pas et sont toujours inférieurs au nombre rationnel $\frac{p+1}{3}$; a sera le logarithme de A.

Produit de deux nombres. — *Le logarithme d'un produit est égal à la somme des logarithmes des facteurs.*

Ce théorème a été établi dans le cas de facteurs figurant dans la progression géométrique.

Si l'on se reporte aux théorèmes établis sur les limites, on voit immédiatement que les raisonnements qui ont été faits ne supposent nullement que les nombres de ces suites soient rationnels ; nous pourrons les appliquer dans tous les cas.

Si A et B sont deux nombres quelconques, on peut, en répétant ce qui précède, les considérer comme limites de termes qui figurent dans les progressions géométriques

$$\sqrt[3]{10^{p_1}}, \quad \sqrt[9]{10^{p_2}}, \ldots$$
$$\sqrt[3]{10^{q_1}}, \quad \sqrt[9]{10^{q_2}}, \ldots$$

Le produit AB est alors la limite de la suite

$$\sqrt[3]{10^{p_1}} \cdot \sqrt[3]{10^{q_1}}, \quad \sqrt[9]{10^{p_2}} \cdot \sqrt[9]{10^{q_2}}, \ldots$$

D'autre part, le logarithme de A est la limite de la suite

$$(1) \qquad \frac{p_1}{3}, \quad \frac{p_2}{9}, \ldots,$$

celui de B est la limite de la suite

$$(2) \qquad \frac{q_1}{3}, \qquad \frac{q_2}{9}, \ldots$$

Enfin, la suite qui a pour limite AB peut s'écrire

$$\sqrt[3]{10^{p_1+q_1}}, \qquad \sqrt[9]{10^{p_2+q_2}}, \ldots,$$

et les logarithmes de ses termes sont

$$\frac{p_1+q_1}{3}, \qquad \frac{p_2+q_2}{3}, \ldots,$$

suite qui a pour limite le logarithme de AB et qui, d'autre part, a pour limite la somme des nombres définis par les suites (1) et (2), c'est-à-dire, la somme des logarithmes de A et de B.

NOTE III
CALCUL DES RADICAUX ARITHMÉTIQUES
EXPOSANTS FRACTIONNAIRES

434. Nous avons montré dans la note II comment on pouvait définir les racines d'un nombre arithmétique ; les opérations relatives à ces racines ne sont autres que les opérations sur les nombres rationnels ou irrationnels ; toutefois, l'emploi d'une notation particulière $\sqrt[n]{a}$ permet de donner aux résultats de ces opérations des formes simples qui, tout en n'intéressant que la notation, permettent d'apporter quelque simplification dans les calculs ; ce sont ces formes que nous nous proposons d'indiquer.

Le principe général dont nous ferons constamment usage est le suivant :

Pour établir l'égalité de deux nombres a et b, il suffit d'établir l'égalité de leurs puissances de même exposant entier, positif n.

Si, en effet, on a

$$a^n = b^n,$$

chacun des nombres a^n et b^n, ayant une seule racine $n^{ième}$, ces racines a et b sont nécessairement égales ; si cela n'avait pas lieu, on en conclurait que deux produits formés d'un même nombre de facteurs, les uns respectivement inférieurs aux autres, seraient égaux, ce qui est impossible.

On en déduit les propositions suivantes :

435. Théorème I. — *Le produit des racines $n^{ièmes}$ de plusieurs nombres* A, B, C *est égal à la racine $n^{ième}$ du produit de ces nombres.*

L'égalité à établir est

$$\sqrt[n]{A} \times \sqrt[n]{B} \times \sqrt[n]{C} = \sqrt[n]{A.B.C}.$$

La puissance $n^{\text{ième}}$ du premier membre est ABC, produit des puissances $n^{\text{ièmes}}$ de chaque facteur, la puissance $n^{\text{ième}}$ du second membre est ABC ; ces deux puissances sont donc égales.

Corollaire I. — *Pour élever à la puissance p la racine $n^{\text{ième}}$ d'un nombre A, on peut extraire la racine $n^{\text{ième}}$ de A^p.*

On a, en effet,

$$(\sqrt[n]{A})^p = \sqrt[n]{A}.\sqrt[n]{A} \ldots \sqrt[n]{A} = \sqrt[n]{A.A\ldots A} = \sqrt[n]{A^p}.$$

Corollaire II. — *Si un facteur a entre sous un radical d'indice n avec l'exposant n, on peut mettre ce nombre en facteur du radical avec l'exposant 1.*

Considérons l'expression

$$\sqrt[n]{a^n B},$$

on peut l'écrire

$$\sqrt{a^n} \times \sqrt[n]{B} = a \sqrt[n]{B};$$

on dit que l'on fait sortir a du radical.

436. Théorème II. — *Le quotient des racines $n^{\text{ièmes}}$ de deux nombres A et B est égal à la racine $n^{\text{ième}}$ du quotient de ces nombres.*

Pour établir l'égalité

$$\frac{\sqrt[n]{A}}{\sqrt[n]{B}} = \sqrt[n]{\frac{A}{B}},$$

élevons les deux membres à la puissance n.

La puissance d'un quotient étant le quotient $\dfrac{A}{B}$ des puissances n des deux termes et la puissance n de $\sqrt[n]{\dfrac{A}{B}}$ étant $\dfrac{A}{B}$ les deux membres ont même puissance n et sont égaux.

437. Théorème III. — *La racine d'indice n de la racine d'indice p du nombre A est égale à la racine d'indice np du nombre A.*

En d'autres termes, on a

$$\sqrt[n]{\sqrt[p]{A}} = \sqrt[np]{A}.$$

En effet, la puissance np du second membre est A ; pour élever le premier membre à cette même puissance, on peut d'abord l'élever à la puissance n, ce qui donne $\sqrt[p]{A}$, puis, à la puissance p, ce qui donne A comme pour le second membre.

438. Théorème IV. — *On ne change pas la valeur d'une racine en multipliant l'indice de la racine et l'exposant du nombre placé sous le radical par un même nombre entier, positif, ou en les divisant par un diviseur commun.*

La seconde partie ne diffère pas de la première, que nous établirons, en montrant que l'on a

$$\sqrt[np]{a^p} = \sqrt[n]{a}.$$

L'élévation des deux membres à la puissance np donne

$$a^p = a^p,$$

ce qui démontre le théorème.

Applications. — I. **Réduction des radicaux au même indice.** — Soient

$$\sqrt[n]{A}, \qquad \sqrt[p]{B}, \qquad \sqrt[q]{C},$$

n, p, q étant des entiers positifs, et désignons par a un multiple commun à ces nombres ; les quotients de a par n, p, q, étant n', p', q', on a

$$\sqrt[n]{A} = \sqrt[nn']{A^{n'}} = \sqrt[a]{A^{n'}},$$
$$\sqrt[p]{B} = \sqrt[pp']{B^{p'}} = \sqrt[a]{B^{p'}},$$
$$\sqrt[q]{C} = \sqrt[qq']{C^{q'}} = \sqrt[a]{C^{q'}}.$$

On a donc remplacé les racines données par d'autres racines égales aux premières et ayant toutes l'indice a.

On peut remarquer que ce problème est analogue au problème de la réduction des fractions au même dénominateur ; on pourra, par exemple, prendre comme indice commun le plus petit commun multiple des indices ou leur produit.

II. **Produit et quotient de racines.** — Pour obtenir un produit ou un quotient de racines, on pourra les réduire au même indice et ensuite appliquer les théorèmes des n°s 435 et 436.

Ainsi, le produit

$$\sqrt{3} \times \sqrt[4]{5} \times \sqrt[3]{7}$$

est égal au produit

$$\sqrt[12]{3^6} \times \sqrt[12]{5^3} \times \sqrt[12]{7^4} = \sqrt[12]{3^6 \times 5^3 \times 7^4}.$$

De même, on a

$$\frac{\sqrt[3]{4}}{\sqrt[5]{3}} = \frac{\sqrt[15]{4^5}}{\sqrt[15]{3^3}} = \sqrt[15]{\frac{4^5}{3^3}} .$$

Exposants fractionnaires.

439. On peut remarquer que si l'on représente par $\sqrt[1]{A}$ le nombre A, toutes les règles précédentes sont encore applicables aux racines d'indice 1, puisque $(\sqrt[1]{A})^1 = A$ et que ces règles ont été établies uniquement en utilisant la relation $(\sqrt[n]{A})^n = A$.

Nous allons maintenant introduire une notation nouvelle qui permet de simplifier le calcul des racines.

Soit $\dfrac{p}{q}$ une fraction; le symbole

$$A^{\frac{p}{q}}$$

n'ayant jusqu'ici aucun sens, nous pouvons le définir comme représentant $\sqrt[q]{A^p}$, à la condition toutefois qu'il n'implique pas contradiction.

Cette définition sera justifiée, si l'on montre qu'elle est d'accord avec les précédentes, quand $\dfrac{p}{q}$ est entier, et qu'elle représente un nombre bien déterminé dans tous les cas.

1° Si $\dfrac{p}{q}$ est un entier k, on a $p = kq$ et

$$\sqrt[q]{A^p} = \sqrt[q]{A^{kq}} = A^k = A^{\frac{p}{q}} .$$

2° Si $\dfrac{p}{q}$ et $\dfrac{p'}{q'}$ sont deux fractions égales, on a

$$A^{\frac{p}{q}} = A^{\frac{p'}{q'}} ;$$

cette égalité revient, en effet, à la suivante

$$\sqrt[q]{A^p} = \sqrt[q']{A^{p'}},$$

ou, en réduisant au même indice,

$$\sqrt[qq']{A^{pq'}} = \sqrt[qq']{A^{p'q}},$$

égalité qui a lieu, puisque l'égalité

$$\frac{p}{q} = \frac{p'}{q'}$$

entraîne l'égalité

$$pq' = p'q.$$

440. L'avantage de l'introduction des exposants fractionnaires résulte de ce fait que les règles établies pour le calcul des puissances d'exposants entiers s'appliquent aux puissances d'exposants fractionnaires.

I. Produit de deux racines. — Soient les deux racines

$$\sqrt[q]{A^p}, \quad \sqrt[q']{A^{p'}},$$

leur produit s'obtient en les réduisant d'abord au même indice, et en faisant ensuite le produit des nombres placés sous les radicaux

$$\sqrt[q]{A} \times \sqrt[q']{A^{p'}} = \sqrt[qq']{A^{pq'}} \times \sqrt[qq]{A^{p'q}} = \sqrt[qq']{A^{pq' + p'q}}.$$

D'autre part, ces nombres peuvent être représentés par

$$A^{\frac{p}{q}} \text{ et } A^{\frac{p'}{q'}};$$

si on applique les règles du calcul des exposants entiers, on a

$$A^{\frac{p}{q}} \times A^{\frac{p'}{q'}} = A^{\frac{p}{q} + \frac{p'}{q'}}.$$

Le second membre sera $A^{\frac{pq' + p'q}{qq'}}$ si on applique à l'exposant les règles du calcul des fractions ; or, le symbole $A^{\frac{pq' + p'q}{qq'}}$, représente $\sqrt[qq']{A^{pq' + p'q}}$, c'est-à-dire le produit $\sqrt[q]{A^p} \times \sqrt[q']{A^{p'}}$.

II. Quotient de deux racines. — Soit à faire le quotient

$$\frac{\sqrt[q]{A^p}}{\sqrt[q']{A^{p'}}}.$$

en supposant $\dfrac{p}{q} > \dfrac{p'}{q'}$ ou $pq' > p'q$;

on a

$$\frac{\sqrt[q]{A^p}}{\sqrt[q']{A^{p'}}} = \frac{\sqrt[qq']{A^{pq'}}}{\sqrt[qq']{A^{p'q}}} = \sqrt[qq']{A^{pq' - p'q}}.$$

En se servant des exposants fractionnaires, on trouve

$$\frac{A^{\frac{p}{q}}}{A^{\frac{p'}{q'}}} = A^{\frac{p}{q} - \frac{p'}{q'}} = A^{\frac{pq' - p'q}{qq'}} \, ;$$

ce résultat est, sous une autre forme, le résultat trouvé par l'application des règles démontrées pour le calcul des radicaux.

III. **Élévation aux puissances.** — La puissance $\dfrac{p}{q}$ de $A^{\frac{p'}{q'}}$ sera, en appliquant les règles du calcul des exposants entiers,

$$A^{\frac{pp'}{qq'}}.$$

La définition du symbole $A^{\frac{p'}{q'}}$ est $\sqrt[q']{A^{p'}}$; l'élever à la puissance $\dfrac{p}{q}$, c'est en extraire la racine d'indice q, ce qui donne $\sqrt[qq']{A^{p'}}$, puis élever cette racine à la puissance p, ce qui donne $\sqrt[qq']{A^{p'p}}$.

Ce nombre, écrit avec la nouvelle notation, est $A^{\frac{pp'}{qq'}}$, c'est-à-dire le nombre trouvé en appliquant les règles du calcul des exposants entiers.

TABLE DES MATIÈRES

LIVRE III
ÉQUATIONS DU PREMIER DEGRÉ

LIVRE IV
ÉQUATIONS DE DEGRÉ SUPÉRIEUR AU PREMIER

LIVRE V

PROGRESSIONS, LOGARITHMES, INTÉTÊTS ET ANNUITÉS

LIVRE VI

DÉRIVÉES. — VARIATIONS DES FONCTIONS

NOTE I

SUR QUELQUES MAXIMA ET MINIMA ABSOLUS

NOTE II

NOTIONS SUR LES NOMBRES IRRATIONNELS

NOTE III

CALCULS DES RADICAUX ARITHMÉTIQUES EXPOSANTS FRACTIONNAIRES